제4차 산업혁명 기술과 지식재산권

지선구, 장성봉, 김주환

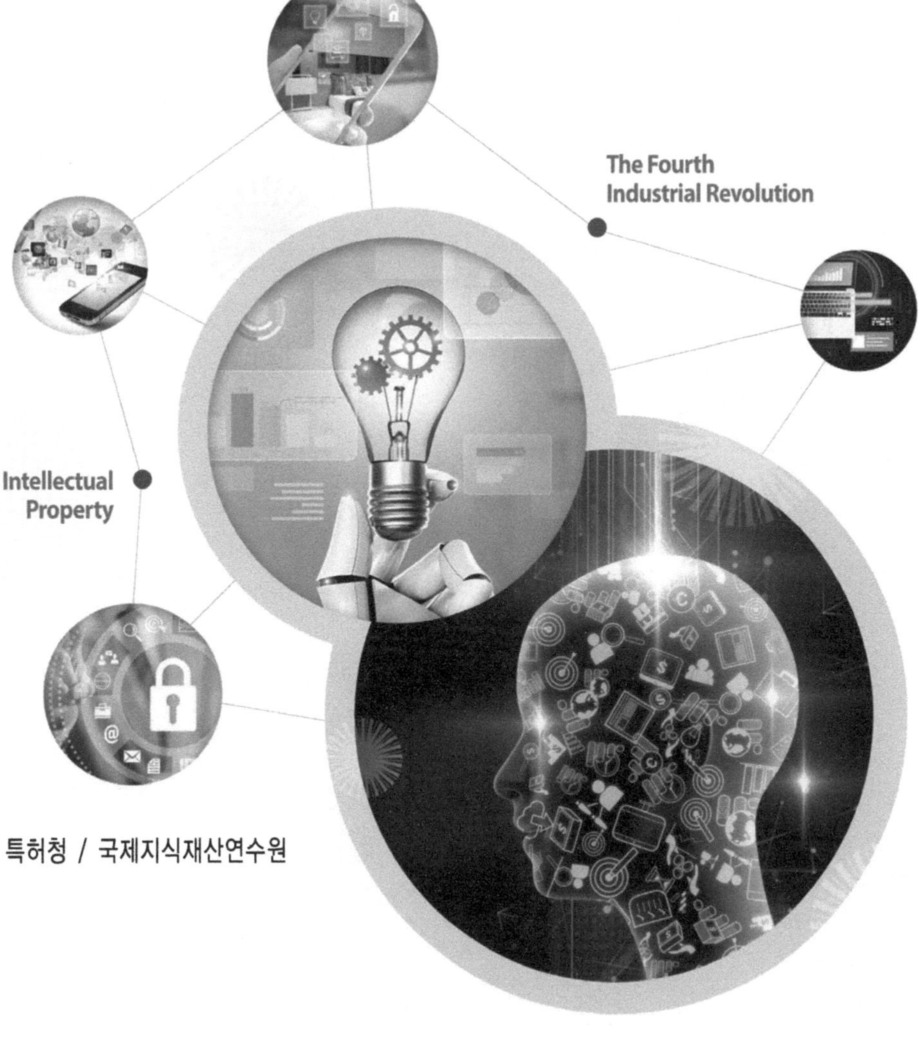

The Fourth
Industrial Revolution

Intellectual
Property

특허청 / 국제지식재산연수원

CONTENTS

제1장

제4차 산업혁명 기술 개요　2
제1절 산업혁명의 역사 및 특징 ·· 4
제2절 제4차 산업혁명의 내용 ·· 14

제2장

제4차 산업혁명과 생활　58
제1절 분야별 현황 ·· 60
제2절 4차 산업혁명과 생활 변화 ·· 86

제3장

제4차 산업혁명 기술의 활용과 사업화　104
제1절 제4차 산업혁명 기술 활용과 사업화 정책 ·· 106
제2절 기술 사업화 사례 ·· 150
제3절 우수한 제4차 산업혁명 기술내역 ·· 189
제4절 기술사업화 플랫폼 ·· 195
제5절 주요 선진국의 기술사업화 정책 ·· 199
제6절 향후 전망과 대응책 ·· 207

제4장

제4차 산업혁명과 지식재산권　220
제1절 제4차 산업혁명 관련 지식재산권 ·· 222
제2절 제4차 산업혁명 기술 관련 지식재산권 이슈 ···································· 250
제3절 지식재산 환경 변화와 정책적 과제 ·· 296
제4절 제4차 산업혁명 관련 주요 선진국의 지식재산권 보호 ············ 309
제5절 지식재산권 관련 국제적 논의 ·· 319

제 1 장

제4차 산업혁명 기술 개요

- 제1절 산업혁명의 역사 및 특징
- 제2절 제4차 산업혁명의 내용

제1절
산업혁명의 역사 및 특징

들어가며

인류 문명의 역사는 새로운 도구 발명과 기술 진보를 통해 인간에게 불리한 조건을 극복하고 생산성 높이는 과정이었다. 제1차 산업 혁명은 기술의 급격한 진보로 인해, 농업 중심 사회에서 제조업 중심 사회로 넘어가는 변곡점이 되었으며 사회구조를 급격하게 바꾸어 놓았다. 산업혁명의 역사는 기술의 진보와 역사적 궤를 같이하고 있다. 본 절에서는 제 4차 산업혁명의 특징을 깊이 있게 이해하기 위해, 기존의 산업 혁명의 역사를 되짚고 그 특징이 무엇인지 살펴본다.

학습포인트

가. 제1차 산업혁명의 특징과 내용이 무엇인지 알아본다.
나. 제2차 산업혁명의 특징과 내용을 학습한다.
다. 제3차 산업혁명의 특징과 내용을 학습한다.

1. 산업혁명의 역사와 특징

산업혁명은 일반적으로 새로운 기술의 등장과 파괴적 기술혁신으로 인해 사회·경제적으로 큰 변화가 나타나는 현상을 일컫는 말이다. 본 절에서는 제4차 산업혁명 이전에 전 세계적으로 진행되었던 근대 산업혁명의 역사와 특징에 대해서 살펴본다. 4차 산업혁명 이전까지의 산업혁명은 총 3단계에 걸쳐서 진행되었다.

가. 1차 산업혁명

제1차 산업혁명은 18세기 중반 영국에서 시작된 기술 혁명이 전 세계로 파급되어 각 나라의 급격한 사회·경제적 변화를 일으킨 사건을 말한다.

1) 주요 특징

제1차 산업혁명의 주요한 특징 중 하나는 인류의 산업 중심이 농업에서 공업으로 이동하였다는 점이다. 산업혁명의 중심지였던 영국은 다른 나라보다 먼저 봉건제가 해체되고 정치적인 안정이 이루어지면서 기존보다 훨씬 자유로운 농민층이 등장했다. 이러한 농민들이 공장의 노동자로 들어가기 위해 도시로 몰려들었으며, 이는 산업이 농업에서 공업으로 바뀌는 주요한 동력이 되었다. 또한, 영국은 해외에 많은 식민지를 가지고 있어서, 자원을 쉽게 확보할 수 있었다.

산업혁명 이전에, 제품의 생산은 수공업에 의존하였으며, 이마저도 가족들이 사용할 물건을 자급자족하거나 간혹 주문이 들어온 제품을 집에서 생산하는 가내수공업이 전부였다. 산업혁명 시기에는 해외까지 시장이 넓혀지면서 부유한 상인이나 수공업자는 공장을 짓고 상당수의 직공을 모아 도구나 원료를 넘겨주고 그들에게 품삯을 지급함으로써 제품을 생산하는 공장제 수공업 형태로 바뀌게 된다. 그러던 것이 각종 기계가 발명되면서 사람이 손으로 하던 일을 기계가 대신하는 공장제 기계공업이 등장하게 된다.

2) 기술적 진보

제1차 산업혁명의 가장 중요한 기술적 진보는 증기 기관의 발명이다. 증기 기관은 거대한 기계를 움직일 수 있는 중요한 동력이었을 뿐만 아니라 대량 생산 공장이 출현하고 발달할 수 있는 밑거름이 되었다. 건설에 대한 요구가 증대되어 각종 도로, 철교, 시설 등을 건설하기 위한 대량의 철이 필요 했으며, 이는 철강 기술의 발전을 가져왔다. 도시에 노동자가 많이 거주하고 도시가 발달함에 따라, 의류에 대한 대량 수요가 발생하여 직물 방직기가 발명 되었다.

가) 증기 기관

세계 역사상 매우 중요한 발명품중의 하나인 증기기관은 열에너지를 기계의 동력으로 바꾸어 주는 기계이다. 증기 기관은 기존에 수력이나 동물에 의존하던 노동력을 획기적으로 향상하는 결과를 가져 왔으며, 공장의 부분 자동화를 가능하도록 하였다. 와트가 초기에 개발한 증기기관은 피스톤 속에서 뜨거운 증기를 폭발시켜 가열된 공기가 빠져나가도록 부분적 진공을 만들고 그 공간에 물이 따라 들어오게 하여, 동력을 얻어가는 원리이다. 하지만, 이 방식은 수증기를 실린더 안에서 폭발시키기 때문에, 열효율이 매우 낮았다. 이후, 그는 수증기를 피스톤 내부가 아니라 피스톤과 연결된 별도의 응축기에서 압축한 후 폭발시키는 방법을 고안하였다. 이 방법은, 수증기 폭발 후 응축기만 냉각되고 실린더의 열은 보존되도록 하여 열효율성을 높였다. 그 뒤에 피스톤의 양 방향 모두 힘이 작용하도록 해 상하운동 모두 동력으로 활용하는 '복동식 증기기관'과 회전운동이 가능한 증기 기관도 발명 하였다. 이를 이용하여 공장의 기계, 증기기관차, 증기선, 자동차 등 다양한 기계가 개발될 수 있었다. 증기기관을 통해 증기기관차와 증기선이 등장했고 덕분에 사람과 물자의 이동 시간이 이전보다 훨씬 빨라졌다.

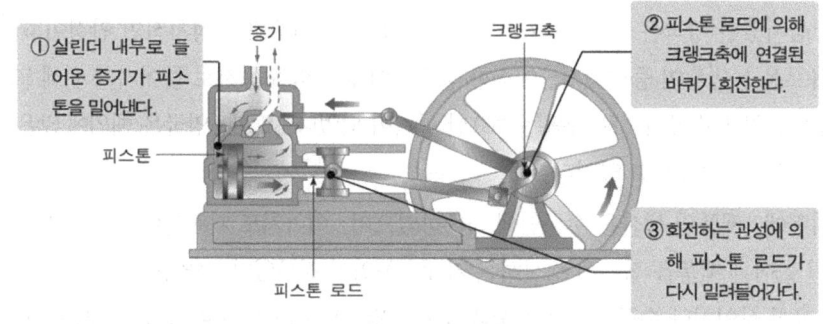

[그림 1.1-1] 증기 기관[1]

나) 철강 기술

철강 산업에서는 철 제조 단계에 숯 대신 석탄이 사용되기 시작하였으며, 이는 철강 생산의 비약적 발전을 가져왔고 사회의 각종 제품 생산에 철을 대량으로 공급할 수 있는 환경을 만들었다. 석탄을 사용하기 전에는 주로 목재를 연료로 사용하였으나, 16세기 후반이 되면서, 서양 대부분의 나라에서는 목재가 부족하게 되었다. 목재가 부족했던 이유는 철을 제련하는 과정에 보통 철광석을 숯과 함께 넣어서 열을 가해야 하므로, 대량의 목재를 사용했기 때문이다. 또한, 상업이 번창하면서 건축용으로, 때로는 난방 용도로, 그리고 비누와 소금 만드는 데에도 나무가 필요했다. 목재 부족은 자연히 석탄 사용을 늘리게 되었다. 사람들은 아주 오래전부터 석탄을 사용하는 법을 알고 있었으나, 법으로 금지 되어 있었기 때문에 대부분 사용할 수 없었다. 하지만, 목재 부족으로 인해, 1564년부터, 석탄 사용이 급격하게 늘기 시작했으며, 수요도 매우 증가하였다. 이에

---

[1] 출처:zum학습백과(http://study.zum.com/book/13715)

따라 더 많은 석탄을 채굴하려는 시도가 이어졌으며, 채굴된 석탄을 실어 나르기 위한 철도가 등장하였다. 이때의 기차는 증기 기관 없이 사람이 직접 궤도 위로 끌고 다녀야 했다.

문명의 중심은 점점 석탄 채굴장으로 옮겨졌고, 그 상태가 거의 4세기나 지속되었다. 영국이 산업혁명의 중심지가 될 수 있었던 가장 중요한 원인 하나는 분명히 석탄의 활용에 있었다. 석탄 덕택에 영국의 산업은 근대화하고 혁명적 과정을 거쳐 영국을 산업혁명의 첫 성공 국가로 만들었다. 석탄이 널리 사용되기 시작하면서 그에 대한 지식이 늘었고, 그 때문에 석탄을 이용한 동력기관의 발달 즉 증기기관이 가능해진 것이다. 산업혁명은 다름 아닌 석탄의 대량 사용으로 촉발되어 증기기관의 발명으로 본궤도에 올랐다 해도 좋을 것이다.

다) 직물 방직기의 발명

의복 생산성을 획기적으로 향상 시킨 직물 방직기의 발명이다. 이를 이용한 면직 공장이 설립되어, 의류 생활에 획기적인 변화를 가능하게 하였다. 방직기는 직물을 짜는 기계로, 1733년 영국의 케이가 기계적인 위입 장치(weft insertion system)인 플라잉셔틀을 처음 발명함으로써 종래의 수직기의 제직 능률을 크게 향상시켰다. 이 기계는 한 손으로 끈을 잡아당겼다 놓기만 하면 북이 좌우로 빠르게 움직이는 반자동식의 장치로, 다른 한 손으로는 바디질, 그리고 한 발로 개구 동작을 하여 직물을 만들어 내는 기계였다. 이어서 1785년 영국의 카트라이트에 의하여 증기의 원동력을 이용한 방직기가 발명되었고, 이것이 급속도로 보급되면서 근대적 공업 자본주의의 기초를 확립했다. 특히 맨체스터를 중심으로 한 면방직 공업은 세계 시장을 지배하는 위치까지 이르게 된다.

3) 특허제도

특허 제도는 1차 산업혁명이 시작되기 전인 1624년 세계 최초로 영국에서 도입되었다. 와트에 의해 개발된 증기 기관도 1769년 특허를 획득하였으며, 1차 산업혁명 시기 특허 등록건수는 전 분야에 걸쳐서 약 3.2배 정도 증가하였다. 이후, 특허제도는 산업혁명과 기술개발을 더욱 촉진하는 중요한 촉매제가 되었다.

나. 2차 산업혁명

제2차 산업혁명은 19세기 후반에서 20세기 초까지 진행된 산업혁명으로 에디슨의 전구 발명으로 시작되었다. 주요 특징과 기술적 진보 내용을 살펴보면 다음과 같다.

1) 주요 특징

제1차 산업혁명이 증기기관과 석탄을 이용한 경공업 부문을 중심으로 시작되었던 것과 달리 2차 산업혁명은 중화학 중심으로 진행되었으며, 전기를 에너지원으로 하는 새로운 동력의 출현으로 자동차와 같은 새로운 산업 분야가 등장하였다. 제1차 산업의 중심이었던 영국은 쇠퇴하고 미국과 독일이 철강, 자동차, 전기, 화학 등의 분야에서 세계 산업의 중심이 되기 시작하였다. 노동의 분업과 전기 사용으로 인해 생산력이 비약적으로 발전 하였고 대량 생산 체제 등장했다. 이후, 대량 생산 체제는 자본주의 경제의 기본 생산 체제로 자리 잡게 되었다.

대량 생산 체제는 필연적으로 석유, 고무, 구리와 같은 제품 원료에 대한 수요를 폭발적인 증가시켰다. 자국 내에서는 원료를 확보하지 못한 주요 강대국들은 해외에 눈을 돌렸고, 원료가 풍부하고 힘이 약한 나라들을 침략하여 식민지로 만드는 제국주의가 만연하게 되었다. 식민지를 확보한 강대국들은 팽창주의적 정책으로 인해 서로 충돌하기도 하였고 파시즘적 경향을 보이는 국가가 다수 출현하였다. 이러한 환경은 결국 두 차례에 걸친 세계 대전을 촉발시켰고 역설적이게도 잦은 전쟁의 결과가 과학기술의 비약적인 발전을 가져오게 되었다. 세계 대전 이전에는 과학기술이 독일, 영국, 프랑스와 같은 서유럽 중심으로 발전 하였으나 2차 대전이 끝난 1950년대부터는 미국과 소련 중심으로 발전 하였다. 특히, 산업혁명 후반기에는 과학적 진보가 대규모로 급속하게 이루어 졌다. 이에 따라 과학기술이 일상생활에 영향을 미치는 범위가 점점 넓어졌으며 실생활에 응용하는 속도도 빨라졌다.

2) 기술적 진보

제2차 산업혁명의 주요한 기술적 진보로는 최초의 전기 제품 발명과 전기 발전소의 등장, 가솔린 자동차의 발명, 전화기의 발명 등을 들 수 있다. 제 1차 산업혁명이 증기 기관을 주요한 동력으로 삼았다면, 2차 산업혁명에서는 전기가 중요한 동력으로 등장하였다.

가) 최초의 전기 제품 발명

제2차 산업혁명에서 이루어진 기술적 진보 중에서 제일 중요한 것이 에디슨에 의한 백열 전구의 발명이다. 백열전구는 진공 상태인 유리구 안에 필라멘트를 넣고 전기를 공급하여 밝은 빛을 내게 하는 최초의 전기 제품이다. 에디슨은 처음에 필라멘트의 재료로 백금을 사용하였으나 빛을 내는 시간이 매우 짧았다. 이후에 필라멘트 재료로 대나무를 태운 숯을 사용하여 이틀 이상 전구가 빛을 내게 하는 데 성공하였다. 이후에 에디슨은 축음기, 영사기, 전기난로와 같은 전기를 사용하는 제품을 30개 이상 발명하였다. 전기 제품이 상용화 되면서 전력 수요가 폭발적으로 증가하였다. 전기 생산, 공급을 위해 스위치, 퓨즈, 계량기와 같은 전력 생산과 공급에 관련된 제품이 발명되었고 전력을 생산을 위해 뉴욕에 최초의 전기 발전소가 건립되었다.

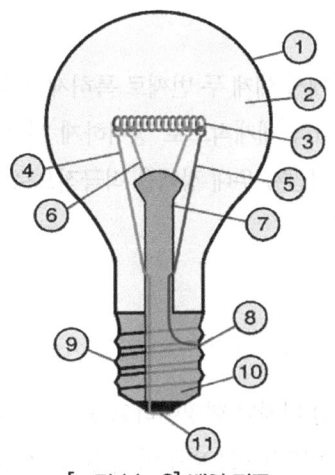

[그림 1.1-2] 백열 전구

나) 가솔린 자동차와 전화기

제2차 산업혁명에서 또 하나의 획기적 발명품은 실용 전화기일 것이다. 최초의 전화기는 1876년 벨에 의해서 발명되었으며, 20세기를 하나로 있는 통신망의 기본 골격이 만들어졌다. 이후에 벨은 전화기를 서로 연결할 수 있는 통신망을 구축하고 관리하기 위한 최초의 통신회사를 세웠는데, 그것이 바로 미국의 통신회사 AT&T이다.

[그림 1.1-3] 최초의 가솔린 자동차[2)]

2차 산업혁명에서 또 하나의 발명품은 가솔린 엔진이 장착된 자동이다. 가솔린 자동차는 1886년 독일 여성인 칼 벤츠에 의해 최초로 발명되었다. 이 자동차는 말과 달리 휴식과 수면이 필요 없었기 때문에, 교통수단의 중심이 말에서 자동차로 넘어가는데 결정적인 역할을 하였다. 처음에 발명한 가솔린차는 바퀴가 세 개가 달렸으며, 발명자인 벤츠는 이 차를 타고 100km를 왕복하는 데 성공하여 효용을 입증하였다.

---

2) 이미지출처 : 메르세데스벤츠코리아

3) 특허제도

2차 산업혁명 시기인 1790년 미국에서 세계 두 번째로 특허제도를 도입하였으며, 특허 획득을 위한 심사 체계를 구축하여 특허의 심사과정을 더욱 체계적으로 정비하게 된다. 특히, 1865년 미국 링컨 행정부는 "Pro-patent"라는 특허 장려 및 특허권자 우대 정책을 적극적으로 시행하여, 이 시기 전 분야에서 약 5.8배 이상의 특허 등록 증가율을 보였다.

다. 3차 산업혁명

3차 산업혁명을 한마디로 정의한다면 디지털 혁명이라고 할 수 있다. 컴퓨터와 인터넷의 출현은 산업구조와 사람들의 일상생활의 방식을 가히 혁명적으로 바꾸어 놓았다. 이제는 스마트폰이 없으면 일상생활이 안 될 정도로 중요한 물건이 되어가고 있으며, 회사에서 하는 업무 대부분이 온 종일 컴퓨터 자판을 두드리는 것이 되어 가고 있다.

1) 주요 특징

제3차 산업혁명을 한마디로 정의하면 정보통신기술 혁명이라고 할 수 있으며, 미국이 그 중심이 되었다. 개인용 컴퓨터의 등장으로 정보와 데이터를 처리할 수 있는 환경이 도래하였고 거의 모든 분야에서 사용되기 시작하였다. 이때부터 흔히 말하는 디지털화가 전 세계적으로 진행되었고 인간의 생활을 편리하게 해주는 각종 디지털 기기가 홍수처럼 쏟아지기 시작했다. 산업구조에서는 인터넷의 출현으로 기존의 제조업에서 볼 수 없었던 형태의 온라인 기업이 다수 등장했다. 시장에서는 이러한 기업들이 실제로 영업이익을 내고 살아남을 것이라고 예상하지 못했으나, 현재 수많은 온라인 기업이 탄생하여 발전하고 있다. 또한, 컴퓨터의 발전은 공장 자동화를 급속하게 가속하기 시작했으며, 이로 인해 컴퓨터가 기존의 일자리를 대체하는 현상도 다수 목격되고 있다.

2) 기술적 진보

3차 산업혁명의 중요한 기술적 진보는 컴퓨터의 등장과 인터넷의 출현일 것이다. 인터넷은 전 세계를 하나의 생활 공동체로 만들고 있으며, 지식을 소수가 독점하던 시대에서 다 같이 공유하는 시대로 바꾸어 놓고 있다. 1차, 2차 산업혁명과 비교하면 그 내용과 폭이 훨씬 다양하고 범위가 넓다.

가) 컴퓨터 발명

일반적으로 최초의 컴퓨터는 1946년 펜실베이니아(미국) 대학에서 에커트와 머클리가 만든 에니악(ENIAC, Electronic Numerical Integrator And Computer)이라고 알려져 있다(이후에는 소송을 통해서 1942년에 개발된 ABC(어태너소프-베리 컴퓨터)가 세계 최초의 컴퓨터로 인정받고 있다). 이 컴퓨터는 영국의 플레밍이 개발한 전자 소자인 진공관을 1만 8천 개 이상 사용 하였다. 성능은 초당 5천 번 이상의 계산을 수행 하였으며, 이는 그 이전에 사용하던 일반적인 기계식 계산기보다 수백 배 이상의 성능을 발휘하는 것이었다. 하지만, 크기가 너무 커서 2층 건물과 맞먹는 크기였고 많은 진공관을 사용하였기 때문에 전력 소모가 매우 많았다. 가끔 진공관 중에 하나라도 고장 나면 전체 컴퓨터는 동작을 하지 못했다. 이러함에도 불구하고 그 이전 보다 훨씬 우수한 계산량으로 인해 미사일의 탄도 계산을 하는 데 유용하게 사용되었다.

[그림 1.1-4] 최초의 컴퓨터 애니악의 모습[3]

회로를 집적한 현대적 의미의 컴퓨터는 1949년 폰 노이만에 의해 만들어진 애드박(EDVAC)이라고 할 수 있다. 노이만은 컴퓨터의 구조를 데이터를 입력하고 출력하는 입출력 장치(IO, Input Output), 정보를 저장하고 기억하기 위한 기억장치(Memory), 연산을 수행하는 중앙 처리 장치(CPU, Central Processing Unit)라는 세 부분으로 정의하였다. 이러한 구조를 흔히 폰 노이만 구조(Von Neuman Architecture)라고 명명하며, 오늘날까지 모든 컴퓨터의 기본 구조로 사용되고 있다.

나) 인터넷

3차 산업혁명의 또 하나의 중요한 기술적 진보는 인터넷의 탄생이다. 인터넷은 미국 국방성에서 통신을 위한 용도로 만든 유선 연결망이었다. 이것이 전 세계로 퍼져 나가면서, 하나의 거대한 통신망으로 발전하였다. 인터넷에서 통신을 위한 프로토콜로써 개발된 것이 TCP/IP 프로토콜이다.

---

3) 출처 : 위키백과

[그림 1.1-5] 워드 와이드 웹

    이 프로토콜에서는 각 컴퓨터를 구별하기 위한 32바이트 또는 64바이트의 주소를 할당하고 데이터의 앞부분에다 이 주소를 붙여서 인터넷으로 전송한다. 수신하는 쪽에서는 데이터의 앞부분에 붙어있는 헤더의 주소를 보고 자신의 주소가 붙어있으면, 이를 받아서 헤더를 제거하고 데이터를 가져온다(IP 프로토콜 원리). 만약 자신이 보낸 데이터가 연결이 끊기거나 데이터가 너무 많아서 중간에 사라지거나 오류가 발생하면 이미 보냈던 데이터를 한 번 더 보내게 된다(TCP프로토콜 원리). 이러한 인터넷의 등장은 전 세계에 존재하는 정보에 대한 접근 평등성과 개방성을 향상시켰으며, 각 나라의 민주주의에도 많은 기여를 하였다.

다) 휴대폰의 발명

    3차 산업혁명의 중요한 기술적 진보는 휴대폰의 발명과 이동통신기술의 발전이다. 휴대폰과 같은 모바일 기기의 대중화는 산업구조와 일상생활을 획기적으로 바꾸어 놓았다. 사람간의 의사소통도 휴대폰을 통해 이루어지고 있으며 개인의 금융 서비스, 교육과 같은 부분들도 휴대폰 중심으로 바뀌고 있다. 사람 간의 대화가 가능한 최초의 상용 휴대폰은 모토로라가 개발한 다이나택이다. 다이나택은 사람들이 들고 다니기에는 크기가 너무 커서 주로 차 안에서 사용 되었다. 이후 크기가 작아지고 배터리 용량도 늘어나면서 눈부신 발전을 이루었다. 휴대폰 기기의 발전과 더불어 이동통신 기술도 속도와 품질면에서 눈부신 발전을 이루게 되었다. 현재는 4세대 통신기술을 사용하고 있으나 앞으로는 현재보다 10배 빠른 5세대 이동통신 기술이 등장할 것으로 예상된다.

[표 1.1-1] 이동통신 세대별 속도비교

이동통신 세대별 비교					
	1세대	2세대	3세대	4세대	5세대
최고 전송 속도	14.4Kbps	144 Kbps	14 Mbps	75 Mbps	1 Gbps
가능 서비스	음성	음성, 텍스트 문자	멀티미디어 문자, 음성, 화상통화	음성, 데이터, 실시간 동영상	사물인터넷, 입체영상 통화
상용화 시기	1984년	2000년	2006년	2011년	2020년

3) 특허 제도

3차 산업혁명 시기에는 컴퓨터 관련된 기술이 대거 출현하였으며, 이에 특허 인정 여부가 주요한 관심사로 대두되었으며, 1981년 미국에서 최초로 법원에서 컴퓨터 관련된 특허 인정 판결을 받게 된다. 이 시기 미국과 영국에서는 신기술과 특허 보호 정책을 적극적으로 확대하였으며, 미국 레이건 행정부에서는 제2차 "Pro-patent"(특허 장려) 정책을 시행하여, 컴퓨터 관련 특허가 3.4배 증가하는 효과를 달성하였다.

CASE STUDY

주로 광고 수입에 의존하는 구글이나 페이스북 같은 인터넷 기업이 탄생하던 초창기 시절 대부분의 사람들은 이러한 기업들이 시장에서 이익을 창출할 수단이 없기 때문에, 오래 살아남을 것이라고 생각하지 않았다. 그중의 한 명이 오마하의 현인이라고 불리는 유명한 자본가인 워런 버핏이다. 버핏은 인터넷 기업에 대한 투자를 극도로 꺼렸다. 하지만 최근에 와서는 자신의 예측이 틀렸음을 솔직하게 고백하고 있다. 이제는 기존의 오프라인 대기업의 시가총액을 훨씬 뛰어넘는 인터넷 기업이 한둘이 아닌 시대에 살고 있다.

학습정리

- 제1차 산업혁명은 인류의 산업 중심을 농업에서 공업으로 이동시켰고 중요한 기술적 진보로는 증기 기관의 발명과 철강 산업의 발전 등 이다.
- 제2차 산업혁명은 경공업 중심에서 중화학 공업으로 이동하였고 주요 기술적 진보는 백열전구, 전기 발전소, 전화기, 가솔린 자동차 발명 등이다.
- 3차 산업혁명은 디지털 혁명이라고 할 수 있으며, 주요한 기술적 진보로는 컴퓨터, 인터넷, 이동통신의 발명이다.

제2절
제4차 산업혁명의 내용

들어가며

기존 산업혁명의 특징과 마찬가지로 제4차 산업혁명 또한 과학 기술의 진보가 그 동력이 되고 있다. 인공지능을 필두로 한 정보통신기술의 발전은 인간의 역사를 바꾸는 여정을 시작하였으며, 그 속도는 매우 빠르고 전 산업 분야에 걸쳐 광범위하게 걸쳐 진행되고 있다. 현재까지 최첨단 정보통신기술들이 산업 각 분야에 빠르게 융합되어 진행될 것으로 예상된다. 본 절에서는 제 4차 산업혁명의 배경, 특징, 기술적 진보 등에 대해서 살펴본다.

학습포인트

가. 제4차 산업혁명의 특징과 내용이 무엇인지 알아본다.
나. 인공지능 기술에 대해서 학습한다.
다. 사물 인터넷 기술에 대해서 학습한다.
라. 빅데이터 기술에 대해서 학습한다.
마. 증강현실 기술에 대해서 살펴본다.
바. 3D프린팅 기술에 대해서 살펴본다.

1. 배 경

제4차 산업혁명은 독일의 '인더스트리 4.0'에서 시작되었다. 독일은 제조업의 선두 주자로 최고 경제 부국이자 전 세계적으로도 손꼽히는 선진국이다. 외부에서 보기에는 절박함이 별로 없을 것이라는 예상과 달리 많은 의지를 가지고 제4차 산업혁명을 선도하고 있다. '인더스트리 4.0'은 제조업에 정보통신기술을 융합하여 제조업의 생산성과 혁신을 이루겠다는 시도라고 할 수 있다. 이 시도는 2011년 독일 내의 중소도시에서 처음 제안되었으며, 중앙 정부가 이를 전 국가적인 정책으로 만들었다. 인더스트리 4.0의 처음 명칭은 '사이버 물리 시스템(Cyber-Physical System)'이라는 생소한 용어였고 일반인들이 이해하기에는 너무 복잡한 개념이었다. 이후에 이를 보고 받았던 메르켈 총리의 지시로 사람들이 좀 더 이해하기 쉬운 이름으로 만들었던 용어가 '인더스트리 4.0'이었다. 이러한 시도가 독일에서 시작된 이유는 독일의 제조업 정책에서 찾을 수 있다. 독일에서는 제조업 분야 회사들의 핵심 생산 공장들을 해외로 이전하지 않고 반드시 국내에 두도록 하였다. 이러한 정책을 유지하기 위해서는 해외 국가들의 장점인 싼 인건비와 빠른 생산 속도를 따라 잡을 수 있는 방법이 필요하였고, 이를 위해 제조업에 정보통신기술을 융합하는 전략이 탄생하였다. 인더스트리 4.0의 내용은 공장 내의 모든 생산 요소들을 연결하고 실시간으로 정보를 공유하게 하여 대량 생산보다는 개인 맞춤형 생산을 극대화하는 공장 제조 혁신 운동이라고 할 수 있다.

[그림 1.2-1] 인더스트리 4.0 [4]

인더스트리 4.0이 진행되는 와중에, 2016년 클라우스 슈밥이 의장을 맡고 있는 세계 경제포럼이 스위스 다보스에서 열렸다. 여기서 '제4차 산업혁명 마스터하기(Mastering the Fourth Industrial Revolution)'라는 주제로 진행된 이 회의에서 클라우스 슈밥에 의해 처음 제4차 산업혁명이라는 용어가 언급되었다. 이후에 이 용어는 전 세계적 관심을 받게 되었다. 포럼에서 발간한 보고서에 의하면 제4차 산업혁명은 정보통신 기술, 바이오산업, 물리학을 융합한 산업 기술 혁명으로 정의하고 있다. 용어의 정의에서 알 수 있듯이, 제4차 산업혁

---

[4] 출처: LGCNS(http://blog.lgcns.com/1233)

명은 최첨단 정보통신 기술이 그 중심에 있다고 할 수 있다.

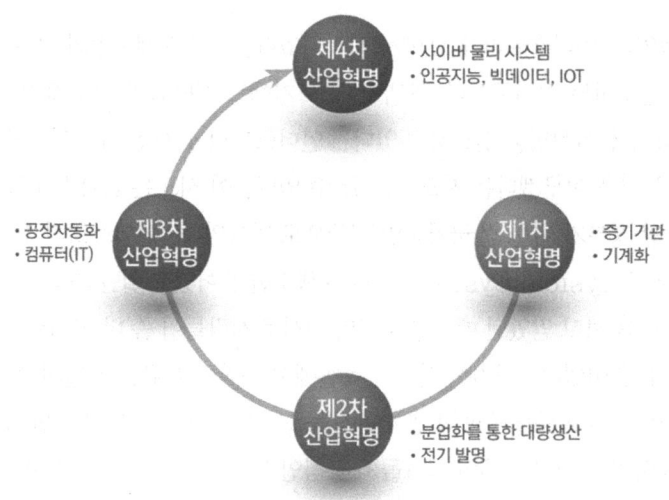

[그림 1.2-2] 산업혁명 역사

2. 산업혁명의 특징

가. 모든 사물이 연결되는 시대

2016년 다보스 포럼에서도 4차 산업 혁명의 중요한 특징으로서, "사물들이 서로 연결되고 지능화되어 진화하는 사회가 되고 있다"는 점을 언급한 바가 있다. 4차 산업혁명과 함께 초연결 시대가 열리는 것이다. 초연결 시대란 인간, 물건, 장소 등 모든 사물이 무선망 또는 유선망으로 서로 연결되어, 모든 사물에 대한 데이터가 생성·수집되어 서로 공유·활용되는 사회를 의미한다. 물론, 기기와 사물 같은 무생물 객체끼리도 네트워크를 바탕으로 상호 유기적인 소통이 가능해진다. 공장의 모든 생산 요소는 물론, 일상생활의 모든 전자 기기들이 서로 연결되어 자동으로 정보를 주고받고 진화되는 환경이 도래하는 것이다. 현재 우리는 스마트폰과 같은 모바일 기기에 장착된 센서를 통해 정보를 수집하고 네트워크에 연결하여 사용하고 있다. 이러한 연결은 기계끼리는 물론 사람과 기계, 공장 내의 생산 장비, 제품 설비, 작업자, 국내 공장, 해외 공장, 공급망 회사, 서비스 회사끼리 모두 서로 연결되어 생산 및 유통이 이루어진다. 이러한 초연결 시대에는 무선망의 속도 및 데이터 전송량이 현재의 약 10배 이상 증가할 것으로 예측된다.

[표 1.2-1] 국내외 기관들의 초연결사회정의 및 중요성[5]

구분		정의 및 중요성
해외기관	이코노미스트(2011)	네트워크에 연결된 장치의 수 증가에 따라 기존보다 훨씬 높은 경제 성장
	시스코(2010)	사물간의 연결된 장치들의 숫자가 대폭 증가하여 2009년 이후 이미 세계 인구를 초과하여 초연결 시대가 이미 도래하고 있음을 서술
	세계경제 포럼(2012)	세계 경제의 변화를 초래하는 초연결 사회의 도래로 사회적 경제적 변화가 대폭 증가할 것으로 예상
	세계경제 포럼(2016)	특히 스마트 공장과 인공 지능 기술의 결합으로 제 4차 산업혁명의 주요한 동력이 될 것으로 예측
국내기관	서울디지털포럼(2011)	'초연결사회-함께하는 미래를 향하여'라는 주제로 사물간의 연결이 미래에 미칠 영향 논의
	정보통신정책연구원	초연결 사회의 도래에 따른 국내 정보통신 정책에 대한 전략과 지원 방안
	미래부, 산자부(2016)	'제4차 산업혁명에 따른 초연결 사회의 도래'라는 주제로 토의. 미래 산업에 대한 영향 및 전략

초연결 시대의 특징은, 사람과 사람, 사물과 사람끼리도 시공을 초월하여 유기적으로 소통할 수 있는 환경이 도래하며, 산업간의 경계가 무너지고 융합이 급속하게 진행된다. 산업뿐 아니라, 사회, 문화, 경제 영역에서 급속한 변화가 발생하고 향후에도 더욱 가속화 될 것이다.

CASE STUDY

일상생활에서 초연결 예를 들어보자. 미국의 한 벤처기업에서는 초연결 슬리퍼를 개발했다. 이 슬리퍼는 기울기 인식 기술을 이용하여 슬리퍼를 착용한 사람들의 발걸음에서 건강의 이상 신호를 감지하고 이상 증후가 발생하면 인터넷 연결을 통해 가족과 의사에게 알려준다. 어떤 회사는 사물 인터넷 기저귀를 개발하고 있다. 기저귀에는 교체 시기를 알려주는 전자칩이 내장되어 있어, 교체 시기가 도래하면, 인터넷 연결을 통해 부모에게 문자 메시지로 알려주고 아기의 요로 감염 여부, 신장 이상, 탈수증 등 각종 질병을 진단해 스마트폰 앱으로 알려준다. 초연결 사회에서는 이렇게 모든 사물이 연결되어서, 상호 소통하고 정보 공유가 이루어지는 사회라고 할 수 있다.[6]

나. 인공 지능이 모든 분야에서 사용되는 시대

4차 산업혁명에서 많은 사람이 주목하고 있는 주제는 '인공지능' 이다. 최근 한국에서 인공 지능이 관심을 받았던 이유는 구글에서 개발한 인공 지능 컴퓨터인 알파고와 한국의 바둑 천재인 이세돌의 대결에서 대다수 사람의 예상을 깨고 알파고가 크게 승리했기 때문이다. 이로 인해, 국민들이 이 기술에 대해 폭발적인 관심을 보였고 학자들에 의해 미래 사회에 어떠한 영향을 끼칠지에 대한 수많은 논의가 이루어지고 있다. 사실 알파고

---
5) 자료 : 삼정KPMG 경제연구원 이슈모니터68호, 4차산업혁명과초연결사회
6) 출처 : 한글과 컴퓨터 게시판 기사(https://www.hancom.com)

가 등장하기 이전부터, 이미 인공 지능 융합 기술은 꾸준히 발전하고 있었다. 기존 AI 기술은 자연어 처리에 기반을 둔 인간-기계 인터페이스 기술에 많이 활용되었으며, 대표적인 예로 2011년 애플이 개발한 시리(Siri) 서비스를 들 수 있다. 2017년 상반기 학계에서 가장 큰 관심을 끈 주제는 '4차 산업혁명'이었으며, 학술 논문 사이트 '디비피아'가 11월 공개한 1~6월 논문 이용 수 순위에 따르면, 1~7위와 10위가 4차 산업혁명에 관한 논문이었으며, 이 가운데 1위는 이용 수 4천941건을 기록한 '인공지능과 제4차 산업혁명의 함의'가 차지했다.

[그림 1.2-3] 4차 산업혁명과 인공 지능[7]

앞으로, 인공 지능 기술이 더욱 발전하면서 산업계의 각 분야에서 인공 지능 기술이 융합되면서, 생산성 향상 및 산업의 혁신을 유발할 것으로 예측 된다. 그림에서 보듯이 현재 인공지능 기술은 각 산업 분야에서 이미 활용되고 있으며, 앞으로 더욱 확대될 것으로 예측 된다. 먼저, 의료 분야의 예로서는 IBM이 개발 왓슨 시스템을 들 수 있다. 왓슨은 미국의 제퍼디(Jeopardy)라는 퀴즈쇼에 출전하여 우승을 차지함으로써, 많은 사람의 관심을 받았으며, 현재는 의료용으로 많이 활용되고 있다. 연구 결과에 의하면, 기존 진료 방식대로 의사가 암을 진단할 경우 정확도가 56%였던 반면, 왓슨이 1100테라바이트의 데이터를 기반으로 하여 진단을 하였을 경우, 정확도는 96%까지 상승하는 것으로 나타났다.

---

7) 이미지출처 : DBpia

[그림 1.2-4] 인공지능 활용분야

금융 분야에서는 인공 지능이 은행 상담, 대출 심사, 주식 투자, 채권과 외환 투자, 자산 관리 영역까지 대폭 확대될 것으로 예측된다. 무인 자동차 분야에서 인공지능이 활용되는 분야는 차량 경보 기능과 관련된 영역이다. 이 기능을 구현하기 위해서는 전방에 사람이나 동물이 나타나는 돌발 상황을 차가 인지하고 급정거 할 수 있어야 한다. 사람이나 동물이 어느 위치에서 출현할지는 아무도 모른다. 따라서 여러 위치에서 출현하는 영상을 훈련 데이터로 입력한 후에 이를 기계 학습시켜서, 컴퓨터가 스스로 판단하는 인공 지능 기술이 도입되어 사용되고 있다. 법률 분야에서도 인공 지능에 대한 활발한 실험이 이루어지고 있으며, 일부는 이미 현업에 활용하고 있다. 미국의 모 법률회사에서는 변호사 업무의 일부를 인공 지능이 담당하고 있으며, 재판하는 업무를 실험해 보았더니 약 79%의 정확도가 나왔다고 한다.

다. 개인 맞춤형 다품종 소량 체제

지금까지 자본주의를 지탱했던 생산 시스템은 대량 생산 대량 소비였다. 하지만, 제4차 산업 혁명 이후에는 다품종 소량 생산의 개인 맞춤형 생산으로 바뀔 것으로 예상 된다. 개인 맞춤형 생산이란 소비자가 필요한 물건을 생산자에게 요청하면 생산자는 설계도만 제작하고 3D프린터가 설계도에 따라 제품을 자동으로 만들어 낸 후, 드론이나 정보통신기술이 융합된 배달 시스템을 통해 소비자에게 바로 배달되는 것을 말한다. 즉, 생산자 중심의 자본주의에서 소비자 중심의 자본주의로 전환되는 것이다. 이를 가능하게 하는 두 가지 중요한 기술이 스마트팩토리와 3D 프린팅 기술이다.

3D프린팅 기술은 짧은 시간 내에 소비자가 원하는 제품을 원하는 형태로 만들 수 있는 기술로서 저비용의 다품종 소량 생산 체제를 더욱 확대할 것으로 예측된다. 스마트팩토리는 제품의 설계, 생산, 판매, 배달의

전 과정에 사물 인터넷을 비롯한 정보통신기술을 융합해 생산성을 획기적으로 개선하는 공장 혁신 시스템이다. 스마트 팩토리는 공장 자동화와 비슷한 개념이기는 하지만 차이점이 존재한다. 공통점은 둘 다 생산 시설에 사람이 별로 없으며, 대부분의 관리는 자동화되어 있고, 생산은 로봇이 한다는 것이다. 차이점은 공장 자동화가 하나의 제품을 대량 생산하는 데 초점을 맞추고 있어서 새로운 디자인의 제품을 만들기 위해서는 제조 공정과 생산 설비를 대량으로 교체해야 하는 단점이 존재한다는 것이다. 반면, 스마트 팩토리는 공장 내부에 다양한 생산 시설과 설비들이 무선 네트워크로 모두 연결되어서 데이터를 수집하고 전송한다. 이것의 분석을 통해 공장 컴퓨터가 스스로 의사결정을 하기 때문에 실시간으로 제품 생산이 이루어지는 다품종 생산에 최적화된 시스템이다.

라. 범위가 넓고 속도가 빠름

제4차 산업 혁명의 첫 번째 특징은 기존과는 비교할 수 없는 매우 빠른 속도로 진행된다는 점이다. 기존의 1차, 2차, 3차 산업혁명이 진행되는 데 100년 이상이 걸렸으나, 4차 산업혁명은 20년 내의 단시간에 진행될 것으로 예측된다. 특히, 4차 산업혁명은 어느 한 산업 분야에서만이 아니라 산업 전 분야에 걸쳐 광범위하게 영향을 받을 것으로 예측된다. 또한, 인공 지능을 필두로 한 정보 통신 기술의 발전으로 인해 서로 단절되어 있던 분야들 간에 융·복합이 이루어지면서 사회·경제 차원의 혁신적인 변화를 가져올 것이다. 세계경제포럼에서 제시하는 4차 산업혁명을 추동하는 핵심 기술은 아래의 표와 같다.

[표 1.2-2] 4차 산업혁명의 핵심기술[8]

대분류	기술	의미
물리학 (Physics)	자율 주행차	운전자 없이 인공 지능으로 운행되는 자동차
	3D 프린팅	제품을 설계도에 따라 자동으로 생산
	로봇 공학	지능형 로봇이 인간의 노동을 대신함
	그래핀	강도는 200배 이상 두께는 머리카락의 100분의 1인 최첨단 소재
디지털 (Digital)	사물 인터넷	모든 기기와 사물이 언제 어디서나 상호연결되어 동작
	블록체인	금융 거래 내역을 분산 저장하여 조작을 방지하는 기술로서, 비트 코인의 기초가 됨
생물학 (Biological)	유전학	인간의 유전자를 분석하여 질병 예방에 활용
	합성 생물학	DNA를 합성하여 새로운 유전체를 제작하는 기술
	유전자 편집	유전체에서 질병을 야기하는 유전자의 일부를 제거하는 기술

---

[8] 자료: 클라우스 쉬밥(2016) pp.36-50

3. 인공 지능(Artificial Intelligence)

4차 산업혁명을 추동하는 인공 지능 기술에 대해서 학습한다.

가. 인공 지능의 정의

4차 산업혁명을 추동하고 있는 핵심기술이 바로 인공지능이다. 국내에서는 이세돌과 구글에서 개발한 인공 지능 기계인 '알파고' 사이의 바둑대결에서 알파고가 승리하면서 사람들로부터 많은 주목을 받았다. 인공 지능의 정의를 가장 쉽게 이해할 수 있는 사례로서, 카메라가 얼굴을 인식하는 예를 들 수 있다. 보통 사람이 다른 사람의 얼굴을 알아볼 수 있는 것은 평소에 그 사람의 얼굴을 자주 보았기 때문이다. 대부분의 사람들이 다른 사람의 얼굴을 한 번만 보고서, 나중에 그 사람을 알아보는 경우는 아주 드물다. 물론, 어떤 사람은 한 번 만에 알아보기도 한다. 다른 사람을 알아보기 위해서는 그 사람의 얼굴형, 입 모양, 코의 크기와 같은 얼굴의 특징을 몇 번 자주 보거나 그 사람에 대한 사진을 자주 들여다보아야 한다. 즉, 다른 사람의 얼굴에 대해서 '학습하는 과정'이 있어야만, 나중에 알아볼 수 있는 것이다. 학습을 여러 번 반복적으로 하게 되면, 나중에 정확히 다른 사람을 알아볼 확률이 증가할 것이다. 인공지능은 바로 인간의 학습 과정을 모방하여 컴퓨터가 대량의 빅 데이터를 이용한 학습능력을 갖추도록 함으로써, 스스로 인지·추론·판단을 내릴 수 있는 능력을 갖게 하는 것이다.

[그림 1.2-5] 알파고 로고[9]

나. 기계 학습

인간은 태어나면서부터, 부모와 주위 사람들로부터 끊임없이 배우고 응용할 수 있는 학습 능력을 갖고 있기 때문에, 일정 시간이 지나면 문제를 스스로 해결할 수 있는 능력이 생긴다. 이것은 인간을 자연계의 다른 생물보다 훨씬 뛰어나게 만드는 중요한 특징 중의 하나이다. 기계 학습은 바로 이러한 인간의 능력을 모방하여, 컴퓨터가 훈련 데이터를 통해 스스로 새로운 것을 학습하고 문제해결을 할 수 있도록 하는 기술이다. 기계 학습

---

[9] 이미지출처 : 딥마인드(https://deepmind.com/research/alphago/)

에서는 컴퓨터가 학습을 통해 하나의 문제를 해결한 후에 그 추론과정에서 얻은 경험을 바탕으로 시스템의 지식을 수정 및 보완한다. 다음에 그 문제나 비슷한 문제가 나오면 처음보다 더 효율적이고 정확하게 문제를 해결할 수 있게 되는 것이다. (출처:http://www.aistudy.co.kr/) 기계 학습을 통해 컴퓨터가 학습능력을 갖추게 되면, 어떤 문제에 대한 의사결정이나 판단을 스스로 내릴 수 있게 되며, 프로그래머가 직접 프로그램을 만들지 않아도 새로운 문제를 해결할 수 있다. 따라서 1959년 아서 사무엘은 기계 학습을 '해결해야 할 문제를 코드로 프로그램하지 않은 동작을 데이터로부터 학습하여 실행할 수 있도록 하는 '알고리즘'을 개발하는 연구 분야'로 정의한 바 있다. 기계 학습의 종류는 지도학습과 자율학습으로 구분할 수 있다.

1) 지도 학습 (Supervised Learning)

지도학습(Supervised Learning)은 말 그대로 컴퓨터가 지도를 받으면서 학습을 수행한다는 뜻이다. 정답이 있는 훈련용 데이터(training data)를 이용하여 데이터의 특성을 나타내는 함수를 찾아낸 후, 찾아낸 함수를 통해 컴퓨터가 알아서 답을 찾도록 만드는 것이다. 따라서 지도학습은 명확한 입력 값과 출력 값이 존재한다. 지도학습의 예로서, 이미지 내에서 얼굴을 찾아내는 기술을 들 수 있다. 얼굴을 찾아내기 위해서는 사람의 얼굴 사진을 컴퓨터에 학습을 시킨다. 이때, 단지 몇 개의 사진을 학습시켜서는 사진 안에 얼굴이 있다는 확신을 가지기 힘들다. 그래서 많은 양의 얼굴 사진을 학습 데이터로 사용하며, 많이 하면 할수록 더욱 정확히 얼굴을 판별하기 쉬운 것이다. 이처럼, "이건 사람의 얼굴이다"라는 것을 알려주고 수백 장의 얼굴 사진을 학습 시키는 방법을 지도학습이라고 한다. 즉, '이건 사람의 얼굴이다'라는 정답이 있는 데이터들을 통해 학습을 진행하는 방식이라고 할 수 있다. 지도학습을 통해, 컴퓨터가 얻어내는 학습 정보는 사람의 눈, 코, 입, 위치와 같은 특징들이다. 이 정보들을 이용해서, 나중에 사진을 보고 사람의 얼굴을 찾아내는 것이다. 이러한 지도학습에 기반을 둔 인공지능 기법(또는 알고리즘)에는 회귀 분석, 의사 결정 트리, 신경망 알고리즘, 나이브 베이즈, 연관 규칙 등이 있다.

가) 의사 결정 트리

의사 결정 트리는 입력된 데이터를 분류하기 위한 인공지능 알고리즘이다. 예를 들어, 어떤 은행에서 고객에 대한 대출 이자를 결정하기 위해 신청한 고객의 신용도를 우수, 불량, 중도로 분류해야 한다고 가정해보자. 고객의 신용도를 판단하기 위한 데이터는 고객의 직업, 나이, 연봉, 직업 등을 사용한다. 그러면, 컴퓨터는 고객 판단 데이터를 이용하여 그림과 같은 트리 모양을 구성한다.

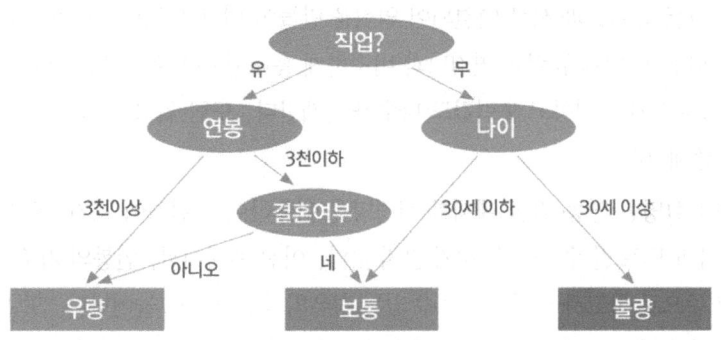

[그림 1.2-6] 의사결정트리 예제

이후에, 각 항목(트리의 노드)에 대해 하나씩, 판단하여, 아래로 내려오면서, 최종적인 판단을 하게 된다. 만약, 은행에서, 수천 명의 고객에 대한 신용평가를 은행 직원이 수작업으로 하게 된다면, 많은 시간과 비용이 낭비될 것이다. 이를 자동화하여, 획기적으로 줄이는 방법이 의사결정 트리를 이용하는 방법이다. 이 방법은 입력되는 데이터가 범주형일 경우 적용 가능하며, 수치 데이터가 들어올 때는 범주형으로 데이터를 변환한 후 적용 가능하다.

나) 신경망 알고리즘

기계 학습은 인간의 학습을 모방하기 위한 기술이다. 인간의 학습은 뇌를 통해서 이루어지며, 인간의 뇌는 뉴런(neuron)이라는 신경 세포들로 이루어져 있다.

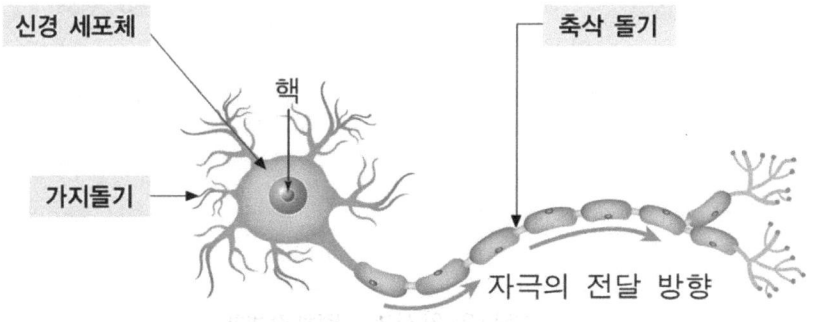

[그림 1.2-7] 뉴런의 구조[10]

각각의 뉴런은 서로 다-대-다 관계로 연결되어 있으며, 데이터를 입력받아 처리한 후, 출력 데이터를 생성한다. 출력 데이터는 다시 다른 뉴런의 입력 데이터로 사용되며, 이런 뉴런들은 뇌 속에 아주 많이 존재한다.

---

10) 이미지출처 : 학습백과zum(http://study.zum.com/book/11779)

무수히 많은 뉴런은 다른 뉴런들과 서로 연결되어 의식을 만들어 내고 신체로부터의 자극을 느낌으로 만들어 다른 기관으로 전달한다. 이렇게 뉴런의 연결망과 비슷하게 흉내 내어 만든 기법이 신경망 프로그램이다. 신경망에서는 입력값도 다수가 존재하고 출력값도 다수가 존재한다. 또한 입력층, 숨겨진 층, 출력층 등의 여러 개의 층(layer)이 존재한다.

예를 들어, 앞에서 설명한 연봉 결정 예제를 신경망을 이용하여 구현하여 보자. 의사 결정 트리의 경우, 하나의 노드에서 다음 노드로 갈 수 경우의 수가 많지 않다. 이전 예제에서, 연봉의 기준이 4천만 원이 아니라 3천, 4천, 5천을 기준으로 하고자 한다면, 갈 수 있는 경우의 수는 3개로 늘어난다. 또 분류해야 할 데이터가 아주 많을 경우에는 의사 결정 트리 알고리즘을 사용하기에는 한계가 있다. 이렇게 하나의 노드에서 다음 노드로 갈 수 있는 경우의 수가 아주 많을 경우에 이용하는 것이 신경망이다. 신경망 알고리즘은 입력 데이터가 여러 개이고 출력값이 여러 개일 경우에 사용한다. 각 출력을 판단하기 위한 함수가 다수 존재하며, 판단을 위한 확률값은 학습을 통해, 이루어진다. 아래 그림은 위의 예제에 대해 신경망 알고리즘을 적용한 그림이다.

신경망 알고리즘의 기본 구조는 노드, 연결, 연결에 대한 가중치값으로 구성되어 있다. 입력 레이어는 입력 데이터를 전달하는 많은 노드를 가지고 출력 레이어는 출력 데이터를 처리할 노드를 갖고 있다. 신경망에서 은닉층과 출력층에 있는 각 노드 사이의 연결값에 부여되는 가중치는 이전 노드의 가중 평균 합을 이용하여 계산된다. 학습 데이터를 이용하여 신경망이 학습되고 나면, 바로 이 가중치 값이 변경되게 된다. 나중에 입력값이 들어오면, 가중값을 계산하여, 가중 높은 곳으로 이동하면서, 출력값이 결정되게 되는 것이다. 아래 그림은 트레이닝 전후의 각 연결의 가중치 변화를 나타낸 것이다.

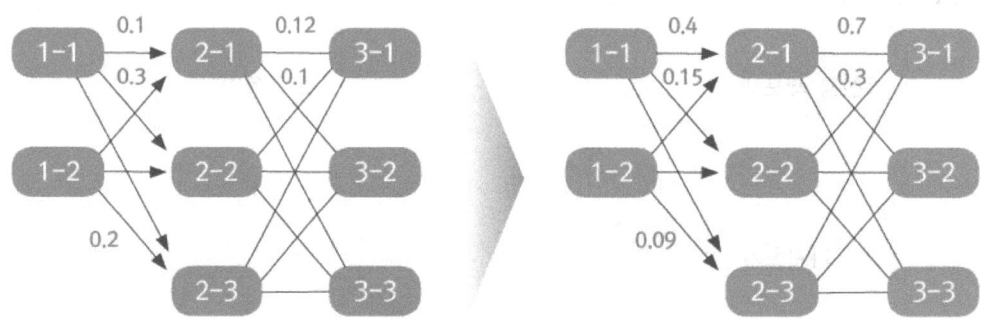

[그림 1.2-8] 신경망 가중치 값 변화

신경망 훈련단계에서는 기본적으로 여러 종류의 신경망 모델을 구성한다. 각각의 모델에 대한 학습 과정이 끝난 후, 각 모델을 이용하여 예측값과 실측값을 계산한다. 실측값과 예측값의 차이(에러)를 이용하여, 어떤 모델이 얼마나 정확하게 예측하는지 계산할 수 있다.

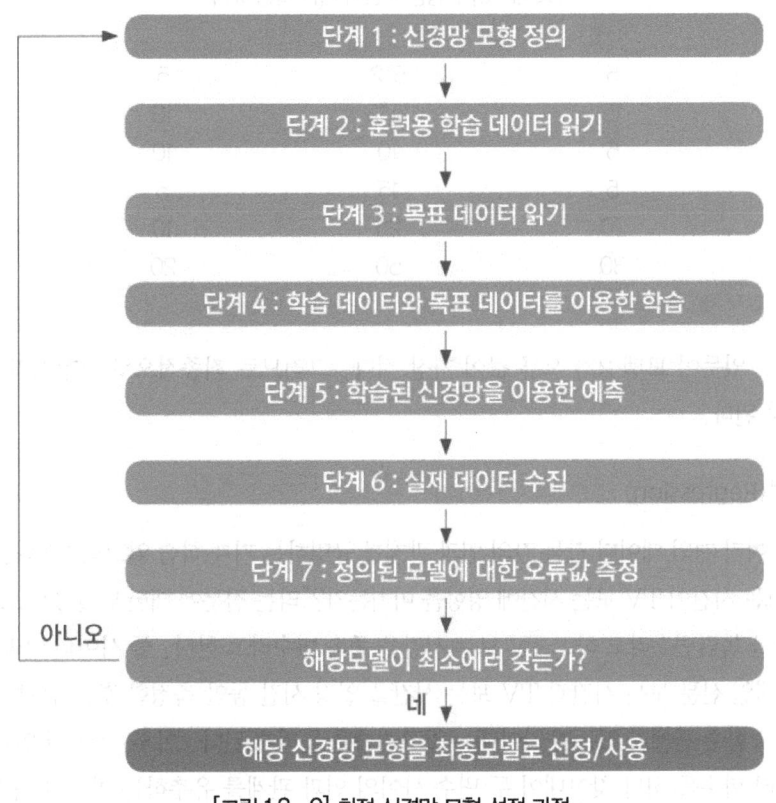

[그림 1.2-9] 최적 신경망 모형 선정 과정

　모델 중에서 에러값이 가장 작은 값을 갖는 모델을 최종적인 신경망 모델로 선정하여 사용하게 된다. 최상의 신경망 모델을 선택하는 과정은 그림과 같다. 먼저 기본 신경망 모델을 정의한다. 이 정의에서 각 계층의 노드 수를 정의하고 각 에지의 기본 가중치와 같은 기본 매개 변수를 설정한다. 예를 들어, 입력, 숨김 및 출력에 대해 노드 수를 5, 5 * 2, 10으로 설정할 수 있다. 신경망에서는 여러 개의 숨겨진 레이어를 가질 수 있지만, 간단히 하기 위해 하나의 숨겨진 레이어만 정의하였다. 단계 (2) 에서, 기계 학습을 위한 훈련 데이터를 읽어 들인다. 단계 (3) 에서, 시스템은 정답 데이터를 읽어 들인다. 단계 (4) 에서, 입력 및 목표 데이터를 사용하여, 신경망이 반복적으로 훈련에 들어간다. 반복 횟수가 가능한 한 많으면 더 좋은 결과를 얻을 수 있다. 훈련이 끝나면, 각 연결의 가중치가 변경되며, 이를 통해 예측의 정확성을 향상할 수 있다. 단계 (5) 에서 훈련된 신경망을 사용하여 미래를 예측하고 모델의 오류를 검사한다. (6) 단계에서 일정 기간 동안 실제 답변을 수집한다. 단계 (7) 에서, 예측 된 값과 실제 값을 비교하여 오류를 측정한다. 모델을 평가할 때 가장 널리 사용되는 지표는 평균 절대 오류이며, 다음과 같이 정의된다. 결과에 대한 예제는 아래 테이블과 같다.

[표 1.2-3] 신경망 모형에 대한 측정 에러

모형	입력노드 갯수	은닉노드 갯수	출력노드 갯수	에러
Model 1	5	5*2	5	8.3915
Mode 2	15	15*3	10	1.4421
Model 3	5	10	10	1.8980
Model 4	5	15	5	2.3191
Model 5	20	25	10	2.3192
Model 6	30	50	20	1.8369

이 표에서 볼 수 있듯이 모델 2가 오류 값이 가장 적다. 그러므로 최종적으로 모형 2가 예측이나 분류를 위한 모델로 선정 된다.

다) 회귀 분석(Regression)

회귀 분석이란 여러 개의 데이터 값들 간의 인과 관계를 규명하는 기계 학습 알고리즘이다. 예를 들어, 어떤 사람이 "신문을 보는 시간이 TV 보는 시간에 영향을 미치는가?"라는 질문에 대한 답을 찾아보고자 한다. 이때, 신문을 보는 시간을 독립변수라고 하고 TV 보는 시간을 종속 변수라고 한다. 둘 사이의 인과 관계가 있는지를 알아보기 위해, 매일 신문 보는 시간과 TV 보는 시간을 일정 시간 동안 측정한 후, 기록하고 컴퓨터에 훈련 데이터로 입력하고 함수 관계가 있는지 찾아내는 알고리즘을 돌리게 된다. 이후, 적정한 인과관계가 있을 때, 해당 데이터로부터 함수를 하나 찾아내어 두 변수 사이의 인과 관계를 유추하는 방법이 회귀 분석이다.

CASE STUDY

지도 학습의 적용 사례로서, 스팸메일을 자동으로 걸러내는 스팸 필터 프로그램을 예로 들 수 있다. 스팸을 걸러내는 가장 간단한 방법은 사용자들이 예전에 스팸을 보낸 적이 있는 나쁜 발신자들을 기록해 놓고 이들이 보낸 메일을 스팸으로 분류하는 방법이다. 하지만 이런 방법은 발신자가 자신의 이메일 주소를 바꾼 후 다시 보내게 되면 스팸인지 판단할 수 없다. 따라서 보낸 사람이 아니라 메일의 제목 혹은 내용을 분석해서 스팸을 걸러내는 방법이 많이 사용된다. 예를 들어 '광고', '싸게' 등의 단어들이 포함되면 해당 메일을 스팸으로 분류하는 것이다. 하지만 이 방법도 우회하기 쉬울 뿐더러 (광.고. 라고 쓴다거나) 일상생활에서도 쓰일 수 있는 표현이 있을 수 있기 때문에 멀쩡한 사람의 이메일을 스팸이라고 인식하게 문제점이 발생할 수 있다. 기계 학습 방법에서는 컴퓨터에 스팸인 이메일과 스팸이 아닌 이메일을 주고, 스팸인 이메일들이 왜 스팸인지 학습시키고 '데이터를 통해 컴퓨터가 자동으로 판별을 해' 스팸을 걸러내는 방식을 취하게 한다. 이렇게 스팸 필터를 만들게 될 경우 데이터가 많아질수록 더 많은 것들을 학습할 수 있으므로 스팸 필터의 성능이 향상 된다. [11]

---

11) 출처 : 애드류 응의 강의, "인공지능", 2016.03.03

2) 자율 학습 (Unsupervised Learning)

자율학습에서는 지도 학습과 같이 동일하게 훈련용 데이터를 통해 학습을 수행하지만, 데이터에 대한 정답이 주어지지 않는다. 예를 들어, 다양한 수백 종류에 동물 사진들을 입력하고 이를 호랑이, 고래, 거북이 등으로 분류하는 작업을 생각해 보자. 비(非)지도 학습에서 각 사진이 호랑이인지 고래인지 거북이인지 컴퓨터에 알려주지 않는다. 사진에 나와 있는 동물들의 특징을 분석해서 비슷한 것끼리 분류만 해놓을 뿐이다. 이때, 컴퓨터는 분류해 놓은 사진이 어떤 동물인지 알지 못한다. 비슷한 것끼리 분류할 때, 데이터 간의 거리를 계산하여 값의 차이가 적은 것끼리 분류해 놓는다. 학습이 잘 된 상태라면, 사진을 줬을 때, 호랑이, 고래, 거북 등을 잘 판별할 수 있지만, 훈련 데이터가 적거나 잘못된 입력 데이터를 사용하였을 경우에는 고래를 호랑이로 또는 거북이를 고래로 판별할 수도 있다. 따라서 이것은 컴퓨터가 알아서 데이터를 분류하고 의미 있는 값을 보여 주거나 데이터가 어떻게 구성되어 있는지 밝히는데 주로 사용되는 학습 방법이다. 자율학습은 계산을 반복하면서 가장 적합한 가중치 계수를 찾아내고 정답 정보가 없는 상태에서 학습을 통해 모델을 만들어 낸다. 비(非)지도학습을 사용하는 인공지능 알고리즘에는 군집화 기법이 있다. 군집화란 주어진 데이터를 특성에 따라, 여러 개의 그룹으로 분류하는 것을 말한다.

3) 딥 러닝 (Deep Learning)

딥 러닝은 캐나다 토론토 대학의 제프리 힌튼 교수에 의해 처음 제안된 인공지능 기술이다. 이 기술에서도 기존에 이미 나와 있던 신경망을 사용한다. 제안된 기법에서는 기존에 신경망에서 문제가 되었던 부분을 데이터 전처리 과정을 통해 해결하였다. 딥 러닝이 등장하기 전에 문제가 되었던 부분은 신경망 기법에서 사용하는 최적화(Optimization) 알고리즘 적용 부분에서 발생한다. 최적화란 인공지능이 정답과 비슷한 여러 개의 답을 대입해 가며 최적의 해를 찾아가는 과정입니다. 이 과정에서의 문제점은 최적화 과정을 수행해서 나중에 값을 확인해 보면 정답이 아니라 오답이 나온 경우가 빈번히 발생한다는 것이었다. 이 문제를 힌튼 교수는 데이터 전처리 과정을 통해 해결하였다. 이 방법은 인공신경망의 각 층을 먼저 자율 학습(unsupervised learning)을 통해 잘 만들어 놓고 대량의 빅 데이터를 통해 오랫동안 학습시킨다. 대량의 데이터 학습은 수백 개의 CPU가 집적된 슈퍼 컴퓨터의 등장으로 가능하게 되었다.

CASE STUDY

바둑은 경우의 수가 너무 많아서, 기존에 존재하는 전체 경우의 수를 빠르게 탐색해 가는 게임 소프트웨어 알고리즘으로는 구현할 수 없어서 그동안 소프트웨어가 정복하지 못한 게임 중 하나였다. 알파고를 포함한 모든 바둑 프로그램의 성능은 바로 어떤 탐색 방법을 사용하느냐에 따라, 승패가 좌우된다고 할 수 있다. 알파고에서는 두 가지 방법을 사용하여 바둑 프로그램을 구현 하였다. 첫째, 몬테카를로 트리 탐색(Monte Carlo Tree Search, MCTS)이라는 인공지능 알고리즘을 적용하였다. 이 알고리즘은 바둑 기사의 착수를 학습한 Policy Network(트리의 폭을 제한)와 국지적인 패턴인식으로 승산 판단을 위한 Value Network(트리의 깊이)의 두 가지 기능으로 구현되어 있다. 둘째로, 프로바둑 기사들의 승리한 수들을 심층 학습(Deep Learning)하여, 승률을 높이도록 하였다.[12]

4. 빅 데이터(Artificial Intelligence)

4차 산업혁명을 추동하는 빅 데이터 기술에 대해서 학습한다.

가. 빅 데이터의 정의 및 특징

1970년 초 데이터를 보관하기 위해서 컴퓨터에 파일로 저장을 하거나 데이터베이스에 저장하였으며, 데이터의 형태도 형식이 미리 정해져 있는 정형 데이터가 대부분 이었다. 하지만, 1990년 이후 휴대폰과 인터넷이 등장하면서, 기존의 데이터 형태와는 다른 비정형 데이터가 폭발적으로 늘어났으며, 이로 인해 빅 데이터라는 개념이 등장하였다. 가트너 그룹의 더그 레이니에 의하면, 빅 데이터는 세 가지 특징을 가진 데이터로 정의할 수 있다. 첫째 기존의 크기와는 비교할 수 없는 대용량 크기를 가진 데이터이다. 두 번째, 데이터의 형태가 아주 다양하다. 셋째, 데이터의 증가 속도가 매우 빠르다.

나. 빅 데이터 기술

빅 데이터를 처리하기 위한 기술은 수집, 저장, 처리, 분석, 시각화, 빅 데이터 정보 보호로 구분할 수 있다.

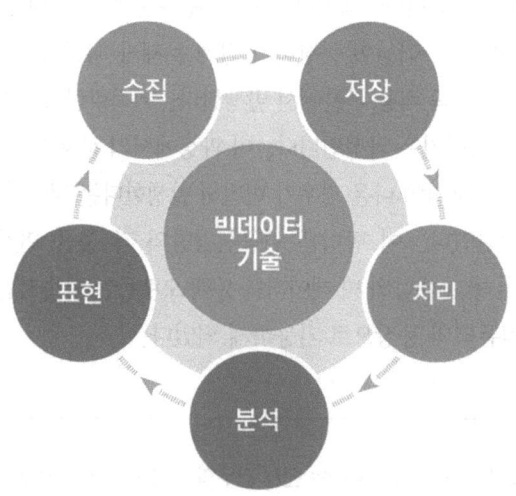

[그림 1.2-10] 빅 데이터 처리 기술 분류

---

12) 소프트웨어정책 연구소 보고서 요약함("알파고의 인공지능 알고리즘 분석", 2016.03.03.)

1) 빅 데이터 수집 기술

빅 데이터의 형태는 크게 정형 데이터, 비정형 데이터, 반정형 데이터로 구분할 수 있다. 정형 데이터는 고정된 형식을 가진 데이터를 의미하는 것으로, 대표적인 예는 데이터베이스에 저장된 데이터를 들 수 있다. 비정형 데이터는 고정된 형식이 없는 데이터를 의미하는 것이며, 트위터나 페이스북과 같은 소셜 데이터를 예로 들 수 있다. 반정형 데이터는 정형 데이터와 비정형 데이터가 섞여 있는 형태의 데이터를 의미하는 것으로 XML이나 HTML 형태의 데이터가 그 예이다.

[표 1.2-4] 빅 데이터의 종류

빅 데이터 종류	설 명	예
정형 데이터	데이터 형식이 정해져 있음	데이터 베이스, 엑셀
비 정형 데이터	데이터 형식이 없음	트위터, 이메일 등
반 정형 데이터	정형 데이터와 비정형 데이터 섞여 있음	XML, HMTL형태

수집해야할 빅 데이터는 크게 내부 데이터와 외부 데이터로 구분할 수 있다. 내부 데이터는 조직이나 기관 내부에서 보관하고 있는 파일, 데이터베이스, 센서 등으로부터 수집하는 데이터이며, 외부 데이터는 게시판, 트위터, 블로그, 페이스북 등 외부로부터 수집하는 데이터를 의미한다. 특히, 빅 데이터는 기존의 데이터양보다 수십 수백 배 크기 때문에, 자동화된 소프트웨어를 이용하여 수집한다. 빅 데이터를 수집하는 방법에는 크게 로그 수집기, 크롤링 소프트웨어, RFID 센서 등을 사용하는 방법이 있다. 로그 수집기는 서버 컴퓨터의 운영 체제의 일부로 장착된 로그 기록 소프트웨어를 이용하여, 사용자의 웹 사용 기록, 웹 클릭 기록, 또는 데이터베이스 사용 기록을 수집하는 방법이다. 크롤링 소프트웨어는 사람이 개입하지 않아도 프로그램이 자동으로 인터넷 사이트를 돌아다니며, 게시판 데이터나 소셜 데이터를 수집하는 방식이다. RFID 센서를 이용하는 방법은 각종 기기에 장착되어 있는 센서에 입력되는 데이터를 수집하여, 중앙 서버로 보내고 이를 통합 수집하는 방식이다. 빅 데이터를 수집한 후, 이를 효과적으로 처리하기 위해서는 기존의 형태를 빅 데이터 처리에 적합한 형태의 데이터로 변경해 주어야 한다. 빅 데이터에서 주로 많이 사용하는 형태의 데이터 형식은 NoSQL형식이다.

2) 빅 데이터 저장 기술

빅 데이터는 그 크기가 방대하여, 기존처럼 하나의 서버나 하드 디스크에 모두 저장하여 보관하거나 처리할 수 없기 때문에, 주로 여러 대의 컴퓨터에 나누어서 저장하는 분산 저장 방식이 사용된다. 이 방식에서는 빅 데이터를 일정한 크기(예를 들어, 64MB)의 조각(블록)으로 나눈 후, 이를 서로 다른 컴퓨터에 분리해서 저장한다. 이렇게 저장하는 것의 문제점은 하나의 블록이라도 문제가 생겨 사라질 경우, 전체 데이터에 문제가 생긴다는 점이다. 이러한 문제점을 해결하기 위해서, 분산 저장 방식에서는 하나의 동일한 블록을 여러 개

복사해서 다른 컴퓨터에 중복 저장하는 데이터 복제 기법이 사용된다.

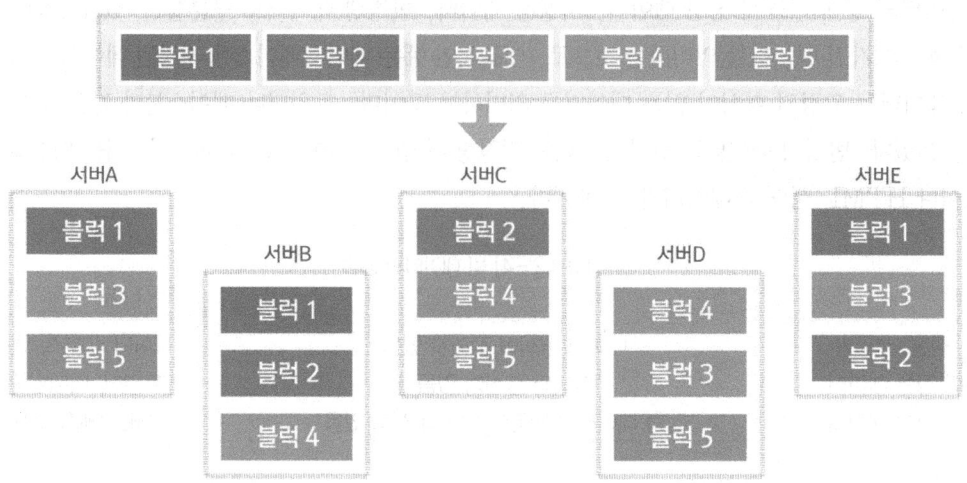

[그림 1.2-11] 빅 데이터 분산 저장 방식 예

    이렇게 함으로써, 데이터 조각이 저장된 서버가 고장 나면, 다른 서버에서 필요한 데이터 조각을 가져와서, 데이터에 대한 신뢰성을 보장한다. 빅 데이터를 분산 저장할 경우 데이터 조각이 저장된 컴퓨터의 용량이 모자라거나 저장할 컴퓨터가 부족할 경우, 저장할 컴퓨터를 새로 발굴하고 추가해서, 저장 용량을 늘려 주어야 한다. 새로운 컴퓨터가 추가된 후에는 기존 컴퓨터의 용량은 모두 차 있고 새로 추가된 컴퓨터에는 데이터가 하나도 저장되어 있지 않은 상태가 된다. 이 상태에서, 빅 데이터를 저장하거나 읽기 위한 시도를 할 경우, 특정 컴퓨터만 과부하가 걸리는 일이 발생하며, 성능이 급격히 저하된다. 이를 해결하기 위해서는 기존의 데이터를 추가된 컴퓨터로 옮기는 데이터 재배치 작업이 필요하게 된다. 재배치 작업에서는 기존의 분산 컴퓨터들에 저장된 데이터 조각들을 가져와서, 새로 추가된 컴퓨터에 옮긴다. 이렇게 함으로써, 데이터 저장량의 불균형이 해소되고 빅 데이터 처리 성능이 향상된다.

    빅 데이터 분석 과정에서 트위터 메시지나 페이스북과 같은 비정형 데이터는 수집된 원시 데이터를 그대로 사용할 수 없기 때문에, 정형 데이터로 변경한 후에 사용해야 한다. 이를 위해 빅 데이터 저장 형식으로 가장 많이 사용하는 것이 NoSQL방식(Not-Only-SQL)이다. 이 방식은 데이터를 저장할 때, "〈키, 값〉"의 쌍으로 저장한다. 여기서, "키"란 주민등록번호, 학번, 사회보장 번호와 같이 데이터를 고유하게 식별하기 위한 고유한 값을 의미 한다. 만약 키가 없을 경우, 임의의 난수를 생성하여 키로 사용하기도 한다.

CASE STUDY

빅 데이터를 분산 저장하고 처리하기 위해, 현재 가장 많이 사용되고 있는 소프트웨어는 하둡(Hadoop) 이다. 하둡은 아파치에서 개발한 것으로 하둡 분산 저장 파일 시스템(HDFS, Hadoop Distributed File System), 빅 데이터를 분산 처리하기 위한 맵/리듀스 시스템(Map/reduce system), 기존의 테이블 형태의 데이터를 빅 데이터 형태로 변경해주는 스쿱(SQOOP) 시스템으로 구성되어 있다. 오픈소스이기 때문에 누구나 다운로드 받아서 사용할 수 있다. 또한, 맵/리듀스 프로그램을 쉽게 코딩할 수 있는 피그(Pig)라는 전용 스크립트 언어도 제공하고 있다. 이 언어를 사용할 경우, 자바로 작성된 맵/리듀스 프로그램의 코드 수를 십 분의 일까지 줄일 수 있다.

3) 빅 데이터 처리 기술

저장된 빅 데이터는 분석을 위한 사전 처리 과정이 필요하다. 이 과정에서 주로 하는 일은 분석을 위해, 빅 데이터를 컴퓨터로 읽어 오거나 읽어온 데이터를 저장하는 작업을 수행하게 된다. 빅 데이터 처리를 위해, 가장 많이 사용하는 소프트웨어는 아파치에서 개발한 하둡의 맵/리듀스(MapReduce) 소프트웨어이다. 이 프로그램은 분산 저장된 빅 데이터를 효율적으로 읽어오고 서버에 데이터를 쓰는 소프트웨어 이다. 여기서 '맵'은 빅 데이터를 분산 처리하기 위해 작은 단위로 나누어 주는 기능(프로그램 함수)을 의미 하며, '리듀스'는 데이터 처리가 끝난 후 결과를 하나의 파일로 통합해주는 기능(프로그램 함수)을 의미한다. 맵/리듀스를 이용한 빅 데이터 처리 단계는 아래와 같다.

[표 1.2-5] 맵과 리듀스를 이용한 작업

수행 단계	설 명
데이터 읽기	입력 빅 데이터를 읽음
데이터 분리	분산 병렬 처리를 위해, 원래의 데이터를 여러 개로 분리
맵(Map)	분리된 데이터를 입력 값으로, 필요한 작업(소수출력, 단어개수 계산 등)을 수행. (키, 값) 형태로 출력
분류및정렬	동일한 키를 가진 쌍들끼리 그룹화하고 정렬
리듀스(Reduce)	그룹화된 중간 계산 결과값에 대한 집계 작업(덧셈, 개수, 평균) 수행
데이터 쓰기	결과값을 하드디스크에 저장

4) 빅 데이터 분석 기술

분산 처리된 빅 데이터는 여러 가지 기법을 이용하여, 분석 작업에 들어간다. 분석에 가장 많이 사용하는 기법은 기존의 데이터 마이닝 기법을 포함하여 다양한 방법이 존재한다. 최근에 빅 데이터는 소셜 데이터가 폭발적으로 증가하면서 자연어 처리에 기반 소셜 데이터 분석 기법이 많이 사용되고 있다. 아래에서 많이 사용되는 빅 데이터 분석 기법을 소개한다.

가) 텍스트 마이닝

텍스트 마이닝은 비정형 또는 반정형 데이터로 구성된 빅 데이터에서 자연어 처리 기술에 기반을 둔 의미 있는 정보(지식)를 추출하는 기술이다. 자연처리 기술은 컴퓨터가 인간의 언어를 이해하고 분석하는 기술을 의미한다. 일반적인 데이터 마이닝이 구조화된 데이터를 대상으로 하는 반면, 텍스트 마이닝은 텍스트 문서나 이메일, HTML문서가 대상이 된다. 텍스트 마이닝은 텍스트 데이터 수집, 키워드 선정, 키워드 기반 텍스트 분석, 정보 추출의 총 네 단계에 걸쳐 진행 된다.

[그림 1.2-12] 텍스트 마이닝 처리 단계

수집 단계에서는 주로 인터넷에서 소셜 데이터를 자동으로 수집하는 크롤링 소프트웨어를 사용하여 수집하고 수집된 데이터를 NoSQL과 같은 정형화된 데이터로 변경한다. 키워드 선정에서는 텍스트 분석에 사용될 키워드를 선정한다. 수십 개에서 수백 개의 키워드가 선정된다. 키워드 선정을 위해서는 관련 분야에 대한 지식이 요구된다. 텍스트 분석 단계에서는 자연어 처리 기술을 이용하여, 문장을 분할하고 선정된 키워드의 개수를 세거나 중요도를 계산하여, 전체 텍스트를 분석한다. 자연어 처리 기술은 형태소 분석, 구문 분석, 의미 분석, 화용 분석 단계로 다시 나누어진다. 형태소 분석에서는 문장을 의미를 가지는 단어로 나누는 작업이고 구문 분석에서는 찾아낸 단어에 대해 각각 품사(명사, 동사, 형용사 등)를 붙인다. 의미 분석에서는 같은 단어이면서 문맥에 따라 다른 의미로 사용되는 단어에 대한 정확한 의미를 분석한다. 화용 분석에서는 의문문과 같은 문장의 정확한 의미를 분석한다. 텍스트 마이닝의 마지막 단계는 정보를 추출한 후 이를 사용자에게 보여주는 단계이다. 텍스트 마이닝을 결과로 보여주는 가장 대표적인 방법은 워드 클라우드를 사용하는 것이다.

CASE STUDY

연설문에서 핵심 문장을 자동으로 찾아내는 문제를 텍스트 마이닝 사례로 들 수 있다. 핵심 문장을 찾아내는 방법은 아래와 같은 순서로 진행 된다. 첫째, 연설문을 텍스트 데이터로 변환한다. 둘째, 핵심 단어를 선정한다. 셋째, 텍스트를 자연어 처리를 이용하여 문장으로 분할하고, 나눈 문장을 다시 단어로 분할하여 분석한다. 넷째, 각 문장에 나타난 핵심 단어를 이용하여 다른 문장과의 관계를 관계망으로 변환한다. 관계망에서 각 문장에 대한 중요도 점수를 산정한다. 이 때, 다른 문장과 많은 관계가 있을수록 높은 점수를 부여한다. 다섯째, 최종 점수를 산정 한 후 이를 사용자에게 보여 준다.[13]

---

13) 출처 : 고려대학교 김성범 교수 논문 (http://slideplayer.com/slide/10944070/)

나) 오피니언 마이닝

오피니언 마이닝은 사용자나 고객이 작성한 텍스트에 나타난 사람들의 태도, 의견, 성향과 같은 주관적인 데이터를 분석하여 객관적인 점수로 정량화하는 기법이다. 이 기법은 단순한 텍스트를 추출하는 마이닝과 다르며, 분석 결과는 찬성/반대, 좋음/싫음과 같은 이진 형식으로 나타난다. 이를 감성분석(Sentiment Analysis)이라고도 하며, 더 나아가면 감성정보(분노, 기쁨, 슬픔)도 파악 가능하다. 감성 분석은 아래와 같은 총 네 단계로 진행된다.

[그림 1.2-13] 감성 분석 절차

데이터 수집 단계에서는 블로그나 게시판, 제품 평가란 등에 올린 텍스트나 트위터나 페이스북 개인적인 소셜 네트워크에 올린 글을 수집 엔진(Web Crawling)을 활용하여 자동으로 수집한다. 특정 사이트만을 대상으로 하기보다는 제휴 정보를 포함해 뉴스, 블로그, 카페, 전문 커뮤니티, SNS 등 채널을 다양화해 국내외 수집 가능한 사이트들로부터 데이터를 수집 한다.

두 번째 주관성 분석 단계에서는 자연어 처리의 형태소 분석을 통해 의견 분석에 사용될 단어(긍정, 부정)만을 분리, 분류하는 작업이 이루어진다. 저자의 이름이나 성별과 같은 불필요한 개인 정보나 사실만을 진술하는 문장 등은 분석대상에서 제외한다.

세 번째 단계에서는 주어진 전체 문서 또는 문장을 분석하여, 해당 제품이나 사건에 대해 '긍정'인지, 혹은 '부정'인지를 판단 한다. 이를 위해, 텍스트 안에 있는 긍정적, 부정적인 단어를 검색하고 이를 정량화한 뒤 통계적 기법 적용한다. 극성 판단 종류에는 '문서' 단위 극성 분석과 '속성' 단위 극성 분석 방법이 있다. 문서 단위 극성 판단은 전체 문서에 대한 극성을 판별하는 것이고 속성 단위 분석은 제품이나 사건의 속성별로 극성을 분석하는 방법이다. 예를 들어, 휴대폰에 관한 글을 분석하여 극성을 판별할 때, 휴대폰 전체가 아니라 크기, 성능, 사용감과 같은 세부 속성에 대해 각각 극성을 분석하는 방법이 속성 단위 분석 방법에 속한다. 극성 판별에 사용되는 방법에는 나이브 베이즈(Naive Bayes), 최대 엔트로피(Maximum Entropy) 등이 있다. 나이브 베이즈 기법은 각 단어에 대해 긍정과 부정 항목에 포함될 확률을 구한 후, 높은 확률을 가지는 쪽으로 판단하는 통계적 기반 극성 분류 기법이다. 예를 들어, 매개 변수 x, y에 대해, 분류1에 속할 확률 p_1이고 분류2에 속할 확률이 p_2일 경우, p_1이 p_2보다 크면, 분류1로 판단하고 p_2가 더 크면 분류2로 판단한다. 이메일 스팸 여부 판단하는 예제를 생각해보자. 베이즈 기법에서는 이메일에 들어가 있는 단어들에 ("쇼핑", "비아그라", "보험") 대해, 해당 이메일이 스팸일 확률과 스팸이 아닌 확률을 측정하여, 각각의 확률은 더한 후, 최종 확률이 높은 쪽으로 판단한다.

다) 사회 연결망 분석

사회 연결망 분석은 분석 대상 데이터에서 개체들(인물 또는 제품)을 선정한 후, 이들 관계를 연결망(네트워크)으로 구성하여 특정 개체의 전체관계 및 영향력 등을 찾아내는 빅 데이터 분석 기법이다. 여기서 개체란 분석의 대상이 되는 회사의 제품이나 SNS 상에서의 인물 등이 될 수 있다. 일반적으로 분석 대상간의 연관성은 데이터 마이닝 기법 중 확률기반 연관 규칙 기법을 이용해서 찾아낼 수도 있지만, 이 방법은 한 데이터와 또 다른 데이터의 직접적인 연관 관계만 표현할 수 있을 뿐, 두 단계 또는 세 단계 이상의 관계성을 잘 표현하지 못한다. 사회 관계망 분석에서는 두 단계 이상의 연관 관계도 잘 표현할 수 있다. 사회 연결망 분석을 위한 지표(metric)로서 두 종류가 있다. 첫째, 연결망 결속 정도를 파악하기 위한 지표이다. 이 지표는 각 노드의 연결 개수(degree), 연결 거리(distance), 밀도(density), 포괄성(inclusiveness)등 있다.

[표 1.2-6] 연결망 분석을 위한 지표

구 분	분석지표	정의	의 미
연결망의 결속정도를 파악하기 위한 지표	연결 개수	한 노드가 가진 연결개수	수가 많을수록 영향력이 높음
	연결 거리	한 노드에 다른 노드까지의 가장 짧은 경로	두 노드의 거리가 짧을수록 친밀하며, 정보, 소문 등이 신속히 전달
	밀도	연결 가능한 총 개수 중에서 실제 연결된 개수	높으면, 상호 교류가 많고 적으면, 상호교류 적음. 연결망의 응집성, 결속도를 나타냄
	포괄성	전체 노드 중에서 연결이 없는 노드를 제외한 노드수	포괄성이 높으면, 집단(연결망)이 개방적이고 내부 소통 활발
노드의 영향력을 파악	중심성	한 노드와 직접 또는 간접적으로 연결된 모든 노드의 수	특정 인물이나 제품의 영향력 또는 권력

두 번째로 연결망 내에서 노드(인물이나 품)가 가지는 영향력, 위치, 역할 등을 파악하기 위해 사용하는 지표로서 중심성(Centrality)라는 지표가 있다. 다시, 중심성에는 연결 중심성, 매개 중심성, 근접 중심성 등이 있다. 위 지표를 사용한 연결망 분석 예제를 보자. 아래의 그림은 노드와 노드간의 관계를 사회연결망으로 표현한 것이다.

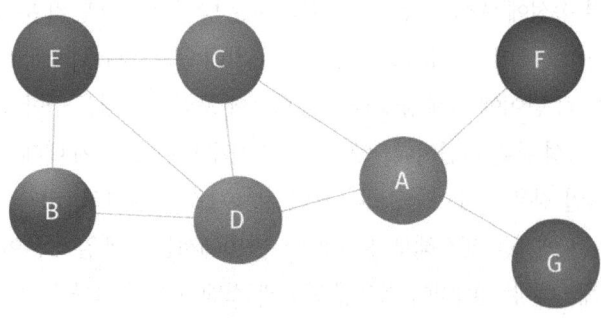

[그림 1.2-14] 연결망 예제

그림에서 노드 A가 전체 연결망에서 가장 중심에 위치하기 때문에, 중심성이 높다는 것을 알 수 있다. 이는 [표 1.2-5]에서 보듯이 연결 중심성 값이 0.78로 가장 높게 나왔기 때문에, 영향력이 가장 높다는 것을 확인할 수 있다. 매개 중심성의 경우, 노드 D가 가장 높게 나왔음을 알 수 있으며, 연결망 내에서 노드들 사이의 중재자 역할을 수행하고 있음을 알 수 있다. 다음 도표는 위의 사례에 대한 각종 지표 값을 계산한 사례이다. 근접 중심성 값은 노드 B가 가장 큰 값을 가지기 때문에 각 노드에 도달하는 거리가 가장 짧은 위치에 놓여 있으며, 연결망의 중심 노드임을 알 수 있다.

[표 1.2-7] 연결망 분석 결과 예

중심성 지표	A	B	C	D	E	F	G
연결 중심성	0.78	0.36	0.27	0.36	0.36	0.36	0.36
매개 중심성	0.25	0.02	0.00	0.45	0.06	0.06	0.04
근접 중심성	0.50	0.76	0.37	0.38	0.46	0.55	0.55

구체적인 사회연결망 분석 사례로 사회 연결망 분석 기법을 이용하여, 온라인 쇼핑몰 구매 제품에 대한 고객의 구매 경향을 분석한 연구를 들 수 있다. 이 연구에서는 온라인 쇼핑몰에서 판매되는 31개의 제품을 노드로 설정하고 제품들이 함께 구매된 경우(동시 구매)를 연결로 설정하여 사회연결망을 구성하였다. 연결망에서 각 제품은 도형으로 표기하였으며, 연관 관계의 정도는 선의 굵기로 표기하고 매출액은 도형의 크기로 표시하였다.

구매 경향은 세 가지 특징에 대해서 분석 하였다. 연결 중심성 지표 값을 계산하여 제품에 대한 연관구매 경향을 파악 하였다. 연관 구매란 다른 상품을 구입할 때 다른 제품을 함께 구입하는 경향성을 의미하며, 연관 구매 경향이 높은 제품을 함께 진열함으로써 제품이 매출이 증대될 수 있도록 한다. 연결 중심성 값이 높으면 다른 상품과 연결이 매우 많이 존재하므로 다른 상품 구입 시 같이 구매될 확률이 높다는 것을 알 수 있다. 두 번째는 매개구매 경향을 파악하였다. 매개 구매 경향은 연결망에 있는 한 상품이 다른 상품을 구매하도록 하는 매개 역할의 정도를 나타내는 성질로서, 값이 비싼 상품은 다른 상품들과 가장 짧은 거리에 위치하여 다른 상품들의 구매에 큰 영향을 주는 상품임을 의미한다. 이 경향의 정도를 나타내는 값으로 매개 중심성(Betweenness Centrality) 지표 값을 사용하였다. 세 번째, 한 상품이 다른 상품에 얼마나 가까이 근접해서 있는가를 의미하는 중심 구매 경향을 파악하였다. 값이 비싼 상품은 전체 연결망에서 중앙에 있으며, 전체 매출에 높은 영향을 미치고, 온라인 쇼핑몰의 전체를 대표할 수 있는 상품인지 아닌지를 판단할 수 있게 한다. 중심 구매 경향을 파악하기 위해 근접 중심성 지표 값을 계산하여, 나타내었다. 분석 결과를 보면 영 캐주얼이 가장 많은 상품과 연결되었음을 볼 수 있다. 특히 영 캐릭터, 진 스포티 캐주얼, 골프웨어와 강하게 연결되어 있으므로 이들과의 연관 구매 경향이 특히 높다고 할 수 있다.[14]

---

14) 일부 자료 요약 : 사회연결망 분석 기법을 이용한 온라인 쇼핑몰의 상품전략에 관한 연구(김병국, 경일 대학교, 2013)

이런 상품들을 온라인 쇼핑몰의 홈페이지에 제품 이미지를 서로 근접 배치하여, 구매 효과를 높일 수 있다. 특히 위 분석 결과를 제품을 층별로 배치할 때 유용하게 활용할 수 있다. 연관 구매경향이 높은 제품들은 함께 묶어서 하나의 그룹으로 배치를 하고 매개 구매 경향이 높은 상품은 연관 구매 경향이 높은 그룹의 중간에 배치하여, 다른 상품 구매를 촉진하도록 할 수 있다. 또한 중심 구매경향이 높은 제품은 고객 가장 쉽게 접근하고 많이 다니는 곳에 배치하여 대표적인 상품으로서의 역할을 충실히 할 수 있도록 한다.

> **CASE STUDY**
>
> 감성 분석에 대한 사례로서, "SNS 데이터를 활용한 국내 대학 인식 파악 및 선호도 분석"에 관한 연구를 들 수 있다.[15] 이 연구에서는 감성 분석 기법을 활용하여 국내 대학 관련 키워드 분석, 대학 관련 감성 분석 등을 진행 하였다. 연구에서는 2013년 10월 15일부터 2013년 11월 23일까지 90만 건의 유효 트위터를 수집 하였으며, 약 300개의 키워드를 사용 하였다. 대학 관련 '키워드' 분석 결과를 보면, 대학과 관련하여 '학생'이라는 단어가 제일 많이 언급이 된 것으로 나타났으며, 두 번째로는 '수능'이라는 단어가 언급되었음을 알 수 있다. 수능이라는 단어가 많이 언급되었던 이유는 데이터를 수집한 기간이 수능 기간이었기 때문인 것으로 추측된다.

5) 빅 데이터 시각화 기술

빅 데이터 시각화는 분석된 결과를 도표나 그림으로 사용자에게 보여주는 기술이다. 주위에서 가장 흔하게 볼 수 있는 시각화 기술은 단어 구름(워드 클라우드)을 들 수 있다. 이 기술은 텍스트에 나타난 키워드의 빈도수와 중요도를 계산하여, 값을 매긴 후, 값이 높은 단어는 커다란 구름으로 표시하고 값이 적은 단어는 작은 구름으로 표시하는 방법이다. [그림 1.2-21]은 국내 다음 사이트에서 제공하는 2017년 10월 23일 (키)워드 클라우드를 보여주고 있다.

다음으로 많이 사용하는 시각화 기술은 네트워크 형태로 표현하는 방법이다. 이 방법은 개인 간의 친구 관계를 분석하여 화면에 표시할 때 많이 사용하는 방법이다. 특히, 사회 관계망 분석 결과를 표시하는데 많이 사용한다. 사회 관계망 분석 결과는 각 노드와 노드 사이의 연결, 중요도 등을 원과 선으로 표시 한다. 아래의 그림은 사회 관계망 분석 결과를 그림으로 표시한 것이다. 네트워크 시각화를 지원하는 대표적인 도구로는 제피(Gephi)라는 도구를 들 수 있다. 이 도구는 2008년 베스틴(M.Bastin)에 의해서 개발된 도구로 링크드인(LinkedIn)에서 데이터를 시각화 하는데 많이 활용되고 있다.

---

15) "SNS 데이터를 활용한 국내대학 인식 및 선호도 분석" 논문 참조(양민혁, 충북대학교, 2014.02)

[그림 1.2-15] 워드 클라우드 예제[16]

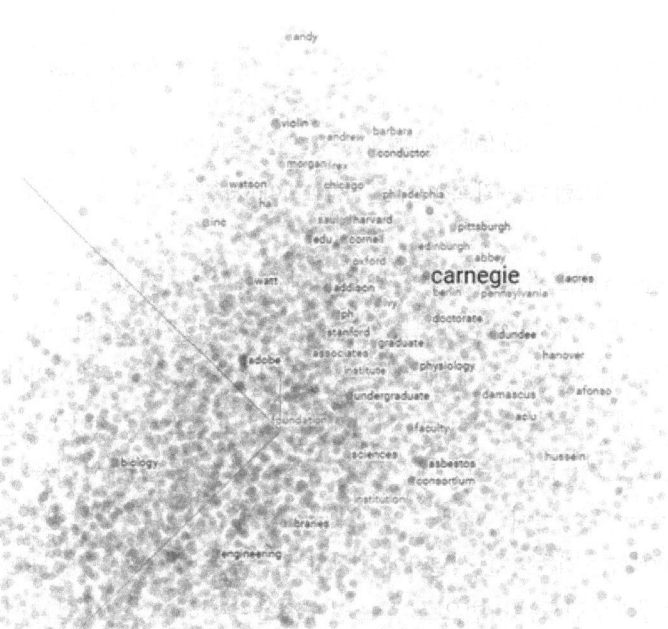

[그림 1.2-16] 사회 관계망 분석 결과 시각화[17]

---

16) 이미지출처 : 다음 사이트(www.daum.net)
17) 이미지출처 : 구글 테스트 사이트(http://projector.tensorflow.org/)

6) 빅 데이터 보안

최근 들어 국내외 정부 기관이나 병원에서는 빅 데이터를 연구 목적으로 제 3자에게 제공하는 경우가 많이 늘어나고 있다. 제공되는 데이터 내부에는 질병정보나 사회보장 번호, 주민번호와 같은 개인 프라이버시 정보들이 많이 포함되어 있다.

Job	Sex	Age	Disease
Engineer	Male	35	Flu
Writer	Female	30	Tuberculosis
Dancer	Male	38	Tuberculosis
Scientist	Male	34	Flu

(a) 배포예정 데이터베이스

Name	Job	Sex	Age
Alice	Writer	Female	30
Tom	Engineer	Male	35
Fredrick	Lawyer	Male	25
Jane	Musician	Female	23

(b) 이미 배포된 데이터베이스

Name	Job	Sex	Age	Disease
Alice	Writer	Female	30	Tuberculosis
Tom	Engineer	Male	35	Flu

(c) (a)와 (b)에 대한 조연연산 결과

[그림 1.2-17] 속성 연결을 통한 프라이버시 정보 획득

이러한 프라이버시 정보들이 외부로 누출될 경우, 타인에 의해 악용될 소지가 있으므로, 아예 삭제하거나 다른 데이터로 변경한 후 배포해야 한다. 하지만 민감 정보를 삭제하더라도 준 식별자(quasi-identifiers, 데이터베이스에서 조인 연산의 기준이 되는 속성)속성에 해당하는 정보를 이용하면, 개인 프라이버시 정보를 쉽게 복구해 낼 수 있다. 이러한 공격 형태를 속성 연결 공격(Attribute Linkage Attack) 또는 레코드 연결 공격(Record Linkage Attack)이라고 부른다. 이와 같은 공격을 방어하기 위해서 사용되는 방법이 데이터 익명화 기술이다. 익명화 기술 중 가장 널리 사용되는 방법이 사마리티와 스위니가 개발한 k-익명성과 l-다양성 기술이다. k-익명성 방법에서는 기존의 준 식별자에 해당하는 값을 좀 더 일반화된 값으로 변경하여, 최소한 k개의 같은 레코드들이 존재하게 만드는 방법으로써, 조인 연산을 수행하더라도 동일한 레코드가 최소 k개 존재하게 하여 레코드의 소유자가 누구인지 발견할 수 있는 확률을 1/k로 감소시키는 방법이다. 그러나 민감 속성값이 모두 동일한 경우에는 k-익명성 기술을 적용하더라도, 레코드의 소유자가 누구인지 알 수 있다. 이러한 경우에 동일한 속성값을 다른 값으로 대체함으로써, 소유자가 누구인지 알 수 없도록 하는 기술이 마찬드라에 의해 제안된 l-다양성 기술이다. 하지만 기존의 익명화 기술을 빅 데이터에 적용할 경우 정보 손실, 많은 처리 시간과 저장 공간 소요, 원 데이터의 분산 등의 문제점으로 인해, 데이터 배포 담당자들이 많은 어려움을 겪게 된다.[18] 이러한 문제점을 해결하기 위해 아래 그림과 같은 빅 데이터 익명화 통합 모델을 사용하기도 한다.

---

18) "빅 데이터 익명화 주요 이슈"(장성봉, 한국정보처리학회 학술대회, 2017.04.28)

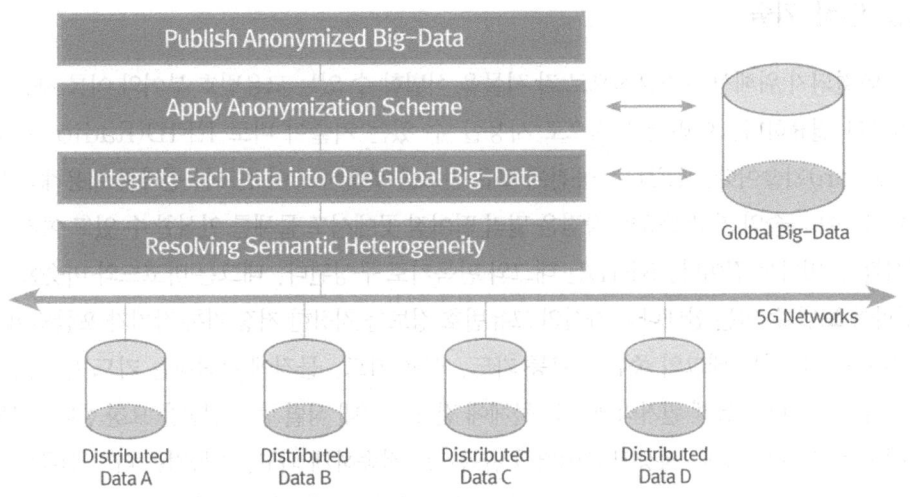

[그림 1.2-18] 빅데이터 정보 보호를 위한 통합 모델 예

위의 그림에서 빅 데이터를 처리하기 위해서 각각의 소스 데이터를 분산 저장하게 된다. 분산 저장된 데이터는 각각의 노드에서 처리된 뒤, 하나의 데이터로 통합되어 중앙서버에 전달된다. 이때 데이터를 분산 저장하고 읽기를 위해서는 별도의 분산 파일 시스템이 필요하게 되는데, 현재 가장 많이 사용되는 빅 데이터 분산처리 파일 시스템은 하둡 분산 처리 파일 시스템(HDFS, Hadoop Distributed File System)을 들 수 있다. 분산된 각각의 데이터는 각 노드에 존재하는 익명화 프로그램에 의해 익명화가 진행 된다. 이때 익명화 프로그램은 맵(Map)코드 형태로 배포가 되며, 처리된 결과는 리듀서(Reducer)에 의해 정렬된 후 서버에 전달된다. 또한 데이터를 익명화하기 전에 의미 중의성을 해소하기 위해 별도의 중의성 해결 알고리즘이 적용 된다.

5. 사물 인터넷

사물 인터넷이란 현실 세계에 존재하는 사물(Things)들이 네트워크 기술을 통해, 언제 어디서나 서로 연결될 수 있는 인터넷 환경을 의미한다. 사물 인터넷 개념은 1999년 캐빈 애쉬튼(Kevin Ashton) 교수가 RFID 논문에서 언급하면서, 시작되었다고 할 수 있다. 처음 개념이 등장하기 전에는 RFID (Radio Frequency Idnetifier)와 NFC(Near Field Communication) 시스템 기술을 사물을 연결하기 위한 개념으로 이해하였으며, 이를 계속 확장하다가 사물 인터넷 개념이 등장 하였다. 사물 인터넷을 가능하게 하기 위한 기술은 사물 인식 기술, 센싱 기술 및 근거리 통신, 원거리 무선 통신 기술로 구분할 수 있다.

가. 사물 인식 기술

사물끼리 연결되기 위해서는 기본적으로 각 사물을 식별할 수 있는 고유번호 부여와 이를 자동으로 인식할 수 있는 기술이 필요하다. 이러한 목적으로 사용할 수 있는 기술이 바로 RFID(Radio-Frequency Identification)기술이다. RFID는 물건에 고유 번호를 부착하고 이 번호를 전파를 이용해 자동으로 인식하는 기술이다. 이 기술의 가장 중요한 장점은 멀리 떨어진 곳에서도 물체를 인식할 수 있고 여러 개의 물체를 동시에 인식할 수 있다는 점이다. RFID는 태그와 판독기로 구성된다. 태그는 바코드와 비슷한 역할을 하는 것으로, 전파를 보낼 수 있는 안테나와 자신의 고유번호 정보를 저장한 저장 기록 장치가 포함되어 있다. 우리 주위에서 흔히 볼 수 있는 태그의 종류는 교통 카드, 신용 카드, 물건에 부착하는 카드 등 매우 다양하다. RFID 판독기는 안테나를 통해 원거리에 있는 물체에 전파를 보내 식별 번호 전송을 요청 한다. 사물에 부착된 태그 이 신호를 수신하게 되면, 저장된 데이터를 판독기로 전송하게 되고, 판독기는 다시 컴퓨터로 전송하여 물체를 식별하게 된다. RFID는 바코드보다 훨씬 먼 거리에서도 물건을 식별할 수 있으며, 사이에 물체가 있어도 이를 통과해서 인식할 수 있다. RFID의 종류는 내부사용 동력에 따라 세 종류로 구분할 수 있다. 판독기 내부에 자체 전기를 사용하는 수동형이 있고 태그 내부에 건전지를 삽입하고 정보를 읽을 때는 내부 건전지를 사용하고 무선 통신이 필요할 때는 판독기에 장착된 전기를 사용하는 반수동형이 있다. 능동형은 모두 태그 내부에 장착된 전기를 사용하여 칩을 읽고 통신을 한다. RFID 통신은 120~140 Khz(킬로헤르츠)를 사용하거나 868~956 Mhz(메가헤르츠) 대역의 주파수를 사용하여 이루어진다.

나. 센싱 및 근거리 통신 기술

센싱 기술은 모바일 기기에 장착된 각종 센서를 이용하여 데이터를 수집·처리·관리하고, 필요한 인터페이스를 구현하여 사용자들에게 필요한 정보와 서비스를 제공할 수 있도록 하는 기술이다.

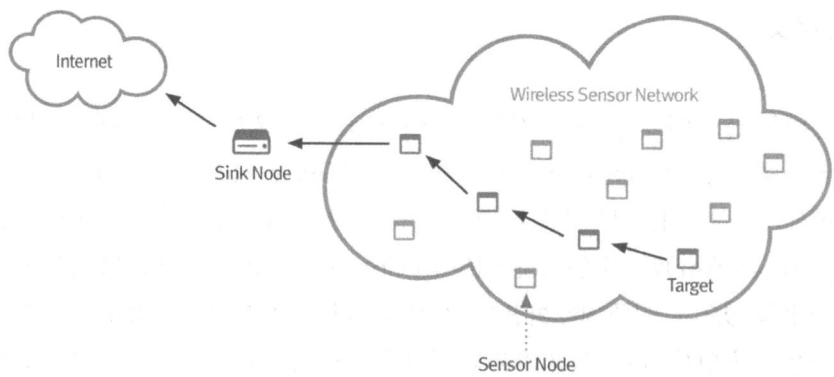

[그림 1.2-19] 무선 센서 네트워크[19]

센서로 수집할 수 있는 데이터는 온도, 습도, 열, 가스, 조도, 초음파 등으로 매우 다양 하다. 데이터를 전송하고 공유하기 위해서는 사물 간에 연결을 위해서는 사물 간 통신 기술이 필요하다. 이를 위한 네트워크 기술로는 무선 센서 네트워크(영어: wireless sensor network, WSN), M2M기술이 있다. 무선 센서 네트워크는 사물에 장착된 센서들끼리 네트워크를 구성하는 기술을 의미하며, 바다나 강과 같은 수중 속 데이터를 수집하는 데 유용하게 사용되는 기술이다. M2M(Machine-to-Machine) 기술은 사람의 개입 없이 멀리 떨어져 있는 기기들 간에 스스로 통신을 하는 기술이다. 주로 사람이 접근하기 힘든 지역에서 날씨 데이터를 수집하거나 의료 분야에서 환자의 상태를 자동으로 수집하기 위한 용도로 사용된다.

다. 차세대 통신 기술

현재 우리가 사용하고 있는 이동 통신망은 LTE-A(Long Term Evolution-Advanced)로서, 4.5세대 기술로 불리 운다. 사물 인터넷이 가능하기 위해서는 현재 기술보다 발전된 5세대 이동통신 기술이 구축되어야 한다.

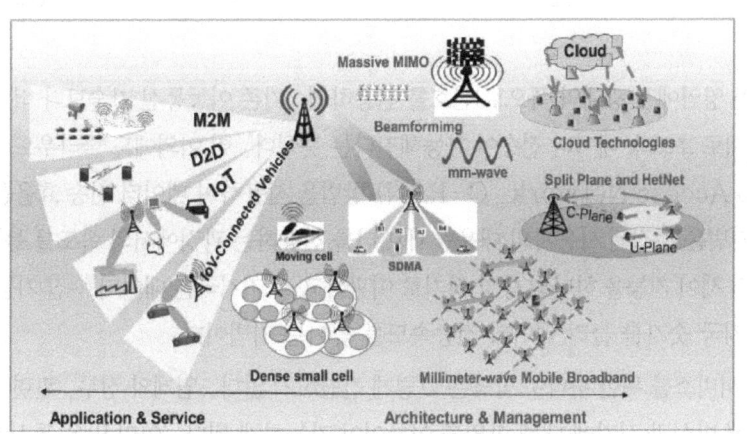

[그림 1.2-20] 5세대 네크워크 기술[20]

5세대 네트워크의 특징은 다음과 같다. 첫째 데이터 전송 속도가 4세대 무선망에 비해 열배가 빨라질 것이며, 최대 속도는 10(Gbps)에 도달 할 것이다. 둘째, 데이터 전송 지연 속도가 현저히 줄어들어서, 4세대 무선망에 비해 10배 정도 줄어 총 지연시간이 1(ms)(1ms는 1/1000초)에 도달할 것으로 예측된다. 세 번째, 하나의 무선망 셀 안에서 연결 될 수 있는 장치의 숫자가 대량으로 늘어날 것으로 예측된다. 또한, 전화 접속률도 99.999%에 도달하여 어느 시간, 어느 장소에서도 휴대전화와 같은 무선 통신 장비가 끊기는 경우

---

19) 이미지출처 : http://wsnlab.tistory.com/13
20) 이미지출처 : IEEE Communications Surveys &Tutorial(vol.18, No.3, "Next Generation 5G Wireless Networks:Comprehensive survey")

가 거의 없을 것으로 예측된다. 마지막으로, 휴대폰 배터리 충전기술이 획기적으로 개선되어 기존보다 훨씬 오래 사용할 것으로 기대된다. 5세대 이동망의 주요 기술 요소는 밀리미터파 적용, 대용량 안테나 기술, 공간 분할 다중 접속 신호 처리기술 등을 들 수 있다.

현재의 4세대 이동 통신에서는 센티미터파라고 불리는 3GHz~30Ghz 이하의 주파수가 사용되지만, 5세대에서는 밀리미터파(30GHz~300GHz)의 높은 주파수 대역이 사용될 것이다.

[표 1.2-8] 세대별 이동통신 기술 비교

세대	시스템	접속방식	최대 속도	년도	표준화 기관
1세대	AMPS	주파수 분할(FDMA)	-	1981	ANSI
2세대	IS-95	코드 분할(CDMA)	9600bps	1993	ANSI
	GSM	시분할(TDMA)	0.104Mbps	1991	ETSI
3세대	W-CDMA	코드분할(CDMA)	0.384Mbps	1999	3GPP
3.5세대	HSPA	CDMA	14.4 Mbps	2006	3GPP
4세대	LTE	OFDMA, SC-FDMA	DL:100Mbps, UL: 50Mbps	2008	3GPP
	LTE-A	OFDMA, SC-FDMA	DL:1Gbps, DL:500Mbps	2010	3GPP
5세대		SDMA	10Gbps	2020(예측)	

이렇게 초고주파 영역에서 광대역 폭으로 신호를 전송하면, 기존 이동통신 기술보다 더 빠르게 신호를 전송할 수 있다. 말 그대로 초고속 데이터 전송이 가능해진다는 뜻이다. 이 이외에도 클라우드 라디오 접근망 구성 (Could-Radio Access Network, C-RAN) 방법을 사용하여 데이터 전송 효율을 더욱 높이는 방법이 사용된다. 이 기법은 수집된 사용자의 대용량 데이터를 전송하는 과정에서의 속도를 높이기 위해, 각 기지국에 나누어져 있던 제어 기능을 하나의 중앙 장치로 이관하고 각 기지국은 데이터 수집 기능만 전담하여, 소모 전력을 줄이고 기지국 숫자를 늘려 데이터 전송속도를 높이는 기법이다.

사실 이동 통신 서비스를 위한 주파수 할당은 그렇게 간단하지 않다. 업계와 정부, 관련 스펙트럼 규제 기관이 스펙트럼 재분배 방식과 시기에 대해 합의를 이루어야 가능하게 된다. 이미 많은 통신사가 수십억 달러를 투자하여 현재 사용하고 있는 스펙트럼을 확보하였기 때문에 스펙트럼을 재분배하기는 쉽지 않은 일이며, 전환 자체도 막대한 비용이 소요되는 까다로운 작업이다. 5세대 망에서는 혁신적인 이동통신 신호처리 기술이 사용된다. 3세대 무선망에서는 퀄컴에서 개발한 코드 분할 다중 접속 방식(CDMA, Code Division Multiplexing Access) 방식을 사용하였으며, 4세대에서는 전송속도 확보를 위해 상대적으로 신호대 노이즈 성능이 우수한 직교 주파수 다중 분할접속 (OFDMA, Othognonal Frequency Division Multiple Access) 방식을 사용했다. 앞으로 5세대 무선망에서는 직교 주파수 다중 분할접속 방식과 전력 및 코드 다중화 방식을 추가하는 식의 새로운 이동통신 신호 처리 기술(SDMA, 공간 분할 다중 접속) 도입을 검토하고 있다. 세대별 무선 전송 기술의 특징은 [표 1.2-8]과 같다. 5세대 무선망에서는 높은 전송속도에 도달하기 위해서, 모바일 기기 안에 또는 기지국 장비 안에 수백 개의 안테나를 집적하는 대용량 안테나

(massive MIMO) 기술이 사용될 것이다. 4세대 무선 기술에서는 주로 10개 이하의 안테나를 집적하여, 사용하였다. 이를 다중 입력 다중 출력(Multiple Input Multiple Output)기술이라 한다.

이러한 5세대 무선망의 등장은 제조업에 있어서도 많은 영향을 끼칠 것으로 예상된다. 제조업 서비스의 역할이 점점 증가하고 광역 이동통신망의 중요성도 증가할 것이다. 2025년쯤 되면 상품 자체보다는 서비스 제공을 통해 얻는 이득이 점점 더 증가할 것으로 예상된다. 즉, 상품 판매보다는 5세대 연결망을 통해 상품끼리 연결하여 제공하는 것이 더 많은 부가가치를 생산할 수 있는 것이다.

CASE STUDY

현재 5세대 네트워크 기술은 평창 동계 올림픽에서 실제로 시연 예정에 있으며, 과학기술정보통신부에서 5G 서비스를 전 세계에 성공적으로 선보이는 데 총력을 쏟고 있다. 5G 시범망은 평창과 강릉, 정선 지역에 집중 구축됐으며, 주관 통신사인 KT가 대회·미디어 관계자가 경기장 주변과 프레스 센터 등의 사용자들이 편리하게 접속하여 이용할 수 있도록 지원할 예정이다. 동계올림픽 5세대 통신 시범망은 실제 상용 수준으로 구축될 예정이어서, 전 세계의 통신업계로부터 많은 주목을 받고 있다. 또한 외국의 참가자들이 인천공항에 내려서 평창까지 가는 동안 곳곳에서 5G를 체험할 수 있도록 열차, 대관령 터널 등에도 시범망을 구축했다. 올림픽 외 지역인 광화문, 강남역 등 주목도 높은 지역에도 5G시범망을 구축한다. 평창올림픽을 계기로 한국을 찾는 해외 관광객에게 5G 기반 다양한 미래서비스 체험 기회를 제공할 계획이다. SK텔레콤은 자사 '티움' 전시관을 5G로 구현하는 증강·가상(AR·VR) 서비스를 제공할 예정이다. 정부에서는 평창올림픽을 준비하면서 상당한 수준의 5G 기술력을 축적했다. 5G 시범서비스 주파수 대역으로 28㎓를 확정하고, 5G 단말기 규격도 완성했다. 국내 기업의 5G 제품·서비스 개발을 위한 '평창 5G규격'을 공개했다. 이미 테스트 이벤트와 모뎀 칩 개발을 완료했다. 평창 동계 올림픽에서는 상용 수준의 5G 스마트폰이 선보일 전망이다. 5G 서비스를 실험실 수준이 아닌 실제 사용 환경에서 구현한다. 우리 기술력으로 5G가 현실화된 모습을 세계에 과시할 것으로 기대된다. 평창올림픽에서 5G 서비스가 성공적으로 운영되면 국내 통신 서비스뿐 아니라 단말, 솔루션, 콘텐츠 산업에도 호재가 마련될 전망이다.[21]

6. 3D 프린팅

가. 3D 프린팅 이란

공장에서 하나의 제품을 생산하기 위해서는 제품에 대한 설계도를 만들고 재료를 모아서, 시제품을 만든 후, 장시간의 성능 실험을 거쳐야 한다. 보통, 설계자의 아이디어가 곧바로 바로 제품으로 만들어져 나오는 경우는 극히 드물다. 최종 제품이 나오기까지 수많은 시행착오를 거치며, 때로는 불량으로 인해 폐기되는 시제품도 부지기수다. 시제품을 만들 때마다 설계, 목업, 금형, 사출 등의 과정을 매번 거쳐야 하며, 설계가 변경되면 시장에 적기에 출시하기가 더 힘들어진다. 3D프린팅은 바로 시제품 제작 기간을 효율적으로 단축할 수 있는 기술이다.

---

21) 출처: 전자신문 신문기사 요약(http://www.etnews.com/20170919000310)

만약 시제품 제작 시 설계 변경이 일어나는 경우, 3D 프린터로 시제품을 만든 뒤 설계 도면에 반영하여 다시 출력 버튼만 누르면 기계가 알아서 제품을 찍어 낸다. 산업계에서는 3D프린터를 이용한 시제품 제작이 23%가 넘어가는 것으로 추산하고 있다. 이런 장점으로 인해, 3D 프린터는 4차 산업혁명에서 빼놓을 수 없는 중요한 기술로 인식되고 있다. 3D프린터의 기본 원리는 제품을 생산할 때, 3차원 설계도에 따라 한 층씩 소재를 쌓아 올려 3차원 입체형상을 만들어 나가는 적층 가공 방식을 사용하는 것이다. 따라서 시제품 제작 과정에서 주물이나 기계를 깎는 기구는 필요가 없어지게 된다.

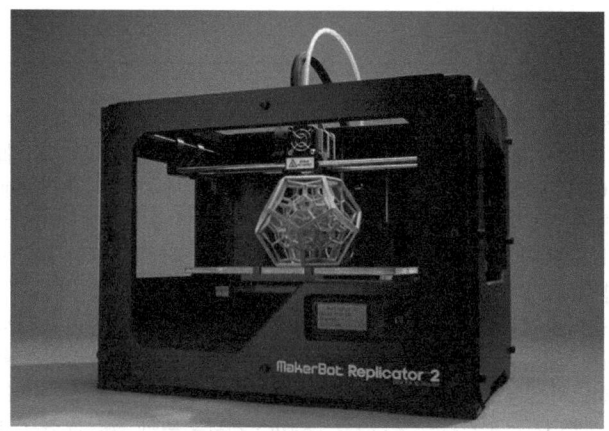

[그림 1.2-21] D프린터를 이용한 시제품 제작22)

3D 프린터를 최초로 개발한 사람은 일본 나고야시립 연구소의 고마다 히데오 박사이다. 3D프린터의 중요한 소재는 빛에 노출되면 고체로 변하는 광경화성 수지이며, 이에 대한 최초의 논문을 발표한 사람이 고마다 박사이다. 고마다 박사는 설계도를 직접 손으로 그리고 절삭 가공을 통해 시제품을 제작하던 방식에서 벗어나, 컴퓨터를 이용해 설계도를 제작하고 이를 입체 프린터로 제작하는 방법을 제시하였다.

1) 3D프린터 원리

3D프린터는 설계도에 따라 소재를 한 층씩 추가하는 적층형 방식과 큰 덩어리를 조금씩 깎아 나가면서 제품을 만드는 절삭형으로 구분할 수 있다. 적층형에서는 석고를 액체 가루로 만들어 분무 형태로 조금씩 뿌리거나 아주 얇은 플라스틱 실(0.01~0.08mm)을 층층이 쌓아 올려 입체 형상을 만들어 낸다.

---

22) 이미지출처: 비지온(http://bizion.com/bbs/board.php?bo_table=insight&wr_id=131)

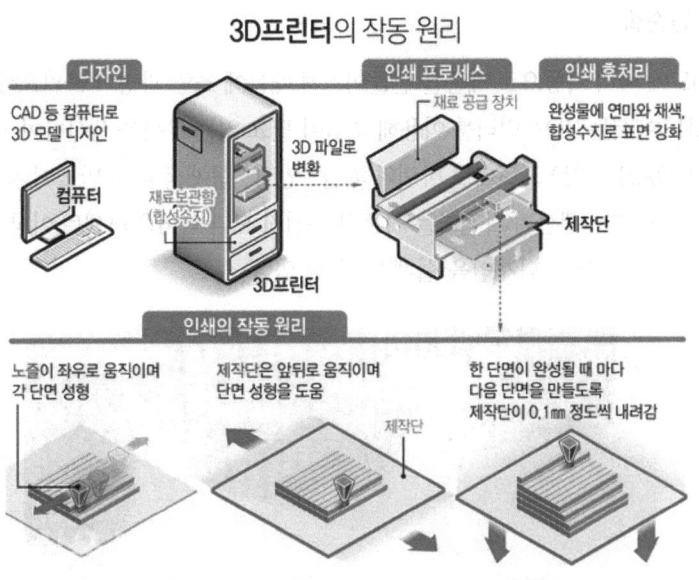

[그림 1.2-22] 3D프린터의 동작 원리[23]

적층형 방식은 다시 SLS(Selective Laser Sintering, 선택적 레이져 소결 조형), SLA, FDM방식으로 나눈다. SLA방식은 액체 원료에 레이저를 분사해 원하는 형상으로 고체화시키는 방식으로 헐 박사가 고안한 방식이다. SLS 방식에서는 소재를 고운 가루로 만들어서 이를 뿌린 후, 모양을 만들 지점을 고체화시키는 방식이다. 레이저가 닿는 부분에 열이 가해지면 가루가 굳어지는 원리이다 플라스틱에서 금속에 이르기까지 레이저로 소결할 수 있는 소재라면 무엇이든 활용할 수 있고, 다른 방식 보다 제품을 만드는데 걸리는 시간이 훨씬 적다는 장점이 있다. FDM방식은 현재 가장 널리 사용되는 방법으로 압출기가 원료를 얇게 짜내면서 겹겹이 쌓아 올리는 적층 방식이다. 원료가 나오는 노즐과 플랫폼이 함께 움직이면서 입체 모양이 만들어진다. 다른 방식의 3D프린터는 대부분 플라스틱을 원료로 사용하지만, FDM방식에서는 초콜릿, 크림, 반죽 등의 음식 재료도 사용 가능하다. 단점은 다른 방식에 비해 완성 제품의 품질이 떨어진다는 점이다.

나. 3D 프린터의 특징

3D프린터는 기존 대량 생산 체제에서는 볼 수 없었던 개인 맞춤형 제조를 가능하게 해주는 4차 산업혁명의 제조업 핵심 기술로 평가 된다. 이는 다음과 같은 3D프린터의 기술 특징 때문이다.

---

23) 이미지출처 : 브런치(https://brunch.co.kr/@megatrendlauaow/2)

1) 제조 공정의 단순함

3D프린터는 설계도에 따라 자동으로 제품을 만들어가기 때문에 조립 과정이 불필요하여, 제품 생산 시간이 대폭 감소하였다. MIT에서는 3D프린터를 이용해 조립이 필요 없는 로봇을 생산하여, 배터리와 모터만 장착한 후 완성 하였다. EDAS는 3D 프린터로 바퀴와 페달, 안장, 몸체를 따로 만들어 제작하지 않고 자전거를 통째로 생산해 내기도 하였다. 생산된 자전거는 기존의 자전거 보다 약 40 퍼센트 이상 가볍고 소비자의 체형과 기호에 따라 안장 높이, 색깔, 디자인을 쉽게 바꿀 수 있다.

[그림 1.2 - 23] 3D프린터로 만든 자전거 [24]

3D프린터로 제품을 만드는 과정은 모형화, 프린팅, 마감의 3단계로 이루어진다. 모형화는 3D CAD, 3D 스캐너, 별도의 모형화 프로그램을 사용하여 3D설계도를 제작하는 단계다. 제작된 설계도는 별도의 파일로 컴퓨터에 저장이 된다. 프린팅은 저장된 설계도 파일을 읽어서 실제 제품을 만드는 단계이다. 마감은 제작된 제품에 보완 작업을 하는 단계로, 색을 칠하거나 표면 연마 등의 작업을 가한다. 이러한 제조 공정은 기존에 제품을 생산하던 제조공정을 대폭 감소시켰다.

2) 다양한 제품 제작 가능

3D프린터의 가장 큰 장점은 소비자 맞춤형 제품 생산이 가능하다는 점일 것이다. 디자이너는 필요한 시제품을 시간과 비용을 절약하여 제작해 볼 수 있다. 또한 한 장소에서 다양한 물품을 만들 수 있고 여러 지역에서 부품과 재료를 공수해 올 필요가 없기 때문에, 부품 공급 망을 획기적으로 줄 일 수 있다. 기존에는 생산자가 제품을 대량 생산하고 유통 업체가 배달하며 소비자가 소비하는 세 단계로 진행되었다. 하지만, 3D프린터의 등장으로 생산은 기계가 자동으로 수행하고 제작을 위한 설계 도면만 필요한 형태로 생산 체계가 바뀌고 있다.

---

[24] 이미지출처 : 싱글 트랙스(https://www.singletracks.com/)

소비자가 개인의 취향에 맞는 제품을 주문하면, 생산자는 3D프린터에 설계도만 입력하여 제품을 생산하고 배달하면 된다. 기존의 대량 생산 대량 소비 체계에서 소비자 맞춤형 생산으로 바뀌고 있는 것이다. 이제는 개인이 맞춤형 보청기나 의족, 심지어는 인공 장기, 비행기, 자동차까지 제작해 사용할 수 있다.

CASE STUDY

2002년 캘리포니아 주립대학교에서는 100시간이 걸릴 샴쌍둥이 분리수술을 22시간만 성공적으로 마칠 수 있었다. 이러한 성공의 일등 공신이 3D 프린터였다. 수술을 집도한 헨리 가와모토 교수는 샴쌍둥이가 붙어 있는 부분을 MRI로 촬영한 뒤 3차원으로 인쇄했다. 인쇄물에는 두 아기의 내장과 뼈가 마치 진짜처럼 세세히 나타나 있었다. 가와모토 교수는 내장과 뼈가 다치지 않도록 3차원 인쇄물을 자르는 연습을 한 후 진짜 수술에 들어갔다. 앞으로 의료 분야에서 3D프린터의 활용은 무궁무진하다. 장애우를 위한 의족과 의수 등도 3D 프린터를 활용하여 신체에 맞게 만들 수 있다.

---

7. 증강 현실 (Augmented Reality)

4차 산업혁명을 추동하는 증강 현실 기술에 대해서 학습한다.

가. 증강 현실이란

증강현실이란 스마트폰이나 태블릿에 장착된 카메라에 들어오는 영상에 사진이나 글자와 같은 추가적인 정보를 겹쳐서 보여주는 기술이다. 카메라에 입력되는 현실(Reality) 영상에 새로운 정보가 증강(Augmented) 되기 때문에, 증강 현실이란 용어를 사용하게 되었다. 가상현실은 현실에 없는 가상의 공간을 만들어서, 이를 사용자에게 보여 주는 기술인 반면, 증강 현실은 현실 영상에 정보나 물체를 합쳐서 보여준다는 차이점이 있다. 가상현실을 보기 위해서는 사용자가 직접 VR 안경을 착용한 후 화면을 보아야 한다. 하지만 증강 현실은 기기 없이 직접 볼 수 있기 때문에 현실감이 높다.

[그림 1.2-24] AR기반 네비게이션[25]

증강 현실 기술은 최근 게임이나 영화 분야를 넘어 제조업 분야에서도 사용되기 시작하였다. 특히 스마트 팩토리 분야에 이 기술을 적용할 경우, 많은 효과를 기대할 수 있다. 제조 공장에서 신입 사원에게 공장에 없는 기계 사용법에 대한 교육을 시키고자 할 때 스마트폰으로 공장 내부를 비추게 되면, 없던 기계가 공장 내부 화면과 겹쳐져 태블릿 화면에 표시된다. 이렇게 하면 현실감 높은 교육이 가능할 것으로 기대 된다.

1) 증강 현실 기술 요소

증강 현실 기술의 구성 요소로는 디스플레이 기술, 영상 인식 기술, 영상 합성 기술로 구성된다. 증강 현실을 기술을 구현하기 위해서는 기본적으로 기기에 장착된 카메라에 들어오는 영상과 추가되는 정보(영상, 텍스트)를 겹칠 영역을 지정하기 위하여, 영상 분석을 통해 물체를 인식할 수 있어야 한다. 영상으로부터 물체를 인식하는 기법에는 마커를 이용하는 방법과 컴퓨터 이미지 처리 기술을 사용하는 두 가지 방법이 있다. 마커를 사용하는 방법은 현실에 있는 특정 물건에 특별한 마커를 부착하고 이 마커를 인식하여, 영상내의 물건의 형태와 위치를 인식하는 방법이다.

이미지 처리 기술을 이용하는 방법은 특정 이미지 형태를 인식하기 위해서 인공 지능 기계 학습을 통해 컴퓨터가 특정 이미지를 학습 시키는 방법이다. 이미지를 영상에 추가하는 경우에는 단순히 특정 영역에 이미지 겹침 기술을 사용하여, 비디오의 매 프레임마다 겹침 영상을 내보내면 된다. 하지만 포켓몬 고 게임에서는 이미지 겹침뿐만 아니라, GPS기능도 함께 사용하여 증강현실을 구현해야 한다.

영상 합성 기술은 카메라로 들어오는 영상에 새로운 이미지나 텍스트를 합성하여 보여주는 기술이다. 이 기술은 많은 발전이 이루어져서 기존의 이미지 합성(Overlay)기술을 이용하면 쉽게 구현할 수 있다.

---

25) 이미지출처 : 아이나비(http://blog.inavi.com/394)

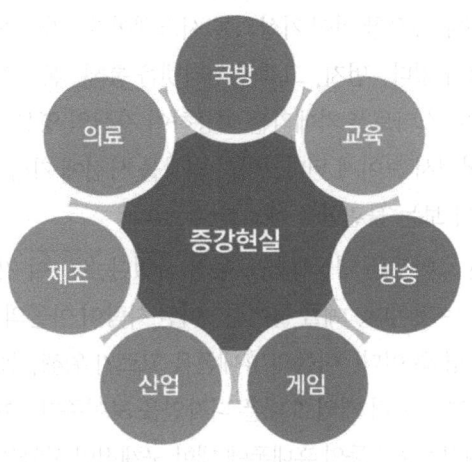

[그림 1.2-25] 증강현실 응용 분야

2) 증강 현실 활용 분야

증강 현실 기술은 의료, 의류, 게임, 스포츠 등 거의 모든 분야에 활용 가능하다. 대표적인 예로서 가상의류 피팅 시스템을 들 수 있다. 예전에는 소비자들이 옷을 사기 위해서는 직접 매장을 방문하여 옷을 고르고 탈의실에 들어가 입어본 후 구매하였다. 마음에 드는 옷을 찾을 때까지 옷을 고르고 입어보는 과정을 반복 하였다. 마음에 드는 옷을 구매하기 위해 여러 매장을 돌아 다녀야 하고 옷을 직접 입어 보아야 하는 불편함이 있었다.

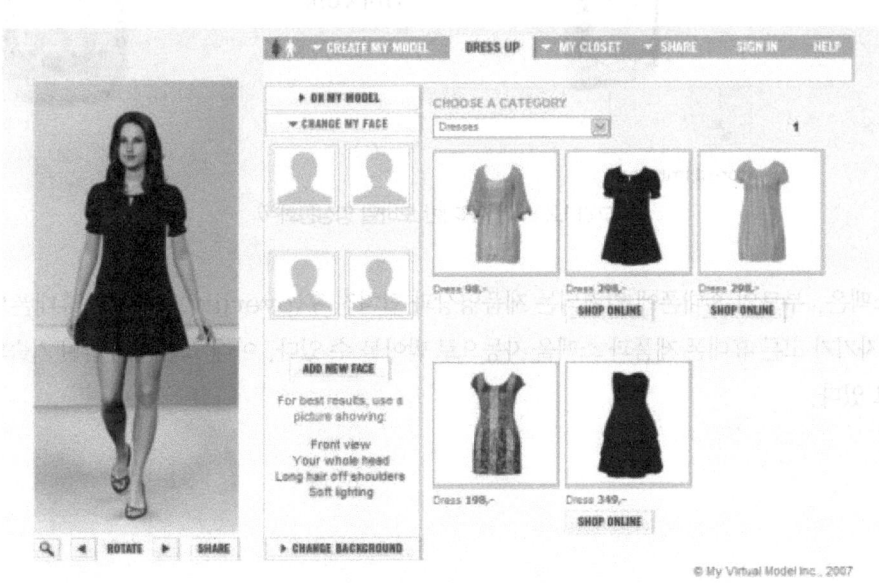

[그림 1.2-26] 가상 의류 피팅 시스템

이러한 불편함을 해소하기 위해 등장한 것이 가상의류 시스템이다. 가상 의류 피팅 시스템을 이용할 경우, 고객이 매장을 직접 방문할 필요가 없다. 먼저, 고객이 인터넷을 통해, 온라인 의류점을 방문하고 원하는 색깔과 의상을 고른다. 의상 선택 후, 스마트폰 카메라를 이용하여 자신의 영상을 촬영하면, 해당 의상이 자신의 상체 또는 하체에 자동으로 입혀져서 보이게 된다. 여러 의상을 사전에 가상으로 입어봄으로써, 매장을 직접 방문하여 옷을 여러 번 갈아입어 보는 불편함을 해소할 수 있다.

최근에는 AR기능을 결합한 스마트폰 영상통화도 등장 하였다.[26] 이 기법에서는 상대방과 영상 통화를 할 때, 증강 현실 기법을 이용하는 것이다. 예를 들어서, 어떤 사람이 아들의 휴대폰을 사기 위해 매장을 방문하였다. 넓은 매장에 직원은 한 명 뿐 이다. 아들의 휴대폰을 고르기 위해, 돌아다니다가 마음에 드는 게 있어서, 영상 전화를 연결하고 아들에게 여러 개의 휴대폰 디자인을 보여준다. 아들은 그중에서 디자인을 선택한 후 CPU 성능, 메모리 용량, LCD 크기 등의 휴대폰에 대한 구체적인 사양을 물어본다. 하지만, 해당 정보는 휴대폰이 포장이 안 되었을 경우 알 수가 없다. 결국은 직원에게 물어봐야 하는데 직원도 매우 바쁜 상태이다. 이때 증강 현실 기능 스위치를 켠 후, 휴대폰으로 해당 제품 비춘다. 그러면 휴대폰은 해당 제품의 이름과 고유 번호를 알아내고 무선망에 접속하여 스펙 정보가 저장되어 있는 서버에 접속한 후, 해당 정보를 알아낸다.

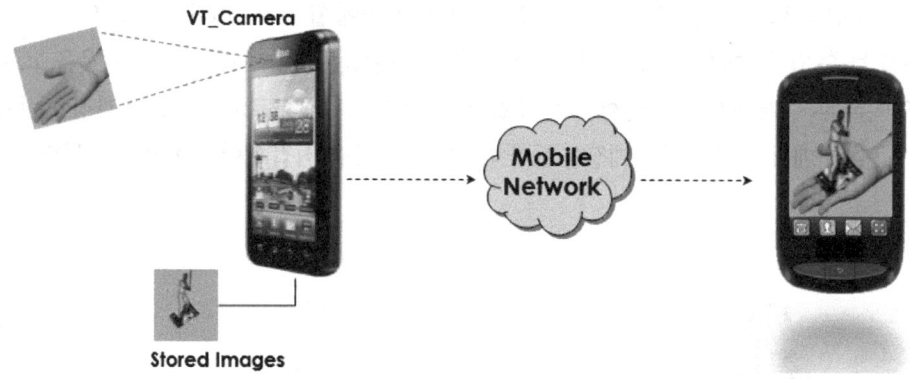

[그림 1.2-27] AR기반 모바일 영상통화[27]

알아낸 스펙은, 부모의 휴대폰에 입력되는 제품영상과 겹쳐진 후(overlay), 아들의 휴대폰으로 전송 된다. 아들은 자기가 고른 휴대폰 제품과 스펙을 자동으로 받아볼 수 있다. 아래 그림은 제안된 기술의 기본 개념을 보여주고 있다.

---

26) 참고 : "Mobile Video Communication based on AR"(MTAP, 2017.05,장성봉)
27) 이미지출처 : "Mobile Video Communication based on AR"(MTAP, 2017.05,장성봉)

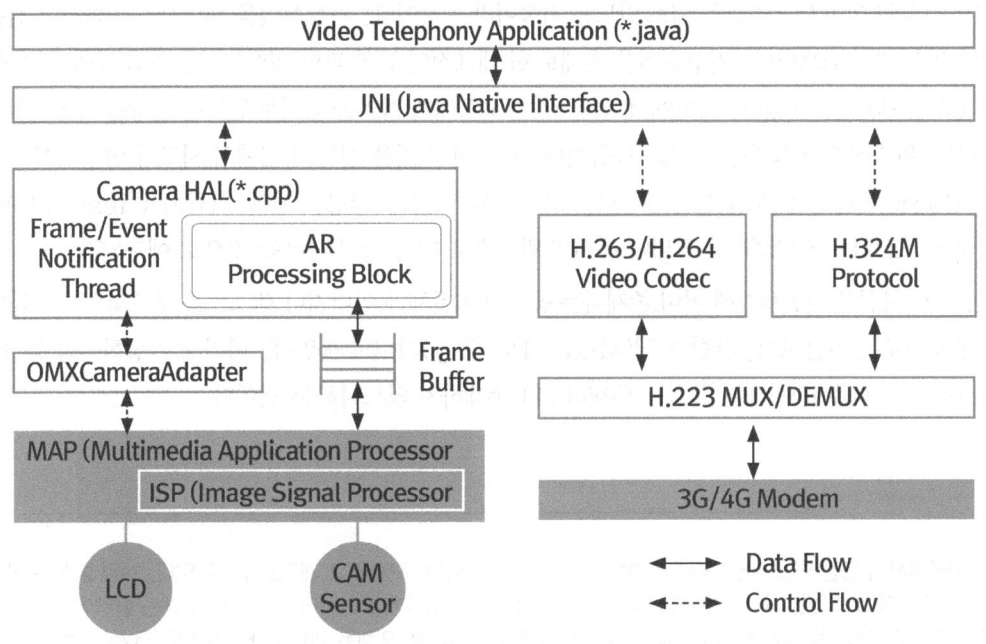

[그림 1.2-28] AR기반 모바일 영상통화 시스템 구조[28]

제안된 기술은 화질 향상, 객체 발견, 데이터 증강, 프레임 전송의 네 개의 블록으로 구성된다. 화질 향상 블록에서는 카메라를 통해 입력되는 비디오 데이터의 밝기와 윤곽선을 향상 시키는 이미지 전처리 과정을 수행한다. 입력된 영상으로부터 물체(Object)를 인식하기 위해서는 이러한 전처리 과정이 필수적이다. 객체 발견 블록에서는 입력 비디오로부터 얼굴, 축구공, 손, 자동차, 책등과 같은 현실 세계의 물체를 실시간으로 인식한다. 휴대폰에서는 이러한 인식 과정이 실시간적으로 이루어져야 한다. 물체 인식 과정이 끝난 후, 해당 영역에 데이터를 증강(Augmentation)하는 작업을 수행하는 블록이 데이터 증강 블록이다. 데이터 증강은 연속된 비디오 프레임 각각에 모두 적용해야 하며, 사용자가 보기에 불편하지 않을 정도로 빠르게 진행해야 한다. 증강되는 데이터의 종류는 크게 이미지와 텍스트로 구분할 수 있다. 이미지는 기존의 이미지 처리 기법 중 오버레이(overlay) 알고리즘을 이용하여 수행할 수 있다. 텍스트는 단순히 이미지위에 글자를 겹치는 방식을 사용하면 된다. 마지막 블록으로는 프레임 전송 블록이 있다. 이 블록은 영상통화 연결 후 증강된 영상을 상대방에 전송하고 수신한 영상은 디코딩 단계를 거쳐 사용자에게 보여주는 역할을 수행한다.

3) 가상현실과의 차이점

가상현실(Virtual Reality, VR)과 증강현실의 가장 큰 차이점은 가상현실은 현실 세계에 아예 존재하

---

28) 이미지출처 : "Mobile Video Communication based on AR"(MTAP, 2017.05, 장성봉)

지 않았던 가상의 이미지나 공간을 새로 만드는 기술이라는 것이다. 가상현실을 체험하기 위해서는 전용 헤드셋과 별도의 안경이 필요하다. 가상현실을 소재로 한 대표적인 공상 과학 영화로 2012년 상영된 '토털 리콜'이라는 영화를 예로 들 수 있다. 영화에서 '리콜 사'는 고객에게 기억을 심어서 원하는 환상을 가상현실을 이용하여 현실로 완벽하게 바꿔주는 회사로 등장한다. 하지만 기억을 심는 과정에서 사고가 발생하여 주인공이 거대한 음모에 휘말리며 영화가 전개된다. 가상현실 기술은 국방, 제조, HMD(Head Mounted Display), LCD, 소프트웨어, 5세대 통신의 발전으로 더욱 많이 사용될 것으로 예측된다.

반면, 증강 현실은 현실세계에 이미 존재하는 공간이나 물체에 이미지나 텍스트를 부가적으로 덧붙여서 사용자에게 보여주는 기술로서, 혼합 현실(Mixed Reality)라고도 불린다. 따라서 가상현실과 증강현실의 결정적 차이는 보여주고자 하는 현실이 존재하느냐 존재하지 않느냐하는 점이다.

CASE STUDY

게임 분야에서의 증강 현실 기술 적용 사례는 얼마 전에 유행했던 포켓몬 고 게임을 들 수 있다. 게임 방식은 아래와 같다. 처음 앱에 로그인한 후, 게임 사용자는 자신의 아바타를 생성한다. 아바타가 생성된 뒤에는 플레이어가 위치한 주변 지역의 지도와 함께 아바타가 플레이어의 현재 장소에 나타나며, 포켓몬 체육관과 포케스탑(PokéStop)이 지도에 표시된다. 플레이어가 현실 세계를 이동할 때 아바타는 게임의 지도에서 함께 움직인다. 지역에 따라 다른 종류의 포켓몬이 서식한다. 예를 들어 물 타입 포켓몬은 일반적으로 물 근처에서 발견된다. 플레이어가 포켓몬을 발견했을 때에는 증강현실(AR) 모드를 통해 실재처럼 보이는 배경 혹은 게임 이미지와 겹쳐서 보게 된다. AR 모드는 포켓몬의 이미지가 현실에 정말로 있는 것처럼 나타내기 위하여 플레이어의 모바일 기기의 카메라와 자이로스코프(기울기 센서)를 이용한다. 플레이어는 자신이 선택한 모드를 배경으로 발견한 포켓몬의 스크린 숏을 찍을 수 있다. 다른 포켓몬스터 시리즈와는 달리 포켓몬 고의 플레이어는 야생 포켓몬을 잡기 위해 포켓몬과 싸움을 하지는 않는다. 포켓몬을 발견하면 플레이어는 포켓몬을 향해 포켓볼을 던진다. 포켓몬이 성공적으로 잡히면 포켓몬은 플레이어의 소유가 된다.

8. 바이오 기술(Biotechnology, BT)

4차 산업혁명 관련된 바이오 기술 분야에 대해서 학습한다. 4차 산업혁명에 관련된 바이오 기술은 환경, 농업, 의료 등 매우 다양한 분야에 응용되고 있으며, 인간의 건강과 수명 연장에 지대한 영향을 미치는 기술이 될 것으로 예측된다.

[그림 1.2-29] 바이오 기술응용 분야

가. 의료 분야

바이오 기술이 가장 광범위하게 사용되는 곳은 의료 분야라고 할 수 있다. 의료 분야에서는 바이오 기술을 이용하여 질병을 진단하거나 예방하는 분야에 널리 사용되고 있다. 특히, 신생아의 장애를 일으킬 수 있는 유전자를 제거하거나 바꾸는 유전자 기술 등에 대한 연구가 다양하고 급속하게 진행되고 있다. 최근에는 유전자 가위 기술이라 불리는 기술을 이용하여 질병 치료에 이용하고 있다. 유전자 가위 기술 1세대는 크리스퍼라 불리는 유전자 가위 기술로서 미국에서 개발되었다. 이 기술은 암이나 희귀질환을 치료하는데 사용할 수 있다. 하지만 이를 적용하기 위해서는 여러 가지 윤리 문제가 걸려 있다. 특히 이 기술은 배아에 적용하여 실시해야 하나 국내에서는 아직 금지되어 있으며 미국에서만 허용되고 있다.

의료 분야에서 적용되는 또 하나의 바이오기술은 바이오칩 분야이다. 바이오칩은 효소, DNA, 항체, 세포와 같은 유기물질을 반도체에 안에 집적하여 만든 혼합형 장치를 의미한다. 이러한 칩들은 사람의 몸속에 직접 삽입되어 생체의 기능을 수행하도록 만들어 지며 전기적인 신호처리도 가능하다. 이러한 바이오칩의 종류에는 단백질 칩, 유전자 칩, 신경세포 칩, 바이오센서 등이 있다. 단백질 칩은 사람 몸속의 실제 단백질을 직접 칩 위에 수만 개 고정해 놓고 단백질들 사이의 결합을 분석하여, 단백질의 상호작용, 질병 진단, 신약 개발 등에 사용된다. 단백질 칩은 센서(Sensor)와 결합장치 분석(Detection System)시스템의 두 가지 분석 시스템으로 나누어진다. 센서 칩 위에는 수백 개의 단백질이 일정한 간격으로 배치되어 있으며, 세 가지 종류의 기술이 사용된다. 분석 장치는 센서 위에 올라가 있는 단백질의 결합특성을 분석하는 장치로서, 단백질의 결합을 분석하거나 용액을 자동으로 흘려서 단백질을 분리하는데 사용된다. 이러한 단백질 칩은 단백질 상호작용 분석, 단백질의 순수 분리, 단백질 특성 분석 등에 사용된다. DNA칩은 유리 또는 반도체 위에 특정 DNA 물질을 부착하고 이를 단백질에 대응하는 전달자 RNA와 반응을 시켜 질병 유전자의 등장이나 정도를 분석하는데 사용하는 칩이다. 칩은 크게 cDNA 칩과 올리 칩의 두 종류로 구분할 수 있다. cDNA칩은 사람에 암을 유발하는 유전자를 발견하거나 진단에 사용된다. 올리고 칩은 대상 유전자를 작은 조각으로 만든 후 다시 결합하여 유전자 발현 여부를 알아내기 위해 사용된다. 바이오센서는 생물로부터 데이터를 수집하기 위해, 생물에 직접 주입하는 센서를 의미한다. 바이오센서의 대표적인 예로는 당뇨병 환자에게 적절한 인슐린을 투여하기 위해 사용하는 혈당 센서를 들 수 있다. 혈당 센서는 사람의 혈액을 분석하여 혈당을 실시간으로 분석하는 센서이다.

나. 합성 생물학 기술 분야

합성 생물학 기술은 기존의 생물체를 합성하여 인간에게 도움이 되는 새로운 유기물이나 생명체를 만들어 내는 기술이다. 합성 생물학은 유전 공학, 유체공학, 생물정보학 기술 등의 기술이 기반이 되며, 석유를 대체할 수 있는 바이오 연료를 생산할 수 있는 기술로 사용되면서 많은 관심을 끌고 있는 분야이다. 기존의 에너지 원료로는 주로 석탄, 석유, 원자력 등이 사용되었다. 석탄은 땅속에 죽은 미생물로부터 생성되는 에너지원인 반면, 합성생물학은 살아 있는 미생물을 이용하여 에너지 생산이 가능하다. 합성 생물학의 대표적인 기술로 세포 융합 기술을 들 수 있다. 세포 융합이란 서로 다른 특질을 가진 두 개 이상의 세포를 융합시켜 특질이 전혀 다른 새로운 세포를 만드는 기술이다. 융합 원리는 각각의 세포를 둘러싸고 있는 외부 막을 효소와 같은 물질을 이용하여 제거하고 세포를 융합시키기 위한 물질을 투여하여 하나의 세포로 만드는 방식이다. 세포 융합의 종류에는 식물 세포 융합, 동물 세포 융합, 미생물 세포 융합 등이 있다. 합성 생물학 기술 분야에는 세포 배양기술도 예로 들 수 있다. 세포 배양 기술은 식물이나 동물의 일부 세포를 채취하고 여기에 적정한 온도와 수분을 제공하여 대량 증식시키는 기술로서, 우수한 종자를 대량으로 재배하거나 품질이 우수하지만 번식력이 약한 생물을 대량으로 얻기 위해서 주로 사용한다. 예전에는 식물 종자의 개체 수를 늘리기 위해서는 접붙이기, 휘묻이, 꺾꽂이, 포기 나누기 등과 같이 시간과 비용이 많이 드는 방법을 사용하였다. 하지만 배양 기술을 사용할 경우, 시험관만 있으면 우수 종자를 대량으로 증식시켜 만들 수 있다.

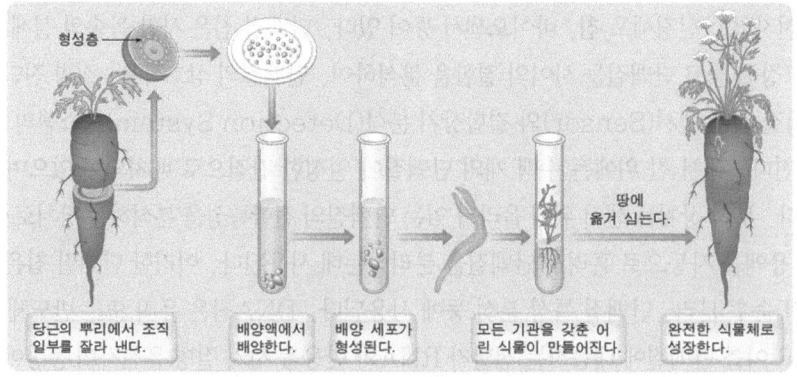

[그림 1.2-30] 식물 배양 바이오 기술[29)]

다. 농업 및 환경 분야

농업 생산 분야에서 바이오 기술은 농업생산량 작물의 개발에 광범위하게 사용되고 있다. 특히 GMO와 같은 유전자 변형 식물을 대량 재배하여 전 세계로 퍼트리고 있으나, 사람이나 동물에게 입히는 악영향에 대한 연구가 많이 진행되지 않아, 이를 섭취하기에는 아주 꺼림칙하게 여겨지고 있다. 이를 진행하는 대표적인 다국적 기업이 몬산토이다. 유전자 변형 식물은 웬만한 병충해에도 잘 죽지 않지만, 식물이 기존 생태계에 퍼질 경우, 기존 생태계를 교란하는 문제점이 발생하여 이에 대한 대책이 시급한 실정이다. 바이오 관련된 농업 혁신 기술에는 기능성 작물개발 기술, DNA 육종 기술, 유전자 편집 기술 등을 들 수 있다. 크리스퍼 유전자 기술은 동물뿐만이 아니라 식물의 유전자 편집에도 적용할 수 있다. 식물 분야의 유전자 조작은 박테리아를 이용하여 시행했으나, 유전자 가위 기술을 이용하여 작물 내의 원하는 유전자를 없애거나 수정할 수 있다. 이 방식의 장점은 기존의 기술에 비해 새로운 종자를 개발하는데 걸리는 시간을 대폭 단축할 수 있다는 것이다. DNA육종 기술은 식물 자라는데 걸리는 시간을 대폭 단축할 수 있는 기술로서, 몬산토가 개발한 기술이다. 이 기술을 사용할 경우, 식물이 자라기 전에 해당 식물의 향후 품질, 생산성, 병에 대한 저항성 등을 쉽게 예측할 수 있다. 기능성 작물 개발 분야는 사용자가 원하는 기능을 갖춘 식물을 만들어서 대량 재배하는 기술이다. 예를 들어, 사람에게 유익한 콜레스테롤만 함유하는 올리브 나무를 만들어서 이를 대량 재배하는 것이다. 이러한 방식은 지금까지 생산자 중심이었던 농업 생산 방식을 소비자중심으로 바꾼다는 것을 의미한다.

[그림 1.2-31] 옥수수 연료[30]

바이오 기술은 환경 분야에서도 널리 사용될 예정이다. 최근에는 미생물과 효소 등을 이용하여 오염된 토양과 물에서 오염물질을 제거하고 원래의 환경으로 회복시키는 생물회복 촉매제에 대한 관심이 높아지고 있다. 또한, 기름 찌꺼기를 섭취하는 미생물을 대량 배양하여, 유조선 사고로 인한 해양 오염을 제거하는 기술에

---

29) 출처 : zum학습백과
30) https://www.dreamstime.com/

대한 연구도 진행되고 있다. 이러한 환경 바이오 기술은 기존의 화학약품보다 독성이 적으며, 회복이 빨리 진행되는 장점이 존재한다. 환경 분야에서는 바이오 에너지 생산을 들 수 있다. 바이오 에너지에는 옥수수로 만든 바이오 에탄올이나 바이오 디젤과 같은 연료를 예로 들 수 있다. 이러한 연료는 옥수수뿐만 아니라 고구마, 사탕수수, 해조류, 버드나무 등에서도 얻을 수 있다. 바이오 에너지는 저장이 쉽고 오염이 적으며, 수분, 온도 등 조건이 맞으면 어느 곳에서나 적은 자본으로 개발과 생산이 가능하다는 장점이 있다.

 학습정리

- 4차 산업혁명은 기존의 산업혁명과는 비교할 수 없을 정도로 속도가 빠르고 전 산업 분야에 걸쳐 진행된다.
- 두 번째 특징은 초 연결성으로, 모든 사물이 연결되어 서로 정보와 데이터를 주고 받을 수 있는 환경이 도래한다.
- 세 번째 특징은 초지능성으로 사물이나 기계들이 인공지능을 탑재하게 되어 위험한 작업이나 반복적인 작업을 대신 하게 될 것이다.
- 산업 구조는 획일적 대량 생산 체계에서 개인 맞춤형 소량 생산으로 바뀌게 될 것이다.
- 4차 산업혁명의 주요한 기술적 진보는 인공 지능, 사물 인터넷, 빅 데이터 기술, 증강 현실, 3D프린팅 기술, 바이오 기술이다.

제 2 장

제4차 산업혁명과 생활

- 제1절 분야별 현황
- 제2절 4차 산업혁명과 생활 변화

제1절
분야별 현황

들어가며

제 4차 산업혁명의 물결은 산업 분야뿐만 아니라, 우리의 일상생활에도 많은 변화를 가져올 것으로 예측되고 있다. 긍정적인 측면에서는 금융, 교통, 의료, 법률, 교육, 농업 등 모든 분야에서 산업혁명 이전 보다 훨씬 편리하고 빠른 환경이 도래하게 될 것이고 사람의 안전을 위협하는 환경도 더욱 줄어들 것으로 예상된다. 전기로 동작하는 자율 자동차의 등장은 교통사고나 교통법규 위반을 줄일 수 있을 것이고 블록체인 기반 가상 화폐 기술은 사람들의 경제 활동에서 물리적 화폐 사용을 더욱 줄이게 될 것이다. 인공 지능의 등장으로 의료와 법률 서비스는 더욱 쉽고 저렴한 비용으로 받을 수 있을 것이다. 농업 생산에서도 드론, 유통망 개선, 온라인 경매 시스템의 등장으로 인해 작물 생산이 훨씬 쉽고 생산력이 올라갈 것이라는 기대를 하게 한다. 이외에도 우리의 일상생활의 다양한 분야에서 편의성이 증대될 것으로 예상된다. 본 절에서는 산업혁명과 관련된 일상생활에서의 변화를 분야별로 자세히 살펴본다.

학습포인트

가. 교통 분야에서 4차 산업혁명이 가져올 일상생활의 변화에 대해서 알아본다.
나. 금융 분야에서 4차 산업혁명이 가져올 일상생활의 변화에 대해서 알아본다.
다. 의료 분야에서 4차 산업혁명이 가져올 일상생활의 변화에 대해서 알아본다.
라. 농업 분야에서 4차 산업혁명이 가져올 일상생활의 변화에 대해서 알아본다.
마. 제조업 분야에서 4차 산업혁명이 가져올 일상생활의 변화에 대해서 알아본다.
바. 에너지 분야에서 4차 산업혁명이 가져올 일상생활의 변화에 대해서 알아본다.
사. 교육 분야에서 4차 산업혁명이 가져올 일상생활의 변화에 대해서 알아본다.
아. 기타 분야에서 4차 산업혁명이 가져올 일상생활의 변화에 대해서 알아본다.

1. 교통 분야의 생활 변화

산업혁명과 관련된 교통 분야에서의 일상생활 변화는 자동차와 많은 관련이 있다. 미래의 자동차는 자율 주행에 의한 운전자의 의한 피로도 감소와 안전 운전에 의한 교통사고 감소 같은 혜택을 제공할 것이고 정보통신기술(Information Communication Technology, ICT) 융합의 가속화로 자동 주차나 길 찾기와 같은 수많은 부가적인 서비스를 누릴 수 있을 것으로 기대된다.

가. 자율 주행차의 등장

산업혁명과 관련된 주관심사 중의 하나는 자율 주행차와 관련이 되어 있다. 자율 주행차는 운전자 없이 차가 스스로 도로를 주행하여 목적지까지 도착하는 무인 자동차를 의미한다. 구글에서 시작된 개발 붐은 각 나라의 주요 자동차 메이커 회사와 테슬라, 포드, BMW 같은 세계적인 완성차 기업들로 확산 되고 있다. 자동차 선도 기업들은 2021년을 개발을 완료 시점으로 보고 있다. 자율 주행 자동차는 레이더 기술, 무선 네트워크, 사물인터넷, 영상 인식, 인공 지능 등 최첨단 기술이 총동원 된다. 자율 주행 차량은 차에 부착된 다양한 센서들을 이용하여 주변의 데이터를 수집하여 사람보다 더 빠르게 상황에 대처하고 판단할 수 있기 때문에, 사람이 운전하는 자동차보다 안전하고 효율적이라는 실험결과가 많이 발표되고 있다.

자료: 현대모비스

[그림 2.1-1] 자율 주행차[31]

---

31) 이미지출처 : 현대 모비스

자율주행차는 개인 생활뿐 아니라 운송 분야에서 큰 변화를 몰고 올 것으로 예상된다. 일부 국가에서는 개발을 거의 마친 자율주행차를 실용화를 위한 시험을 위해 도로에 투입하고 있으며, 개인 자동차뿐 아니라 철도와 버스, 지하철 등 대중교통에도 자율운행을 적용하는 방안을 고려하고 있다. 자율 주행차를 구성하는 핵심기술들은 모두 4차 산업혁명과 관련된 기술들로서 크게 주변 상황 인식, 판단, 제어기술로 구분할 수 있다.

상황 인지는 자동차가 주변의 사물이나 상황을 자동으로 인식하는 기술로써 레이더, 카메라, 위성위치확인시스템(GPS), 각종 센서 등을 통해 이루어진다. 레이더는 주로 군사용으로 사용되던 기술로서 전자파를 발사하고 전자파가 사물에 부딪혀서 돌아오는데 걸리는 시간을 계산하여 사물의 위치와 거리를 탐지한다. 자율자동차에서 보행자, 다른 자동차와 같은 주변 사물을 인지하는데 레이더 기술이 광범위하게 사용된다. 카메라는 주변 영상을 촬영한 후, 영상 안에 포함된 물체를 인식하는 기능을 수행한다. 물체 인식을 위해서는 기본적으로 인공 지능 기반의 기계 학습이 필요하다. 물체 인식이란 촬영되는 영상 속에서 사람, 도로, 자동차 또는 주행선 등을 찾아내는 기술이다. GPS는 자율주행차가 목적지에 도달하기 위한 경로를 찾는 네비게이션 기능을 위해서 사용된다.

글로벌 기업 자율주행차 개발 현황	
업체	현황
포드	△2021년 완전자율주행차 양산 △자율주행차용 3D 지도 업체 시빌맵스에 투자 △자율주행 소프트웨어(SW) 업체 뉴토노미에 투자 △자율주행차 캘리포니아, 아리조나 및 미시간에서 시험운영
GM	△차량호출업체 리프트에 5억달러 투자 △자율주행기술업체 크루즈 오토메이션 인수 △준자율주행 시스템 '슈퍼크루즈' 개발 중
구글	△자율주행차 180만마일 시험주행 완료 △피아트와 자율주행차 제휴
볼보	△스웨덴 일반 도로 자율주행 차량 시험 주행 시작
닛산	△자율주행 시스템 탑재 미니밴 '세레나' 판매 △5년내 10종 무인차 신모델 출시
BMW	△인텔, 모빌아이와 자율주행차 협력 △자율주행차량 '아이넥스트(iNext)' 2021년 양산
토요타	△마이크로소프트와 자율주행차 개발 협력
테슬라	△모델S·모델X 자동주행기능 탑재

[그림 2.1-2] 주요업체 자율운행차 개발현황[32]

각 나라의 자율주행차 개발 현황을 보도록 하자. 대표적인 주자인 구글에서는 이미 '구글카'라고 하는 자율주행차를 개발하여 시험 중에 있으며, 시험차를 실제 도로에 배치하여 운영하고 있다. 미국의 네바다주에서는 이미 42만 킬로미터의 테스트 시험운전을 마치고 일부 구간에 실제 배치하여 운행하고 있다고 한다. 스위스에서는 통신회사인 스위스컴이 2015년부터, 독일제 폴크스바겐 차량에 각종 센서와 컴퓨터, 소프트웨어를 장착해 무인자동차 주행실험을 진행하고 있다. 이 실험에 사용된 무인 자동차는 도로 주행, 제동, 회전 등을 컴퓨터

---

32) 이미지출처 : 아이피노믹스(http://www.ipnomics.co.kr/?p=54468)

가 제어하고 주변 차량, 도로, 보행자 등을 구별하기 위해, 레이저 스캐너, 고성능 카메라, 사물 인식 기술 등이 적용 되었다. 독일에서는 BMW가 2017년에 인텔과 손잡고 프로토타입 40대를 제작하여 일반도로에 투입하여 도로 시험에 들어가기로 했으며, 벤츠에서는 2015년 국제 소비자 가전제품 쇼(CES, Consumer Electronics Show)에서 'F015 럭셔리 인 모션'이라는 이름의 자율주행차 모델을 공개하고 미국에서 시험 주행에 들어갔다. 일본의 경우에는 도요타가 2012년에 구글 자율주행차 프로젝트 제의를 거부할 정도로 거부감이 컸으나, 정부에서는 적극적으로 추진하자는 분위기로 바뀌고 있다. 도요타에서는 2017년 1월 CES에서 자율주행 콘셉트카를 발표했으며, 2025년 상용화를 목표로 개발에 박차를 가하고 있다. 국내에서는 현대차가 CES 2017에서 아이오닉 자율주행차 모델을 선보였으며, 특이하게도 인터넷 포털 회사인 네이버에서도 자사의 IT기술을 활용해 자율주행차를 제작해 시험운행에 들어갔다. 일반적으로 자율운행차의 자율운행 수준은 미국 자동차공학회(SAE-Society of Automotive Engineers)에서 제정한 6단계(수준 0~수준 5) 자율주행 기준을 사용한다. 현대 아이오닉은 수준4를 만족시켜 완성도가 높다는 평가를 받고 있다.

CASE STUDY

자율 주행차 운행과 관련된 논의 중에 하나가 운전자가 없는 인공지능에 운전면허를 부여해야 하는지 다. 해외에서는 도로에서 시험용으로 주행하는 무인 자동차에 대해 면허를 발급해 주고 있다. 미국 네바다주에서는 무인 자동차를 사전에 안전성 테스트, 기술 완성도 점검, 도로 주행 테스트 등을 거쳐 면허를 발급 하고 번호판도 부여하고 있다. 우리나라에서도 도로교통 공단이 면허 발급에 대한 연구를 활발히 진행하고 있다.

또 하나는 교통사고 발생 시 누가 책임을 져야 하는지에 대한 문제다. 운전자가 없기 때문에 인공지능에게 책임을 물을 수도 없다. 하나 가능성이 있는 것은 자동차 제조 회사 또는 소유 회사일 것이다. 이렇게 무인 자동차의 등장은 관련 법규, 보험 처리 등에 있어서 생각해 보아야 할 문제가 많이 존재한다.

나. 정보통신기술 융합의 가속화

자동차와 ICT의 급격한 융합이 진행되고 있다. 대표적인 사례로 자동 주차 서비스를 들 수 있다. 예전에는 주차장에서 운전자가 직접 주차하느라 많은 시간을 소비하였다. 하지만 자동 주차 시스템이 장착되면서, 운전자가 수행하던 일을 소프트웨어가 대신하고 있다. 이러한 자동 주차 기능의 핵심 기술로는 이미지 인식 기술의 발전을 들 수 있다. 주차 위치를 정확히 파악하기 위해서는 주차선과 다른 자동차의 위치를 정확히 파악해야 한다. 기술은 인공 지능 기반 물체 인식 기술에 의해 급격히 정확도가 상승하여 이러한 자동 주차 기능이 가능하게 되었다.

[그림 2.1-3] 커넥티드 카[33]

　기술 융합의 또 다른 예로서, 인포테인먼트와 커넥티드 카를 들 수 있다. 인포테인먼트는 스마트폰을 통해 연비, 속도, 길 찾기, 속도, 차량 진단과 같은 차량 간련 정보를 제공하는 서비스를 말합니다. 대표적인 예로 애플의 카 플레이(CarPlay) 서비스를 들 수 있습니다. 이 서비스는 애플 카플레이를 차량에 장착한 후 운전자가 아이폰을 차량에 연결하면, 운전자가 지능형 비서인 시리를 통해, 전화 걸기, 메시지 확인, 음악 감상, 길 찾기 기능 서비스를 이용할 수 있다. 커넥티드 카는 사물 인터넷 기술, 주변 상황 감지용 센서, 레이다 등을 이용하여 주행하는 차와 주변의 여러 사물과 차량 내부의 각종 기기 간의 통신을 통해 운전자의 안전 운전을 돕는 자동차 기술이다. 이미 우리의 일상생활에서는 자동차와 관련된 정보통신기술들을 사용하고 있다.

2. 금융 분야의 생활 변화

　4차 산업혁명과 관련된 금융 분야의 중요한 변화는 금융과 IT, 통신의 결합으로 인해, 금융 서비스를 제공하던 은행들이 인터넷 은행으로 점진적으로 대체될 것으로 예측된다. 이로 인해 개인 간(P2P) 거래 활성화를 통해 은행점포가 거의 사라질 수도 있다. 또 하나는 우리가 현재 사용하는 구리로 된 화폐가 사라질 수도 있다는 것이다. 이를 가능하게 하는 두 가지 중요한 기술이 블록체인과 가상 화폐 기술이다.

가. 돈이 사라진다.

　블록체인은 2008년 '사토시 나카모토'에 의해 처음 제안되었으며, 금융 거래정보를 별도의 하나의 서버에

---

33) 이미지출처 : http://www.secoasan.com/bbs/data/board_02/20140911153914.png

저장하는 것이 아니라, 인터넷상에 존재하는 다수의 분산된 컴퓨터에 기록/관리하는 방식이다. 즉, 현재 금융 시스템은 누가 얼마의 가치를 가진 돈을 소유하는지 공인기관에서 기록/관리하지만, 블록체인 기술에서는 두 상대방간의 직접 통신(Peer-to-Peer, P2P)을 통해 네트워크 참여자 노드에 기록/관리하는 방식이다. 이렇게 되면 실질 화폐를 없애고 거래 내역만 관리하게 됨으로써, 구리나 백금으로 만들어진 실제 화폐는 사라지게 되는 것이다. 블록체인 기술의 장점은 보안성이 뛰어나기 때문에, 인터넷 거래 장부를 어느 누구도 조작할 수 없다는 점이다.

블록체인 기술을 좀 더 쉽게 설명하면 다음과 같다. 40명의 사람이 서로 간에 돈을 거래한다고 가정 하자. 40명 모두는 돈을 거래한 거래 장부를 각각 가지고 있다. 만약, A라는 사람이 B라는 사람에게 돈을 1만 원을 빌려 준다고 가정하자. 그러면 A라는 사람은 B를 제외한 나머지 구성원 38명에게 돈을 빌려준 사실을 알려준다. 38명의 구성원 모두는 "A가 B에게 만원을 빌려 주었다"는 거래 내역을 자신의 거래 장부에 기록한다. 이런 방식으로 구성원은 모두의 거래내역을 다 알고 있게 된다. 만약, 구성원 A가 B로부터, 4만 원을 빌리고 3만 원을 빌린 것으로 자신의 장부와 B의 장부를 조작했다고 하자. 하지만, 구성원 A가 돈을 받을 때는 B의 장부뿐만 아니라 다른 38명의 모든 장부를 확인하여, 일치하는 경우에만 돈을 주도록 한다. 구성원 A가 거래 내역을 조작하기 위해서는 나머지 38명의 모든 장부를 다 조작해야 한다. 38명의 데이터를 조작하는 것은 매우 어렵다. 거래에 참여하는 참여자 수가 늘어날수록 해킹 위험은 줄어드는 것이다.

가상 화폐는 바로 이 블록체인 기술을 기반으로 만들어 진다. 현재 가상화폐의 종류는 전 세계적으로 1000개 이상 존재하며, 전체 가상화폐의 가치는 약 1,400억 달러로 추정된다. 전 세계 10위안에 속하는 가상화폐는 [표 2.1-1]과 같다. 현재 가장 사용자가 많은 가상화폐는 사토시가 만든 비트코인이다. 해외송금과 대출(크라우드 펀딩)도 블록체인을 기반으로 한 가상 화폐를 활용해 실행 가능하며, 세금 징수도 가능하다. 가상화폐는 특정 나라에서 발행하는 법적 물리적 화폐가 아니다. 세계는 농업 국가에서 자본주의 국가로 발전하면서, 각 나라에서 한국은행과 같은 정부 은행이 화폐를 발행하고 관리함으로써, 금융 시장의 균형을 적절히 유지하였다. 또한 필요한 금융 정책을 시행해 금리를 관리 하였으며, 외환 시장에도 개입하여 금융 시장이 정상적으로 굴러가도록 필요한 역할을 수행해왔다. 각 나라는 자국의 화폐를 기본으로 한 금융 주권을 스스로 포기한 적이 없으며, 그 나라의 통화를 포기한 적도 없다. 각 나라가 기본적으로 사용하는 통화는 그 나라의 통화와 정부은행이 허가한 다른 나라의 통화뿐이다.

[표 2.1-1] 비트 코인 종류

가상 화폐	시가 총액(2017.06월 기준)
비트코인(Bit Coin)	410억 달러 (46조 4,000억 원)
이더리움(Ethereum)	344억 달러 (38조 9,000억 원)
리플(Ripple)	108억 달러 (12조 억 원)
라이트 코인 (Litecoin)	23억 달러 (2조 60,000억 원)
이더리움 클래식(Ethereum classic)	약 20억 달러 (2조 2,000억 원)
NEM(New Economy Movement)	약 17억 달러 (1조 9000억 원)
대시 (DASH)	약 14억 달러 (1조 5,000억 원)
아이오타(IOTA)	11억 달러 (1조 2,400억 원)
비트쉐어(BitShares)	약 8억 5000만 달러 (9600억 원)
모네로(monero)	약 7억 3000만 달러 (8,200억 원)

　가상화폐는 기존의 화폐 체계와는 근본적으로 다른 화폐 시스템이다. 기존 화폐와 가장 큰 차이점은 화폐를 발행하는 나라나 주체가 불명확하거나 아예 없다는 점이다. 달러나 위안화 같은 화폐는 발행하는 나라가 미국과 중국이며, 해당 나라가 화폐의 가치를 보증한다는 의미를 갖는다. 하지만 가상화폐는 발행 당사자가 없다. 즉, 가치를 보증해 줄 수 있는 정부 조직이나 책임질 주체가 존재하지 않는다. 화폐에 대해 책임지는 주체는 오직 거래에 참여하는 사용자들뿐이다. 따라서 사용자가 많으면, 화폐의 가치가 올라가고, 사용자가 적으면 화폐의 가치가 떨어지며, 심할 경우 사라지는 경우도 생긴다. 화폐 발행 당사자가 없기 때문에, 아무나 가상화폐를 발행하여 유통 가능하다는 의미이기도 하다.

나. 은행 점포가 없는 은행

　2015년 11월 말 국내에서는 인터넷 전문은행에 대한 예비 설립 허가가 나왔다. 총 두 군데가 승인이 되었다. 한 곳은 카카오, 한국투자금융지주, 국민은행 등이 컨소시엄을 맺은 한국카카오은행 컨소시엄(이하 한국카카오은행)이고 또 하나는 KT, 우리은행, 알리바바, 한화생명보험, GS 리테일 등이 컨소시엄을 맺은 K뱅크 컨소시엄(이하 K뱅크)이었다. 인터넷과 스마트폰이 대중화되면서 자금이체, 금융 상품의 가입과 해지, 대출도 인터넷을 이용하여 해결이 가능하기 때문에 주택담보대출을 받거나 환전의 경우를 제외하고는 은행을 방문할 일이 별로 없다. 따라서 은행 이용자에게는 은행을 선택할 때, 점포가 있느냐 없느냐 보다는 어느 은행이 온라인 서비스를 더 빠르게 제공하느냐 또는 어떤 혜택을 더 많이 제공하느냐가 더 중요한 기준으로 자리 잡게 되었다.

[표 2.1-2] 기존 은행과 인터넷 은행 비교

	기존은행	인터넷 전문은행
고객 서비스	창구중심	인터넷 중심
출금/거래 방식	ATM기기, 은행 지점	인터넷뱅킹, ATM기기
주요 금융 서비스	은행 주요 업무(대출, 예금 등)	은행 주요 업무(대출, 예금 등)
영업시간	오후 6시	24시간
경쟁력	대면거래 통한 전문성	무점포를 통한 비용 절감 및 금리 우대

인터넷 전문은행이란 대부분의 금융 서비스를 인터넷이나 스마트폰으로 제공하고 현금 인출은 ATM기만 설치하여 제공하는 영업점이 없는 은행을 의미한다. 인터넷 은행의 장점은 점포가 없기 때문에, 건물 임대료, 인건비, 운영비를 줄일 수 있어서 이익을 극대화 할 수 있고, 이용자에게는 더 많은 이자를 제공할 수 있는 장점이 있다. 해외에서는 이미 인터넷 전문 은행이 발달하고 많이 대중화가 되어 있다. 제 4차 산업혁명 시대에는 이러한 은행이 점 점 더 많아질 것으로 예측된다.

CASE STUDY

최근 비트코인이 실물 가치가 전혀 없을 것이라고 다들 생각했지만, 가상 화폐 가격은 계속해서 올라가고 있다. 이를 마치 주식처럼 투자하는 사람들도 다수 생겨나고 있으며, 금맥을 찾는 것처럼 채굴에 몰두하는 일반인들이 급격히 증가하고 있다. 비트코인을 받기 위해서는 복잡한 암호를 푸는 계산 과정을 마쳐야 하는데, 이 과정을 비트코인 채굴이라고 한다. 처음 비트코인을 발행했을 때는 사람들의 관심이 많지 않아서 채굴하기 위한 암호의 난이도는 그리 높지 않았다. 하지만, 최근 비트코인 가격이 올라가면서, 채굴을 위한 암호의 난이도는 계속 높아지고 있다. 난이도를 높여 채굴을 어렵게 함으로써, 발행량을 줄여 화폐 가치하락을 막고자 하는 것이다.

3. 의료 분야의 생활 변화

4차 산업혁명에 있어서, 의료 분야의 발전은 실로 눈부시다고 할 수 있다. 의료 분야에서는 질병 진단, 치료, 수술 등 거의 모든 분야에서 발전을 이루고 있다.

가. 인공지능과 로봇

4차 산업혁명과 관련된 가장 큰 의료 생활 변화는 인공지능 컴퓨터를 활용한 질병 진단을 들 수 있다. 현재 미국의 더슨 암센터에서는 IBM에서 개발한 인공 지능 컴퓨터 왓슨을 환자들의 암 진단에 활용하고 있다. 실제 활용을 통해 정확도를 평가해본 결과 90%이상의 정확도를 보였다고 한다. 이 결과는 일반 의사의 정확도보다 훨씬 높은 값이다. 환자의 질병 진단과 치료에 있어서, 전통적인 의사의 역할을 기계가 대신할 수 있음이 증명되고 있는 것이다. 2016년부터는 가천대 길병원을 시작으로 국내 병원에서도 도입하여 활용하기 시작 하였다.

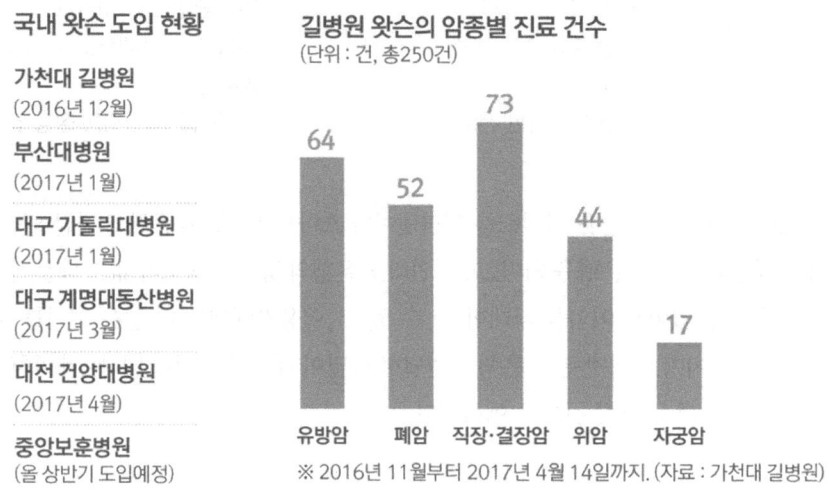

[그림 2.1-4] 국내 왓슨 도입 현황 및 진단 건수[34]

길병원에서는 2016년 2월부터 2017년 4월 14일까지 왓슨을 이용하여 유방암, 폐암, 직장암, 위암, 자궁암 등의 총 250건의 암 진단을 수행하였다. 이후 부산대 병원, 대구 카톨릭 병원, 대구 계명대 동산병원, 건양대 병원, 중앙보훈 병원 등이 왓슨을 도입하고 활용하고 있다. 왓슨은 인공 지능 알고리즘으로 관심을 받는 '딥 러닝' 알고리즘을 채택하고 있다. 최근에 왓슨은 질병 진단을 넘어, 환자의 진료 기록과 의료 데이터를 바탕으로 치료법까지 권고해 주는 기능까지 탑재하기 시작했다. 왓슨도 알파고에 사용된 기계 학습 알고리즘인 딥 러닝 알고리즘을 사용하고 있다. 최근 의료 빅 데이터의 축적으로 딥 러닝은 스스로 학습할 수 있는 기반이 더욱 확대되고 있다. 다루는 데이터의 범위도 의료 영상 데이터, 의무 기료, 진단 기록에서 생체 신호까지 넓어지고 있다.

의료 진단 분야에 있어서 로봇에 의한 환자 수술이 급속하게 증가할 것으로 예상된다. 로봇수술은 로봇 관련 기계를 이용하여, 의사가 컴퓨터로 로봇을 조종해 수술을 집도하는 의료기술이다. 로봇수술은 2005년 국내에 도입된 이후 매년 수술건수가 늘어나 현재 연 1만 건 가까이 수술이 시행되고 있으며, 국내 대학병원 대부분은 로봇수술 장비를 갖추고 있다.

---

[34] 이미지출처 : 가천대 길병원

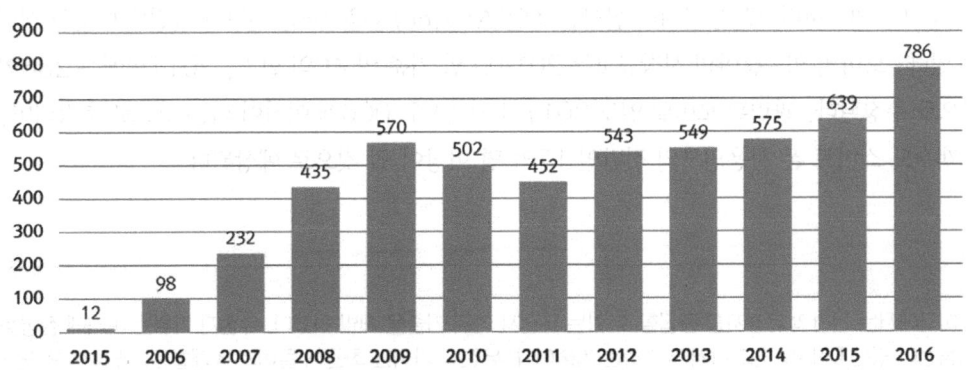

[그림 2.1-5] 로봇 수술 건수[35]

나. 원격 의료

원격 의료란 의사가 직접 환자들을 방문하여, 진료 및 처방을 수행하지 않고 무선 네트워크에 연결된 모바일 기기나 영상 시스템을 통해 원격에 있는 환자를 진료하고 처방하는 의료 시스템을 의미한다. 예를 들면, 원격 발작진단 시스템이나 원격피부 진단 시스템 등이다. 이러한 원격 의료를 가능하게 하는 기술로는 원격 관찰(Remote monitoring)시스템과 원격진단(Remote Diagnosis)시스템을 들 수 있다. 또한, 원격 의료진단을 위해, 메트로닉 케어링크 네트워크(Metronic Carelink Network)와 같은 별도의 네트워크망을 구축하여, 보다 신속하고 빠르게 의료행위를 수행하도록 하기도 한다. 해당 네트워크를 통해, 심혈관질 환자의 심장보조장치에서 심장 박동 데이터를 수집한 후 병원 의료 서버에 자동으로 전달하여, 실시간으로 분석이 이루어진다. 환자의 심장 데이터가 이상을 나타낼 경우, 911에 자동으로 신고가 되어 환자를 살리기 위한 긴급 조치에 들어가게 된다. 원격의료 분야에서 또 하나 급속히 성장하고 있는 분야는 휴대폰을 사용하는 모바일 의료(Mobile Healthcare) 분야이다. 스마트 폰이 대량으로 보급되면서 IT기술과 의료서비스를 융합하는 모바일헬스(mHealth) 산업 급속도로 부상하고 있다. 특히, 인구 고령화와 서구식 식습관으로 인한 만성질환 증가가 사회적 문제로 대두 되면서, 환자들에게 의료 서비스를 쉽게 제공할 수 있는 모바일헬스(mHealth) 산업의 성장 가능성이 주목받고 있는 상황이다. 모바일 의료 분야의 특징은 다음과 같다. 첫째, 스마트폰이나 태블릿과 같은 모바일 기기에 탑재된 앱(App)을 통해 환자의 건강정보를 수집하고 환자의 건강 상태를 모니터링하여, 의료서비스의 접근성 제고할 수 있다. 둘째, 수집된 환자의 진료기록 등 자료 분석을 통해 좀 더 빠르고 효율적으로 처방을 내릴 수 있으며, 나아가 질병에 대한 사전 예방 능력도 향상시킬 수 있다.

---

35) 출처 : 의사협회신문
(http://www.doctorsnews.co.kr/news/articleView.html?idxno=111700)

셋째, 전문적인 의료서비스뿐만 아니라 실시간 조언(Advice)등을 통해, 건강과 관련된 다양한 서비스를 제공할 수 있다. 모바일 의료분야의 시장규모는 2014년 말 기준 약 40억 달러, 2017년에는 266억 달러에 달할 것으로 추정된다. 관련된 모바일 앱도 2017년 기준 97,000개 이상이 되는 것으로 추정되며, 모바일 의료 고객수도 스마트 폰 사용인구의 절반인 17억 명 이상이 될 것으로 예상된다.

> **CASE STUDY**
>
> 최근 미국에서는 인간의 유전자를 편집할 수 있는 유전자 가위 기술을 개발 하였다. 유전자 가위는 미래에 질병을 일으킬 가능성이 있는 DNA를 정교하게 제거하는 기술이다. 유전자 가위는 최근에 들어와서 개발된 기법이지만 단기간에 비약적 발전을 이룬 기술이라 할 수 있다. 유전자 가위의 종류는 징크핑거 뉴클레이즈(ZFNs: Znic Finger Nucleases), 탈렌(TALENs, Transcription Activator Like Effector Nucleases), 크리스퍼(CRISPER-Cas9) 등이 있으며, 각각 1세대, 2세대, 3세대라 불린다. 이중에서 크리스퍼-Cpf1이라는 기술을 가장 최근에 개발 되었으며, 4세대 기술로 불리운다. 미국 하버드 대학교 연구팀에서는 크리스퍼 기술을 이용하여 인간에게 이식된 돼지의 유전자 중에서 거부반응을 일으키는 유전자 부위 62조각을 찾아 잘라내는 데 성공했다.

4. 농업 분야

농업 분야는 농업 생산, 유통과 소비등의 분야에서 산업혁명의 영향을 받을 것으로 보인다.

가. 농업 생산 분야

실제 사례로 드론을 이용한 살충제 살포를 살펴보자. 예전에는 살충제를 살포하기 위해서 사람이 등에 농약을 매고 살포기로 직접 살포하거나 경운기를 이용하여 호스를 연결해서 뿌려야 했다. 또는 지역이 넓을 경우, 비행기를 이용하여 살포하기도 하였다. 하지만, 이는 많은 비용이 들어가는 방법이다. 드론을 이용하여 살포하는 방법을 사용하는 경우는 드론에 카메라를 장착하고 아래쪽에 살충제 살포기를 탑재한다. 농부는 드론 원격 조종기를 이용하여 드론을 띄우고 조종하면서, 드론이 실시간으로 보내는 영상을 노트북으로 분석한다. 만약, 해충이 있는 곳을 발견하면, 그곳으로 드론을 이동시키고 살충제를 살포한다. 최근에 드론 장비에 대한 가격이 많이 내려가면서, 이를 농업 생산 분야에 활용하는 사례가 많이 늘어나고 있다. 앞으로는 4차 산업혁명의 기술 진보가 더욱 농업 생산에 변화를 촉진할 것으로 예상된다.

농업 생산 분야에서의 변화를 살펴보면, 자동화된 데이터 수집과 활용을 스마트 팜의 확산을 들 수 있다. 스마트 팜에서는 기후, 환경, 생육정보를 자동화된 방법으로 측정, 수집, 기록하여 중앙 서버에 전송하고, 분석을 통해, 작물의 생육 상태, 해충의 유무, 영양분과 물 공급 상태 등을 판단하는 자료로 활용된다. 농업 생산에서 데이터 수집과 이를 활용하는 시스템으로는 2008년 일본 후지쯔가 개발하여 2012년 상용화한 아키사이 시스템을 들 수 있다. 작물을 재배하는 농부는 스마트 폰으로 농작물 사진을 촬영한 후, 사진을 후지쯔 분석용 클라우드 서버 컴퓨터에 전송한다. 재배 장소에는 센서를 설치하고 날씨와 토양 데이터를 수집하여 중앙 서버로 전송한다. 전송된 빅 데이터는 실시간 분석을 거쳐, 농부들에게 물 공급 시기, 농약 살포 시기, 수확 시기 등의 정보를 제공한다.

농업 생산과 관련된 또 다른 변화는 지능화된 농기계의 사용을 들 수 있다. 기존의 사람이 직접 수행하던 농산물 포장이나 선별 작업이 점점 지능화된 기계로 대체될 것이다. 스마트 파밍은 이외에도 정밀장비, 사물인터넷(IoT), 센서, GPS, 빅데이터, 무인 항공기, 로봇 등의 여러 가지 정보통신기술을 접목하여 생산성 향상과 편의성을 증가시키기 위한 노력을 계속하고 있다. 현재 미국은 80% 이상의 농가들이 스마트 파밍 기술의 일부 또는 전부를 사용하고 있다고 한다.

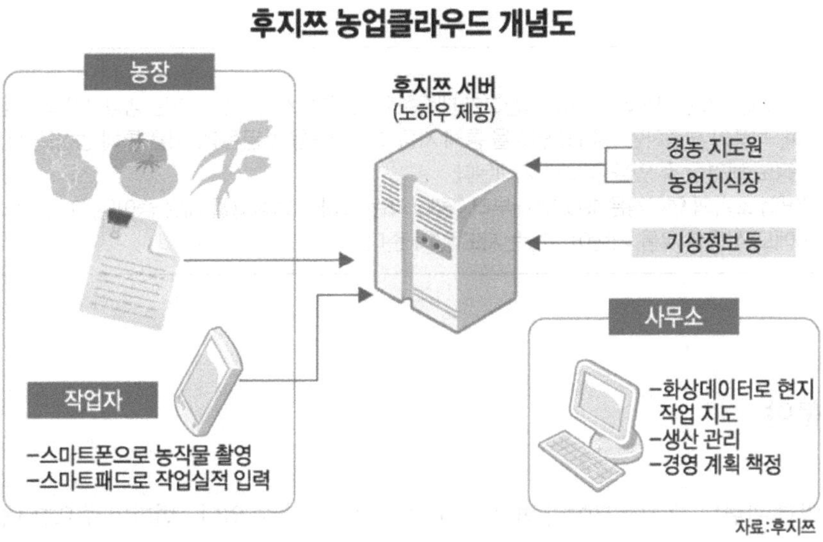

[그림 2.1-6] 클라우드 기반 농업생산[36]

나. 농산물 유통과 소비 분야

농업 생산 분야에서 뿐만 아니라, 농산물 유통과 소비에서 제 4차 산업혁명 관련 기술을 사용한 많은 변화가 이루어지고 있다. 농작물의 경우에는 기후에 많은 영향을 받기 때문에 해마다 수확물이 얼마나 많이 생산될지 예측하기가 힘들며, 특히 소비자와 생산자 간 불일치가 심하다. 이를 해결하기 위해 최근에는 빅 데이터를 이용하여 소비자들의 예상 소비량을 예측하고, 그 다음해에 얼마나 많은 양을 생산할지를 결정하는 시스템이

---

36) 이미지출처 : ET프리미엄뉴스(http://premium.etnews.com/stats/detail_stats.html?id=37101)

도입되어 사용되고 있다. 농산물에 대한 유통 분야에서도 자동화를 통해 비용과 시간을 절감하는 많은 시도가 이루어지고 있다. 대표적인 사례로 농산물 온라인 경매 시스템을 들 수 있다.

   온라인 경매 시스템에서는 경매를 위해 가격을 부르는 경매사도 이를 저렴하게 구입하기 위해 분주하게 손을 흔드는 소비자도 없다. 단지, 규격화된 창고에 농산물을 보관하고 지게차나 로봇이 낙찰된 농산물을 운반하는 모습만 보일 뿐이다. 경매사는 경매할 농산물에 대한 각종 정보를 웹 사이트나 문자를 통해 응찰자에게 제공한다. 이후 응찰자들이 사이트에 로그인 하여, 경매 대기를 하고 경매사가 경매 시작을 알리면, 참가자들이 각자 원하는 가격을 입력하게 된다. 입력한 가격 중에서 최고 가격과 낙찰자가 화면에 나타난다. 해당 낙찰자가 가격을 입금하면 원하는 장소로 물건을 배달하면 경매 과정은 끝나게 되는 것이다. 온라인 경매 시스템의 장점은 경매를 위한 농산물을 운반하는 데 걸리는 시간과 비용을 대폭 절감할 수 있으며, 대량의 농산물을 비교적 빠른 시간 내에 경매 진행을 끝낼 수 있다.

CASE STUDY

4차 산업혁명 시대에는 일반 가정에 스마트 냉장고가 대중화될 것이다. 스마트 냉장고는 냉장고 안의 식품 재고와 소비 상황을 파악하여, 식품이 부족하면 인터넷 연결을 통해 자동으로 식품을 주문한다. 이를 통해 농산물 생산과 소비간의 불일치를 어느 정도 해결할 수 있을 것으로 기대된다.
미국 MIT 미디어랩 소속의 연구팀은 1990년대부터 "쿨O"라는 스마트 냉장고를 개발 중이다. 이 냉장고는 식품 자동 주문 기능 이외에도 식품의 유통 기한이 지났는지도 알려 준다.

---

5. 제조업 분야

   4차 산업혁명과 관련된 제조업 분야의 변화는 대단히 크다고 할 수 있다. 변화의 주요한 내용은 스마트 공장, 개인 맞춤형 제품 생산 등이 될 수 있다.

가. 스마트 팩토리

   4차 산업혁명과 관련된 제조업 분야의 혁명은 제조 공정의 혁신이라고 할 수 있으며, 스마트 팩토리가 그 중심에 있다고 할 수 있다. 스마트 공장이란 제품과 각종 생산 장비에 센서와 RFID를 부착하고 이에 대한 데이터를 실시간으로 수집하고 사이버 물리 시스템(Cyber Physical System)을 이용하여, 공장 내부의 생산 과정을 실시간으로 관리하는 공장 시스템이다.

[표 2.1-3] 스마트공장의 적용수준[37]

구분	현장자동화	공장운영	기업자원관리	제품개발	공급사슬관리
고도화	IoT/IoS	IoT기반의 사이버 물리 시스템		빅데이터/가상 시뮬레이션/3D프린팅	인터넷을 통한 비즈니스 협업
		IoT/IoS, 빅데이터 기반의 진단 운영			
중간 수준2	설비 제어 자동화	실시간 공장 제어	공장 운영 통합	기준 정보/기술정보 생성 및 연결 자동화	다품종 개발 협업
중간 수준1	설비 제어 자동화			기준정보/기술정보 개발 운영	다품종 생산 협업
기초 수준	설비 데이터	공장 물류 관리(POP)	관리 기능 중심 개별 운영	CAD사용 프로젝트 관리	단일 모기업 의존
ICT 미적용	수작업	수작업	수작업	수작업	전화와 이메일

스마트 팩토리와 공장 자동화 개념을 혼동해서 사용하는 경우도 있는데, 이 둘은 엄연히 서로 다른 개념이라고 할 수 있다. 공장 자동화는 일부 생산 공정을 로봇과 같은 자동 생산 설비로 대체하는 개념인 반면, 스마트 팩토리는 여기서 한 걸음 더 나아가 사물 인터넷에 기반을 둔 제조 설비 간의 유기적 협력을 통해 생산성과 품질을 향상하기 위한 공장 시스템이라고 할 수 있다. 공장 자동화는 시작된 지 10년이 넘었지만, 스마트 팩토리는 최근에 등장한 개념이다.

스마트 팩토리에 대한 적용 범위는 매우 광범위 하다. 제조 공정에만 적용할 수도 있고 공장 간의 연결, 판매망 관리, 사후 서비스까지 적용할 수도 있다. 스마트 공장은 수준별로 기초수준에서 사물인터넷기술까지 적용된 고도화 수준까지 매우 다양하다. 스마트 공장의 수준별 정의는 위의 그림과 같다. 이러한 스마트 공장을 도입한 사례로는 GE(General Eletric)를 들 수 있다. GE는 오래전부터 스마트 팩토리와 비슷한 개념인 '총명한 공장'(Brilliant Factory)을 설립하는데 노력을 기울여 왔다. 이 공장은 제품 생산과 정보통신기술을 접목하여 GE의 주력 산업 분야인 발전, 항공, 철도 등에 적용하여 생산성 효율과 품질을 향상하고자 하는 데 그 목적이 있었다. 현재까지 전 세계에 500개 이상의 '총명한 공장'을 설립하였다. 최근에는 클라우드 기반의 개방형 소프트웨어 플랫폼인 '프레딕스'를 출시하여, GE의 스마트 팩토리를 한 단계 업그레이드하였다.

---

[37] 자료: 머니투데이 (테크엠(2016.05, p.21))

[그림 2.1-7] GE 스마트 팩토리 가상 이미지[38]

> **CASE STUDY**
>
> 스포츠용품을 생산하고 판매하는 아디다스는 인건비 절약을 위해 1993년 생산 시설을 중국과 베트남으로 이전하였다. 이 시기에 아디다스뿐만 아니라, 하청 업체와 독일 내의 다른 신발 제조 회사들도 대부분 동남아로 옮기게 된다. 하지만, 아디다스는 최근에 다시 자국 내로 생산 거점을 옮겨오고 있다. 이렇게 되돌아오는 이유는 인건비 상승도 있었지만, 결정적인 이유는 스마트 팩토리를 기반으로 한 제품생산 실험에서 경쟁력이 있다는 결론을 얻었기 때문이다. 2016년 말부터 아디다스는 독일 바이에른 주에 스마트 팩토리를 설치하고 시험 운용을 해왔다. 여기서는 로봇에 인터넷을 연결해 24시간 완전 가동 되도록 하였고 마케팅집중 지역 소비자들의 관심사와 패션 트렌드를 분석하고, 이를 디자인부서와 생산라인에 즉각 반영하도록 하여 사람이 거의 필요 없는 공장으로 만들었다. 실험 결과, 기존의 동남아 공장에서는 새로운 디자인의 신발을 생산하여 소비자에게 전달되는 약 두 달이 걸린 반면, 스마트 팩토리에서는 약 10일이면 충분했다고 한다.

6. 에너지 분야

제4차 산업혁명 시대에는 석유보다 전기가 모든 기기의 에너지원으로 사용하므로, 훨씬 많은 전력이 필요하게 될 것이다. 특히, 전기차의 보급은 전력 수요를 폭발적으로 증가시킬 가능성이 매우 높다. 따라서 스마트 그리드와 같은 전력 수요 공급 망을 통한 효율적인 전기 에너지 배분 방식은 아주 중요해진다. 4차 산업혁명 시대에는 소비자가 집에서 태양광을 통해, 전기를 생산하고 판매할 수 있는 환경이 도래할 것이다. 에너지 분야와 관련된 영역이 많이 있지만, 그중에서도 스마트 그리드와 에너지 저장 장치 부분에서 살펴보기로 한다.

가. 스마트 그리드

제2차 전력혁명이라 불리는 스마트 그리드는 빅 데이터 분석을 통해, 소비자들의 과거 전력량 사용 경향을

---

38) 이미지출처 : GE코리아 제공

파악하여 미래에 요구되는 전력량 수요를 예측하거나 건물 내부의 장치들을 사용하지 않을 때에는 자동으로 소등하도록 하여 전력 사용량을 최적화 하는 기술이다. 즉, 전력의 생산, 관리, 소비 과정에 정보통신 기술을 접목하여 공급 효율성을 최대화 시키는 지능형 전력망이다. 이 지능형 전력망을 통해 전기 공급자와 수요자는 실시간으로 데이터를 주고받을 수 있기 때문에, 수요자는 전기 요금이 싼 시간대를 골라서 전기를 소비함으로써 전기 요금을 줄일 수 있다. 또한 공급 회사는 전력 사용량을 실시간으로 파악하여 전력 공급을 효율적으로 운영할 수 있다.

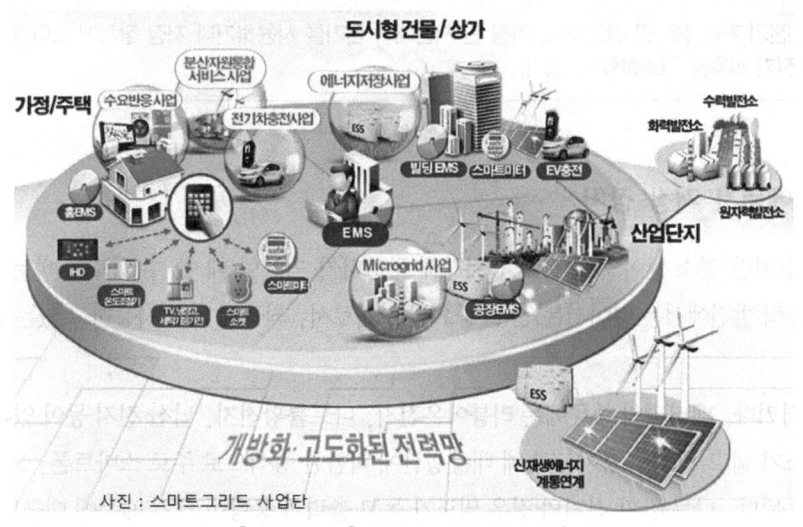

[그림 2.1-8] 스마트 그리드 구성도[39]

특히 전기차의 상용화가 끝나고 대량으로 보급되기 시작하면, 안정적으로 전력을 공급하기 위해서 스마트 그리드는 아주 중요한 기술이 된다. 전기차의 대량 보급은 전국에 설치된 전기 충전소에서 불규칙한 전기 수요를 폭발적으로 증가시킨다. 예를 들어, 서울 잠실 운동장에서 월드컵 축구 경기가 열린다고 가정해 보자. 이를 보기 위해 사람들이 전기차를 타고 잠실 운동장 주변으로 대거 몰리고 이 근처에 있는 충전소에서 많은 사람이 충전을 시도 하다면, 해당 지역은 급격한 전력 수요를 감당할 수 없어 전력 부족 현상을 겪을 수도 있다. 특히 신재생에너지를 에너지원으로 사용하는 지역에서는 에너지공급의 불규칙성이 더욱 높아진다. 예를 들어, 태양광의 경우 낮에는 태양이 떠 있어서 전력을 충분히 생산하지만 밤이 되거나 흐린 날은 전력 생산을 충분히 할 수 없다. 풍력의 경우도 바람이 많이 부는 날과 적게 부는 날의 에너지 생산량은 많은 차이가 발생한다. 기존의 전력 공급 시스템으로는 이러한 문제를 해결할 수 없기 때문에, 생산량 조절이 가능하고 남는 지역과 모자라는 지역을 자동으로 찾아서 효율적으로 배분할 수 있는 스마트 그리드 기술이 필요하다. 스마트 그리드는 스마트 계량기(AMI), 에너지관리장치(EMS), 에너지 저장장치(ESS), 전기차 충전소, 분산전원, 신재생에너지,

---

[39] 스마트 그리드 사업단

정보통신기술, 지능형 송·배전시스템으로 구성된다. 우리나라에서는 2016년에 제주도에 스마트그리드 단지를 구축하여 운영하고 있으며, 미국도 콜로라도주에 스마트그리드 단지를 구축하여 놓았다.

CASE STUDY

스마트그리드가 전국적으로 설치되고 보급되면 가정에서 전기를 얼마나 사용하고 있는지 전력회사에서 실시간으로 받아볼 수 있고 전력회사는 전기 가격정보를 가정으로 전달한다. 전력회사와는 데이터 송수신은 가정에 설치된 스마트 계량기가 담당하게 되고 스마트 계량기는 가정 내의 모든 가전제품들과 네트워크로 연결되어 있다. 가전제품은 전력회사가 전달하는 전기 가격 정보를 참고하여, 가장 싼 시간대에 전기를 사용하거나 저장 장치에 모아 두었다가 나중에 사용함으로써 전기 비용을 최소화할 수 있다.

나. 대용량 에너지 저장 장치

에너지 저장 장치란 평소 남아도는 전기를 저장해 두었다가 필요할 때 쓸 수 있도록 하는 장치를 말한다. 특히 태양광과 풍력 발전에서는 없어서는 안 될 중요한 장치로서, 최근에 많이 사용하고 있는 종류는 총 4가지가 있다.

첫 번째는 배터리다. 배터리의 종류에는 리튬이온전지, 나트륨황전지, 납산 전지 등이 있다. 리튬 이온 전지는 에너지 밀도가 넓고 제조 공정이 단순해 대량생산에 적합한 방식으로 주로 스마트폰, 노트북 등 소형 IT 장치에 많이 사용된다. 나트륨 황 전지의 경우 밀도가 높고 출력과 용량이 크기 때문에 대규모 전력 저장 시스템에 적합하며, 효율적으로 전기를 저장할 수 있다. 납산 전지는 에너지 저장 밀도가 떨어지지만 경제성이 높다.

구분	세계 최고기술 업체	주요 국내업체	R&D 단계	기술수준(세계 최고: 100)		
				원천	부품소재	제조
LiB (리튬이온전지)	미쯔비시중공업, CS유아시(일)	삼성 SDI, LG 화학	응용제품 개발	55	70	95
NaS (나트륨-황전지)	NGK(일)	포스코	초기개발	35	35	30
RFB (레독스 흐름 전지)	Prudent Energy(중)	LS 산전, 호남석유화학	초기개발	40	40	45
Super Capacitor (수퍼 캐패시터)	파나소닉(일) MAXELL(미)	네스캡, LS 엠트론	응용제품 개발	50	55	80
Flywheel (플라이휠)	보양(미)	전략연구원	제품개발	70	60	70
CAES (압축공기저장시스템)	PG&E(미)	삼성테크윈	초기개발	50	70	55

이미지 출처: 전기평론(http://www.elecreview.co.kr/article/articleview.asp?idx=6866)

[그림 2.1-9] 대용량 에너지 저장 장치 종류[40]

에너지 분야는 제 4차 산업혁명의 핵심기술이 융합되면서 공급, 거래, 관리에 있어서 혁신적인 변화를 가져올 것이다. 재생 에너지 기술, 전기 자동차 등에 의해 새로운 시장이 열리고 있는 그 핵심에 에너지저장장치(ESS)가 있다. 제4차 산업 혁명 시대에는 개별 단위의 에너지 저장 장치보다는 ESS와 같은 대용량 에너지 저장 장치의 등장은 필수적이다. ESS는 발전소 전력을 저장했다가 전력이 필요한 시점에 공장·가정에 전송하는 대용량 배터리를 말하며, 스마트 그리드(지능형 전력망)의 핵심 장치이기도 한다. 전력이 남아돌 때 저장했다가 나중에 사용함으로써 전력효율을 높일 수 있다. 소비자 입장에서는 요금이 싼 시간에 전기를 저장해 놓고 요금이 비싼 시간대에 사용할 수 있어 전기 요금을 절약할 수 있는 중요한 수단이 될 수 있다. 기존에는 전기를 생산하자마자 바로 소비되어야 하는 상황이었으나, 앞으로는 저장해놓았다 사용할 수 있을 것이다. 특히 태양광이나 풍력 같은 신재생에너지가 에너지원으로 사용될 경우 출력 안정성을 보장하기 위한 핵심 기술이기 때문에 선진국에서는 적극적으로 육성하고 있는 분야이기도 하다.

CASE STUDY

2017년 09월 04일 중랑물재생센터는 전국 공공기관 최초로 신재생에너지 설비인 대용량전력저장장치(ESS)를 올 연말까지 설치할 계획이라고 밝혔다. 설치된 시스템은 낮에 쓰고 남은 전기를 저장하는 '전력저수지' 기능을 수행하고 정전시에는 비상전원으로 활용할 유용한 신재생에너지 장치이다. 이번에 설치하는 ESS는 저장용량 18MW(megawatt)로 일반 가정 약 1600가구가 지속적으로 사용할 수 있는 전기용량이며, 정부가 지난해 12월 ESS 활용 촉진을 위해 '특례요금제도'를 개정한 이후 공공시설에 설치하는 것으로는 전국 최대 규모다. 중랑물재생센터와 LG-히타치워터솔루션(주)이 공동으로 참여하는 이 사업은 중랑물재생센터가 센터 내 유휴부지(275㎡)를 제공하고 LG-히타치워터솔루션이 약 100억 원의 시설비를 투자한다. LG-히타치워터솔루션은 약 13년간 해당 설비를 운영하면서 발생하는 전기요금 절감분으로 투자금 및 금융비 등의 부대비용을 회수하는 사업 방식이다.[41]

7. 교육 분야

기존의 교육은 하나의 교실에 학생들을 모아놓고 강의를 진행하는 방식이었다. 하지만 산업혁명은 기존의 교육 방식에서도 많을 변화를 초래할 것으로 예상된다.

가. 산업혁명 시대의 학습

4차 산업혁명 시대에는 학습에 있어서 전자학습 방식이 더욱더 확대될 것이다. 전자학습의 종류는 e-러닝, 스마트 러닝, u-러닝으로 구분할 수 있다. e-러닝은 일찍부터 시작된 전자학습의 종류로서, TV나 인

---

40) 이미지출처 : 전기평론(http://www.elecreview.co.kr/article/articleview.asp?idx=6866)
41) "전국 공공시설 최초 대용량전력저장장치 중랑물재생센터에 설치"기사 요약(뉴스와이어, 2017년 9월 4일)

터넷을 통해 강의 방송을 듣고 온라인에서 필요한 자료를 찾아서 스스로 학습하는 방법이다. 가장 먼저 등장한 전자 학습 개념으로 학습 장소까지 이동하는 걸리는 시간과 비용을 줄일 수 있는 장점이 있다. 단점은 컴퓨터가 반드시 설치되어 있어야만 가능하다는 점이다. m-러닝은 스마트폰이나 노트북이 대중화되면서 등장한 개념으로 컴퓨터가 설치되어 있지 않아도 모바일 기기를 이용해 와이파이(Wi-Fi)나 이동통신망에 접속하여 온라인 강의를 통해 스스로 학습하는 것을 말한다. 세 번째로 등장한 전자학습 개념이 u-러닝이다. 이 방법은 유비쿼터스 컴퓨팅 기술을 이용해 PC 없이도 언제 어디서나 인터넷에 접속하여 학습을 할 수 있는 환경을 만드는데 그 목적이 있다. 가장 최근에 등장한 전자 학습은 스마트 러닝이다. 이 방법은 다양한 모바일 기기, 센서, 무선망, 클라우드 컴퓨팅을 활용한 학습 방법을 의미한다. 최근에는 출석점검을 직접 호명하여 점검하지 않고 강의실 천장에 블루투스 인터페이스를 설치하여 학생들이 강의실에 들어오면 자동으로 출석이 확인되도록 하는 시스템을 사용하고 있다. 또한, 강의에 필요한 각종 소프트웨어를 강사의 PC에 설치하지 않고 클라우드 컴퓨터에 저장된 프로그램을 다운로드 받아서 사용하기도 한다. 이러한 예들이 스마트 러닝의 개념에 포함된다고 할 수 있다.

[그림 2.1-10] 스마트 러닝 시스템 구성 예[42]

나. 4차 산업혁명 시대의 교육

제 4차 산업혁명 시대에는 교육에도 많은 변화의 바람이 불어닥칠 것이다.

첫째, 전체적인 교육의 방향은 가르치는 선생님들은 보조 역할에 머물고 상호 토론과 문제 해결 중심의 학습 방법이 더욱 확산될 것이다. 학습에 필요한 기본 지식은 산업혁명기술로 인해 더욱 쉽게 접근할 수 있고 개방되

---

42) 이미지출처 : 한화S&C(http://www.hsnc.co.kr/kr/business/smart_biz.do)

기 때문에, 학습자 스스로 사전에 공부해 오는 형태가 될 것이다. 이러한 형태의 교육으로서는 플립트 러닝을 들 수 있다. 전통적인 대학 교육의 수업 방식은 강의실에서 교수가 교재를 중심으로 강의를 하고 학생들은 앉아서 듣는 형태로 진행된다. 수업 후에는 강의 내용을 심화시키기 위해 과제를 내고, 이것을 학생들이 풀어오는 형태로 이루어 졌다. 플립트 러닝에서는 기존의 수업 방식과는 반대로 진행된다. 우선 기존에 교수가 강의하던 핵심 이론과 내용은 강의실에서 다루지 않는다. 수업에서 배워야 할 내용은 사전에 학생들이 교수가 사전에 녹화해서 올려놓은 동영상, 수업 교재, 인터넷 자료를 참고하여 미리 학습한다. 오프라인 강의실에서는 교수가 낸 문제를 풀거나 상호 토론을 통해 사전에 학습한 내용을 심화 시키는 형태로 수업이 진행된다. 문제를 풀다가 어렵거나 사전에 학습해 온 내용이 이해가 되지 않으면 교수가 보조자로서 도와준다. 플립트 러닝에서는 학습의 주도가 학생에 의해 이루어진다.

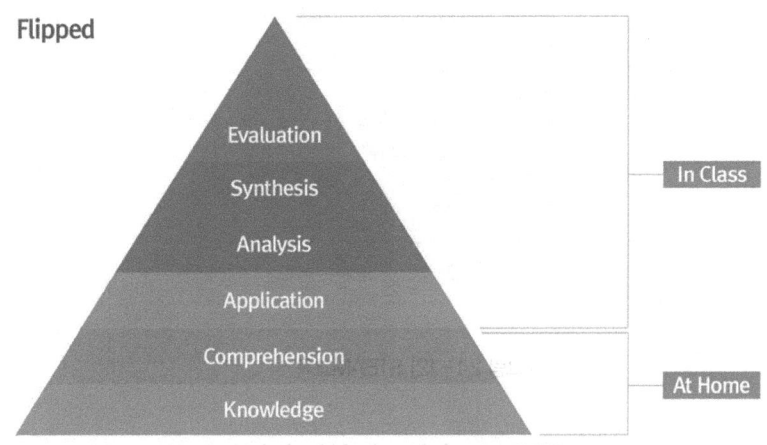

[그림 2.1-11] 플립트 러닝[43]

이러한 교육이 가능하기 위해서는 동영상을 시청하거나 인터넷으로 자료를 찾거나 하는 필요한 정보통신기술 기반의 수업환경을 제공해야 한다. 이 수업 방식은 프로젝트 진행, 아이디어 촉진, 수업 내용 심화 등에 알맞으며, 4차 산업혁명 시대에 더욱 적합한 수업 방식이라고 할 수 있다. 플립트 교육 환경을 가능하게 하는 촉진제는 무크(MOOC)와 같은 온라인 공개 강의의 대중화와 확산이다. MOOC는 자신의 강좌를 녹화하여 온라인상에 동영상으로 제공하는 것이다. 교육이 필요한 사람은 언제든지 무료로 동영상을 들을 수 있기 때문에 스스로 학습할 수 있는 훌륭한 교육 수단이 되는 것이다.

둘째, 학문간 융합 교육이 더욱 확산될 것이다. 4차 산업혁명 시대에는 하나의 분야만 알아서는 문제를 해결할 수 없으며, 여러 분야에 대한 지식을 토대로 복잡한 문제를 해결할 수 있는 융합형 인재가 필요하다. 융합형 인재를 양성하기 위한 미국의 교육 과정으로는 STEM을 예로 들 수 있다.

---

43) 이미지출처 : http://videoformyclassroom.blogspot.kr/

STEM은 과학(Science), 기술(technology), 공학(engineering) 및 수학(mathematics)의 네 가지 분야를 학생들에게 학제 간 융합 방식으로 교육시키는 교과 과정이다. 여기서는 4가지 분야를 각각 따로 가르치지 않고 각 분야가 모두 포함되는 프로젝트를 구성해서 이를 수행하는 형태로 진행 된다. 미국은 역사적으로 네 가지 분야에서는 계속 선두 주자였지만, 최근에는 다른 나라에 계속 뒤쳐지는 추세이며, 학생들의 관심과 흥미도 점점 줄어들고 있다. 미국이 다시 네 가지 분야에서 선두 자리를 되찾기 위해 오바마 행정부는 STEM 과목에 대한 학생들의 동기를 부여하고 영감을 주기 위해 2009년 교육 혁신 캠페인을 시작하였고 여기서 나온 것이 STEM이다.

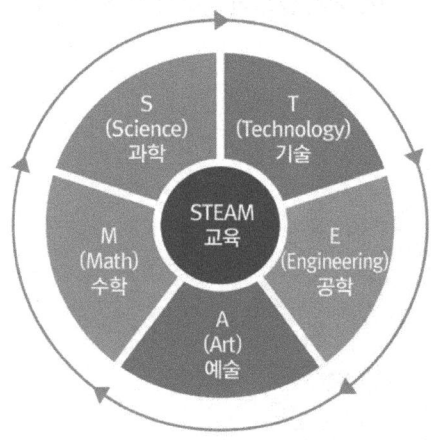

[그림 2.1-12] STEAM교육

한국에서는 이와 비슷하게 2011년 STEAM이라는 융합형 인재 양성 프로그램을 교육부에서 추진하였다. STEAM은 과학(Science), 기술(Technology), 공학(Engineering), 예술(Arts), 수학(Mathematics)의 영어 단어의 첫 글자를 따서 만든 용어이다. 이름에서 알 수 있듯이, 이 교육 과정에서는 수업 시간에 하나의 과목을 학습할 때 STEAM의 나머지 네 과목의 내용도 일부 포함 시켜 학생들에게 가르치자는 것이다.

셋째, 이러닝(e-learning)과 같은 전통적인 오프라인 학습에 정보통신기술이 융합된 혼합형 학습(Blended Learning)이 더욱 확대될 것이다. 혼합형 학습은 전통적인 교육과 온라인 교육을 병행하는 학습 방법이다. ICT융합 교육은 더 이상 교실의 선택 사항이 아니다. 직접 대면 수업과 온라인 학습 기회의 결합은 개별화, 유연성 및 학생 성공을 위한 더 큰 기회를 제공한다. 교육자는 6가지 혼합 학습 모델을 선택하여 교실 / 학생에게 적합한 전달 시스템을 구현할 수 있다. 혼합 학습이 주목을 받는 이유는 강의실에서 이루어지는 수업이 갖는 시간적, 공간적 제한점을 극복할 수 있다는 점이다.

CASE STUDY

2016년 조지아공대 컴퓨터과학과의 한 온라인 강의 수업에서는 학생들 모르게 '질 왓슨'이라는 이름의 여성 AI 조교를 배치하였다. AI 조교의 담당 업무는 수업의 진행 과정과 프로젝트에 대한 학생들의 질문에 답하는 일이었다. AI 조교는 약 40,000개 이상의 질문에 대한 답변을 할 수 있도록 준비하였다. 해당 온라인 강의는 약 300명의 학생이 수강을 하였고, 수업 시작 후 학생들과 소통하기 시작 하였다. 초기에는 학생들에게 엉뚱한 답변을 내놓아 학생들이 이상한 느낌을 받았으나 2개월의 학습 과정을 거친 뒤에는 질문의 97%에 대해 정확하고 자연스러운 답변을 내놓았다고 한다. 그해 4월 말에 담당 교수는 학생들에게 조교의 정체를 밝혔고 학생들은 상당히 놀랐다고 한다. 이전까지는 조교가 사람이 아니라 인공지능이라는 의심을 한 학생은 없었다고 한다. 담당 교수가 AI 조교를 만든 이유는 너무 바빠서 학생들의 질문에 일일이 답변하기 힘들었기 때문이라고 한다. AI 조교의 이름이 의미하듯이 이 조교는 IBM의 인공지능 소프트웨어를 기반으로 만든 것이다. AI조교 실험을 계속 진행할 것이라고 한다. 제 4차 산업혁명 시대에는 대학에서 교사 대신 강의를 하는 인공 지능도 등장할 날이 머지않은 것 같다.

8. 법률 분야

가. 정보기술 융합의 확대

법률 서비스와 관련해서도 많은 변화가 예상된다. 이미 법원에서는 2010년부터 전자소송시스템을 도입하여 서비스를 시도하고 있다. 전자소송 시스템을 간단히 설명하면 소송 기록을 종이를 사용하는 것이 아니라, 전자 문서에 기록하는 것이다. 이때 전자 문서는 PDF파일과 같은 형태를 의미한다. 주로 민사사건을 전자소송시스템으로 다루고 있다. 장점으로는 사건기록의 열람이나 복사를 법원이나 우체국을 직접 방문하지 않고 인터넷으로 할 수 있어서 매우 편리하다. 또한, 판사 입장에서는 두꺼운 사건 기록을 일일이 들춰보는 불편함 없이 화면에서 소송기록을 바로 검색해서 찾아보면서 재판진행을 할 수 있는 장점이 있다.

또다른 예로서는 디지털 포렌식이다. 디지털 포렌식이란 용어는 디지털과 '법의학'이라는 의미의 포렌식과의 합성 용어이다. 디지털 포렌식(Digital Forensic)이란 범죄자를 수사하기 위해 스마트폰과 같은 범죄자의 전자기기에 들어있는 디지털 데이터 찾아내거나 삭제된 데이터를 복원하는 과학수사 방법이다. 예를 들어 삭제된 통화 내역이나 문자메시지 등을 복구하는 작업이 디지털 포렌식이라고 할 수 있다. 디지털 포렌식의 절차 증거 수집, 분석, 증거 생성의 3단계로 이루어진다. 앞으로 이 기술은 더욱더 중요해 질 것이다.

나. 인공지능 변호사

2016년 5월 미국의 대형 법률회사 베이커앤드호스테틀러에서는 미국의 한 스타트업 회사에서 개발한 인공지능 변호사 로스(ROSS)를 실제 업무에 활용하는 계약을 체결하였다. 로스는 파산 관련 판례를 수집하여 읽고 분석하는 업무를 수행하였으며, 실제 활용해 본 결과 꽤 만족한 결과를 얻었다고 한다.

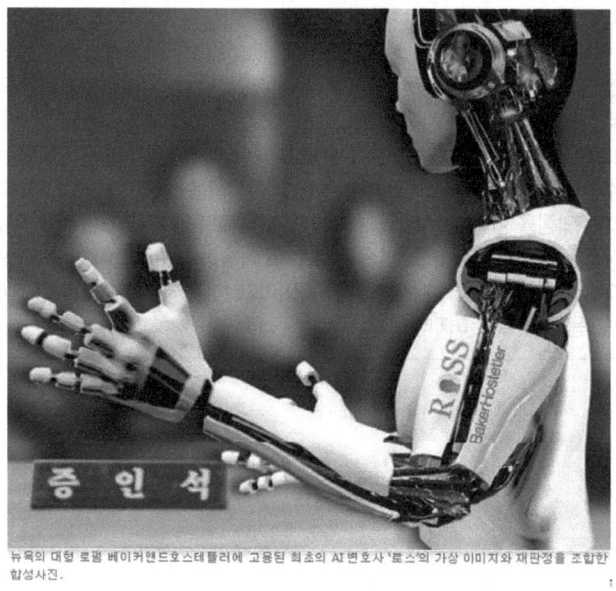

[그림 2.1-13] 인공 지능 변호사 로스 상상 이미지

　인공지능 변호사는 IBM의 인공지능 컴퓨터 왓슨을 기반으로 만들어졌으며, 미국 내에서는 10개 이상의 법률회사에서 로스를 도입하여 활용하고 있으며, 유럽의 몇 개 나라에서 도입을 고려중이다. 법률과 관련된 업무는 아직 인공지능으로 해결될 수 없는 많은 영역이 존재하기 때문에, 당분간 일부 업무만 담당할 것이다. 특히, 의뢰인을 변호하기 위한 논리를 개발하거나 증거를 수집하는 등의 작업은 인공지능으로선 아직 불가능하기 때문에, 변호사가 당장 사라지지는 않을 것이다. 인공지능 변호사의 도입은 법률 서비스 수혜자들에게는 반가운 소식이다. 어느 조사에 의하면 미국의 80%이상의 국민들이 돈이 없어서 변호사를 고용하지 못한다고 한다. 인공지능 변호사는 실제 변호사들보다 저렴한 비용으로 이용할 수 있기 때문에 비용측면에서는 수요자들에게 반가운 소식이 될 것이다. 변호사의 입장에서도 자료를 조사하고 이해하고 분석하는 업무를 로스가 대신할 수 있으므로, 좀더 중요한 일에 집중할 수 있는 시간이 늘어나게 되어 더 많은 사람에게 법률 서비스를 제공할 수 있는 여력이 생기는 것이다.

다. 인공지능 판사

　영국에서는 인공지능을 통해 재판했을 경우 정확도가 얼마나 되는지 실험을 진행하였다. 이 연구에서는 기존의 판례를 훈련 데이터를 이용한 기계 학습을 통해 사전에 훈련한 후, 실제로 법원에 제출된 소송 자료에 대해 판단의 결과를 예측 하였다. 실제 재판 결과와 예측 결과를 비교해본 결과 79%정도의 정확성을 보여주

었다.44)

2017년 5월 1일 미국 위스콘신주 대법원에서는 인공지능(AI)이 분석한 결과를 참고하여 총격 사건 차량 운전 혐의자에게 6년의 중형을 선고하였다. 미국에서는 이전에도 인공지능을 일부 활용하였지만, 판결의 근거로 인용한 것을 처음이었다고 한다. 이때 사용한 인공 지능은 '컴퍼스(Compass)'라는 기계였다. 이후에 피고는 인공지능을 판결의 근거로 사용한 것은 부당하다며 항소를 제기하였으나 기각되었다. '컴퍼스'는 피고의 성폭력 전과 등을 보고 그의 재범 가능성을 높게 판단했다고 한다.45)

카이스트 이광형 교수는 인공지능 판사와 관련하여 흥미로운 실험을 진행하였다. 실험에서는 사람들이 피고로 법정에 섰을 때 인공지능 판사와 인간 판사 중에 누구에게 판결을 받고 싶은지를 설문조사하였다. 실험결과 60%이상의 사람들이 인공지능 판사를 선택했다. 이에 대한 원인을 분석해본 결과, 우리나라는 해외 선진국보다 사법부에 대한 신뢰가 적기 때문이라고 한다.46)

이러한 인공지능 판사에 대한 긍정적인 시각뿐만 아니라 부정적인 시각도 분명히 존재한다. 2016년 국제 법률 심포지엄 사전 기자 간담회에서는 여기에 대한 토론이 진행되었다. 여기서는 AI 판사가 기술적으로는 가능하지만 바람직하지는 않다는 의견이 대부분이었다. 토론 참가자 중 한 명은 인공지능이 부동산, 재산 등 민사 소송에서의 일부 활용되는 것은 긍정적으로 생각해 볼 수 있지만, 인간을 판단하는 재판에 활용 하는 건 바람직하지 않다고 언급했다. 재판에 활용되기 위한 전제조건으로 기계가 사회적 상황에 대한 연민과 공감을 갖춰야 하고 인공지능 활용에 대한 사회적 합의가 선행되어야 한다고 지적했다.47)

CASE STUDY

미국경제연구소에서는 컴퓨터 전문가와 경제학자들이 함께 피고에 대한 석방 여부를 인공지능을 사용하여 판단하는 실험을 진행하였다. 이를 위해 뉴욕시의 범죄 기록 수십만 건을 학습 데이터로 사용하여 인공지능에 기계학습을 시켰다. 이후 실제 데이터 10만 건을 입력하여 판단한 결과, 석방되었을 경우 피고의 추후 행동에 대해 판사보다 더 잘 예측하였다고 한다. 연구의 목적은 형사 사법제도에 인공지능을 도입했을 때, 얻을 수 있는 이점이 무엇인지를 알아내기 위해서 였다고 한다. 결론은 전문가들이 오랫동안 많은 노력을 해야하는 분야에서 인공지능이 도움을 줄 것이라는 것이다. 예를 들어, 불구속하게 될 경우 범죄를 저지를 가능성이 높은 피의자를 찾아 내거나 아예 재판에 나타나지 않을 가능성이 높은 범죄자를 찾아내는 데 AI가 유용하게 쓰일 수 있다.48)

---

44) 기사요약:2016.10.25., 조선비즈, 노자운, 안재민, 인공지능(AI)판사, 실제재판 판결80%예측
45) 기사요약:2017.05.03., LA중앙일보, 인공지능이 사람 재판하는 시대 열린다.
46) 기사요약:생각비행, 2017.02.08(http://ideas0419.com/692)
47) 국민일보 기사 요약(2016.10.17.,양민철 기자, http://news.kmib.co.kr/article/view.asp?arcid=0923630131)
48) 테크M 제51호(2017년 7월) 기사 요약(http://techm.kr/)

9. 기타 분야

이전에서 언급한 분야 이외에도 다양한 분야에서 4차 산업혁명에 의한 변화가 예상된다. 국방 분야에도 다양한 변화를 가져올 것이다. 대표적인 기술로는 미래형 전투복을 예로 들 수 있다. 미래에는 군인들이 입는 전투복이 첨단 정보 통신 기술의 집합체가 될 것으로 예측된다. 미래 전쟁은 사람이 직접 전투를 수행하는 것보다 각종 정보통신기술의 우수성에 의해 그 승패가 갈린다고 하겠다. 또한 무인 로봇, 무인 전투기, 무인 무기의 등장으로 사람이 하는 전투에서 기계가 하는 전투로 바뀔 가능성이 크다.

식품 관련된 분야는 다른 분야보다는 덜 영향을 받을 것으로 보인다. 현재 로봇 셰프와 같은 이야기가 간혹 나오고 있으나, 아직 로봇이 음식을 만드는 것은 먼 이야기일 것이다. 이것보다는 지능화된 자동 판매기가 더욱 확대될 가능성이 있다. 기존의 자동 판매기는 소비자가 동전을 투입한 후, 조리가 완료된 포장 식품을 구매하도록 하는 방식이었다면, 지능화된 자판기는 기계 내부에서 즉석으로 제품을 조리하여 소비자에게 판매하는 방식이다. 기존의 자판기에 조리 기능이 추가 되었다고 할 수 있으며, 대표적인 예로 즉석 드립 커피 제조 및 자동판매기를 들 수 있다. 또 하나는 음식 3D 프린팅을 이용한 음식 제조로서, 여기서는 카트리지 내부에 식재료와 조미료를 넣고 버튼을 누르면 자동으로 음식을 제조하여 내놓는다. 대표적인 제품으로 허쉬에서 만든 초콜릿 제조용 3D프린터 '코코젯'을 들 수 있다. 이 제품은 액체 상태의 초콜릿을 넣고 모양을 선택하면, 선택된 모양대로 초콜릿을 만들어서 내놓는다.

[그림 2.1-14] 초콜릿 3D 프린터[49]

안전 분야에 있어서도 4차 산업혁명으로 인한 진보가 이루어질 것이다. 지진이나 해양 사고와 같은 재난 상황이 발생할 경우, 소형 무인 로봇을 무너진 건물 속에 투입하여 생존자를 찾거나 장시간 비행이 가능한 드론을 띄워 해양 사고 지역을 탐색하여 생존자를 찾아낼 수 있을 것이다.

---

49) 이미지출처: On 3D Printing(http://on3dprinting.com/)

학습정리

- 금융 분야의 4차 산업혁명으로 인해, 실제 은행은 점점 사라지고 점포가 없는 인터넷 은행으로 대체될 것으로 예상된다. 금융 분야 산업혁명 핵심기술은 블록체인을 기반으로 한 가상화폐로써, 화폐 거래기록을 여러 대의 인터넷 서버에 분산 저장하는 방식이다.
- 의료 분야에서는 의사 대신 인공 지능 컴퓨터에 의한 의료 진단과 치료법으로 비용과 시간이 줄어들고, 원격 의료를 통해 더 빠르고 저렴한 비용으로 의료 서비스를 받을 수 있는 환경이 도래할 것이다.
- 농업 분야에서는 정보통신 기술의 융합으로 인해 농업 생산, 유통분야에서 드론의 사용, 자동화된 경매 시스템 등이 등장할 것이다.
- 법률 분야에서도 정보통신기술 적용은 더욱 늘어날 것으로 예상되며, 판례 검색 및 분석 등과 같은 분야는 인공 지능을 활용하여 시간과 비용을 줄일 수 있을 것으로 기대된다.
- 교육 분야에서는 수요자 중심의 학습 환경이 더욱 증가될 것이며, 플립트 러닝과 같은 토론식 수업이 더욱 확대될 것이다.
- 에너지 분야에서는 스마트 그리드와 같은 지능형 전력망을 통해 전기 생산과 공급이 더욱 효율화 될 것이고, 수요자가 전기를 생산하여 이익을 얻을 수 있는 환경도 도래할 것이다.
- 제조업 분야에서는 스마트 팩토리에 기반을 둔 제품 생산이 더욱 보편화되어, 고객 맞춤형 제품생산 시대를 열어갈 것이다.

제2절
4차 산업혁명과 생활 변화

들어가며

산업혁명은 개인의 직업에 많은 변화를 가져올 것이며, 기존에 사람들이 하던 노동의 많은 부분을 인공지능 기계가 대체할 것이다. 사라지는 직업도 많고 새로 생기는 직업도 많을 것으로 세계경제포럼은 예측하고 있다. 혹자는 기본 소득과 같은 혁명적인 복지 정책이 선행되어야 4차 산업혁명이 사람들에게 행복을 가져다줄 수 있다고 주장한다. 복지가 선행되지 않으면 사람들이 직업만 잃게 되고 대다수를 더욱더 불행하게 만들 것이라고 주장하고 있다. 이 주장은 사람들에게 상당한 설득력을 얻고 있다. 만약 4차 산업혁명이 충분한 복지 정책과 함께 진행된다면 소득 감소 없이 힘들게 하던 일을 인공지능이 대신하게 되어, 노동 강도와 노동 시간이 혁신적으로 감소하게 될 수도 있을 것이다. 노동 시간 감소는 사람들에게 저녁이 있는 삶을 가져 줄 것이다. 이렇게 되면 토머스 모어가 소설에서 언급했던 유토피아의 현실화가 가능할 수도 있는 것이다.

학습포인트

가. 4차 산업혁명 시대에 유망한 직업과 사라지는 직업들에 대해서 살펴본다.
나. 4차 산업혁명 시대에 산업구조 변화에 대해 살펴본다.

1. 4차 산업혁명 시대의 직업

2016년 다보스에서 열린 제46차 세계경제포럼의 보고서에 의하면 산업혁명으로 인해 약 5년 후인 2020까지 전 세계의 일자리 700만 개 정도가 사라지고 약 200만 개 정도가 새로 생길 것이라고 한다. 사라질 것으로 예상하는 직업군을 살펴보면, '사무직 노동자'(화이트칼라)가 약 476만 개로 전체 직업의 67%를 차지하고, 그 다음이 제조업으로 161만 개의 직업이 사라지며(22.6%), 건설 분야 50만 개(7%), 스포츠 및 미디어가 약 15만 개(2.1%), 마지막으로 법률 분야에서 약 11만 개(1.5%)가 사라질 것으로 예측 하였다. 반면 새로 늘어나는 일자리 분야를 보면 '경영·재무' 분야가 약 49만 개(25%), 관리 분야 41만 개 (21%), 컴퓨터·수학 분야 41만 개(20%), 건축·공학 분야 34만 개(17%), 영업 관련 분야 30만 개(15%), 교육 분야 7만 개(3%)등이었다. 늘어나는 일자리보다 줄어드는 일자리가 훨씬 많기 때문에 전 세계의 일자리가 크게 감소할 것이라는 우울한 전망을 내놓고 있다.[50]

[표 2.2-1] 미래 직업 변화[51]

줄어들 직업		늘어날 직업	
구분	항목	구분	항목
1	사무 및 관리(Office, Administration)	1	컴퓨터 및 수학(Computer, Mathematics)
2	법률(Legal)	2	건축 및 공학(Architecture, Engineering)
3	생산 및 제조(Production)	3	경영(Management)
4	예술, 엔터테인먼트, 미디어(Art, Entertainment, Media)	4	금융(Financial)
5	건설 및 광업(Construction, Extraction)	5	판매(Sales Related)
6	관리 및 정비(Installation, Maintenance)	6	교육 및 훈련(Education)

가. 감소할 직업

1) 사무직 노동자

4차 산업 혁명으로 인해 가장 먼저 사라질 직업 분야는 업무가 복잡하지 않고 급여가 높은 사무직 노동자이다. 특히 단순한 회계 처리나 급여 관리, 세무 처리와 같은 직업군은 인공 지능으로 대체될 가능성이 높다. 현재 작은 중소기업에서는 기존의 여성 사무직원이 처리하던 업무를 인공지능 비서가 처리하도록 함으로써, 비용을 줄이려는 시도가 이어지고 있다.

---

50) 2016년 세계 경제 포럼 보고서 요약
51) 자료 : 2016년 세계 경제 포럼 보고서

순위	직업	Job Title	위험성	종사자 수
1	텔레마케터	Telephone Salesperson	99.0%	43,000
2	(컴퓨터)입력요원	Typist or related key board worker	98.5%	51,000
3	법률비서	Legal secretaries	98.0%	44,000
4	경리	Financial accounts manager	97.6%	132,000
5	분류업무	Weigher, garder or sorter	97.6%	22,000
6	검표원	Routine inspector and tester	97.6%	63,000
7	판매원	Sales administrator	97.2%	70,000
8	회계관리사	Book-keeper, payroll manager or worker	97.0%	436,000
9	회계사	Finance officer	97.0%	35,000
10	보험사	Pensions and insurance cierk	97.0%	77,000
11	은행원	Bank or post office clerk	96.8%	146,000
12	기타 회계 관리사	Financial administrative worker	96.8%	175,000
13	NGO 사무직	Non-governmental Organisation	96.8%	60,000
14	지역공무원	Local government administrative worker	96.8%	147,000
15	도서관 사서 보조	Library clerk	96.7%	26,000

총 종사자 수 1,527,000

[그림 2.2-1] BBC가 예측한 사라질 위험성이 높은 직업들[52]

 2016년 영국 BBC에서는 가까운 시일 내에 영국 내에서 사라질 직업의 순위를 조사하였는데, 결과는 표와 같다. 결과를 보면 대부분 사무직 직종인 것을 알 수 있다. 그중 가장 높은 직업군은 텔레마케터였으며, 그 확률은 99%였다. 텔레마케터는 콜센터에서 상주하면서 전화로 제품을 광고하고 판매하는 영업사원을 의미하며, 사무직의 일종이라고 할 수 있다. 영국에서 이 직업에 종사하는 인구는 연간 4만 3000명 정도가 되는 것으로 추정하고 있다. 이 직업이 조사에서 1위를 차지한 이유는 충분히 예상할 수 있다. 우선 인터넷과 휴대폰의 발달로 제품광고를 위해서 사람들이 직접 전화를 거는 일은 거의 없어지고 있다. 소비자에게 광고 메시지를 직접 보내거나 인터넷 사이트에 제품 광고를 하는 시대로 바뀌고 있기 때문이다. 특히 최근에는 소비자의 소비 패턴을 자동으로 분석하여 사용자가 인터넷 웹 사이트를 방문하면, 그 웹사이트 화면에 소비자가 관심을 두고 있는 제품에 대한 정보를 자동으로 추천하는 서비스까지 등장하였다. 제품 광고가 언제 어디서나 휴대폰이나 인터넷을 통해 지능적으로 이루어질 수 있는 환경이 된 것이다.

 2위를 차지한 것은 데이터 입력하는 직업에 종사하는 노동자들이다. 왜 이 분야에서 종사하는 노동자들이 2위를 차지했을까 하는 생각을 해보면 4차 산업혁명시대에는 데이터 수집 방법이 수동에서 자동으로 바뀌기 때문일 것이다. 자동 수집은 크롤러(Crawler)와 같은 소프트웨어를 이용해서 사람이 개입하지 않고 데이터를 수집하는 방법이다. 크롤러 프로그램을 실행시켜놓으면 인터넷 링크를 따라 웹 사이트를 방문하면서 사용자들의 게시판 글이나 트위터 메시지 등을 자동으로 수집한다. 주로 사회관계망서비스 빅 데이터를 수집하기 위한 용도로 사용 되며, 대표적인 것으로 Log4j라는 자바 기반 소프트웨어를 들 수 있다. 자동 수집을 가능하게 해주는 것으로는 서버 안에 설치된 로그 수집기다. 로그는 사용자가 입력한 데이터나 검색어 등을 수집해주

---

52) 이미지출처 : 박지훈, AI시대 사라질 직업 탄생할 직업, 매일경제, 2016년 5월 2일.

는 시스템 소프트웨어이다. 이러한 소프트웨어의 등장으로 인간이 데이터를 직접 입력하는 일을 점점 사라지고 있는 것이다.

3위를 차지한 직업으로는 법률 비서가 있다. 법률 비서가 주로 하는 일은 법률 조항, 판례 기록, 자료 검색 등을 수행하는 직업이다. 4차 산업혁명 시대에는 이러한 일들은 빅 데이터 기술과 인공지능이 대체할 것으로 예상된다. 최근에는 법률관련 업무 중에서 변호사와 판사의 업무 일부를 인공 지능에 맡기는 실험도 진행하고 있다. 4위를 차지한 경리 업무의 경우에도 데이터 처리 및 분석기술이 워낙 발달하여 해당 종사자가 할 일이 점점 없어지는 추세이다. 최근에는 회사의 수입, 지출, 급여, 전표 처리 업무를 한꺼번에 간단히 처리할 수 있는 소프트웨어도 다수 등장하고 있다. 5위를 차지한 분류 업무와 관련된 직업도 많이 사라지고 있다. 기존의 분류 작업은 종이로 된 서류를 일정한 기준에 따라 종류별로 따로 모아두는 작업이 대부분이었다. 하지만 최근에는 종이로 된 서류 자체가 사라지는 추세이다. 공문, 기록과 같은 대부분의 서류는 모두 디지털 파일로 작성되어 보관되고 있다. 종이로 된 서류의 경우는 조작의 가능성이 있지만, 파일로 된 문서는 위변조 방지 기술의 발달로 조작이 거의 불가능 하다. 이러한 환경은 결국 분류 작업에 종사하는 노동자의 감소로 이어지고 있다.

6위에서 15위 까지는 검표원, 판매원, 회계 관리사, 회계사, 보험사, 은행원, 기타 회계 관리자, NGO 사무직, 지역 공무원, 도서관 사서 보조 등이 차지하였다. 전문직 직종에서는 회계사가 포함된 것이 눈에 띈다. 여기에 대한 원인은 4) 절에서 따로 다루기로 한다. 은행원 감소는 아주 급격하게 진행될 가능성이 농후하다. 최근 은행 관련된 업무는 은행을 직접 방문하지 않고 인터넷이나 모바일을 통해 이루어지는 형태로 점점 바뀌고 있다. 대출 업무도 인터넷에서 가능하다. 상황이 이렇다 보니, 굳이 은행 지점을 따로 만들 필요가 없는 것이다. 그래서 등장한 것이 K뱅크와 카카오 뱅크 같은 인터넷 전문은행이다. 인터넷 은행은 본점이나 지점이 없고 돈을 인출할 수 있는 ATM기기와 자금, 은행 업무를 처리하는 시스템과 이를 유지보수하기 위한 일부 인력만 가지고 운영한다. 기존에 비해서 획기적으로 인건비를 줄일 수 있는 형태인 것이다. 보험사의 경우도 자리가 많이 줄어들 가능성이 있다. 특히 자율 주행차가 보급되면 차에 운전자가 탑승하지 않기 때문에, 개인 보험 가입 및 처리가 급격히 줄어들 가능성이 있다. 무인 자동차의 경우 사고가 났을 때 누가 책임져야 하는지도 중요한 논란거리가 되고 있다.

2) 운송업

운송업 분야에서 일자리 줄어들 수 있는 직업 분야가 각종 차량 운전 종사자일 것이다. 구글에서 시작된 무인 자동차 기술은 세계의 여러 나라 자동차 업계로 파급되고 있으며, 현재 각 나라에서는 무인 자동차 개발을 끝내고 실제 도로에 배치하여 운영하는 본격적인 실험을 끝내고 상용화를 눈앞에 두고 있다. 무인 자동차를 실제 배치하여 사용할 수 있는 가장 대표적인 곳으로 공항을 들 수 있다. 공항내의 도로는 일반 도로와 달리 아주 저속이며, 도로가 바뀔 가능성이 거의 없기 때문에 무인 자동차를 운영하기에는 최적의 장소라 할 만하다. 앞으로 무인 자동차의 도로 배치 운영은 점점 증가할 것이며, 이는 버스, 택시등의 운전 종사자의 직업 감소로 이어질 것이다. 이외에도 무인차로 인해 소멸할 가능성이 클 직업에는 렌터카 회사 직원, 대리 기사, 교통경찰(무인차는 불법이 거의 없음), 집배원등이 있다. 운송 분야에서 감소할 직업 중의 하나는 택배 기사일 것이다. 현재 무인 자동차와 더불어 드론 사용이 점점 증가하고 있다.

[그림 2.2-2] 농약을 살포 중인 드론[53)]

2016년 미국 온라인 쇼핑몰 업체 아마존에서는 영국에서 드론을 이용하여 고객에게 물건을 배달하는 실험을 성공적으로 마쳤다. 미국의 규제로 인해, 영국에서 실험을 진행하였다. 고객은 인터넷을 통해 아마존에서 물건을 주문하고, 직원이 물류센터에서 물건을 포장하고 드론에 상품을 탑재하고 배달 요청 한다. 드론은 GPS를 이용하여 주문자의 집까지 찾아가서 물건을 내려놓고 돌아온다. 드론 이용한 배달은 중국에서도 활발히 시도되고 있다. 2016년 중국에서 드론을 이용한 택배 배달은 총 500여 건에 달하는 것으로 나타났으며, 도로가 없어서 사람이 접근하기 힘든 산악 지대나 험준한 지형에 물건을 배달하는데 드론을 이용 하였다. 중국에서는 택배 업체뿐만 아니라 알리바바와 같은 유통 업체들도 드론 활용에 많은 관심을 가지는 것으로 나타났다.

택배 이외에도 드론은 여러 분야에 활용될 수 있다. 최근에는 농업분야에서 활발히 활용되고 있다. 예전에는 논에 살충제를 사람이 직접 살포하였으나, 최근에는 드론을 이용하여 살포하고 있다.

드론을 이용할 경우, 훨씬 저렴한 비용으로 살포할 수 있으며, 드론에 장착된 카메라를 통해 해충이 많은 지역을 탐색하여, 그 지역만 선택적으로 살포 할 수도 있다. 약간의 드론 조작법과 드론을 구입하는 비용만 지불하면 되는 것이다. 이로 인해, 최근 국내에서는 드론 교육이 많은 인기를 끌고 있다. 드론으로 인해 사라질 위기에 처할 직업은 농약 살포자, 산불 감시원, 택배 배달원, 음식 배달원, 목축업자 등이 될 수 있다.

---

53) 이미지출처 : 브런치(https://brunch.co.kr/@mediocrity/8)

3) 제조업 분야

산업 분야에서 감소할 것으로 예측되는 직업 분야는 생산 노동자를 들 수 있다. 4차 산업 혁명은 로봇과 스마트 팩토리를 통해, 기존에 노동자가 생산하던 제품을 AI가 융합된 로봇이 대체할 가능성이 커지고 있다. 특히 3D 프린팅 기술은 이를 더욱 부채질할 가능성이 크다고 할 수 있다. AI가 결합된 로봇의 등장은 기존에 노장자의 노동력에 의존하던 생산의 개념을 근본적으로 바꿀 수도 있다. 기업에서 가장 중요하게 생각하는 것은 생산 원가 절감이다. 이중에서도 특히 인건비 절감에 많은 관심을 가지고 있다. AI로봇이 기존의 생산 노동자와 동일한 작업을 스스로 알아서 할 수 있다면, 기업들은 인건비를 줄이기 위해 이를 대량 도입할 수도 있을 것이다. 이러한 예는 독일의 신발 제조업체 아디다스에서 찾아 볼 수 있다. 아디다스 스마트 공장 실험을 통해, 기존에 600명이 종사하던 공장에 단 수십 명만 투입하여 기존과 똑같은 생산성을 달성할 수 있었다고 한다. 이로 인해, 아디다스는 동남아시아에 있던 생산 기지를 다시 독일로 옮겨 오고 있다. 또한, 애플의 아이폰을 생산하는 폭스콘에서는 인력 6만 명을 감축하고 로봇 생산체계를 도입하고 있으며, 생산 공정의 70%를 로봇이 담당할 계획이라고 한다.

[그림 2.2-3] 인공 지능 로봇

4) 전문직

전문직 중 의료 분야 또한 산업 혁명의 파고를 피할 수 없을 것으로 전망된다. 특히 의료 서비스에 종사하는 인력의 감소가 예상된다. 3차 산업혁명 이후에 이미 의료 분야에서는 정보통신기술과 다수의 전자 장비를 진단, 치료, 처방 등에 활용 하였다. 질병 진단에 있어서 의사의 역할은 엑스레이 사진, MRI, CT, 혈액 검사 등의 결과를 정확하게 해석하는데 더 초점이 맞추어져 있다고 할 수 있다. 진단의 성공 여부가 얼마나 좋은 기계를 사용하여 얼마나 정확하게 해석하느냐 달려 있는 것이다.

[그림 2.2-4] 인공지능 의사 왓슨 명함[54]

사실상 해석은 사람보다 기계가 더 정확할 수 있다. 기존의 사람의 역할을 대체할 수 있는 부분이 많은 곳이 의료 분야이다. 특히 암과 같은 질병 의료 진단 분야에서는 일반 의사보다 인공지능 컴퓨터가 진단의 정확성이 더 높다는 실험 결과가 이미 나오고 있으며, 각 병원에서 이를 도입하여 실제 사용하고 있다. 의사의 경우도 최근 질병 진단에 인공 지능을 일부 활용하고 있으며, 수술 시에도 직접 손으로 하는 대신 로봇을 활용하는 경우가 많이 늘어나고 있다. 4차 산업 혁명 시대에는 환자 치료 성공 여부가 정보통신기술에 따라서 결정된다고 해도 과언이 아니다.

법률 분야에서도 여러 가지 다양한 직업들이 사라질 것으로 예측 된다. 예를 들어 판사는 중요하지 않은 단순한 사건의 경우에는 이미 나와 있는 판례집의 판례를 참고하여 판결하면 된다. 데이터를 빅 데이터로 저장한 후 이를 인공지능으로 분석 학습하여 사건 내용만 입력하면, 자동으로 판결되는 시스템을 만들 수도 있는 것이다. 이는 영국의 인공지능 판사 실험에서도 확인할 수 있다. 앞에서도 이야기 했듯이 인공지능 변호사는 실제 법률ㅇ 회사가 채택하여 활용되고 있다. 인공지능 활용은 변호사에게도 커다란 일자리의 위협으로 다가오기도 한다. 경영컨설팅 회사인 딜로이트에서 2016년 진행한 연구에 따르면, 앞으로 10년 내에 영국 법조계에서는 전체 법률 직업의 39%에 해당하는 11만4000개 일자리가 자동화되어 사라질 것이라고 한다.

CASE STUDY

2017년 1월 12일 유럽연합 의회가 AI 로봇에게 '전자 인간'이라는 법적 지위를 부여하는 결의안을 통과시켰다. 이 결의안에서는 로봇의 지위, 개발, 활용을 위한 기술적·윤리적 가이드라인을 제시하였다. 가이드라인 중에는 로봇의 사회적 악용 가능성과 해킹에 대한 사회적 불안감을 해소하고 로봇이 인간에 무조건 복종하면서 위험을 가하지 않도록 하는 항목도 있다. 또한 로봇 제작자들은 프로그램 오류, 해킹 등 비상 상황에서 로봇을 즉각 멈출 수 있는 '킬 스위치'를 탑재해야 할 뿐만 아니라 당국에 로봇을 등록해야 한다. 만일 로봇이 사고를 낼 시, 당국이 시스템 코드에 접근할 수 있게 해야 한다는 조항도 있다. 특이한 것은 로봇으로 인해 대규모 실직의 우려가 있기 때문에, AI 로봇을 고용하는 기업에 '로봇 세'를 물려야 한다는 내용도 있다.[55]

---

54) 이미지출처 : 중앙일보(http://news.joins.com/article/20966747)
55) 조선 비즈 기사 요약, 2017.01.16., EU, AI 로봇에 '전자인간' 지위 부여

4차 산업혁명의 영향을 받는 또 하나의 전문직이 회계사다. 특히, 회계사의 감사 업무에 있어서 많은 변화가 예상된다. 감사 업무의 경우 기존에는 데이터 중에서 일부 표본만 뽑아서 조사하는 부분 검사 방법이 주로 사용되었다. 이 방법은 표본 선정이 잘못되면 중요한 문제점을 찾아내지 못할 수도 있기 때문에 감사에 대한 신뢰도가 낮았다. 하지만 컴퓨터 프로그램은 회계 장부에 기록된 모든 데이터를 탐색하여 분석할 수 있다. 이미 회계 법인에서는 자동화 감사 기법을 일부 도입하여 사용하고 있다. 이를 통해 시간이 오래 걸리는 분석 작업은 컴퓨터가 대신하고 감사를 수행하는 회계사는 분석 결과를 해석하고 문제점을 찾아내는 실질적인 일에 더 집중할 수 있다. 최근에는 빅데이터 분석 및 시각화 기술을 활용하여 업무의 효율을 높이고 있다. 또한 빅데이터 수집 기술을 활용하여 대상 회사의 서버에 저장되어 있는 대량의 데이터를 실시간으로 수집하기 때문에 비용과 시간을 절약하고 있다. 또 최근에는 일부 회계 법인에서 인공지능을 활용하기 시작하였다. 삼정회계법인(KPMG)에서는 IBM의 인공지능 기계 '왓슨'을 회계 분석 기술에 활용한다고 발표했다.

딜로이트는 알거스라는 인공지능 프로그램을 데이터 분석에 활용하기 시작했다. 이 프로그램은 자연어 처리기술을 활용하여 수많은 텍스트 정보에서 핵심정보를 추출한다. 추출한 핵심정보를 입력 데이터로 사용하여 데이터 분석 엔진인 '옵틱스'가 데이터를 분류하고 문제점을 찾아낸다.[56]

[표 2.2-2] 회계 법인 인공지능 도입현황

회계 법인	이름	용도
삼정회계법인(KPMG)	슈퍼 어시스턴트	인공지능 데이터 분석
딜로이트	알거스, 옵틱스	인공지능 데이터 분석
프라이스워터하우스쿠퍼스(PWC)	아우라, 커넥트, 할로	회계 감사, 데이터 분석
언스트영(EY)	-	회계 감사

CASE STUDY

세계 주요 회계법인은 AI 기술에 대한 투자에도 매우 활발하게 참여하고 있다. 2017년 초에 딜로이트, KPMG, 구글이 손잡고 캐나다 온타리오 주에 '벡터 연구소(vector institute)'라는 인공지능 연구소를 설립했다. 설립에 투자된 돈은 약 1000억 정도이다. 연구소에서는 신경망 기반 데이터 학습 알고리즘인 딥러닝 기술을 집중적으로 연구할 예정이며, 딥러닝의 창시자라고 알려진 제프리 힌튼 박사가 주도할 것으로 예상된다. 개발된 기술은 회계 분야뿐 아니라 금융, 의료, 운송, 유통 등의 분야에도 적용하고 상업화 할 계획이다.[57]

---

56) 뉴스 토마토 기사 요약("확장하는 인공지능…회계감사 영역도 '지각변동", 2016-05-11, 신지선)
57) 기사요약 : 2017.04.05., 캐나다, 구글 · 딜로이트와 손잡고 1091억원 규모 AI 연구소 설립, 조선비즈

나. 유망한 직업

1) 데이터 분석가

세계 경제 포럼에서 4차 산업혁명과 관련된 직업 중에서 가장 유망한 직업으로 데이터 분석가를 꼽았다. 데이터 분석가는 각종 산업 분야에서 해당 분야의 전문 지식을 가지고 데이터를 수집, 저장, 처리, 분석, 시각화 업무를 수행하는 전문 직종으로 회사의 정확한 의사 결정에 없어서는 안 될 중요한 직업이다. 특히, 최근에는 데이터의 형태에 있어서 정형 데이터보다는 트위터, 이메일, 동영상, 이미지와 같은 비정형 데이터가 증가하고 데이터 분석 업무의 영역이 지속적으로 분화 및 증가하고 있기 때문에 일자리는 꾸준히 늘어날 것으로 예상된다. 데이터 분석가는 특성상 수학, 통계, 컴퓨터 언어 등 여러 분야에 걸친 통합적 지식을 구비한 융합형 인재로 길러져야 해당 업무를 수행할 수 있는 특징이 있다. 맥킨지 보고서에 따르면, 2018년 미국 내에서 부족한 빅 데이터 전문가의 숫자는 14만에서 19만 정도로 추산하고 있다. 국내에서도 데이터 분석가에 대한 수요가 꾸준히 증가하고 있다.

(단위: 명)

구분	2013년	2014년	2015년	2016년	2017년	합계
A그룹	152	380	501	945	1,351	3,329
B그룹	1,279	3,215	4,248	8,040	11,535	28,317
C그룹	5,016	12,709	16,927	32,294	46,705	113,651
D그룹	439	1,103	1,456	2,754	3,948	9,700
E그룹	760	1,902	2,505	4,725	6,755	16,647
F그룹	15,908	39,847	52,471	98,972	141,518	348,716
합계	23,554	59,157	78,108	147,728	211,813	520,360

한국정보화진흥원 IT&Future Strategy 2012. 12

[그림 2.2-5] 빅데이터 관련 일자리 증가[58]

데이터 분석가에 필요한 역량은 크게 4가지 정도가 된다. 첫째, 분석을 위한 데이터 수집 및 처리에 대한 역량을 갖추고 있어야 한다. 보통 엑셀과 같은 극도로 정형화된 데이터가 분석 대상이 되는 경우는 많지 않다. 매우 복잡하고 형태가 제각각인 비정형 데이터가 대상이 되는 경우가 많다. 비정형 데이터를 데이터 분석에 필요한 정형 데이터나 표준 형태로 변환한 후 처리해야 한다. 또한, 기존의 데이터가 오래전에 사용하던 복잡한 구조로 되어있는 경우가 많다. 현재 각 기업과 공공기관의 대부분의 데이터는 테이블 형태의 관계형 데이터 베이스에 많이 축적되어 있다. 이 때문에 데이터를 관계형(Relational Database) 데이터 분석 도구가 요구하는 형태로 바꾸어 주어야 한다. 현재 데이터 형태 변경을 위한 응용프로그램이 많이 나와 있으므로 이를 적극 활용하는 방법을 터득해야 한다. 두 번째로 필요한 역량은 기본적인 통계 기법에 대한 이해이다. 데이터

---
58) 이미지출처 : 한국정보화진흥원 IT&Future Strategy

분석은 결국은 통계 기법을 활용할 수밖에 없다. 합이나 평균 같은 단순한 통계를 넘어 회귀 분석, 조건부 확률 등의 수학적 지식이 요구되는 통계 기법들을 익혀야 한다. 세 번째는 분석결과를 보여주기 위한 도구인 각종 챠트나 도표 등에 대한 이해와 이를 활용할 수 있는 역량이 필요하다.

2) 인공지능 트레이너

현재 인공지능이 모든 일을 알아서 수행할 것으로 생각하기 쉽지만 현재 인공지능 단계는 목표로 하는 산업분야에 맞게 소프트웨어를 구축하고 해당 분야의 훈련 데이터를 학습시키는 오랜 과정이 필요하다. 예를 들어 금융 분야에서 자료 분석을 자동으로 하는 인공지능 시스템을 구축한다고 가정해 보자. 우선 금융 데이터를 분석하기 위한 알고리즘을 소프트웨어로 만들어야 하고 이 소프트웨어에 대량의 금융 거래 데이터를 오랫동안 학습시켜야 한다. 인공 지능은 기계 학습을 통해 훈련을 받지 않으면 무용지물이기 때문에, 기존에 존재하는 검증된 지식을 기계에 학습시켜 기계가 사람 대신 업무를 수행하도록 해야 한다. 학습 데이터는 분야마다 형태도 다르고 내용도 다르므로 전문지식을 어느 정도 갖추고 있어야 학습을 시키는 것이 가능하다.

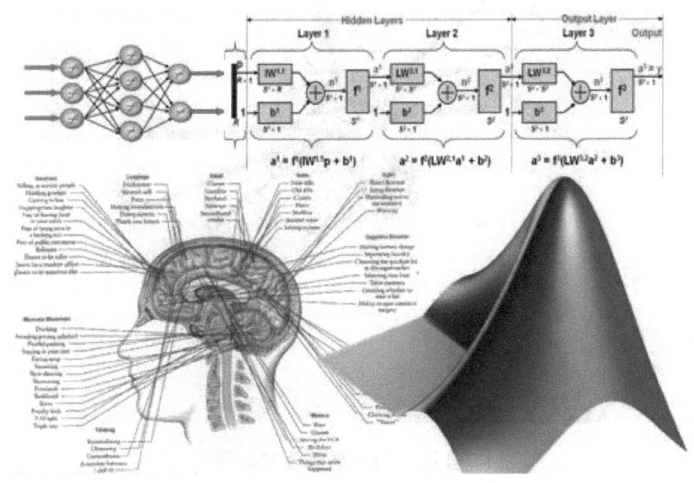

[그림 2.2-6] 인공지능 훈련[59]

이를 위해 다양한 형태의 지식을 단순히 저장하고 활용하는데 그치지 않고 관련 지식을 융합하여 새로운 지식을 발견하기 위해 훈련 데이터를 모으고 이를 학습 시키는 역량을 보유해야 한다. 이를 위해서는 신경망, 퍼지, 패턴 인식, 전문가 시스템, 자연어 인식, 이미지 처리, 등의 고급 기술을 익혀야 하며, 4년간의 학부 교육을 통해서는 쉽게 익히기 힘들다고 할 수 있다. 특히 인공 지능은 대량의 빅 데이터를 학습해야 하므로, 빅 데이터에 대한 기본 지식이 있을 경우 더욱 환영 받을 것이다.

---

[59] 이미지출처 : 핀터레스트(pinterest.com)

3) 드론 조종사

제4차 산업 혁명과 관련된 유망한 직업으로 드론 조종사를 들 수 있다. 드론 조종사는 택배, 농약 살포, 산불 감시 등 다양한 업무등을 원격 네트워크를 통해 수행하는 직업이다. 예를 들어, 산불 감시를 살펴보자. 예전에는 산불의 감시를 위해 산림청 직원이 차량이나 헬리콥터를 이용하여 해당 지역을 정기적으로 순찰하였다. 이러한 방법은 시간과 비용이 매우 많이 들고 야간에는 순찰이나 감시가 거의 불가능하였다. 하지만, 드론을 이용할 경우, 감시원은 근처 소방서에서 드론을 공중에 띄워, 해당 지역으로 이동시키고 드론에 장착된 카메라를 통해, 원격으로 산불을 감시할 수 있다. 감시원은 실시간으로 전해지는 영상만 잘 감시하고 있다가 산불이 일어났다고 판단되면, 해당지역으로 바로 출동 한다. 심지어, 감시원이 영상을 실시간으로 감시하지 않아도 본부에 위치한 서버 컴퓨터가 인공지능을 통해, 산불이 일어난 상황을 자동으로 발견할 수도 있다. 제4차 산업혁명 시대에는 드론 조종사에 대한 수요가 지속적으로 증가할 것으로 예상된다.

[그림 2.2-7] 드론 조종 모습[60]

4) 생명 공학 전문가

생명공학은 살아있는 생물 구조에 대한 이해와 변경을 통해 질병을 예방하거나 치료하여 사람들에게 도움을 주기 위한 학문이다. 사람에게 희귀병을 일으키지 않게 하려고 유전자의 일부를 제거하거나, 식물의 생산량을 증가시키기 위해 식물의 유전자를 바꾸는 유전자 조작 기술이 대표적인 분야라 할 수 있다.

생명 공학의 응용 분야는 대단히 넓다고 할 수 있다. 농업 분야를 보면 오이와 고추 유전자를 합성하여 오이 고추를 만든다거나 피망과 토마토를 섞어 특이한 야채를 만드는 것을 들 수 있다. 또한 최근에는 유전자를 조작

---

60) 이미지출처 : HR Daily Advisor(http://hrdailyadvisor.blr.com)

하여 원래는 작은 크기였는데 엄청나게 큰 과일을 만들고 있는 사례가 있다. 의약 분야의 응용도 대단히 많다고 할 수 있으며, 세포 융합기술, 세포 대량배양기술, 바이오센서, 바이오 칩, 바이오 저장 장치 등이 포함된다. 이러한 생명 공학 기술은 빅 데이터 분석기술이 발달하면서 더욱 진보할 것으로 예상되며, 수요도 더욱 많아질 것이다.

5) 소프트웨어 전문가

산업혁명 시대에 수요가 매우 많을 것으로 예상되는 직업 중의 하나가 소프트웨어 전문가이다. 3차 산업혁명의 중심인 디지털 기술의 발전은 성능 중앙처리장치, 고속 네트워크 기술, 대용량 저장 장치, 병렬 처리 CPU와 같은 하드웨어의 발전에 힘입은 바가 크다. 하지만 4차 산업혁명은 소프트웨어 기술을 중심으로 진행될 가능성이 크다.

소프트웨어 전문가는 기본적으로 프로그래밍 언어, 자료 구조, 알고리즘, 네트워크 등의 컴퓨터 분야의 지식을 기본적으로 갖추어야 한다. 프로그램 설계자는 개발하고자하는 프로그램을 사용하는 조직이 수행하는 업무에 대해 어느 정도 지식을 갖추어야 한다. 소프트웨어는 운영 체제, 데이터베이스, 웹 프로그램, 모바일 프로그램, 장치 구동 프로그램 등 다양하게 분화되어 있다. 최근에는 인공 지능 알고리즘을 구현할 수 있는 프로그래머가 매우 인기가 있다.

6) 기타 유망한 직종

기타 유망한 직종에는 가상현실 전문가, 통신공학 기술자, 홀로그램 전문가, 응용 소프트웨어 개발자 등이 있다. 가상현실 전문가는 각종 입체 모델링 기술을 이용하여 가상현실 시스템을 개발하는 직업이다. 홀로그램 전문가는 간섭효과를 이용하여 3차원 입체영상을 개발하여 공연이나 전시 등을 기획하고 콘텐츠를 생산하고 장비를 운영한다. 소프트웨어 개발자는 앞으로 더욱더 수요가 많아질 것으로 판단한다. 제4차 산업과 관련된 기술은 대부분 소프트웨어를 기반으로 이루어진다. 갈수록 컴퓨터 프로그래밍 언어의 종류가 늘어나고 있으며, 만들어야할 소프트웨어도 대량으로 증가하고 있다. 늘어나는 수요에 비해, 소프트웨어 전문가는 턱없이 부족한 것이 현실이다. 이외에도 로봇 전문가, 무인 자동차 기술자, 사물 인터넷 기술자, 모바일, 통신 공학 전문가 등 헤아릴 수 없이 많은 새로운 직종이 탄생할 것으로 예측된다.

> **CASE STUDY**
>
> 휴대폰과 인터넷의 진화는 엄청난 데이터의 증가를 가져 왔고 이를 저장할 수 있는 저장 장치도 한계에 봉착하고 있다. 개인이 가지고 있는 수백 기가 용량의 하드 디스크로는 점점 더 감당하기 힘들 정도로 데이터가 폭증하고 있는 것이다. 이로 인해, 최근에는 대용량을 저장할 수 있는 새로운 매체를 찾는데 큰 노력을 기울이고 있다. 그중의 하나가 바이오 저장 매체다. 이 기술은 살아있는 생명체의 DNA에 디지털 데이터를 코딩하여 저장하는 방식이다. 최근 미국 과학자들은 대장균에 멀티미디어 데이터를 저장했다가 이를 재생하는 데 성공했다. 이 방식을 사용할 경우 2억 1천 5백만 기가바이트라는 엄청난 데이터를 단지 DNA 1그램에 저장할 수 있다고 한다. 이 기술의 장점은 기존의 저장 매체는 수십 년이 지나면 손상되기 때문에 새로운 매체로 옮겨야 하지만, DNA는 수만 년이 지난 후에도 유전정보를 읽어 낼 수 있기 때문에 매우 보존성이 뛰어나다는 점이다. 단점은 데이터를 저장하고 읽어내는 데는 많은 비용이 들어간다는 점이다. 최근 생명공학의 유전자 기술은 예상하지 못한 다른 분야까지 응용이 확대되고 있다.

2. 경제 및 산업 구조의 변화

제3차 산업혁명으로 촉발된 디지털 혁명은 구글, 페이스북과 같은 수많은 인터넷 기업의 출현을 가져왔다. 기업들이 출현한 초기에는 이익 창출 모델이 없어서 오래 지속되지 못할 것이라고 예측 하였으나, 대부분의 예상을 깨고 많은 기업들이 현재까지 승승장구 하고 있다. 특히 최근에는 단 3, 4년 만에 엄청난 성장을 이루는 기업들이 속속 출현하고 있다. 4차 산업혁명은 이러한 초단기 성장 기업을 더욱 많이 탄생시키는 촉매제가 될 것으로 보인다. 3차 혁명시기에는 벤처기업이라는 용어로 지칭되었으나, 최근에는 스타트업이라는 용어로 지칭되는 기업들에 대한 투자가 더욱 활발해지고 있다. 4차 산업혁명으로 인한 산업구조 변화는 생산형태의 변화, 온라인 산업의 확대, 서비스 업종의 확산으로 이어질 것이다. 이것으로 인해 야기될 산업구조는, O2O경제, 1인 기업의 출현 등 네 가지 측면에서 살펴볼 수 있다.

가. 획일적 대량 생산에서 맞춤형 소량 생산으로

제 3차 산업혁명 이후의 산업 구조는 대량 생산 대량 소비 형태라고 정의할 수 있다. 회사가 고객 시장 조사를 통해 소비자로부터 인기를 끌 상품인지 아닌지, 제품 판매를 통해 이익을 충분히 남길 수 있는지, 원료를 충분히 확보할 수 있는지 등을 판단한다.

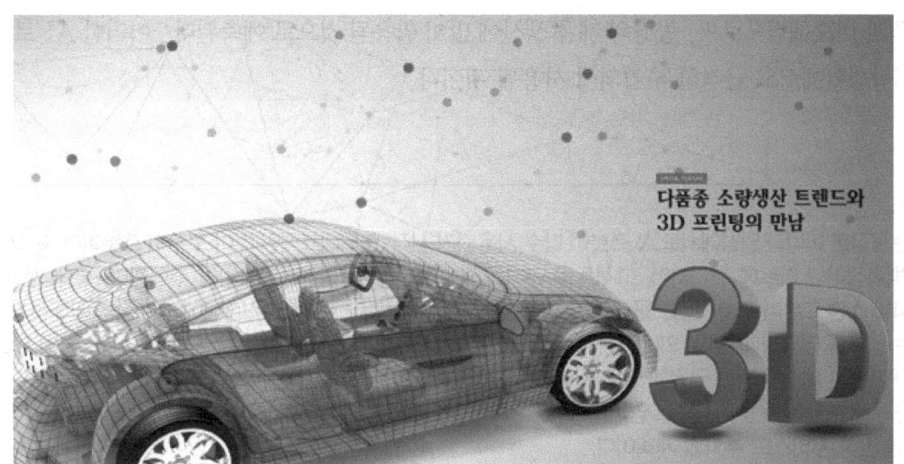

[그림 2.2-8] 다품종 소량 생산과 3D 프린터[61]

만약, 제품 출시 결정이 이루어지면, 제품에 대한 본격적인 설계에 들어가고 프로토타입 제작이 이루어진다. 설계도가 완성되면, 공장에서는 대량 생산에 들어간다. 대량 생산 시점이 되면, 수많은 노동자가 필요하게 되어 노동 고용 창출 효과가 큰 단계에 진입한다. 제품 생산 후에는 인터넷과 유통망을 통해, 상품을 공급한다. 이러한 제품 생산 과정에서 소비자가 직접 관여할 수 있는 여지는 별로 없다. 기껏해야, 시장 조사 단계에서 설문조사에 응하는 정도이다. 자본주의 사회의 상품은 소비자의 진정한 필요에 의해서 탄생하는 것이 아니라, 기업의 이해관계에 따라서 탄생하는 구조라고 할 수 있다. 표면적으로는 소비자를 위해 제품을 출시한다고 하지만, 본질적으로는 광고를 통한 끊임없이 주입함으로써 잠재적 욕구를 유발하여 소비를 유도한다고 할 수 있다. 현대의 자본주의는 광고와 대량 생산으로 인해, 기업들이 큰 이익을 창출할 수 있었다.

제4차 산업혁명에서는 이러한 산업구조가 맞춤형 소량 생산 형태로 변화할 것으로 예상된다. 맞춤형 소량 생산이란, 소비자가 원하는 물건의 특징을 기업에게 알려주고 기업에서는 해당 제품에 대한 설계도만 만들어서 컴퓨터에 입력 하면, 3D프린터나 인공지능 로봇이 바로 생산하는 형태를 말한다. 시장 조사나 금형 제작, 접합과 같은 제조 공정이 사라지기 때문에 제품 생산 기간이 단축된다. 설계도가 변경 되더라도 컴퓨터에 새로운 설계도만 입력하면, 다른 제품이 생산되어 나오는 식이다. 기존의 제품 생산은 제품의 형태인 금형을 먼저 만들고 이를 접합하고 조립하는 작업을 반복해야 하므로 이러한 맞춤형 소량 생산에 대응하기 어렵다. 이런 경제구조에서는 누구든지 좋은 아이디어만 있으면 바로 시제품을 만들고 소비자의 평가를 받아 제품을 생산하여 판매할 수 있기 때문에, 개인 사업자나 중소 사업자들에게 유리한 환경이라고 할 수 있다.

이러한 형태의 산업구조가 가능하게 하는 기술로는 사물 인터넷, 빅 데이터, 인공 지능 로봇 등이다. 제품 생산에서 로봇은 아주 오래전부터 사용되었다. 그러나 반복적이고 단순한 공정에만 투입하여 사용했기 때문에 크게 대중화 되지는 못했다. 제4차 산업혁명에서는 로봇에 인공 지능 기술이 탑재되어 더욱 정확해지고

---

61) 이미지출처 : 팝사인(http://popsign.co.kr/index_media_view.php?BRD=1&NUM=483)

인간의 능력과 비슷해짐으로써, 공장의 제품 생산에 많이 활용될 것으로 예측된다. 이러한 AI 로봇은 공장뿐 아니라, 일상생활에서도 급격히 투입되어 사용될 것이다.

> **CASE STUDY**
>
> 최근에는 공장뿐 아니라 일상에서도 AI 로봇이 다수 사용되기 시작했다. 대표적인 것이 도우미 로봇이다. 이러한 도우미 로봇은 백화점이나 마트에 배치되어, 고객들을 안내하거나 계산원을 대신하는 작업을 수행한다. 롯데 백화점에서는 2017년 4월 쇼핑 도우미 로봇 "엘봇"을 실제 소공동 본점에 배치하였다. 이 로봇은 손님에게 매장을 안내하거나 상품을 추천하는 업무를 담당하게 된다. 외국인에게는 외국어로 안내도 할 수 있으며, 좀 더 복잡한 의사소통이 필요할 경우 자국어가 가능한 매점 직원을 연결해 주는 서비스도 제공한다. 또한, 하반기에는 엘봇의 안내를 받아 3차원 가상 피팅 서비스를 통해 고객이 옷을 가상으로 입어볼 수 있는 서비스도 제공할 계획이며, 추후에는 소비자와 대화가 가능한 인공 지능 음성 인식 서비스도 추가할 계획이다.
>
> 페퍼는 2014년 일본의 소프트 뱅크에서 개발한 도우미 로봇으로, 인공 지능 기능이 탑재되어 있다. 흥미로운 점은 다른 사람의 감정을 인식하고 반응한다는 점이다. 이때 감정 인식은 말하는 사람의 음성을 인식, 단어를 분석하거나 얼굴 표정을 이용하여 이루어진다. 이렇게 인식되고 학습된 패턴은 다른 페퍼 로봇에게도 전달되어, 인식률을 높이는데 기여하도록 설계 되었다.

나. O2O 경제

제 4차 산업혁명과 관련된 또 하나의 산업구조는 O2O구조의 등장과 확산이다. O2O는 Online-to-Offline의 약자로서, 온라인과 오프라인의 결합과 융합을 기반으로 하는 사업을 의미한다. 즉, 인터넷상의 온라인 서비스를 통해 오프라인 기업의 서비스나 제품을 소비하도록 유도하거나, 반대로 오프라인 매장에서 고객에게 온라인으로 정보를 제공하여 구매를 유도하는 방식을 말한다. 최근 중국에서 급격히 성장하고 있는 사업 모델이기도 하다. 대표적인 형태로 배달 시장의 기업들을 예로 들 수 있다. 예전에 고객이 음식을 배달시켜 먹기 위해서는 종이에 적힌 식당들 이름과 메뉴를 보고 선택한 후, 직접 식당에 전화를 걸어서 음식을 주문하였다. 하지만 스마트폰이 널리 보급되면서, 음식을 골라서 주문할 수 있는 모바일 앱이 등장하였다. 고객은 이 음식 배달 앱을 통해 수많은 식당 정보와 음식들을 검색하고 이를 선택하여 주문할 수 있게 바뀌었다. 이 과정에서 배달 응용 프로그램을 개발하고 제공하는 인터넷(온라인) 기업은 식당으로부터 중개 수수료를 받아서, 이를 주 수입원으로 하고 오프라인 기업은 매출 증대 효과를 톡톡히 누리게 되었다.

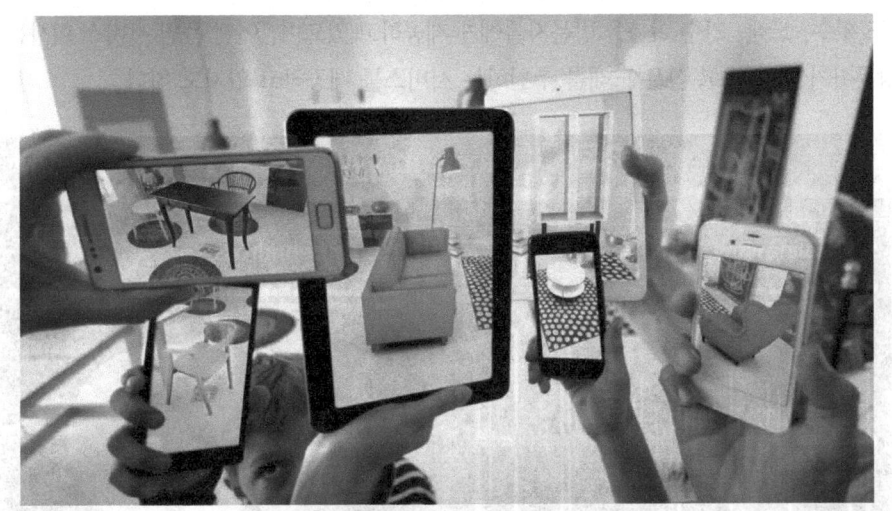

[그림 2.2-9] AR 기반 가상 가구 배치 서비스[62]

최근 들어서 이러한 앱을 제공하는 온라인 기업이 중개 수수료를 챙기는 영역에서 벗어나, 직접 오프라인 기업으로 진출하는 사례도 있다. 대표적인 것이 택배 애플리케이션이다. 온라인 택배 앱 회사는 택배 애플리케이션을 개발하여, 모바일 사용자에게 제공하고 택배 회사는 이 앱에 등록하여, 택배 주문을 받아서 일감을 받는 구조였다. 택배 앱을 개발한 온라인 기업은 중개 수수료를 챙기는 구조였다. 최근에는 이 온라인 기업이 직접 택배 회사를 차리고 직원들을 고용하여, 물건을 배달하는 사업에 뛰어 들었다. 이러한 형태의 기업과 경제 구조를 O2O 경제 구조라고 한다. 제4차 산업혁명에서는 이러한 형태의 산업(경제) 구조가 더욱더 활발히 이루어질 것으로 예상한다.

다. 서비스 산업의 확대

서비스 산업은 4차 산업혁명의 또 하나의 수혜자가 될 가능성이 높다. 특히, 사물 인터넷, 인공지능, 빅 데이터는 서비스 산업의 효율성을 극대화 하고 새로운 종류의 서비스 업종이 지속적으로 탄생할 것으로 예측된다. 특히 영화, 음악, 방송, 패션, 영화와 같은 분야가 더욱더 발달하게 될 것이다. 영화 산업의 경우만 보더라도 예전에 카메라로 단순하게 촬영하여 영상을 만들던 것에서 지금은 3D 그래픽, 가상현실, 드론과 같은 촬영장비 등을 통해 기존에는 상상할 수도 없었던 영상을 만들어 내고 있다. 이로 인해, 영화 산업은 더 점점 번창하고 있으며, 매출과 이익 면에서도 폭발적인 증가세를 보이고 있다. 음악 부분에서도 산업혁명의 기술들이 속속 적용되어 서비스의 수준이 날로 높아지고 있다. 미국의 한 인터넷 음원 서비스 업체에서는 전 세계에서 청취자들이 다운로드하여 듣는 모든 곡들에 대한 빅 데이터 분석을 한다. 이를 통해 인기 곡목을 실시간으로 분석한

---

62) 이미지출처 : http://blog.adstars.org/241

후, 다운로드 횟수, 노래, 가수 이름을 방문자들에게 제공하고 있으며, 어떤 음원 서비스 회사는 인공지능을 이용하여 방문자가 가장 듣고 싶은 노래를 추천하는 서비스를 제공하고 있기도 하다.

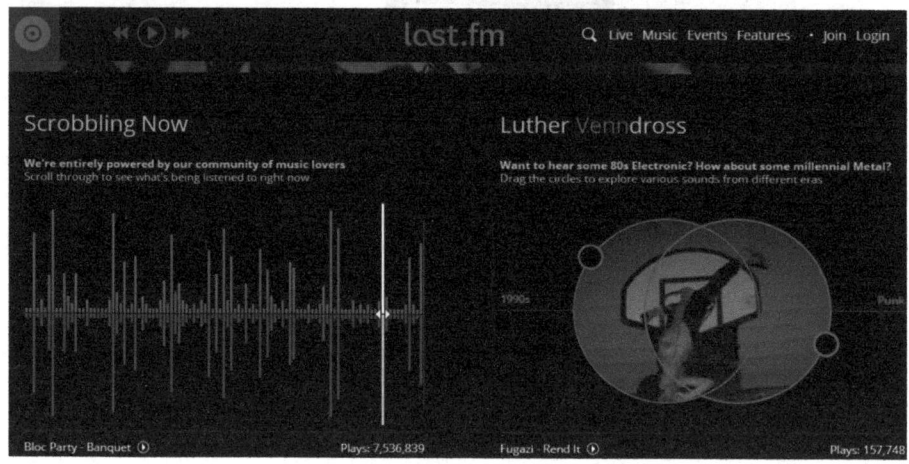

[그림 2.2-10] 인터넷 음원 서비스 제공[63]

언론 에서도 산업혁명 기술로 인해 많은 변화와 일자리가 생길 것으로 예측하고 있다. 이와 관련하여 최근 등장하는 단어가 로봇 저널리즘이다. 로봇 저널리즘(Robot Journalism)이란 인공 지능 로봇이 언론인 대신에 기사를 작성하여 인터넷에 올리는 흐름을 지칭한다. 인간은 주관적 판단이 들어가기 때문에, 로봇이 더 언론의 정확성과 신뢰성을 높일 수 있다는 것이다. 로봇의 기사 작성은 데이터 수집 및 분석, 뉴스거리 탐색, 기사 작성 관점 결정, 기사 배열, 기사 작성의 총 5단계로 이루어진다. 기사 작성 단계에서는 컴퓨터 자연어 처리 기술을 이용한다.

서비스분야에서 또 생각해 볼 수 있는 분야는 여행과 숙박 업계다. 여행 서비스 분야에서도 산업혁명 기술 융합은 계속 확대될 것이다. 최근 TV에서 소개되는 숙박 시설 정보 제공업체인 트리바고의 경우도 빅 데이터 분석을 통해서 사용자에게 맞춤형 숙박 정보를 제공하고 있다. 어떤 업체에서는 여행자의 안전성을 높이기 위해, 인터넷상의 여행지와 관련된 단어들을 빅 데이터 분석을 하고, 여행지가 안전한지 아닌지를 휴대폰을 통해 실시간으로 여행자에게 알려주는 서비스를 시작했다.

호주 연방 과학산업연구원(CSIRO)의 과학자에 의하면, 영화, 음악, 패션, 영화, 언론 등 서비스 분야에서 전 세계 교역량은 10년 사이 2배 이상 증가하여 2011년 10월에는 6240억 달러에 이르렀다고 한다. 특히, 개발도상국의 성장 속도가 매우 빨랐으며, 2008년 금융위기에 의한 경제 침체기에도 꾸준히 성장했다고 한다. 이러한 현상은 개발도상국의 소득 증대, 서비스 경제 활성화, 정보통신기술의 발달에 의한 것이라고 한다. 그는 인터넷 인구 증가, 경제 성장, 디지털 기술의 발전이 새로운 서비스 업종을 개발하는데 드는 한계

---

63) 이미지출처 : 라스트 에프엠(www.last.fm)

비용을 제로로 만들기 때문에 시장 진입의 장벽이 없어진다고 한다.[64]

라. 1인 기업의 출현

산업혁명에서는 1인 기업이 다수 출현할 것으로 기대된다. 이러한 변화가 가능한 이유는 인사, 재무, 회계, 유통, 판매와 같은 기업 운영 조직 대부분을 정보통신기술을 통해 해결하거나 외주화할 수 있기 때문이다. 이렇게 되면 아이디어만 있으면 누구나 기업을 설립하고 운영할 수 있는 것이다.

CASE STUDY

해외의 O2O 마케팅의 사례로는 이케아를 들 수 있다. 이케아는 가구를 주로 취급하는 해외 업체로써, 우리나라에서도 많은 인기를 끄는 전통적인 오프라인 업체이다. 최근 이케아에서는 새로운 온라인 서비스를 하나 개발하여 고객들에게 제공하고 있는데, 바로 가상 가구 배치 서비스다. 가구를 구입할 때 걱정되는 점 중의 하나가 구매한 가구가 집안의 다른 가구들과 잘 어울릴 것인지 하는 것이다. 가상 가구 서비스에서는 고객이 집에서 가구를 선택하고 휴대폰으로 집안을 비추면, 카메라 영상에 가구가 가상으로 배치되어 나타난다. 고객은 매장 방문 없이 겹쳐진 영상을 보고 선택한 가구가 집안의 가구와 어울리는지 판단할 수 있게 된다.

 학습정리

- 4차 산업혁명으로 인해 2020까지 전 세계의 일자리 700만 개 정도가 사라지고 약 200만 개 정도가 새로 생길 것으로 예측된다.
- 데이터 분석가, 인공지능 트레이너, 드론 조종사등과 같은 4차 산업혁명 기술과 관련된 직종에 종사하는 전문가에 대한 수요가 많이 발생할 것이다.
- 산업구조는 기존의 대량 생산 체제가 무너지고 소비자 중심의 맞춤형 경제로 바뀔 것이다.
- O2O 경제는 더욱 확대되고 인터넷을 중심으로 더욱 많은 온라인 기업들이 등장할 것이다.
- 방송, 영화, 여행, 숙박, 미디어 등의 서비스 분야의 교류는 세계적으로 확대되고, 산업혁명 기술과의 융합이 더욱 촉진될 것이다.

---

[64] "희망적 시선 3가지" 기사 요약(곽노필, 2015-02-25, 일자리의 미래, 한겨레 신문)

제3장

제4차 산업혁명 기술의 활용과 사업화

- 제1절 제4차 산업혁명 기술 활용과 사업화 정책
- 제2절 기술 사업화 사례
- 제3절 우수한 제4차 산업혁명 기술내역
- 제4절 기술사업화 플랫폼
- 제5절 주요 선진국의 기술사업화 정책
- 제6절 향후 전망과 대응책

제1절
제4차 산업혁명 기술 활용과 사업화 정책

들어가며

지금까지 제4차 산업혁명 기술에 대해 알아보았다. 이 장에서는 제4차 산업혁명 기술의 활용과 사업화가 되기 위한 전제조건을 살펴보고, 이를 바탕으로 우리 나라의 제4차 산업혁명 기술의 활용 및 사업화 정책 및 제도, 기술 거래 또는 사업화 사례, 사업화 가치가 있는 제4차 산업혁명 특허기술 내역, 기술 매칭·거래 사이트 소개 등을 개관한다.

특히, 우리에게 어렵게만 느껴지는 기술 거래 또는 사업화 사례를 글로벌 기업의 사례(애플, 구글, IOT, AI(인공지능) 등)와 우리기업의 사례로 나누어서 살펴보고자 한다.

이후 미국, 독일, 일본, 중국 등 주요국의 제4차 산업혁명 기술 활용, 거래 및 사업화에 관한 정책, 제도, 사례 및 현황 등을 알아본다.

학습포인트

가. 제4차 산업혁명 기술이 활용 및 사업화되기 위한 정책 및 전제조건을 학습한다.
나. 제4차 산업혁명 기술의 기술거래 또는 사업화 사례를 학습한다.
다. 제4차 산업혁명 기술의 활용, 거래 및 사업화에 대한 각국의 정책을 학습한다.

1. 제4차 산업혁명 기술과 일반기술의 이전 및 사업화 차이점

일반적인 기술이전 및 사업화와 제4차 산업혁명 기술에 대한 이전 및 사업화는 다른 점이 있다. 일반적인 기술이전은 R&D를 통해 기술을 확보한 후 수요자를 찾아서 이전한다. 이때, 기술이전을 쉽게 하기 위해 공동 포트폴리오를 구축하여 진행하면 훨씬 수월하다. 기술사업화는 기업에서 기술을 확보한 후 시장 상황을 보다가 적기라고 판단되면 시장에 제품을 출시하는 것이다. 이 경우 중소기업은 제품개발에 돈이 많이 들기 때문에 R&D를 통해 확보한 기술을 사용하여 제품을 출시하기까지 많은 시간이 소요된다. 반면 제4차 산업혁명 기술의 이전은 단품(stand alone)이 아니라 제품과 서비스가 연결되어 있기 때문에 비즈니스 모델(BM), 플랫폼과 솔루션에 영향을 받는다. 스타트업은 플랫폼에 필요한 킬러 애플리케이션(Killer Application)을 발굴하거나 플랫폼에 맞는 솔루션을 개발하여 참여하지 않으면 기술을 이전할 수 없다.

가. 플랫폼적 사고(Platform thinking) VS 포트폴리오적(Portfolio) 사고

제4차 산업혁명 시대에는 단품(stand alone)은 더 이상 살아남을 수 없다. 고객은 연결되지 않은 제품에 대한 흥미를 잃어버리기 때문이다. 옛날의 만능 제품은 기계가 복잡하고 사용 방법도 쉽지 않았다. 그러나 요즘 기기는 미니멀리즘을 추구하면서도 온오프라인을 통해 연결되어 일 처리를 하기 때문에 그만큼 고객의 눈을 사로잡는다. 따라서 제품을 구성하는 기술에 대한 포트폴리오에 대한 생각의 중요성이 점점 더 낮아지고 있다. 대신 고객의 요구를 넘어 욕망과 욕구에 기반을 둔 비즈니스 모델(BM)을 잘 생각하고 그 안에 들어갈 기술들은 찾아서 채워 넣으면 된다. 왜냐하면 기술 풍요의 시대를 맞아 아날로그 시대에는 불가능했던 대체기술들이 차고 넘쳐나기 때문이다.

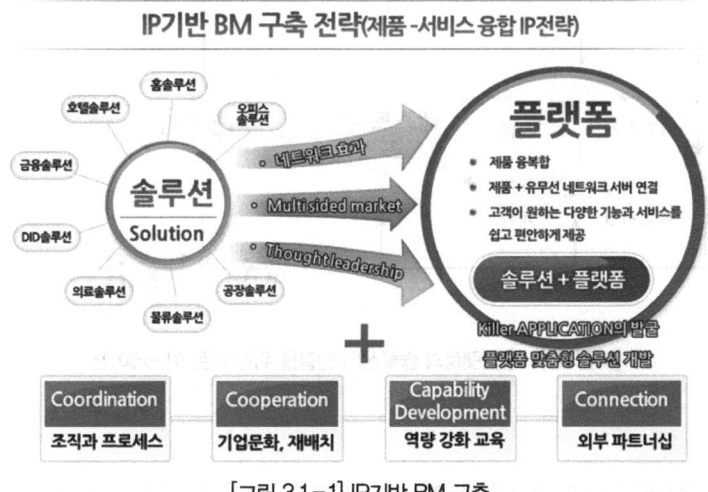

[그림 3.1-1] IP기반 BM 구축

플랫폼은 내적 플랫폼과 외적(산업) 플랫폼65)으로 구분된다. 내적(internal) 플랫폼은 회사 특유의 플랫폼(company-specific platform)으로 한 회사가 일련의 파생제품들을 효과적으로 개발하고 생산할 수 있도록 하는 공통의 구조 속에 조직화된 자산의 집합으로 정의한다. 내적 플랫폼의 특별한 예로 공급망 플랫폼(supply-chain Platform)이 있다. 외적(external, industry) 플랫폼은 산업 전체의 플랫폼(industry-wide platform)으로 사업 생태계로 조직화된 외부의 기업들이 자신의 보완적 제품, 기술, 서비스를 개발/혁신 할 수 있게 하는 기반(foundation)을 제공한다. 제4차 산업혁명의 기술이 이전되기 위해서는 산업 플랫폼에 맞는 킬러 애플리케이션(Killer Application)이거나 플랫폼에 적용 가능한 솔루션이어야 한다.

나. 오픈 이노베이션을 통한 기술이전 및 사업화

산업 전반적으로 역할을 수행하고 다른 기업들이 플랫폼을 자신의 것으로 수용하도록 확신시키기 위해서, 플랫폼은 광범위한 기술 시스템에서 핵심적인 기능을 수행하고 산업에 있는 수많은 기업과 사용자를 위해 사업 문제를 해결해야 한다. 즉, 솔루션 가치를 효과적으로 증진시키기 위하여 외부 파트너와 다양한 관계를 개발해야 한다.

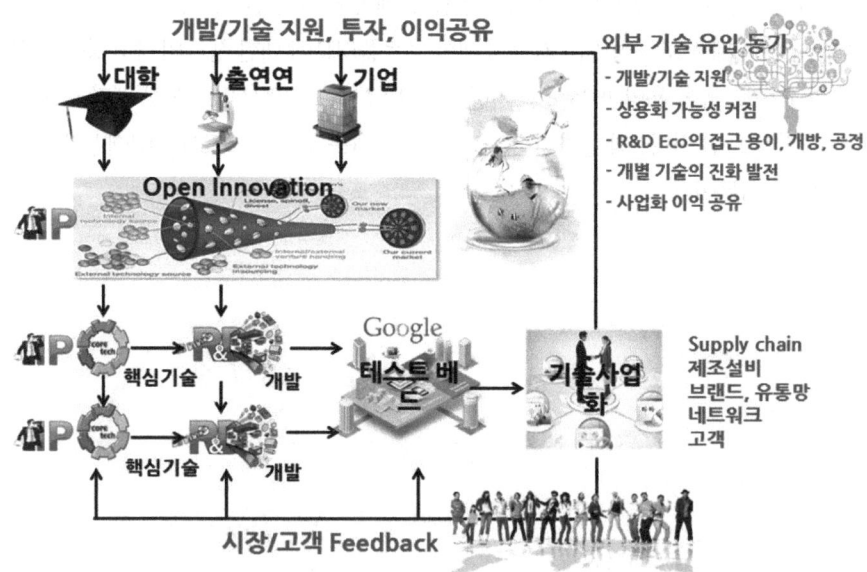

[그림 3.1-2] 플랫폼과 솔루션의 연결을 위한 오픈 이노베이션

---

65) Annabelle Gawer, Michael Cusumano(2012), "Industry Platforms and Ecosystem Innovation" paper to be presented at the DRUID 2012, 1-21

글로벌 기업들은 기술획득을 위하여 직접 R&D를 진행하는 대신 소멸되어 자유롭게 이용할 수 있는 특허를 활용한다. 또는 등록되어 있지만 아직 시장이 형성되지 않은 특허를 조기에 획득하기 위해 인수개발(A&D)[66], 연결개발(C&D)[67], 연구 비즈니스 연계 개발(R&BD)[68], 인수합병(M&A)[69] 등을 통하여 기술을 통해 기술을 얻는다. 이후 추가 연구개발을 진행하고 이를 통해 신제품을 출시한다. IP는 연구단계에서는 아이디어 시드를 제공하고 개발 단계에서는 라이센싱 인 및 아웃을 통해서 기술이전 및 사업화를 빠르게 진행할 수 있도록 도와준다. 플랫폼 기업들은 IP를 가진 스타트업들을 인수하여 추가적인 연구개발을 통해 빠르게 제품을 완성시켜 자사의 경쟁력을 강화한다. 글로벌 기업들은 자사의 핵심제품에 대한 시장점유율(M/S)을 떨어뜨리면서 사업영역을 인접으로 확장하여 관련 다각화를 시도한다.

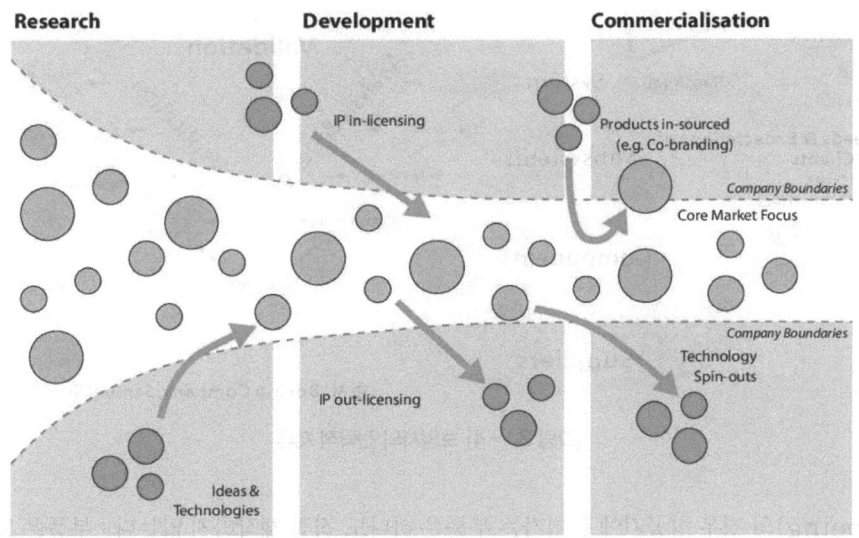

[그림 3.1-3] 오픈이노베이션을 통한 IP 라이센싱

다. 전략적 제휴를 통한 기술이전 및 사업화

기존의 연구개발(R&D)은 각 분야 최고 수준의 소수 기업이 막대한 자금과 연구 인력을 투입하여 독점적이고 폐쇄적으로 진행했다. 그러나 현재는 제조기술이 발전하여 품질의 차별성이 점점 없어지고 있으며, 기술간·산업간 융합과 개방·재조합을 통한 혁신이 중요해지고 있다. 변화의 속도가 빨라지면서, 내부의 힘만으

---

66) 인수개발(A&D(Acquisition & Development) : 미래에 돈이 될 만한 기술을 초기에 싼 가격으로 구매한 후 기술개발을 완성하여 시장에 출시하는 전략
67) 연결개발(C&D(Connect & Development) : 오픈 이노베이션을 통해 타사가 개발한 기술을 구매하여 자사의 기술과 결합함으로써 신제품을 출시하는 전략
68) 연구 비즈니스 연계 개발(R&BD(Research & Business Development) : 연구와 비즈니스(시장 상황에 맞는)를 고려한 개발
69) 인수합병(M&A(Merge & Acquisition) : 시장이 형성되었을 때 고가로 인수합병 하여 단기간에 시장진입 및 장벽을 구축하는 전략

로 문제를 해결하는 것은 더 이상 시간적, 금전적으로 효율적이지 못하다. 따라서 아무리 대기업이라 할지라도 개방형 혁신(Open Innovation)을 통해 아웃소싱(Outsourcing), 인수합병, 제휴 등의 전략을 사용하여 제품을 생산한다. 또한, 기술이 융·복합되어 감에 따라 여러 기관이 각자 잘하는 분야에 집중해야 시너지 효과를 낼 수 있다. 누가 외부의 역량을 빠르게 확보하여 자사에 적합하게 적용할 수 있느냐가 사업 성공의 핵심 요인(KFS)으로 떠오르고 있다.

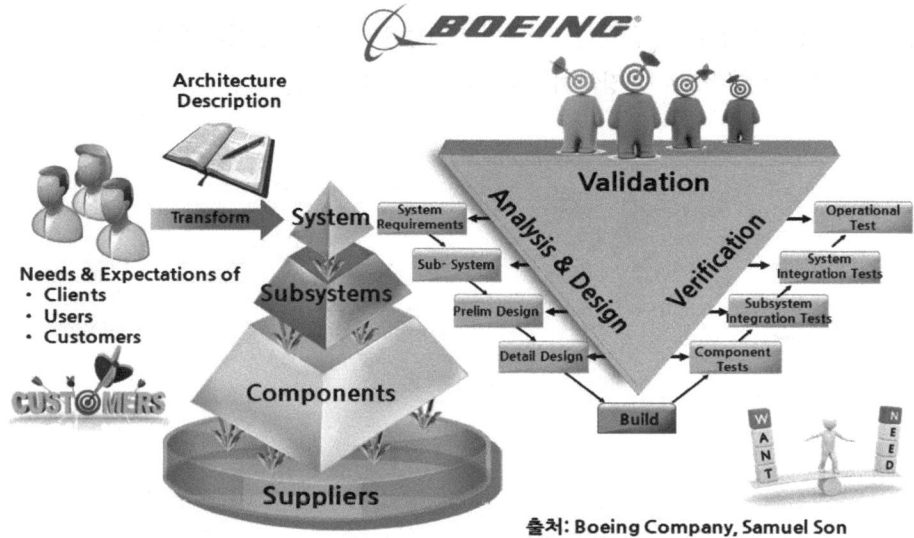

[그림 3.1-4] 보잉사의 전략적 제휴

보잉사(Boeing)의 경우 항공기에 들어가는 부품은 하나도 직접 제작하지 않는다. 부품은 외부에서 수혈하되 핵심역량인 시스템 아키텍처링(System architecturing)을 통해 부품을 서브시스템과 시스템으로 연결한다. 이 과정에서 시스템 엔지니어들은 다양한 고객의 욕구를 만족시키기 위한 시스템 아키텍처링(System architecturing)을 진행한다.

라. 제4차 산업혁명과 비즈니스 모델(BM)

하나의 제품을 만들 때 고객의 의견이 가장 중요하다. 옛날에는 수요가 공급을 초과하여 공산품을 만들기만 하면 잘 팔렸다. 그러나 공급과잉 시대에는 고객이 없는데 만들어진 제품은 비용만을 증가시킨다. 디지털 컨버전스(Digital Convergence) 시대에는 제품 중심, 기술 중심의 사고 방식을 버리고 비즈니스 모델(BM)중심의 사고의 패러다임 전환이 필요하다. 제4차 산업혁명 기술의 이전 및 사업화를 위해서는 비즈니스 모델을 먼저 확립하고 빠른 시간 안에 기술과 제품/서비스를 획득하여야 한다. IP는 이 과정에서 기술이전 및 사업화에 중요한 역할을 한다.

2. 기술의 활용과 사업화란?

기술의 활용 및 사업화는 주체에 따라 다른 양상을 보인다. 기업은 제품을 만들어 팔아서 수익을 창출해야 하기 때문에 전사전략을 바탕으로 미래의 신성장동력(제품고도화, 신제품 개발, 신사업 발굴, 신시장 개척)을 끊임없이 발굴해야 한다. 반면, 대학·공공연은 직접 제품을 만들지는 않기 때문에, 좋은 기술을 개발하여 기업에 이전한 후 사업화하도록 해야 한다. 이때 기술의 완성은 특허가 최종산출물이 되므로 핵심원천특허 확보, 특허포트폴리오 구축, R&D 방향제시, 기술이전 및 사업화를 위한 IP-R&D 전략을 잘 세워야 한다.

기술사업화와 관련하여 정확한 정의는 존재하지 않는다. 통상적으로 연구개발계획의 수립과 아이디어의 창안을 통하여 연구개발 및 기술을 개발하는 것을 뜻한다. 개발된 기술을 사용하여 신공정, 신제품, 또는 기존 공정과 제품의 개량을 통해 제품의 시장 수명주기를 연장하거나 새로운 수명주기를 창출하는 것과 관련된 일련의 제 활동을 말한다. 「기술의 이전 및 사업화 촉진에 관한 법률」 제2조 제3호에 명시된 바에 의하면, '기술을 이용하여 제품을 개발·생산 또는 판매하거나 그 과정의 관련 기술을 향상시키는 것으로 정의될 수 있으며, 실무적으로 해석하자면 R&D 결과물(최종적인 결과물은 물론 중간 과정에서 도출된 산출물도 대상이 될 수 있다)의 기업 내재화나 조직 내, 외부로의 확산과 적용이나 외부 경제주체로의 이전 등을 통한 가치창출의 활동과 그 활동의 과정'으로 해석될 수 있다.

기술사업화 프로세스에 대해서는 1980년대 이후 몇몇 선구적인 연구자들이 각각 다양한 모형을 제시하며 발전하였다. 대표적인 선구자는 Cooper(1986), Foxall(1986), Knox & Denison(1990), Dupont(1995), Jolly(1997) 등이다. 기존 연구자들은 기술사업화 과정에 대한 모형들을 크게 두 가지로 구분하였다. 기술혁신의 선형적 모형에 입각한 모형과 비선형적 기능모형/과정모형에 입각한 모형이 그것이다.

선형적 기술혁신 모형에 입각한 기술사업화 모형은 기술의 상용화를 아이디어의 창출에서부터 시장 진입까지 선형적으로 전개되는 일련의 프로세스로 보는 견해이다. 이것은 기술사업화에 관한 초기연구자들에 의해서 제기된 이후 1995년에 Goldsmith에 의해서 체계화되었다. 이후 Goldsmith 모형의 발전된 모형들이 최근까지 개발되고 있다. 실제로 Goldsmith의 기술사업화 모델은 기술 가치평가에서 기술성, 시장성, 사업성을 평가하는 데 있어서 이론적 토대를 제공하였다.

신제품 개발과 관련하여 Cooper.[70]의 Stage-gate 프로세스는 1997년 미국 제품 개발자의 68%가 사용할 정도로 보편화된 방법론이다. 이 방법론에는 Fuzzy Front End라는 전반부 과정이 가장 어려운데 이를 IP를 통해 아이디어를 선별할 수 있다. 신제품 개발 프로세스는 각 기업마다 고유의 방법론을 가지고 있지만 큰 틀에서는 Stage-gate와 비슷하다. 대부분의 기업들이 자사에 맞는 신제품 개발 프로세스를 갖고 있기 때문에 수많은 NPD 관련 자료가 있다. 그러나 신제품 개발 프로세스를 상호 비교해 보면 대부분 중복되는 부분이 발견된다. 신제품 관련 아이디어 도출(Idea Generation)을 하는 과정과 상업화

---

70) Cooper, R. G.(1990), Stage-gate systems: A new tool for managing new products, Business Horizons, 33, 44-54

(Commercialization)하여 출시(Launch)하는 과정 등이 그러하다.

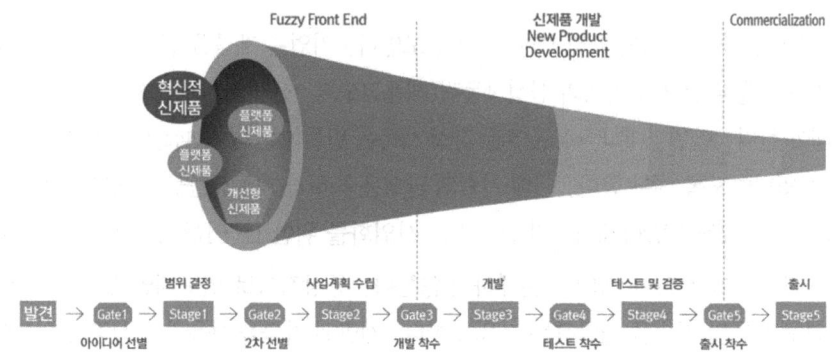

[그림 3.1-5] Stage gate 신제품 개발 방법론(NPD)

반면 비선형적 기술혁신 모형에 기반을 둔 기능모형은 1997년 Jolly가 제안한 기술사업화 모형에서 출발하였다. 이는 기술사업화가 순차적인 단계를 거치기보다는 여러 단계들이 복잡하게 연계되고 다양한 이해관계자들과의 관계를 중요한 요인으로 본다. 성공적인 기술사업화를 위해서 이해 관계자들과 연계된 하위 흐름에서의 활동이 효율적으로 병행되어야 함을 강조하는 모형이다. Jolly[71]의 기술사업화 이론은 기술의 사업화 방법론에 관한 연구 중 대표적인 이론의 하나로, 〈그림 3.1-2〉에서 도시한 바와 같이 "아이디어의 착상(Imagining)" 단계에서부터 "보육(Incubating)", "시연(Demonstrating)", "촉진(Promoting)" 단계를 거친다. 여기에 신기술을 추가적으로 접목하여 시장에서 오랜 기간 동안 존속할 수 있도록 준비하는 "지속(Sustaining)" 단계 등 기술사업화의 전체 과정을 그룹화 하여 단계적으로 필요한 전략을 제시하는 이론이다.

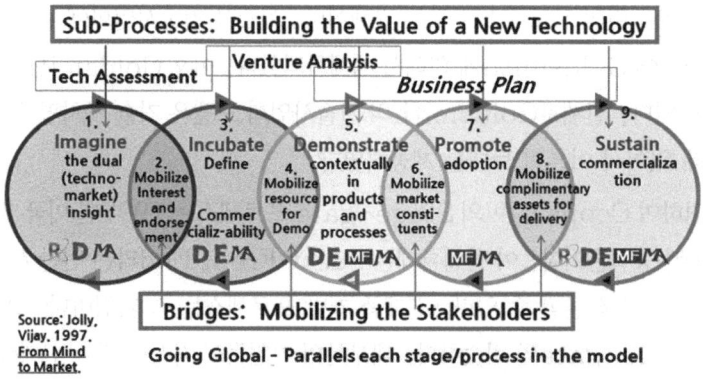

[그림 3.1-6] Vijay Jolly(1997)의 기술사업화 모델

---

71) Vijay K. Jolly(1997), "Commercializing New Technologies," Harvard Business School Press, 1997.

우리나라의 제4차 산업혁명 기술의 활용 및 사업화 정책 및 제도를 살펴보기 위해서는 우선적으로 기술의 활용과 사업화 전제조건을 파악하는 것이 필요하다. 또한, 제4차 산업혁명 기술의 특징을 살펴보면 우리나라의 제4차 산업혁명 기술의 활용 및 사업화 정책 및 제도를 더 잘 이해할 수 있다.

가. 기술의 활용과 사업화 전제조건

기술이 활용 및 사업화가 잘 되기 위해서 우선 갖추어야 할 몇 가지 전제조건이 있다. 본 절에서는 기술 활용과 사업화 전제조건을 5가지로 나누어 살펴보고자 한다.

첫째로 기술개발 초기 단계부터 활용 및 사업화를 염두에 두어야 한다. 현시대에 기업은 완전경쟁으로 내몰리고 있으며 시장·환경 및 경쟁사 분석을 통해 제품출시 시기(Time to market)를 조절해야 한다. 때문에 기업은 중장기 로드맵을 수립할 때에도 비즈니스를 고려한 TBRM을 세운다. R&D를 진행할 때에도 비즈니스를 고려하여 R&BD를 진행한다. 정부 R&D는 전 주기인 과제발굴→기획→수행→평가·활용을 통해 기술이전 및 사업화가 잘 이루어지도록 하는 것을 목적으로 한다. 즉, R&D를 통해 제품의 사업화를 고려하는 Mind to market 전략을 구사한다. 그러나 정부 R&D의 결과물인 특허가 사업화로 이어지지 않는 장롱특허가 많이 양산되는 것이 현실이다. 지식재산(IP)은 창출→보호→활용의 선순환 주기를 가지고 있는데 국가 R&D 전주기에 걸쳐 IP-R&D전략을 수립해야지만 시장에서 돈되는 강한 특허가 만들어진다.

[표 3.1-1] R&D 전주기의 IP-R&D 전략

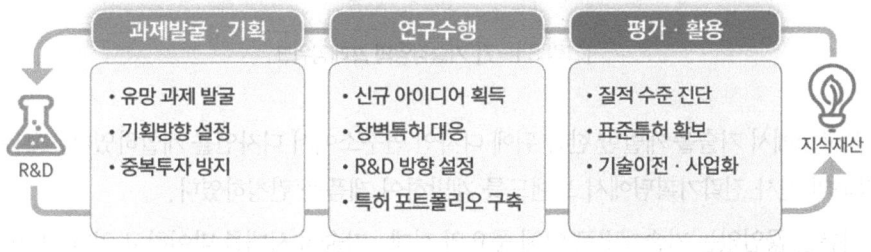

사업화를 염두에 둔 기술개발은 기술경영이나 기술사업화 프레임워크에서 개념적으로 주장하는 것과는 다른 의미이다. 기술경영은 기술을 개발하는 과정과 기술을 사업화하는 과정으로 나누어진다.

기술개발 과정은 기업의 미션과 비전을 바탕으로 중장기적 목표와 전략을 세우고, 외부환경과 내부 자원과 역량 등을 고려하여 기술을 기획함으로써 기술 획득을 위한 전략을 마련한다. 이후 목표와 전략에 따른 과제를 프로젝트화하고 관리하여 특허를 확보하는 프로세스이다.

기술사업화 과정도 똑같이 외부 환경변화와 내부 인프라 상황을 파악하여 평소에 관리하던 기술자산으로 제품화를 위한 단계를 밟아 최종적으로 ROI를 창출하는 과정이다. 그런데 궁극적으로 신제품 개발(NPD)

과정은 기술경영 프레임워크에서 앞부분을 강조한 프로세스이고, 기술사업화 과정은 뒷부분에 차별화를 두고 있다.

앞서 언급한 바와 같이 Cooper 모형에 의한 stage-gate를 장시간에 걸쳐 진행하는 선형적 신제품 개발은 점점 사라지고 있다. 대신 Jolly 모형이 단기간에 전이가 일어나는 비선형적 형태가 현시대의 짧아진 기술순환주기에 좀 더 빠르게 대응하는 방식이 될 수 있다.

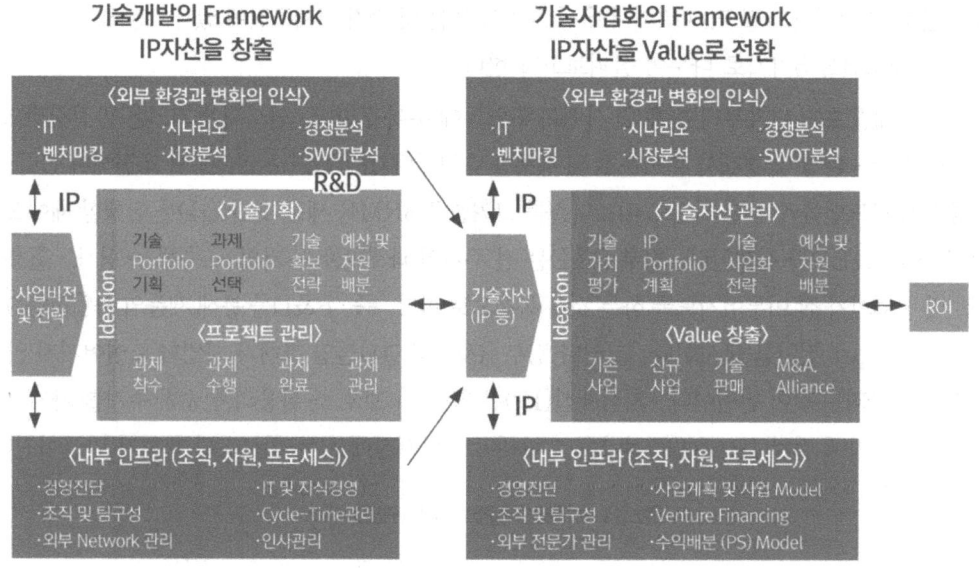

[그림 3.1-7] 기술경영의 프레임워크

옛날에는 연구소에서 기술을 개발한 한참 뒤에 디자인 연구소에서 디자인을 개발하였다. 제품 출시가 임박하여 회장 직속의 전사 전략기획팀에서 브랜드를 개발하여 제품을 런칭하였다.

그렇지만 인류는 끊임없는 기술개발로 인해 풍요의 시대, 기술의 시대를 맞이하고 있다. 또한 최근 정보통신(ICT) 기술의 놀라운 발전으로 인해 기술순환주기(Technology Life Cycle)와 제품순환주기(PLC)가 점점 더 짧아지고 있다. 전통적인 과학기술과 정보통신(ICT)기술이 융합이 가속화되어 수십 년 동안 지켜져 왔던 업(業)의 경계가 순식간에 허물어지는 급격한 경영환경 변화에 직면해 있다. 즉, 산업순환주기(Industry Life Cycle)가 점점 짧아지고 있다.

둘째로 기술이 제품을 만드는 데 꼭 필요한 것이어야 한다. 즉, 기술혁신의 1차적인 목표는 제품혁신이다. 기술혁신의 정의는 여러 가지가 있겠지만 그 중 하나는 '발명의 상업화'이다. R&D는 기술혁신을 통해 산업발전을 추구하는 것이다.

이런 R&D는 수행의 주체에 따라 정부와 민간(또는 산학연)으로 나눌 수 있다. 민간 R&D의 주체인 기업은 R&D를 통해 기술을 개발하여 제품에 필요한 기술을 획득한다. 그 뒤 제품을 런칭(사업화)하고 생산하여 시장에 내다 팔아 수익을 창출한다. 즉, 기업 기술혁신의 궁극적 목표는 ROI(Return On Investment)의 창출이다. 대학과 출연연은 직접적으로 제품을 생산하지는 않지만 어디엔가 있을 제품을 위해 기술혁신을 통해 국가 산업발전을 도모한다.

기술혁신의 궁극적 목적은 제품혁신이다. 그런데 제품혁신의 성과는 기술혁신 외에 비기술적 혁신인 조직혁신, 마케팅혁신, 프로세스 혁신, 정체성(Identity), 관성(inertia) 등에 의해 지대한 영향을 받는다. 따라서 성공적인 기술과 제품 혁신을 위해서는 전사 차원의 전략과의 연계성과 실행이 필수적이다. 특히 최근에 산업계는 4대 벽(기술의 벽, 시장의 벽, 가격의 벽, 부가가치의 벽)의 붕괴가 가속화되면서 산업 내, 산업 간 융·복합화와 네트워크화가 급속이 진행되고 있다.

이러한 비연속적 기술과 제품 혁신은 기존의 사업부 단위(SBU)에서는 효과적으로 수행하기 어렵다. 이 때문에 전사 차원에서 융·복합화와 네트워크화에 대한 명료한 이해를 바탕으로 비전과 목표를 명확히 하고 기술적, 비기술적 혁신을 보다 체계적이고 지속적으로 수행해야 한다. 이때 전사 전략은 기존의 동질적 제품과 사업을 지속적으로 확대하되, 이질적인 기술적, 비기술적 제품과 사업모델을 확보하는 양손잡이(ambidexterity) 경영 수행을 전제로 한다.

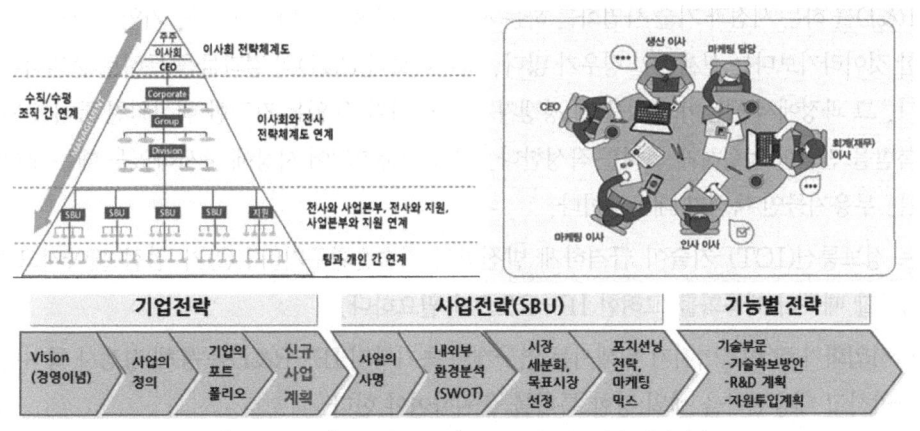

[그림 3.1-8] 기업의 최적의 의사결정 시스템과 전사전략

글로벌 기업은 양손잡이 경영을 위해 스컹크 조직을 가지고 있다. 스컹크 웍스(Skunk Works)는 관료주의에 얽매이지 않도록 자율성을 부여받아 고도의 창의성을 바탕으로 이루어지는 선행 연구 또는 비밀 프로젝트를 지칭하는 용어이다. 록히드마틴은 The skunk works를 운영하고 있으며, 구글은 Google X, Alphabet이라는 사업화 조직이 있다. 애플은 스티브 잡스가 만든 해적 깃발을 앞세운 신제품 개발 조직이 있다. IBM의 EBO(Emerging business opportunities)조직, P&G의 Futureworks, Cisco의 EMTG, Amazon의 Lab126과 A9, Microsoft의 Xbox Division 등이 대표적인 스컹크

조직이다.

셋째로 기술이 활용 및 사업화가 되기 위해서는 제품 및 수요자에게 어울리는 소유권인 특허권을 가지고 있어야 한다. 기술이전 및 사업화(창업, 신제품 출시)를 잘 하기 위해서는 R&D 시작단계부터 제품에 필요한 강한 특허를 확보하거나 자사의 특허등록 된 기술 중 사업화 가능한 것을 뽑아 권리범위의 재설계가 필요하다.

제품은 다양한 구성요소로 이루어진다. 자동차를 예로 들면, 구동장치, 제동장치, 조향장치, 제어장치 등 수많은 부품으로 이루어져 있다. 즉, 제품은 부품의 결합체이면서 동시에 국제특허의 복합체이고 제품의 형태 및 외관, 기능을 형성하는 디자인과 제품의 이름인 브랜드로 이루어져 있다.

스마트폰을 예로 들면 120여개의 부품의 결합체이면서 7만여 개의 국제특허 복합체이다. 아울러 제품과 관련하여 애플의 경우는 2,000여건의 디자인권이 있으며 제품의 이름인 브랜드(imac, ipod, iphone, ipad 등)로 구성된다. 최근에는 특허뿐만 아니라 디자인권 상표권에 대한 소송도 많이 발생한다.

제약 관련분야는 의약품 허가-특허 연계제도의 도입으로 제네릭 제조의 길이 열린 대신 블록버스터 급 특허의 전방위 에버그린 전략으로 특허는 물론 디자인이나 브랜드도 분쟁의 대상이 되고 있다. 자동차는 3만 여개의 부품으로 이루어져 있지만, 이를 특허 면에서 보면 25만 여개의 국제 특허복합체이다. 디자인이나 브랜드의 분쟁 가능성은 높지 않지만 부분디자인, 입체상표 등의 제도화로 분쟁개연성은 있다.

기업이 R&D를 하는 시점과 기술 사업화를 하는 시점은 일반적으로 다르다. 즉, 기업의 R&D는 바로 제품 출시를 위한 것이라기보다는 선제적인 경우가 많다. 그러다보니 R&D의 결과물을 특허로 출원하는데 그치는 경우가 많다. 그 과정에서 제품이 되었을 때 경쟁자가 빠져 나갈 수 없는 강력한 핵심원천 특허를 만드는 것이 아니라 등록받을 만큼만 엉성하게 특허를 작성한다. 결국 제품화되어 시장에 출시하였을 때는 후발주자를 견제할 수 없는 무용지물인 특허가 대부분이다.

최근에는 정보통신(ICT) 기술이 급격하게 발전하여 기술순환주기(TLC)가 점점 짧아지고 있으므로, R&D를 시작할 때부터 제품화를 고려한 IP-R&D가 필요하다.

사실 기술사업화가 잘 이루어지기 위해서는 연구개발 초기부터 IP-R&D를 통해 경쟁사 특허전략과 포트폴리오를 파악하고 대응전략을 세워 강한 특허를 출원하여야 한다.

기술순환주기(TLC)가 짧아져 제품에 필요한 모든 요소를 R&D를 통해 해결할 수 없기 때문에 R&D 단계부터 잠재적 수요기업을 도출하여 라이센싱, M&A 등 BUY 전략이 필요하다.

[표 3.1-2] 제품의 구성요소인 특허, 디자인, 브랜드

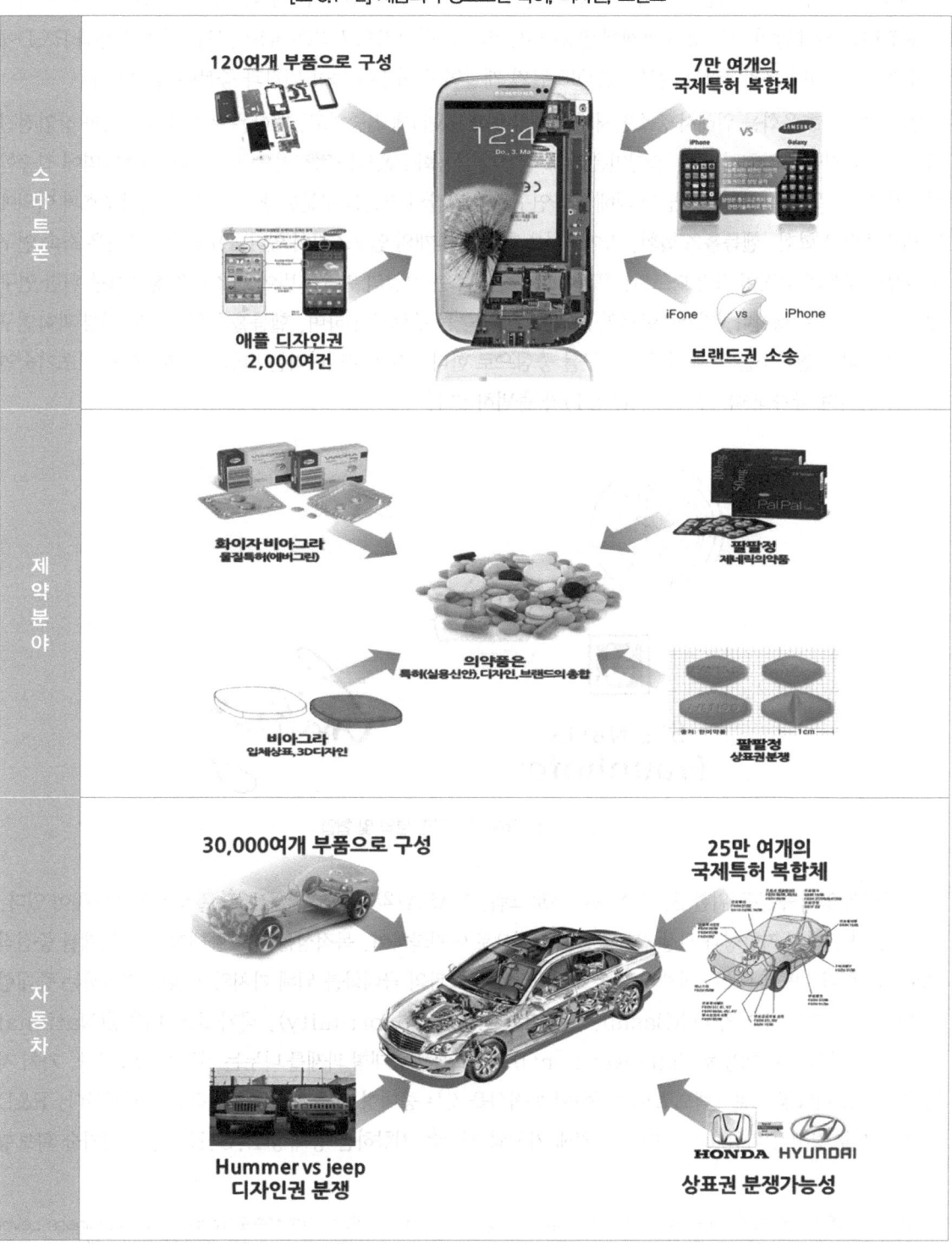

넷째로 기술개발의 주체인 산·학·연 간의 분업 및 협업이 잘 이루어져야 한다. 일반적으로 정부는 시간이 오래 걸리고 돈이 많이 드는 장기 과제에 집중하고, 민간은 단기적으로 적은 비용이 드는 단기 상용화 R&D에 집중한다. 그러나 우리나라는 정부 R&D도 단기 개발연구 비중이 높아 민간과 중복이 우려된다.

연구개발의 효율화를 위해서 중소벤처기업은 상용화 R&D에 집중하고, 대학은 우수인재 양성과 창업전진기지로서의 역할을 강화시키며, 출연연은 기초 원천과 상용화 R&D를 점진적으로 분리하여 각 영역에 집중할 필요가 있다. 독일은 철저한 분업에 의해 공공연구소와 민간의 역할을 구분한다. 독일에는 프라운호퍼 이외에도 막스플랑크 협회, 헬름홀츠 협회, 라이프니츠 협회 등 4개의 연구조직이 있다. 이들 연구조직은 소속 연구소의 연구방향과 목적이 각각 다르다. 프라운호퍼 연구소는 기업의 위탁을 받아 기초기술 상용화를 위한 연구개발(R&D)을 수행한다. 막스플랑크연구소는 기초연구를 주로 수행하며, 헬름홀츠 연구소는 대형 과학연구를 라이프니츠 연구소는 학제 간 통합연구를 중심으로 한다. 최근 우리나라는 산업기술연구회와 기초기술연구회가 합쳐져 국가 과학기술연구회(NST)가 출범하였다.

[그림 3.1-9] 독일의 산학연 분업 및 협업

민간과의 영역 구분을 위한 B.O.N.E. 프로그램, NASA[72]의 9단계 TRL 프로세스의 적용 등이 있다. B.O.N.E. 가치 지향형과 시장 지향형 프로그램으로 이원화하여, 목적성을 갖는 중대형 지주 과제를 중점적으로 지원한다. 또한 R&D 과제의 기술·경제적 파급효과의 극대화를 위해 가치와 시장을 지향하는 중대형 B.O.N.E.(기반기술 확보형(Basis), 시장기회 창출형(Opportunity), 국가 소요 대응형(National Needs), 산업 수요 대응형(Empowerment)) 프로그램은 중대형 과제를 나누는 기준이기도 하다. 가치 지향형과 시장 지향형 프로그램으로 이원화하여 목적성을 갖는 중대형 지주 과제를 중점적으로 지원한다. R&D 과제의 기술 경제적 파급효과 극대화를 위해 가치와 시장을 지향하는 중대형 B.O.N.E.(기반기술 확보형

---

[72] 미국 항공우주국(NASA), 국방부(DoD), 에너지부(DoE) 등에서 활용하고 있는 기술성숙도(Technology Readiness Level: 이하 TRL) 및 기술성숙도 평가(Technology Readiness Assessment: 이하 TRA) 개념을 적용한 평가모델

(Basis), 시장기회 창출형(Opportunity), 국가 소요 대응형(National Needs), 산업수요 대응형(Empowerment))프로그램을 추진한다.

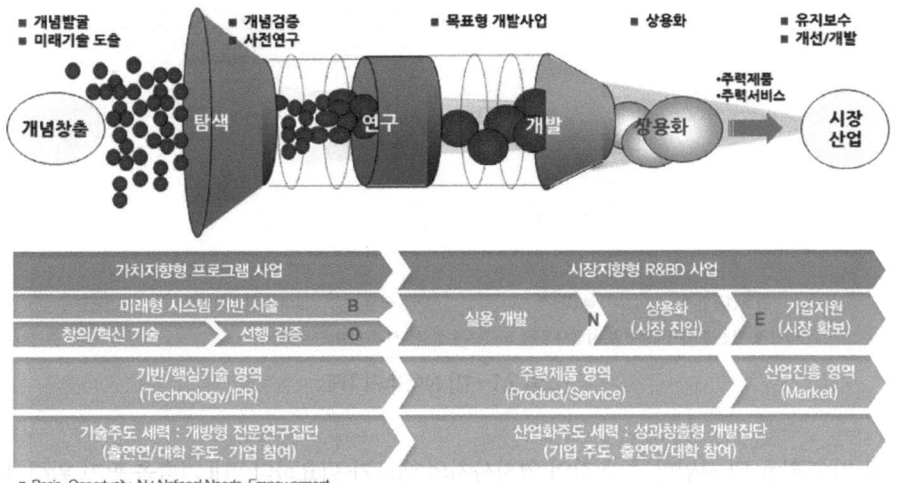

[그림 3.1-10] 산학연간 분업 및 협업을 위한 BONE 체계

국가의 연구개발(R&D)은 기초연구, 응용연구, 개발연구를 모두 포함해야 한다. 그러면 이를 구분하는 기준은 무엇인가? 앞서 살펴본 TRL(Technology Readiness Level)은 핵심요소기술의 기술적 성숙도에 대한 일관성 있는 객관적인 지표이다. TRL 도입은 R&D단계별 명확한 연구개발 목표설정 및 정량적인 평가기준 설정으로 사업 성과 제고에 기여한다. 정부 R&D의 목표는 직접적으로 제품을 만들어 파는 것이 아니기 때문에 TRL2~TRL7단계 까지만 지원한다. 실용화 및 사업화는 민간 기업의 몫으로 남겨 놓는다.

그러나 TRL(Technology Readiness Level)은 단계별 판단 시점에 기술 성숙도 수준을 제시할 뿐, 기술 수준을 향상시키기 위한 주요 문제점이나 가능성을 별도로 표시하지 않는다. 그래서 제조에서는 제조성숙도(MRL, Manufacturing Readiness Level)를 활용하기도 한다.

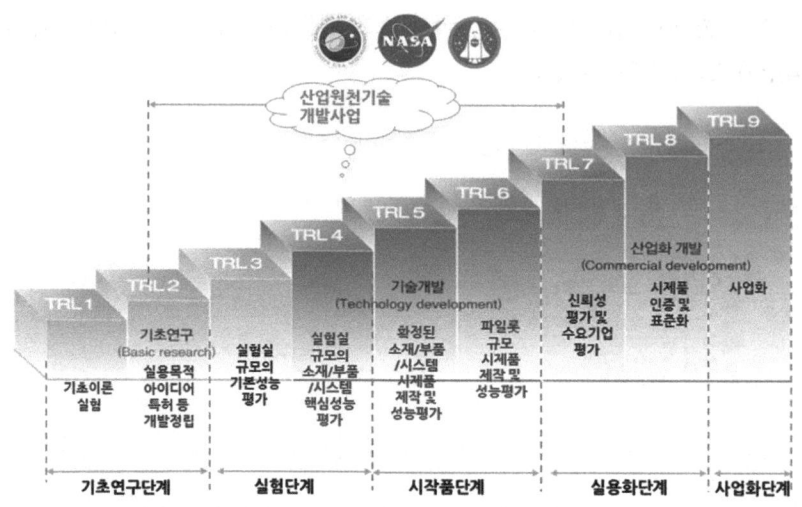

[그림 3.1-11] NASA의 TRL

마지막으로 기술 활용 및 사업화 주체 간의 역지사지의 태도가 필요하다. 내 기술을 팔기 위해서는 경쟁사와 차별화되는 장점 및 우리 기술의 단점을 극복할 수 있는 방안마련이 필요하다. 제품에 필요한 기술을 구매하기 위해서는 잠재적 경쟁자 및 수요기업을 도출하여야 한다. 이런 과정을 통해 라이센싱 가능성을 면밀히 파악해야 한다. 경쟁사가 핵심역량을 바탕으로 주력 사업화하고 있다면 절대로 기술을 팔려고 하지 않을 것이다.

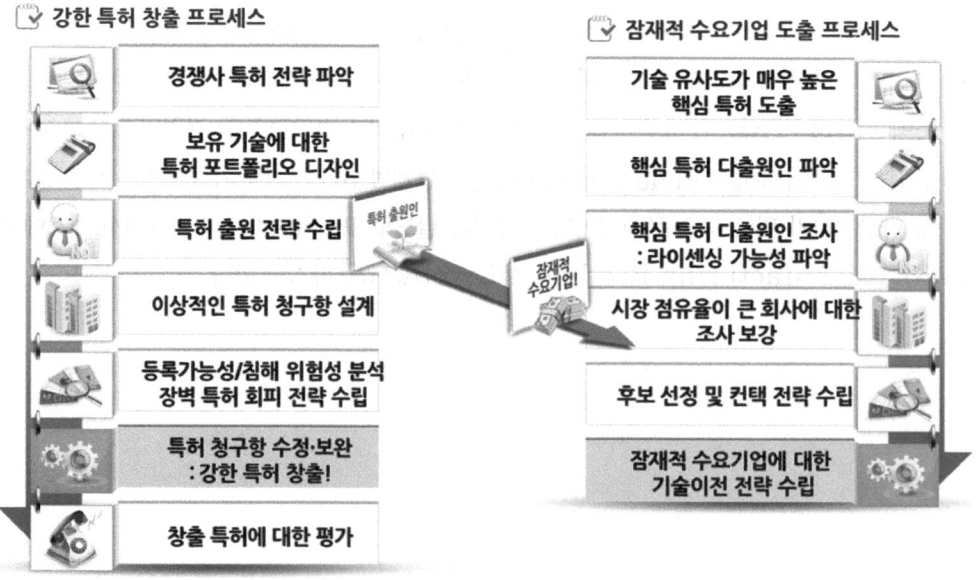

[그림 3.1-12] 강한특허 창출 및 잠재적 수요기업 도출 프로세스

IP의 측면에서는 R&D 초기부터 강한 특허로 창출하고 존속기간 동안 강력하게 보호되어야 하며 최종적으로는 기술사업화를 통해 제품으로 출시되는 것이 바람직하다.

만약, 이후에 창업이나 기술사업화를 하려면 R&D 기간에 참여한 구성원들이 기술마케팅 보고서(SMK, Sales Material Kit)를 작성하는 것이 필요하다. SMK 작성은 경쟁기술을 파악하고 경쟁기술과 대비하여 우리 기술의 장점을 파악한다. 그리고 우리기술의 단점 및 극복방안을 논의한 후 기술 홍보 포인트를 잡아 SMK를 작성한다.

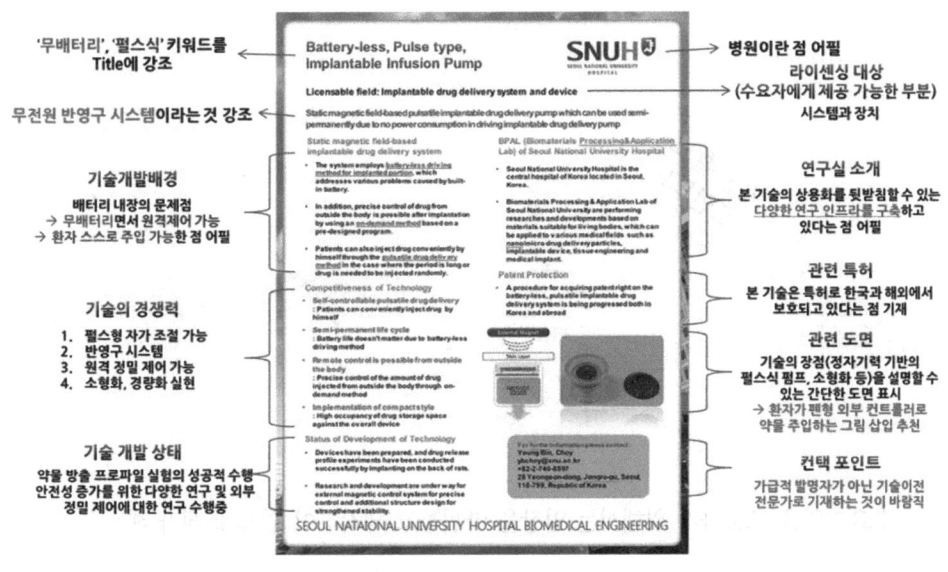

[그림 3.1-13] SMK 작성 예시

이상의 과정은 IP-R&D 수행 기간에 가능한 것이다. 그런데 이미 국가 R&D를 통해 등록된 장롱특허에 대해서는 어떻게 끄집어내어 사업화할 것인지가 중요하다.

대학이나 공공연이 보유하고 있는 기술을 사업화하는 것이 필요하다. 우선, 시장에서 필요한 제품에 필요한 기술 단위로 묶는 연구실 단위의 공동포트폴리오 구축이 필요하다.

또한, 연구실 단위로 발명 인터뷰를 실시하여 우수한 기술을 찾아내고 이를 사업화하는 노력도 필요하다.

국가 우수 과학자에 대해서는 선진국에서 시행하고 있는 것과 같이 특허전략을 지원하는 방안도 강구해야 한다.

강한 특허란 기술적으로도 완성도가 있어야 하며 청구항에도 강한 권리 범위 설정이 되어 있어야 한다. 그러나 대부분의 국가 R&D 결과물로 출원한 특허들은 권리 범위가 약할 수 있으므로 재설계가 필요하다.

기술이전을 위한 IP-R&D 전략

□ 기술이전을 위한 역지사지 전략

○ 내기술을 팔기 위해서는 경쟁사와 차별화되는 장점 및 우리기술의 단점을 극복할 수 있는 방안마련 필요

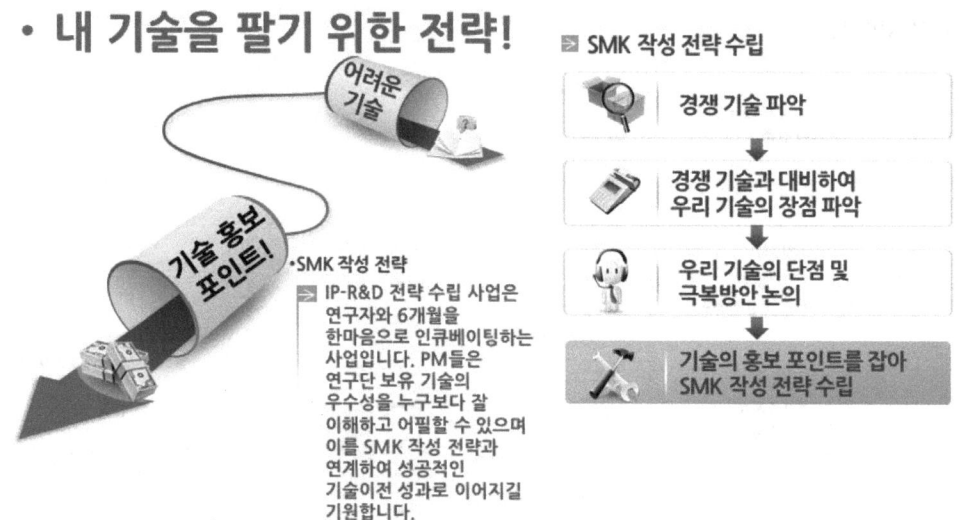

○ 잠재적 수요기업을 도출하기 위해서는 입장을 바꿔놓고 생각해야 쉽게 문제가 해결될 수 있음

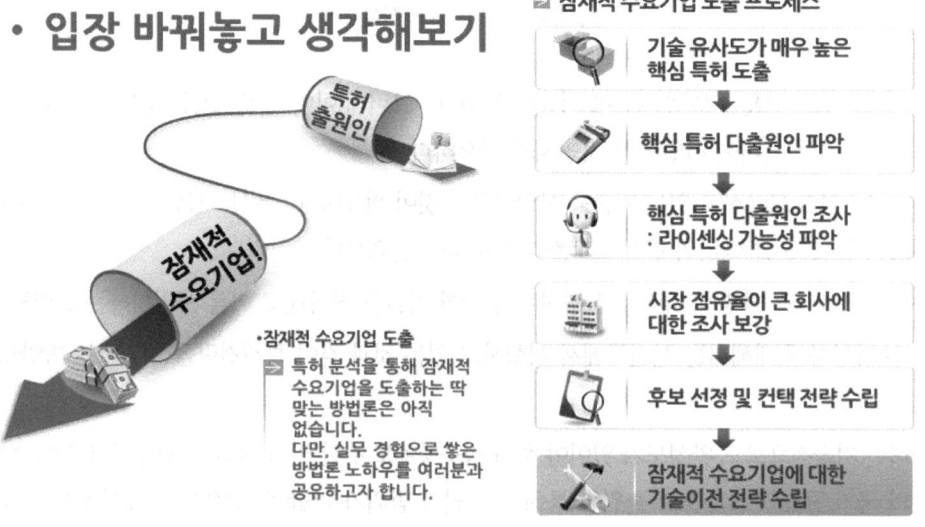

사업화와 IP-R&D 전략의 조화

□ 사업화 전략 장표에 IP-R&D 끼워 넣기

○ 기술이전을 위한 시장, 경쟁사, 고객의 관점에서 단점을 극복하고 장점을 부각하기 위한 마케팅 전략 필요

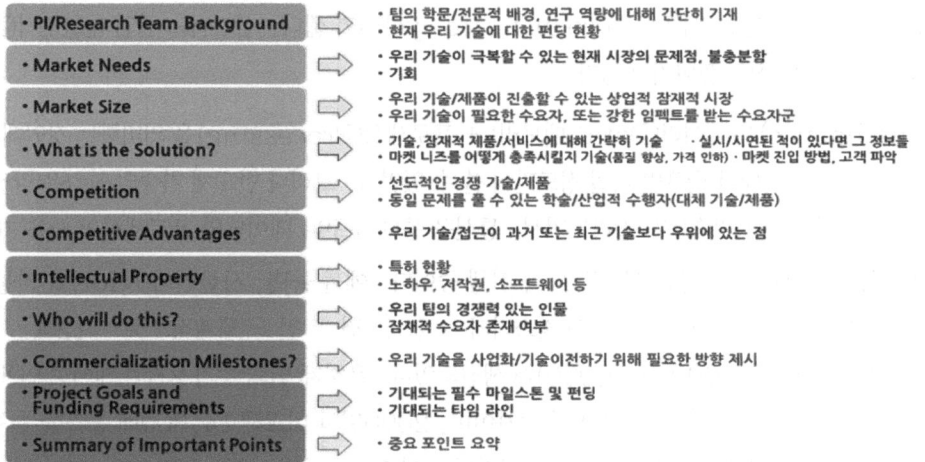

○ 기술이전이 가능한 강한특허 창출, 경쟁사에 대한 장단점 파악, 잠재적 기술이전기업 탐색과 SMK 작성 필요

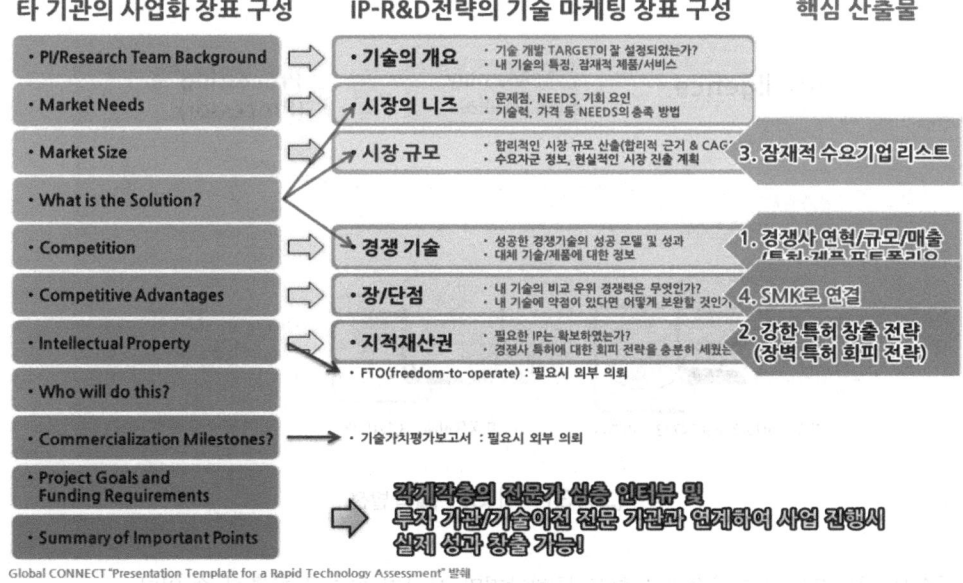

나. 제4차 산업혁명 기술의 특징

기술의 활용 및 사업화를 위해서는 제4차 산업혁명 기술의 특징을 잘 알아야 한다.

1) 제4차 산업혁명 기술인 ICBM(iot, cloud, big data, mobile) + AI 기술은 정보통신(ICT) 기술을 기반으로 한다. 정보통신(ICT) 기술은 기본적으로 기술 순환주기(TLC, Technology Life Cycle), 제품 순환주기(PLC, Product Life cycle)가 짧다. 심지어는 산업 순환주기(Industry Life Cycle)도 점점 짧아지고 있다.

지능(Intelligence)은 데이터(Data: 메모리) + 프로세싱(Processing)을 의미하는 것인데, 옛날에는 메모리의 값이 비싸서 군대나 글로벌 기업 정도만이 쓸 수 있었다. 그러나 반도체 기술의 놀라운 발전으로 인해 메모리가 싸지고 데이터 처리속도가 빨라지면서, 통신을 통해 누구나 데이터와 프로세싱의 사용 가능해졌다.

무어의 법칙(Moore's law)은 아직도 계속 진행 중이다. 예를 들면, 사물인터넷(Iot)을 가능하게 하는 센서(RFID/USN)에 들어가는 트랜지스터가 2014년 전 세계적으로 12해 1,550경 (1,215,500,000,000,000,000,000)개 생산되었다. 은하계 별의 수가 2천억 개이고 인체 내 세포수가 100조 개인 것과 비교해 보면 이는 엄청난 숫자이며, 2000년과 비교해 14,300배 증가한 수치다. 5GB USB의 가격이 1960년도에는 $1.5 billion이었던 것이 1995년에는 $5,500로 싸졌고, 최근에는 겨우 $5정도에 불과하다. 아직도 무어의 법칙이 끝나지 않은 상황에서 앞으로 더 싸지고 더 빨라질 가능성이 농후하다. 고객이 받을 수 있는 가치가 싼 가격과 비용에 의해 무한히 커진 것이 제4차 산업혁명의 특징이라 할 수 있다.

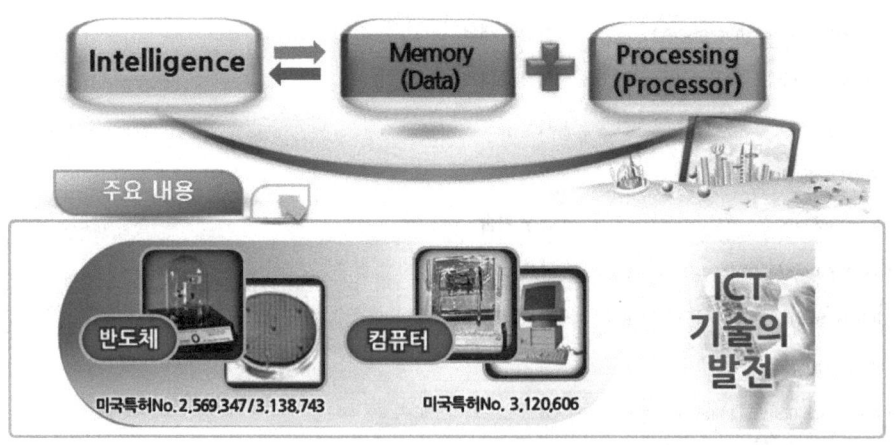

[그림 3.1-14] ICT 기술의 발전

ICT 기술은 전통적인 과학기술과 융합을 통해야지만 시너지 효과를 창출할 수 있다.

2) 제4차 산업혁명 기술은 제품+서비스, 제조업+서비스업을 포함한다. 현대사회는 풍요의 시대를 구가하고 있으며 기술의 발전으로 인해 제품 및 공정, 제조기술은 더 이상 차별성을 가질 수 없게 되었다. 즉, 6개월 이내에 어떤 제품이든 모방이 가능한 상황이다. 이런 상품화의 지옥(Commodity Hell)에서 벗어나기 위해서는 특허권의 확보와 더불어 고객의 가치를 높이는 제품+서비스가 병행되어야 한다.

하버드 경영대학원의 마이클 포터 석좌교수는 기업 경영전략·경쟁론의 대가이자 구루(Guru)이다. 그는 80년대부터 현재까지도 많은 기업과 경영컨설팅 회사에서 애용하는 경영전략 프레임워크를 제시하였다. 5-Forces, 가치사슬(Value chain), 다이아몬드 이론(Diamond) 등은 제조기반의 기업에게 불후의 명곡처럼 사용되는 기업의 경쟁전략 수립 시 참조방법론이다.

그러나 이러한 경쟁전략들은 제4차 산업혁명 시대에 맞는 변화가 필요하다. 2014/2015년 두 번에 걸쳐 하버드 비즈니스 리뷰(HBR)에 마이클 포터와 제임스 헤플만은 〈'스마트 커넥티드 제품'은 경쟁의 구도를 어떻게 바꾸고 있을까?〉라는 글에서 5-Forces와 가치사슬은 근본 개념은 바뀌지 않지만 상당 부분 변화가 필요하다고 지적한다.

[표 3.1-3] 마이클 포터의 경쟁전략과 IT의 역할

IT 역할	제1의 물결 자동화 시대	제2의 물결 인터넷 시대, 전세계 단일 공급망			제3의 물결 제품 자체를 변화
연도	1960~1970	1980년	1985년	1990년	2014/2015
전략	사업다각화 전사적 자원분배	경쟁전략 (Competitive Strategy)	경쟁우위 (Competitive Advantage) 비용우위-차별화-집중화 전략	국가 경쟁우위 (The Competitive Advantage of Nations)	컨버전스 전략 사업모델(BM) 전략 스마트 커넥티드 제품
		5 Forces	가치사슬	다이아몬드이론	
	–	산업 내 경쟁	기업내부	국가 간 경쟁우위	산업/산업 내 경계 모호
혁신		Product Driven Innovation			Platform Driven Innovation
		제품혁신			사업모델(BM) 혁신
시장		One-Sided Market			multi-sided market
형태		제품(Product)			System of System:
		제조			제조+서비스
		공급자 우위			고객 우위

출처: How Smart Connected Products are Transforming Competition, 마이클포터, HBR, 2014.11 수정

그는 이 글에서 "정보기술(IT)이 제품에 혁신의 바람을 불어넣고 있다. 예전에는 단지 기계와 전기 부품들로 구성됐던 제품이 하드웨어, 센서, 저장장치, 마이크로프로세서, 소프트웨어, 네트워크를 무수히 다양한

방식으로 결합한 복합 시스템으로 거듭나고 있는 것이다. 정보 처리 속도의 비약적인 발전, 기기의 소형화, 어디서나 연결 가능한 무선 네트워크 환경을 바탕으로 현실이 된 '스마트, 커넥티드 제품'으로 인해 기업 간 경쟁에도 새로운 시대의 막이 열렸다."고 말했다.

마이클 포터와 제임스 헤플만은 2014, HBR, smart connected products에서 제4차 산업혁명의 주요기술인 '사물인터넷(iot)'과 관련하여 트랙터를 예로 들어 설명하였다. 단순히 트랙터라는 농기구를 생산하던 회사가 스마트한 트랙터, 스마트+커넥티드 트랙터를 거쳐 다른 농기구와 연결되어 데이터와 농기구들을 모니터링/컨트롤하는 농기구 시스템으로 발전한다. 이어 날씨 정보 시스템, 농기구 시스템, 관개 시스템, 파종 최적화 시스템이 하나로 연계된 농장 관리 시스템으로 변화하는 진화 과정을 보여준다. 단순히 트랙터를 제조하는 제품 제조사가 사물인터넷을 통해 농장 관리 시스템 비즈니스로 확장되는 것이다.

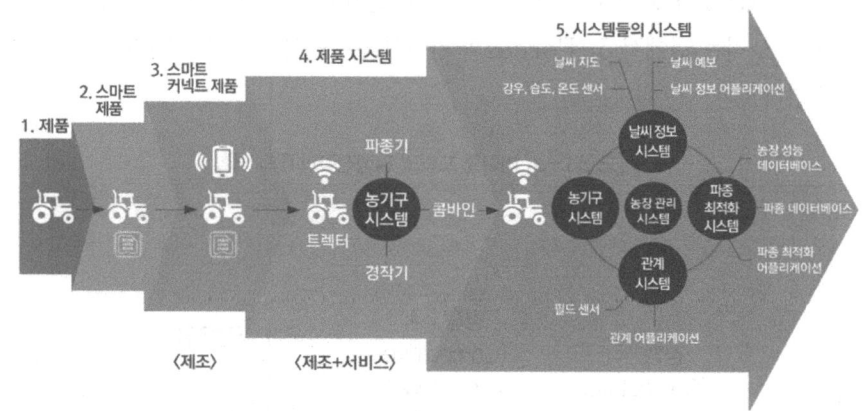

(출처: 마이클 포터, 2014, HBR, smart connected products)

위의 표를 번호별로 살펴보면 다음과 같다. 1. 트랙터 제품 A, 2. 트랙터 제품 A에 Dashboard를 장착해 농부가 제품 A의 상태 점검 가능, 3. 트랙터 제품 A의 과거 이력(제품상태 모니터링/경작 Capa/연 생산량 등) 데이터를 Mobile기기로 농부가 언제 어디서나 모니터링 가능, 4. 트랙터 제품 A 뿐만 아니라, 농가가 농작에 필요한 모든 농기구(파종기/콤바인/경작기)와 연결된 연결기기를 통해 나오는 Data와 농기구를 Monitoring/Control 하는 농기구 시스템, 5. 농기구 시스템을 중심으로 농가의 농작물 생산량을 극대화하기 위한 날씨 정보/파종 최적화/관개 시스템 정보가 동시에 제공하는 순으로 농가에 필수적인 농장관리시스템으로 진화한다.

3) 제4차 산업혁명 기술은 플랫폼과 솔루션으로 이루어져 있다. 플랫폼[73]은 '주변보다 높은 평평한 장소'에서 의미가 계속 확장되어 '발판', '매개', '기반'의 의미로 사용된다. 정보통신기술(ICT)과 관련된 플랫폼의 종류는 하드웨어 플랫폼(CPU, 모바일AP(부품), 플레이스테이션, 킨들(완제품) 등), 소프트웨어 플랫폼(윈도우, 안드로이드, iOS, 어도비 플래시, 오라클 등), 인터넷 서비스 플랫폼(페이스북, 카카오스토리, 눈, 포털 등)이 있다. 즉, 하드웨어 플랫폼은 부품 또는 완제품의 실물 형태로 존재하는 플랫폼이다. 소프트웨어 플랫폼은 개발자들이 애플리케이션을 만들 수 있도록 하는 기반이자 애플리케이션을 구동하는 기반이 되는 플랫폼이다. 인터넷 서비스 플랫폼은 사용자들을 매개하는 인터넷 서비스로서의 플랫폼이다.

예전에는 하나의 제품을 하나의 대기업이 독자적으로 개발하는 stand-alone 제품이 대부분이었다. 중소기업은 대기업에 부품을 납품하는 정도였다. 스탠드 얼론(stand-alone)이란 다른 어떤 장치의 도움도 필요 없이 그것만으로 완비된 장치를 말한다. 예를 들어, 팩시밀리는 컴퓨터, 프린터, 모뎀 및 다른 장치들을 필요로 하지 않기 때문에, stand-alone 장치라고 말할 수 있다. 그런 반면에, 프린터는 항상 데이터를 보내주는 컴퓨터가 필요하므로 stand-alone 장치가 아니다. 흔히 stand-alone PC라고 하면, 네트웍을 통해 클라이언트/서버 모델로 동작하는 것이 아닌, 그 자체만 독립적으로 운영되는 PC를 말한다. 요즘의 대기업은 이렇게 개방형 플랫폼을 만들고 중소기업이나 개인이 솔루션을 제공하여 상생하지 않으면 시장에서 살아남을 수 없다.

[표 3.1-4] stand-alone vs 플랫폼과 솔루션

---

73) 류한석, 2016. 플랫폼, 시장의 지배자 19~25P. KOREA.COM.

역사적으로 살펴보면 기술 대결(technology battles)을 통해 지배적 디자인(dominant design. Utterback, Abernathy1975), 기술 궤적(technology trajectory), 표준, 플랫폼(platform)이 형성되어 왔다. 그 과정에서 네트워크 효과(network effect)는 기술대결 승패의 운명을 결정했다.

전통적인 제조업의 시장은 단면시장(one-sided market)이다. 즉, 제품을 만들기 위한 재료, 공정 등의 원가(cost)가 발생하며 원가에 마진을 더하여 판가(price)가 형성된다. 그 이후 다양한 마케팅과 판촉 활동 등을 거치고 유통채널을 통하여 최종적으로 소비자에게 판매된다. 따라서 가치사슬의 마지막 단계에 있는 소비자/고객 집단은 이들 단면/일면 시장에 있는 제조업체에게 또 다른 비용으로 인식되기도 한다.

그런데 플랫폼을 통하여 형성되는 '양면시장(Two-Sided Market)'에서는 원가와 마진, 판가의 메커니즘이 작동되기보다는, 양면에 존재하는 고객들이 스스로 만들어 낸 교차 네트워크 효과(Cross Network Effect)에 의해 전혀 새로운 시장 메커니즘이 만들어진다. 즉, 양면의 서로 다른 목적과 성질을 가진 두 개의 고객집단을 어떤 식으로 확보하여 양면 간에 거래 관계(Transaction)를 빈번하게 확산시킬 수 있을 것인가가 중요하다.

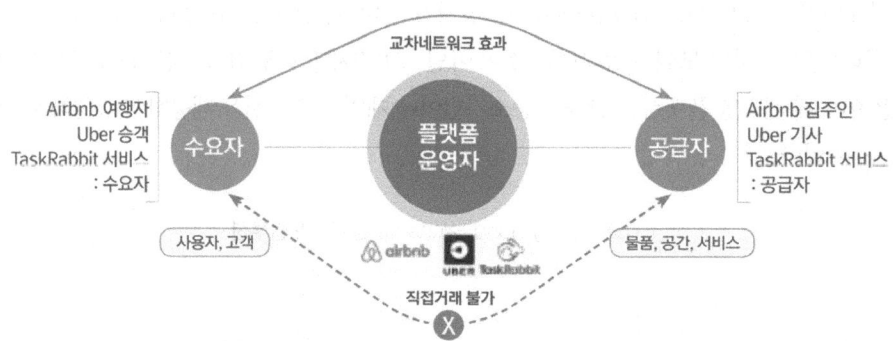

[그림 3.1-15] 교차 네트워크 효과

양면의 고객을 동시에 획득(Acquisition)하는 것이 거의 불가능하기 때문에 필연적으로 어느 한 쪽의 고객집단의 효용을 극대화시킨 다음, 그 효용을 '가치'로 삼아 그것이 필요한 또 다른 고객집단을 끌어들여 양면 간 '교차 효용'을 만들어 낸다. 이 교차 효용이 빠른 속도로 번지면, 교차 효용을 제공하는 사업자는 양면의 고객을 모두 획득한 진정한 '플랫폼' 사업자가 되는 것이다. 이런 상황에서 플랫폼은 사용자, 고객 그리고 파트너 등 복수 그룹이 참여하고, 공정한 거래를 통해 각 그룹이 합리적으로 가치를 교환하는 강력한 상생의 에코시스템을 의미한다.

이 양면시장은 최근 스마트폰과 모바일이 빠르게 확산되면서 인간이 생각할 수 있는 수준 이상으로 확산되고 있다. 우리가 늘 상 성공한 플랫폼 사업자라고 부르는 아마존, 페이스북, 이베이, 트위터, 구글, 애플 등이 사실상 양면시장의 메커니즘을 확보함으로써 빠르게 성공한 사업자들이다. 따라서 플랫폼은 양면 시장적 특성을 반드시 가지고 있다고 할 수 있다. 양면시장을 이용하는 모델을 '플랫폼 비즈니스'라 하며 Airbnb, Uber, TaskRabbit등이 대표적이다.

양면시장에서는 네트워크 외부성(network externality) 중에서도 간접적 네트워크 외부성, 즉 교차 네트워크 외부성(Cross Network externality)을 확보하는 것이 매우 중요하다. 왜냐하면 서로 다른 양측이 존재하는 것만으로는 양면시장을 형성할 수 없기 때문이다. 양 측의 서로 다른 고객 군이 존재하고, 이 둘 간의 교차 네트워크 외부성이 확보되지 않으면 사실상 거래가 일어나지 않기 때문이다.

그러나 이런 교차 네트워크 외부성을 확보하기 위해서는 많은 시간이 필요하다. 때문에 중소기업이 플랫폼을 구축하는 것은 상당한 시간이 소요된다. 이런 상황에서 중소기업은 이미 구축된 플랫폼에 올라타서 솔루션을 제공하는 역할을 통해 새로운 사업모델을 구축하는 것이 더 효율적이다.

[표 3.1-5] 지배적 프로세스 각 단계에서의 성공 요인

요인 구분	지배적 요인	1단계 R&D 구축	2단계 기술적 가능성	3단계 시장의 창조	4단계 결정적 대결	5단계 지배후
회사 수준	기술적우월성		★★★			
	신뢰성/보완적자산	★★★			★★★	
	설치기반				★★★	★★★
	전략적 행동 (산업진입시기, 가격전략, 라이센싱 전략, 마케팅과 홍보)			★★★		
환경 수준	규율		★★★			
	네트워크 효과 및 전환비용				★★★	★★★
	전유성	★★★				
	기술장의 특성	★★★				

출처: Fernando F. Suarez, 2003, Battles for technological dominance: an integrative framework

상기 표에서와같이 네트워크 외부효과를 발생시키기 위해서는 5단계의 과정을 거쳐야 한다. 1단계는 R&D의 구축이고, 2단계는 기술적 가능성의 타진이다. 3단계는 시장의 창조이다. 4단계에서는 경쟁자와 결정적 대결을 통해서 살아남아야 한다. 5단계는 지배 후의 과정이다.

4) 제4차 산업혁명 기술은 표준과 밀접한 관련이 있다. 4차 산업혁명의 디지털 융·복합화에 있어 상호 운용성을 확보하는 핵심요소가 표준이다. 제 4차 산업혁명은 디지털화된 데이터를 통한 의사소통, 사물과 사물을 연결, 스마트 생산방식과 서비스를 창출하는 디지털 혁신이다. 이때 기존과 다른 기술 차원의 시스템 통합화가 진행되고, 이러한 통합화는 전 세계적 동의를 얻은 표준이 지원되어야만 성공이 가능하다. 또한, 4차 산업혁명에서 요구되는 표준은 상호 운용성을 의미하는 것으로, ICT기술에서 표준은 호환 가능한 기술 스펙들의 집합을 의미한다.

제4차 산업혁명 신기술 분야 중 기술발전·산업성장이 급속히 진행되면서, 국제표준 제정 및 원천특허 경쟁이 치열해 지는 상황이다. 이에 선진국 및 글로벌 기업들은 시장 우위 및 로열티 수익 확보를 위해 전략적 표준특허 정책을 수립하고 있다.

앞서 살펴본 바와 같이 역사적으로 살펴보면 기술 대결(technology battles)을 통해 지배적 디자인 (dominant design. Utterback, Abernathy1975), 기술 궤적(technology trajectory), 표준, 플랫폼(platform)이 형성되어 왔다.

5) 제4차 산업혁명 기술은 인공지능(AI)과 밀접한 관련이 있다. 제4차 산업혁명 관련 기술인 '지능(AI) + 정보(ICBM: Iot, Cloud, Big data, Mobile)'

최근 진행된 이세돌과 알파고의 세기의 바둑 대결은 인공지능의 기술력을 만방에 알린 계기가 되었다. 그러나 최초의 인공지능은 1956년 다트머스 회의에서 존 매카시가 제안한 것으로 "기계를 인간 행동의 지식에서와 같이 행동하게 만드는 것"이다. 그러나 이 정의는 범용 인공지능(AGI, 강한 인공지능)에 대한 고려를 하지 못한 것 같다. 인공지능의 또 다른 정의는 인공적인 장치들이 가지는 지능이다. 대부분 정의들이 인간처럼 사고하는 시스템, 인간처럼 행동하는 시스템, 이성적으로 사고하는 시스템, 그리고 이성적으로 행동하는 시스템이라는 4개의 분류로 분류된다. 최근의 인공지능은 8가지로 분류될 수 있으며 IBM WATSON, IBM DEEP BLUE, GOOGLE DEEP MIND 등이 있다.

종류	용어의 정리			
Intelligence	Memory(data, 싸지고) + Processing(빨라지고): Machine Intelligence			
Artificial Intelligence	Weak AI	NARROW AI	Machine Learning	예) 알파고, Siri
	STRONG AI	GENERAL INTELLIGENCE	Deep Learning	예) 사람과 비슷
	−	SUPER INTELLIGENCE		예) 사람을 초월

인공지능(AI)의 이해

	AI의 종류		주요 내용
			꺼내오기 계산하기(논리) ――――――――― 모델 만들기 (모델 구조, Parameter) 모델 파라미터 수정 창조
1		Intelligence	컴퓨터가 사람같이 하는 것	Memory(data)+Processing(Algorithm:처리하는 절차) Turing Test
2	Weak AI	일일이 프로그램 말고 사람처럼 할 수 있나? (Expert System) 예) IBM WATSON	Memory(data)+Logic (일반로직, 특수 로직)
3		사람이 하는 방식을 따라해 보자 (Tic-tac-toe, Chess, 바둑) 예) IBM Deep Blue	정석 암기, 형세판단, 좋은 수 익히고
4		Neural Network 뇌구조 따라하기 예) Google Deep mind	바둑의 수에 대해서 왜 두는지 알 수 없음
5	General Intelligence	Learning	1. data 모으기, 2. Model Parameter 바꾸기 3. Model 작성
6		음성인식, 화면인식, 대화 예) Apple Siri	사람의 기능
7		Robot 손, 발, 움직임 예) Google의 로봇 관련 8개 회사 인수	사람의 기능
8		Big Data 이용	문장인식 data 다 모으면 답이 있다. 못 풀었던 문제 풀기 시작해서 중요 논리, 원인결과 ×, 통계처리 ○

6) 제4차 산업혁명은 고객(소비자)의 욕구가 중요하다. 3차의 산업혁명의 과정에서 기업의 경영전략도 많이 바뀌었지만 무엇보다도 소비자인 고객의 변화도 뚜렷하다. 이전에는 생산이 소비보다 적었기 때문에 제품을 만들기만 하면 순식간에 팔려 나갔다. 그러나 최근에는 생산이 소비를 크게 앞지르고 있다. 풍요의 시대를 맞이하여, 개인의 단순한 니즈(needs)가 제품에 대한 다양한 목소리인 욕망(wants)을 넘어 이제는 각자의 욕구(desires)가 나타나고 있다. 또한, 다양한 기술의 변화와 함께 이제는 고객이 자신이 원하는 것이 무엇인지를 모를 수도 있다. 이러한 고객의 숨은 욕구를 찾아내어 사용자 경험에 기반을 둔 제품개발로 성공을 거두는 경우가 빈번하다. 고객의 요구를 잘 찾아내고 이를 바탕으로 고객 만족을 넘어 고객 감동을 시켜야만 고객이 기꺼이 지갑을 연다.(Willingness to pay = 가치 명제 Value Proposition). 고객이 원하는 것은 단순히 제품이 고장 났을 때 애프터서비스(after service)를 받는 것이 아니라 사용자 경험(user experience)에 비추어 고객의 가치(customer value)를 추구하는 것이다.

만고불변의 진리이지만 고객의 가치(Value)는 제품/서비스의 가격(Price)보다 높아야 하며 가격은 생산비용(Cost)을 넘어야만 한다.

다. 우리나라의 제4차 산업혁명 기술의 활용 및 사업화 정책 및 제도

우리나라의 제4차 산업혁명 기술의 활용 및 사업화 정책 및 제도와 관련해서는 두 가지로 나누어 생각해 볼 수 있다. 우선 기술의 활용 및 사업화 정책 및 제도를 살펴 볼 필요가 있다. 그 뒤에 제4차 산업혁명 기술의 활용 및 사업화 정책 및 제도를 파악해야 한다. 그런데 제4차 산업혁명은 아직 초기이기 때문에 기술의 활용 및 사업화가 성공하기 위해서는 과제 발굴 및 기획이 잘 되고, 이를 바탕으로 강한 특허가 확보되어야 한다.

1) 기술의 활용 및 사업화 정책 및 제도

기술이전 사업화란 '기술이전'과 '기술사업화'를 포함하는 용어로서, 시장 지향형 기술기획에서 신사업/신제품 개발 및 상용화까지 광범위한 범위를 포괄한다.

먼저 기술이전(Technology Transfer)이란, "무형재인 기술과 지식요소를 외부로부터 부분 또는 전체를 도입하여 유형재인 제품으로 전환할 목적으로 기술이전 당사자가 계약을 하거나 협상을 하는데 필요한 모든 제도상의 공식행위"로 요약될 수 있다. 현행「기술의 이전 및 사업화 촉진에 관한 법률」에는 "기술이전이란 기술의 양도, 실시권 허락, 기술지도, 공동연구, 합작투자 또는 인수·합병 등의 방법을 통하여 기술보유자(당해 기술을 처분할 권한이 있는 자를 포함한다)로부터 그 외의 자에게 이전되는 것을 말한다."라고 정의되어 있다[74].

---

74) 산업통상자원부·한국산업기술진흥원(2010), 「2010년 기술이전사업화 백서」 참조

기술사업화(Technology Commercialization)의 일반적 개념은 기술혁신의 전주기적인 관점에서 "개발된 기술의 이전, 거래, 확산과 적용을 통해 부가가치를 창출하기 위한 제반 활동과 그 과정"이라고 정의할 수 있다. 현행「기술의 이전 및 사업화 촉진에 관한 법률」에서는 사업화의 개념을 "기술을 이용하여 제품의 개발·생산 및 판매를 하거나 그 과정의 관련 기술을 향상시키는 것"이라고 규정하고 있다.

그러나 기술사업화에 대한 개념은 사업화 대상이 되는 기술을 창출 주체, 창출 단계, 사업화의 주체에 따라서 상이하게 정의될 수 있어 일정한 정형화된 개념정의는 존재하지 않고 있다. 많은 전문가 및 실무자가 공통으로 사용하고 있는 기술사업화의 개념(이영덕, 2010)은 광의, 중범위, 협의로 분류할 수 있다.

먼저, 광의의 기술사업화는 연구개발 계획의 수립과 아이디어의 창안을 통하여 연구개발 및 기술을 개발하고 개발된 기술을 사용하여 신공정, 신제품 또는 기존 공정과 제품을 개량함으로써 시장에서 제품의 수명주기를 연장하거나 새로운 수명주기를 창출하는 것과 관련된 일련의 활동(기술전략론자)을 의미한다.

중범위는 개발된 기술을 바탕으로 시제품을 제작하고 엔지니어링 기술과 결합하는 즉 구체적인 시장도입의 前단계에 이르기까지의 활동을 의미한다.

협의는 자체 연구개발 또는 외부조달을 통하여 획득한 신기술을 생산 활동, 즉 엔지니어링 및 제조공정 활동에 투입하여 대량생산을 통한 제품의 제작·출하 및 판매에 이르는 과정을 말한다.

이처럼 다양한 기술사업화 개념 분석 중 공통점은 아이디어의 취득과 숙성→아이디어 구현을 위한 연구진행 및 기술개발→개발된 기술이 체화된 시제품의 제작→제품의 대량생산을 위한 신공정 개발 및 기존 공정 개선→신제품의 대량 생산·시장 출하 및 판매→시장 수용 용이성을 위한 필요 마케팅 인프라 구축→신제품의 시장우위 지속과 관련된 활동이다.

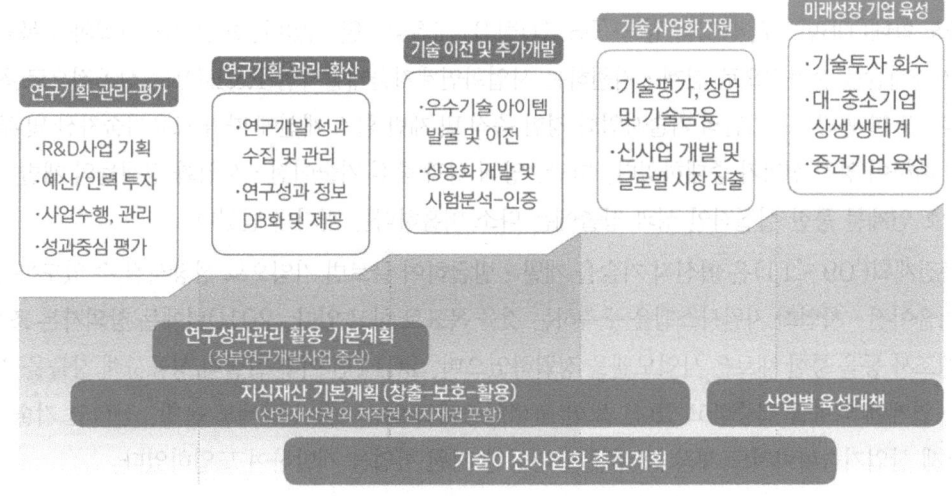

[그림 3.1-16] 기술이전·사업화촉진계획 범주

기술이전이나 사업화는 개념이 다양하고 포괄적인 만큼, 추진방식별 유형도 다양하게 분류될 수 있다. 이에 따라 기술이전 사업화의 대상(공공/민간), 사업형태(창업, 기술이전/매각, Spin-off, R&D용역 등), 사업주체(연구원, 교수, 기업), 협력방식(아웃소싱, 컨소시엄, JV, 지분투자) 등 특성에 따라 차별화된 프로세스와 추진전략이 수립되어야 한다. 이러한 기술이전 사업화 추진에 있어 필요한 핵심개념으로는 기술출자, 기술거래/이전, 기술평가, 기술금융/회수, 기술비즈니스 서비스 등이 있다. 기존 연구개발 혹은 기술혁신, 중소기업 육성 분야에서도 중첩되어 활용되는 개념이다.

기술의 이전 및 사업화 촉진 계획은 제6차에 걸쳐 발전되어 왔다.

1차 촉진계획('01~'05)은 국내 기술이전사업화 분야의 최초의 범부처 종합계획으로, 기술이전에 대한 개념조차 생소한 국내 여건 하에서 기술거래시장 태동 및 기술이전·사업화 촉진을 위한 분위기 조성에 크게 기여한 것으로 평가되고 있다. 1차 촉진계획 기간 중 상설기술거래시장('00~'05.10, 135회) 운영, 국가기술은행(20,551건) 구축·운영, 해외 기술이전 네트워크(8개국 25개 기관) 구축 등 기술거래시장이 형성되었다. 또한 산학협력단, 기술이전전담조직 설치 및 TP 내 RTTC 설치했다. 여기에 기술거래·평가기관 지정 등 공공연구기관의 기술이전 활성화 기반을 마련하고 기술거래시장 제도를 정비하였다. 반면, 기술이전에 치우쳐 사업화 개념이 부족하였고, 기술금융·기술평가에 대한 고려는 미흡하였다는 평가를 받았다.

2차 촉진계획('06~'08)은 기술혁신형 기업의 성장시스템을 구축하기 위해 지식, 사업화, 금융, 제도의 격차 해소에 주력하였다. 그 결과 공공기술 이전, R&D 성과 사업화, 국제협력, 기술금융, 기술평가 등 전(全)방위적으로 기술이전·사업화를 촉진하기 위한 기반이 마련되었다. 먼저 기술현물출자 인정, 가치평가 표준모형 개발·보급 등의 평가 기반 뿐만 아니라 신성장동력 펀드 조성, 기술평가보증 확대 등 기술금융 기능이 강화되었다. 이에 따라 기술평가정보 종합유통시스템을 구축·운영('08.6월)하였고, 기술평가 기반의 신용대출도 확대('06년 17,402억 원→'08.10월 31,154억 원)되었다. 또한 기술사업화를 목표로 사업기획과 기술개발을 순차적으로 연계·지원하는 사업화연계기술개발사업(R&BD)도 성공적으로 착수('06년)되었다. 또한 공공연구기관의 기술사업화 경험 축적 및 제반 환경 개선에 따라 보유기술자산 및 투자 등의 확대에 비례하여 양적 성과가 증대하였다. 다만, 양적 성과 중심 기술이전·사업화 정책들의 개별 추진으로 인해, 상호 연계를 통한 실질적인 성과 창출에는 다소 미흡하다는 평가를 받았다.

3차 촉진계획('09~'11)은 혁신적 기술을 개발·발굴하여 글로벌 기업으로 성장시킬 수 있도록 전(全)주기적인 기술이전·사업화 지원시스템을 구축하는 것을 목표로 하고 있다. 2010년에는 창의자본 조성, 공공기술 실태조사 등을 통한 새로운 사업모델을 정립하였으며, 2011년 이후 실질적 성공사례 창출을 위한 사업 간 융합·연계에 역량을 집중하고 있다. 또한 녹색인증제 도입, 기술 신탁제도 운영, 산학연 기술지주회사 지원, 국제 산업기술협력지도 제작 등 부문별 다양한 지원 사업을 개발하여 도입하였다.

특히, 국가 기술자산 활용의 구심점 역할을 위한 민관합동「지식재산전문회사」가 출범('10.7.27)하였고, 녹색·신성장동력산업의 창출·육성을 위해 미래유망 신기술의 사업화에 투자하는 민관 공동펀드를 조성·

운영하는 등의 기업 생애주기별 기술금융 공급 확대 및 시스템 구축을 추진하고 있다.

제4차 촉진계획('12~'14년)은 수요자 중심의 기술사업화 생태계 조성을 통해 '실질적인 시장성과 창출'에 주력하고자 함을 목표로 한다. 공급 측면에서 R&D와 시장의 불일치를 해소하고 지식기반경제에서 시장을 선도하는 "가치 창출형 R&BD(R&D+비즈니스)"로의 전환을 위해서, R&D 사전기획비 확대와 창의 비즈니스모델 공모사업 신설 등을 통해 R&D의 질적 제고를 도모하고 있다. 이를 위해 정부는 R&D 지원금 출연 시 기보의 보증평가와 연계하는 "R&D 프로젝트 금융지원" 제도를 최초로 도입하였다.

중개·수요 측면에서 전문적인 기술이전·사업화 중개서비스를 제공한다. 또한 기획·투자 등 사업화 전(全)주기 지원형 "사업화 전문회사" 육성과 기술료 인센티브 조정 등 재원 마련을 통해 공공기관 TLO 전문성 제고 및 IP비즈니스펀드(2,000억), R&BD펀드, 대덕특구펀드 등 신규펀드를 조성하였다. 기업의 창조적이고 도전적인 기술 활용을 촉진하기 위함이다.

제5차 촉진계획('15~'17년)은 민간·공공 R&D 결과물이 기업에 원활하게 이전되어 경제적 성과를 낼 수 있도록 기술이전·사업화 정책을 시장의 수요와 변화에 맞게 추진하는 것을 목표로 한다. 이를 위해 기술거래시장이 자생력을 갖추고, 규모가 확대될 수 있도록 제도를 개편하고, 기초연구부터 응용연구 및 기술개발, 후속 연구지원, 이전·사업화까지 이어지도록 R&D 체계를 사업화 관점으로 개편하였다. 또한, R&D 성과물의 공유·확산을 도모하고, 기술의 사업화 가능성을 높여 궁극적으로 기업의 성장을 촉진하는 정책방안을 제시하였다.

제6차 촉진계획('17~'19년)은 기술·산업간 융합 및 혁신속도가 중요한 4차 산업혁명시대를 맞아 개방형 혁신 촉진 생태계 조성을 위해 『외부기술도입(Buy R&D) 활성화』를 목표로 한다. 이를 위해 외부기술을 도입 후 추가 개발하는 방식으로 기간·비용을 절감할 경우 인센티브를 부여하는 외부개발(B&D)을 정부 연구개발(R&D)에 제도화하고, 이외에도 개방형 혁신 관련 세제 지원 확대, 기술 중개 수수료 가이드라인 도입 등을 통해 민간 기술거래 시장 활성화를 모색해 나가기로 했다. 추진전략으로는 수요 측면에서 Buy R&D 수요기반을 확대하고, 공급 측면에서는 수요기업이 원하는 기술공급 (Buyable R&D)을 원활하게 하며, 인프라 측면에서는 수요자와 공급자 간 간극 해소를, 정책시스템 측면에서는 범부처 기술사업화협업체제 구축을 도모한다.

[표 3.1-6] 기술이전 및 사업화 촉진계획

항목	여건 변화	추진목표	세부 추진내용	도출성과
1차 촉진계획 ('01~'05)	기술이전촉진법 제정 ('00. 1) 분산 시행되던 관련 시책들의 종합적인 연계 추진 필요	기술이전 및 사업화 촉진으로 기술개발의 선순환 구조 구축	기술거래시장 조성을 위한 법제도 정비 기술거래시장의 활성화 지원 기술거래 및 사업화 활성화를 위한 기반 구축	기술이전촉진법, 기술거래소 설립, NTB(국가기술은행 등)
2차 촉진계획 ('06~'08)	기술이전 및 사업화 촉진에 관현 법률로 개정('04) 기 수립된 기술사업화 촉진종합 대책('04. 9, 중기특위)을 반영	기술이전 및 사업화 촉진으로 기술 혁신형 기업의 성장시스템 구축	공신력 있는 기술평가 시스템 구축 기술금융의 공급 확대 국가연구개발 성과 사업화 촉진 공공기술의 민간이전 및 거래 촉진 국제기술협력을 통한 기술이전 사업화 촉진	선도 TLO 출범, R&BD 사업 추진, FIRSTEP, 신성장동력 펀드 조성 등
3차 촉진계획 ('09~'11)	촉진법 일부 개정('06. 12)→3년 계획으로 변경 녹색성장, 글로벌 정책 강조 및 공공기관선진화	기술기반 글로벌 기업 창출육성 (전주기적 기술이전·사업화 촉진시스템 구축)	국가기술자원의 발굴·관리 강화 기술금융 공급확대 및 시스템 구축 전주기적 기술이전·사업화 지원시스템 구축 글로벌 시장진출 지원 기술이전·사업화 기반 확충	R&D 과제 사업화성과 추적평가, 전략기획단 신설, 창의자본 출범, 녹색인증제 도입, 신탁제도 운영 등
4차 촉진계획 ('12~'14)	R&D/산업 정책의 진화 기술이전사업화 분야 글로벌 환경변화 및 주체별 역량/수요 변화	Back to Basic 새로운 10년을 준비 기술과 시장의 善순환 생태계 조성 – 기술이전·사업화의 시장성과 제고 –	추진사업간 연계 강화 및 인프라 내실화(기존 지원 사업/추진주체의 정비) 실질적 성과창출 및 민간시장 활성화 점검 (성과분석 강화 및 민간투자 유인) 1. 기술과 시장의 연계 활동 강화 2. 기술사업화 수행주체 (중개자) 역량 제고 3. 융복합 및 개방형 혁신 촉진 4. 시장메커니즘 작동을 위한 인프라 고도화	공공硏 기술이전·사업화 촉진 주체인 TLO 조직의 전문성을 강화하고 기술금융 등을 통해 중소기업 지원 확대
5차 촉진계획 ('14~'16)	민간·공공 R&D 결과물이 기업에 원활하게 이전되어 경제적 성과를 낼 수 있도록 기술이전·사업화 정책을 시장의 수요와 변화에 맞게 추진	R&D 성과물의 공유·확산을 도모하고, 기술의 사업화 가능성을 높여	기술거래시장의 작동 원활화 공공연의 기술 마케팅 역량 증진 사업화 가능성이 높은 맞춤형 기술공급 초기 사업화 기업의 성장 여건 마련	기술은행(NTB) 도입 창업 벤처기업 지원 TLO 개선 R&BD
6차 촉진계획 ('17~'19)	'4차 산업혁명'시대를 맞아 기존 R&D 및 사업화 전략의 전환 필요 글로벌 기업들은 신시장 주도권을 선점하기 위해 적극적으로「외부기술 도입(Buy R&D)*」을 활용	신산업 중심 산업구조 고도화를 위한 오픈이노베이션 촉진 생태계 조성	① (수요) Buy R&D 수요기반 확대 ② (공급) 수요기업이 원하는 기술공급 (Buyable R&D) ③ (인프라) 수요자와 공급자 간 간극 해소 ④ (정책시스템) 범부처 기술사업화협업체제 구축	기술이전사업화 정책협의회 운영

2) 우리나라 제4차 산업혁명 기술의 활용 및 사업화 정책 및 제도

R&D와 IP의 공통적인 목적은 국가 산업 발전이다. 국가 산업 발전이 잘 이루어지려면 국가 과학기술정책이 잘 세워져야 하고, 그중에서도 기술정책이 중요하다. 기술정책(technology policy)은 기술혁신(technological innovation)과 기술수준의 제고를 위하여 정부가 행하는 일련의 정책들을 지칭한다. 기술정책의 주요 내용은 다음과 같다.

가) 국가전략 기술개발

원천성, 공공성, 파급 효과 등이 높은 전략 기술들을 식별하고 이에 대한 투자를 강화하는 것으로, 기술개발을 성공적으로 진행시키기 위한 다양한 조절 작업, 성과의 확산과 상용화 등을 체계적으로 지원하는 것이다. 현재 우리나라 연구·개발정책 중 가장 높은 우선순위를 차지하고 있다. 이와 관련하여 최근에는 산업부 13대 산업 엔진과 미래부 13대 미래성장 동력을 합쳐 19대 미래성장 동력을 만들었고, 30대 중점 과학기술, 9대 국가 전략 프로젝트 등이 진행되고 있다.

나) 기술투자 확대 및 투자 효율성 제고

전략 및 공공기술에 대한 투자 규모를 보다 적극적으로 확대하고 투자의 효율성을 지속적으로 제고하는 것이다. 우리나라는 GDP의 5% 이상을 연구개발에 투자하는 것을 목표로 하고 있으며 개발된 연구 성과가 산업계 등에서 다양하게 활용되기 위한 노력을 기울이고 있다. 특히 투자 효율성을 제고하기 위하여 연구개발 대신 연구 비즈니스 개발을 목표로 하는 등 연구개발 성과의 사업화 및 상용화를 더욱 강조하고 있는 추세이다. 우리나라는 국가 R&D 예산이 지속해서 증가했다. 국가 R&D 예산은 지난 2003년 6조 5,000억 원에서 2017년 3배 이상 증가하여 19조 5,000억 원으로 늘었다. 정부와 민간을 합친 한국의 R&D 투자(2015년·OECD 기준) 규모는 65조 9,594억 원(583억 달러)이다. 그러나 IP를 통한 R&D의 효율화에 관한 예산은 1,000억 원 수준에서 멈춰져 있다.

[그림 3.1-17] 국가 R&D의 3륜

다) 산업과 민간기업 지원

90년대까지 기술정책의 가장 중요한 요소였으며 지금도 중요한 요소로 평가된다. 다만 대기업의 연구개발 역량이 확대됨에 따라 정부의 기술개발정책 지원은 특히 중소기업의 경쟁력 강화에 초점을 맞추는 경향이 있다. 기술개발 여력이 부족하며 전유성(專有性)이 확보되지 않은 기술 분야를 중심으로 여전히 중소기업 중심 기술개발을 간접적으로 지원한다.

연구개발정책은 연구개발이 긴요한 기술 분야를 설정하여 우선순위를 결정하고 우선순위에 따라 연구개발 예산을 적절하게 배분하는 정책이다. 우리나라 총 연구개발비의 재원별, 주체별 연구비 흐름을 살펴보면 정부 투자 금액 중 40%는 출연연에, 33.2%는 대학에 집중되어 있고, 민간 기업에는 18.9%만이 지원되고 있다. 보통 대형 국책과제의 경우는 예비 타당성 조사를 거쳐서 과제가 선정되면, 산학연이 컨소시엄을 구성하여 공동수행하기도 한다. 출연연은 고유사업과 외부의 PBS(Project Based on System: 연구과제 중심 운영체제) 과제를 수주하여 내부에서 연구개발을 수행하는 방식을 사용한다.

연구개발의 효율화를 위해서 중소벤처기업은 상용화 R&D에 집중하고, 대학은 우수인재 양성과 창업전진기지로서의 역할을 강화시키며, 출연연은 기초원천과 상용화 R&D를 점진적으로 분리하여 각 영역에 집중할 필요가 있다. 예를 들면, 독일은 철저한 분업에 의해 공공연구소와 민간의 역할을 구분한다. 최근 우리나라는 산업기술연구회와 기초기술연구회가 합쳐져 국가 과학기술연구회(NST)가 출범하였다.

정부연구개발예산은 국가재정운용계획에 따라 각 부처에서 중기사업계획서를 과기정통부와 기재부에 제출함에 따라 시작된다.

과기정통부는 과학기술 기본법 제12조의2에 근거하여 각 부처의 중기사업 계획서를 검토하고, 국과 심의를 거쳐 정부연구개발투자 방향 및 기준을 마련하여 기재부와 각 부처에 통보한다. 기재부는 중기사업계획서 및 미래부의 연구개발투자 방향 및 기준을 검토하여 총 연구개발 예산규모 및 부처별 연구개발 예산의 지출한도를 설정하고, 그에 따라 각 부처는 예산요구서를 기재부에 제출한다. 미래부는 각 부처의 연구개발 예산요구서에 대해 국과심의 전문위원회를 통해 예산 배분 방향을 수립해서 기재부에 통보한다. 기재부는 국과심의 예산배분조정안을 고려해서 예산심의를 수행하고 편성한다. 최근에는 과기정통부 과학기술혁신본부가 만들어졌다. 과학기술혁신본부는 과학기술정책을 총괄하는 컨트롤타워로서 20조 원에 이르는 국가 R&D 사업 예산 심의·조정과 성과 평가 등의 권한을 갖도록 하고 있다.

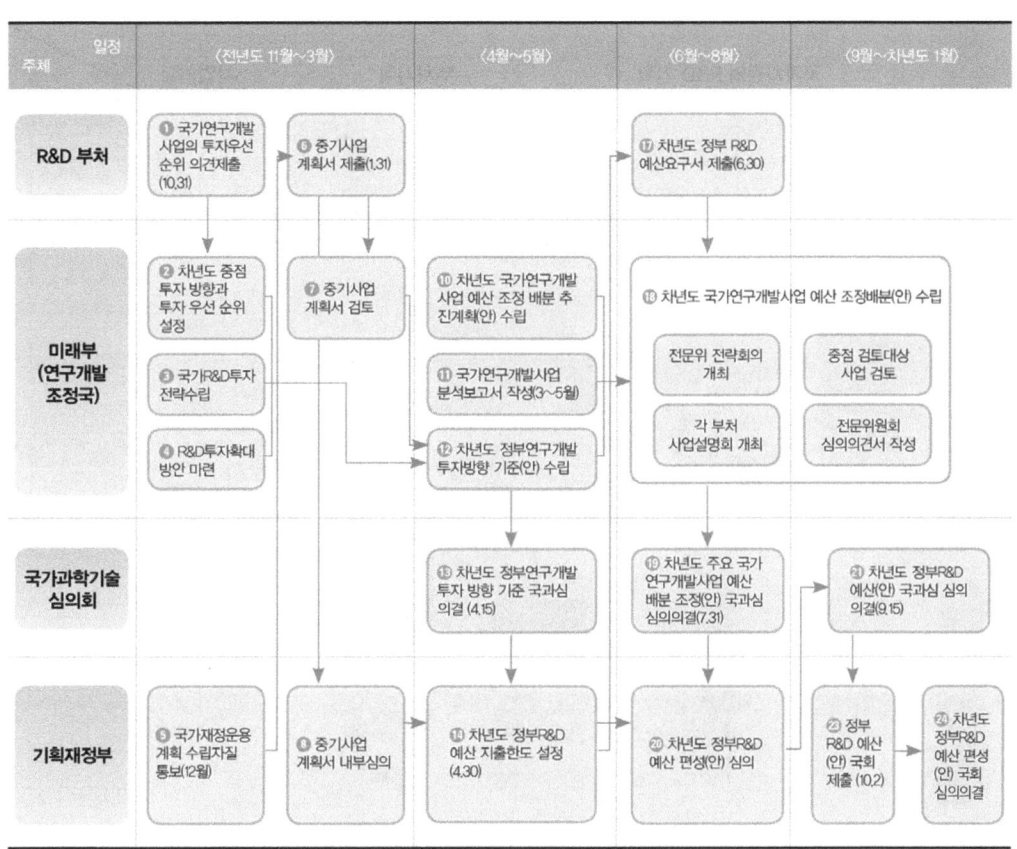

[그림 3.1-18] 정부 연구개발 예산 편성과정

지금까지 정부연구개발예산 편성과정의 경우 미래부와 기재부의 이원화된 구조를 가지고 있었다. 비록 미래부와 국과심이 연구개발 예산의 조정 배분안을 기재부에 제출하고, 기재부가 예산심의 및 편성과정에서 이를 고려하지만, 결국 연구개발예산에 대한 최종안은 기재부의 예산심의 및 편성과정을 통해 산출되었다. 그러나 최근의 과기정통부 과학기술혁신본부는 예산 편성 권한을 가지고 독자적으로 연구개발 예산을 배분한다.

과기정통부는 지난 정부가 추진한 9대 국가전략프로젝트[75]와 19대 미래성장동력[76] 사업을 재검토한다. 두 프로젝트에 포함된 연구 주제를 중·장기 원천 기술 확보와 단기 상용화 분야로 재분류한다. 유사·중복 과제는 통폐합한다.

---

75) 국가전략 프로젝트: 현 정권내에 사업화 단계에 이르지 못한다 해도 국가발전의 장기적 관점에서 반드시 필요한 핵심 원천기술분야
76) 미래성장동력은 5~10년 후 우리나라 경제를 주도하여 소위 "차세대 먹을거리"를 창출할 수 있는 분야를 말하며, 시장성과 수익성을 동반한 사업성이 있어야 하며, 그 중에서 우리나라가 기술경쟁력을 확보하여 세계시장에서 우위를 점할 수 있어야하며, 타산업으로의 파급효과가 크고 미래 사회의 정치, 경제, 문화, 기술 변화에도 부응할 수 있는 분야를 의미함

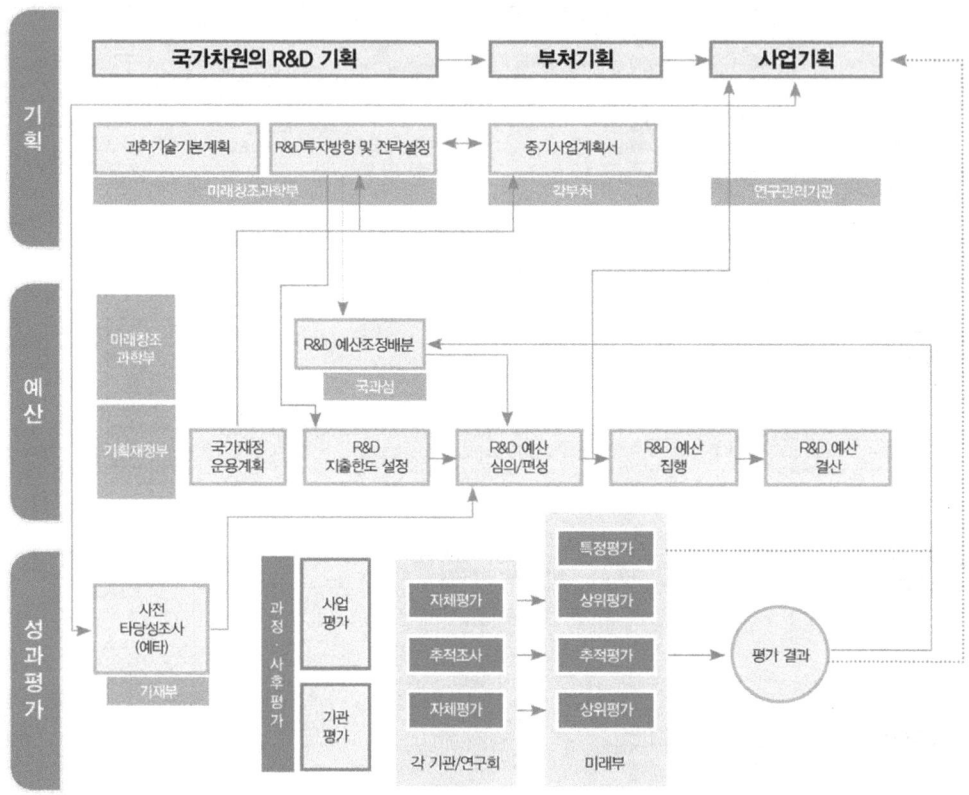

　4차 산업혁명과 같은 대전환기에는 과학기술정책의 일대 전환과 혁신도 필요하다. 또한, 아이디어와 과학기술 기반의 혁신 활성화를 통한 성장 동력 창출을 위해서 기술개발 전 주기에 걸쳐 단계별 이행을 지켜볼 수 있는 이정표적 성과 창출이 요구되다. 이와 함께 산업화 과정에서 발전단계별 금융, 조세, 국내 초기 시장형성, 글로벌 시장 진출지원 등 차별적 정책지원과 제도 구축도 필요하다. 특히, 핵심원천 기술 확보를 위한 공공연구기관의 R&D 기획 및 과제 선정 시 특정분야나 특정기업이 아닌, 다수의 기업이 필요로 하는 공통의 기반기술(Cross-cutting technologies)위주로 개발하여 공유하는 시스템 구축이 필요하다.

　특히, 기존 연구개발의 개념이 단순한 '요소기술 개발'을 벗어나 4세대 R&D 패러다임인 '시장 중심 기획 및 실용화 지원'까지로 확대됨에 따라, 기술개발(연구개발) 정책/예산과 기술이전 사업화 정책/예산의 구분이 모호하거나 실제로 중첩되기도 한다. 일례로 대형 R&D사업의 경우, 사전기획 및 상세기획 단계에서 시장성 및 경제적 타당성 분석과 함께 기술개발성과물에 대한 시험분석 및 테스트 베드 운영까지 지원하고 있어 이미 R&BD 개념이 반영되기도 한다.

　우리나라는 참여정부의 10대 차세대 성장동력, MB정부의 17대 신 성장동력, 박근혜 정부의 미래부 13대 미래성장동력(2014)과 산업부의 13대 산업엔진(2015)을 통합하여, 최종 19대 미래성장동력을 선정하였다. 이와 더불어, 9대 국가전략프로젝트를 가동하고 있다.

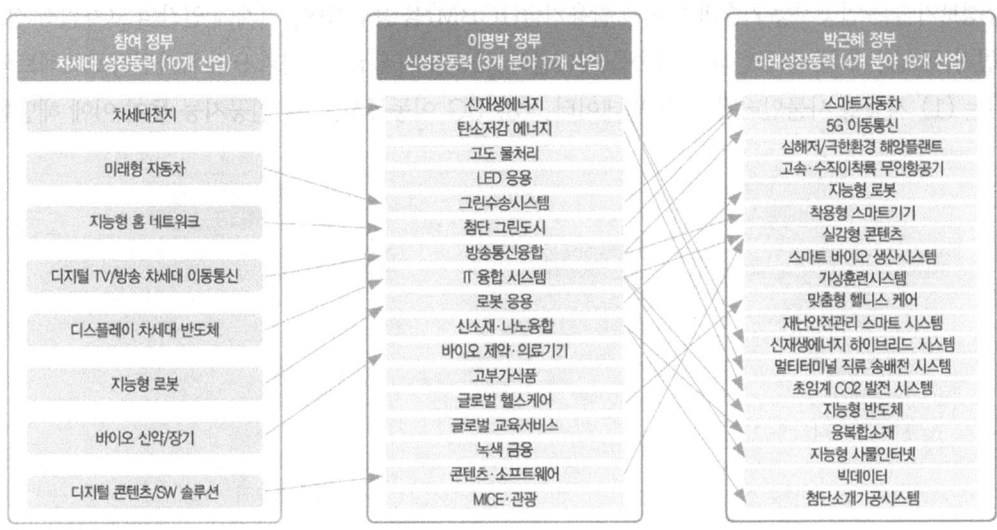

자료: 국회예산정책처 작성.

19대 미래성장동력은 과학기술 기본법에 근거한 중장기('14~'20) 계획으로, 민관이 협력하여 미래유망 분야를 선정하고, R&D, 규제 개선, 세제/금융 등을 지원하여 중장기적으로 국가의 성장동력을 육성하는 국책사업이다.

9대 국가전략프로젝트는 성장동력 창출과 삶의 질 향상을 위해, 시급하면서도 파급력이 있는 유망분야 과제를 선정하여 별도의 사업단(또는 총괄기관)을 통해 R&D를 집약적으로 지원하는 범정부 사업이다.

정부는 미래성장동력의 로드맵을 충실히 이행하면서 국가전략프로젝트를 통해 기술개발과 실증을 속도감 있게 집중 지원하여 미래성장동력 분야의 발전과 국가전략 프로젝트의 세부 사업을 조화롭게 진행할 계획이었다. (20대 국회보고자료)

그런데 현행 19대 미래성장동력과 국가전략 프로젝트 간의 관계가 모호한데다가, 현재로선 국가전략프로젝트의 추진 모멘텀이 약화되어 있는 상황이다.

따라서 2016년 말 범정부 차원에서 수립한 '제4차 산업혁명에 대응한 지능정보사회 중장기종합대책'의 실행계획의 일환으로 19대 미래성장동력과 국가전략 프로젝트를 통합하고, 기존 미래성장동력과 국가전략 프로젝트를 '제4차 산업혁명에 대응한 미래성장동력 사업'으로 재구조화하는 방안이 검토되었다.

'제4차 산업혁명에 대응한 지능정보사회 중장기종합대책'에 의하면 제4차 산업혁명을 주도하는 범용기술[77]로서 지능정보기술의 중요성과 역할이 규명되었으며, 향후 지능정보사회로의 이행과정에서 이들 지능

---

77) 범용기술: 1) 다른 분야에 급속히 확산되고, 2) 지속적 개선이 가능하며, 3) 혁신을 유발하여 경제사회에 큰 파급효과를 미치는 기술을 의미(예, 증기기관, 전기 등)

정보기술이 주도적 역할을 할 것으로 기대된다.

지능정보기술은 인공지능 기술과 데이터 활용기술(ICBM)을 융합하여, 기계에 인간의 고차원적 정보처리 능력(인지, 학습, 추론)을 구현하는 기술을 의미한다. 19대 미래성장동력과 9대 국가전략프로젝트의 내용 중에서는 (1) 지능형 사물인터넷, (2) 빅데이터, (3) 5G 이동통신, (4) 인공지능 등이 이에 해당한다.

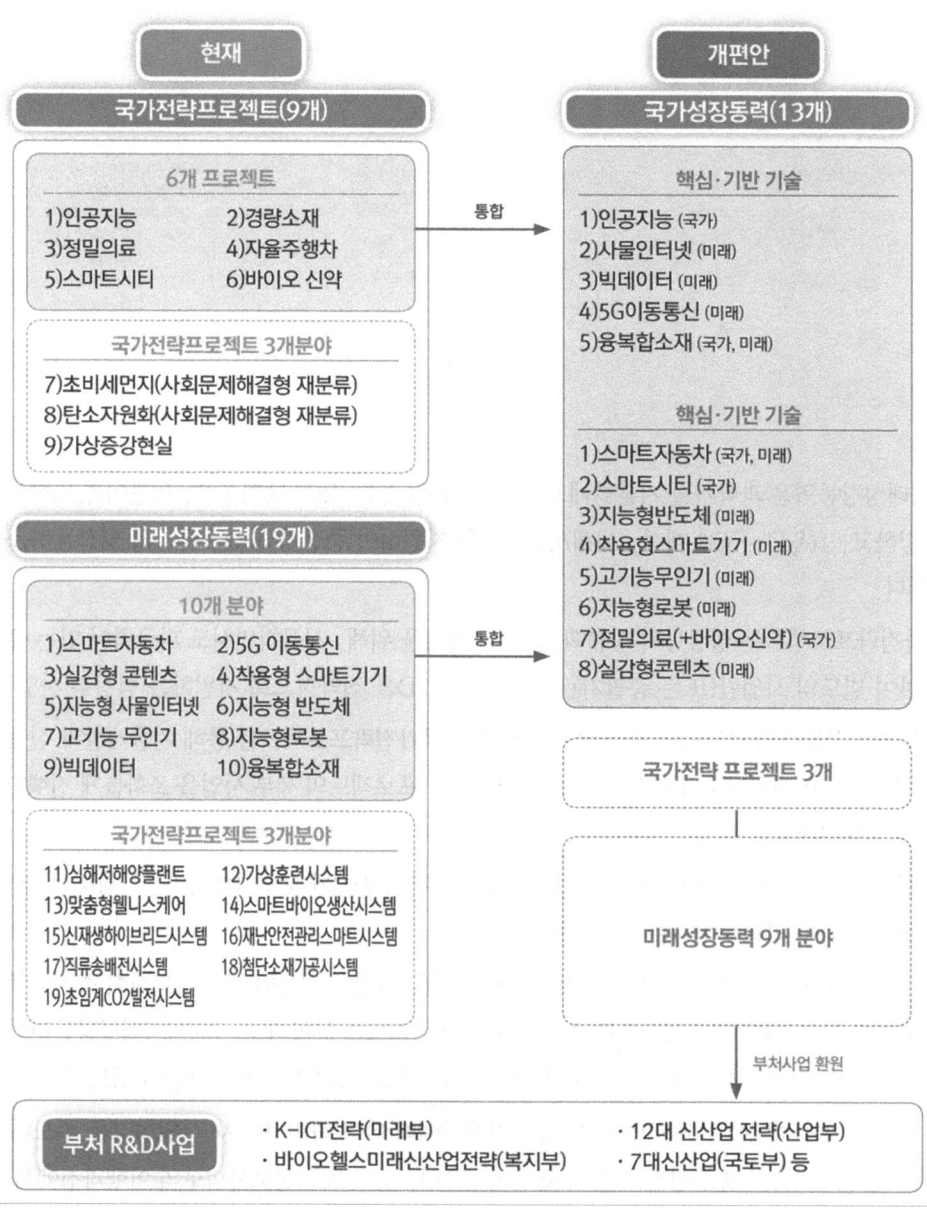

4차 산업혁명 기술의 정의

□ 인간의 고차원적 정보처리를 ICT를 통해 구현하는 기술로 인공지능으로 구현되는 "지능"과 데이터·네트워크 기술(ICBM)에 기반 한 "정보"가 결합된 형태

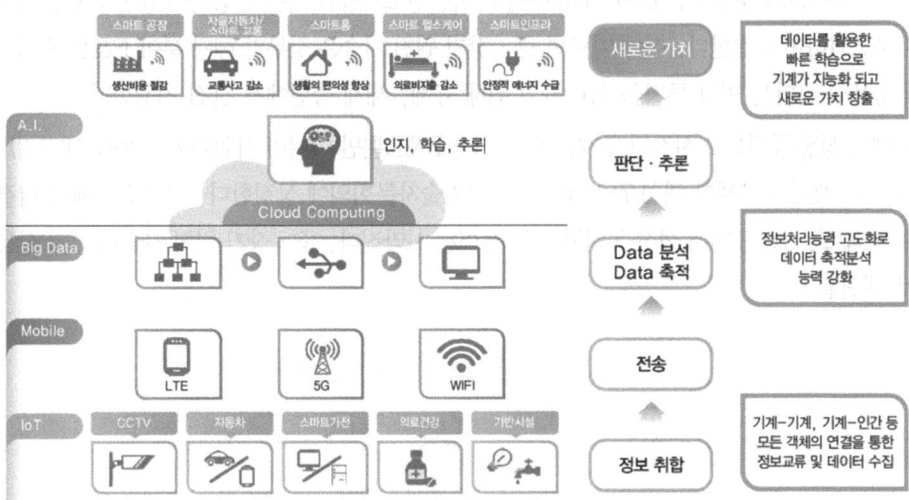

(출처: 과기정통부, 지능정보사회 중장기 종합대책, 2016)

□ 지능정보기술은 다양한 분야에 활용될 수 있는 범용기술* 특성을 보유, 사회 전반에 혁신을 유발하고 광범위한 사회·경제적 파급력

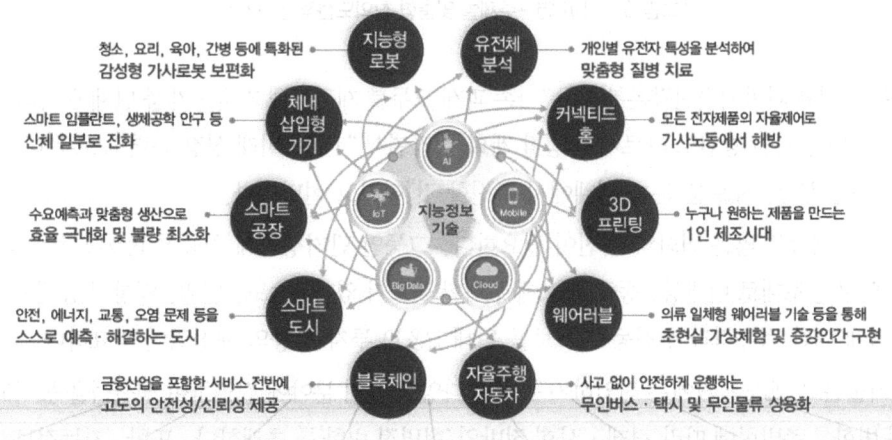

(출처: 과기정통부, 지능정보사회 중장기 종합대책, 2016)

19대 미래성장동력과 9대 국가전략 프로젝트를 '제4차 산업혁명에 대응한 미래성장동력 사업'으로 재구조화할 경우, 기존 19대 미래성장동력과 9대 국가전략 프로젝트 중 지능정보기술에 해당하는 일부 세부과제는 "글로벌 수준의 지능정보기술 기반확보" 과제의 하나로 추진한다. 즉, 지능형 사물인터넷, 빅데이터, 인공지능, 5G 이동통신을 제4차 산업혁명을 주도하는 지능정보기술로 차별화하여 중점 추진하는 한편, 나머지 세부과제는 "전 산업의 지능정보화 추진"의 세부과제의 하나로 지능정보기술과 기존 산업과의 융합 R&D 과제의 하나로 간주하여 재구조화하여 추진한다. 이에 따르면 중·장기 원천 기술은 정부가 해당 분야 R&D에 집중 투자하게 된다. 단기 상용화 분야는 민간 투자를 확대하기 위해 규제, 세제 측면에서 간접 지원한다.

재분류 후에도 성장 동력으로 선정된 주제는 원천 기술 R&D뿐만 아니라 사업화까지 묶음(패키지) 지원한다. 정부는 과제 분류 체계를 구체화 해 '17년 말 국가과학기술자문회의에 상정한다. 자문회의에서 의결되면 '9대 국가 전략 프로젝트', '19대 미래 성장 동력'이라는 용어는 사라진다. 중·장기 원천 기술과 단기 상용화 분야의 이원 체계로 재편된다.

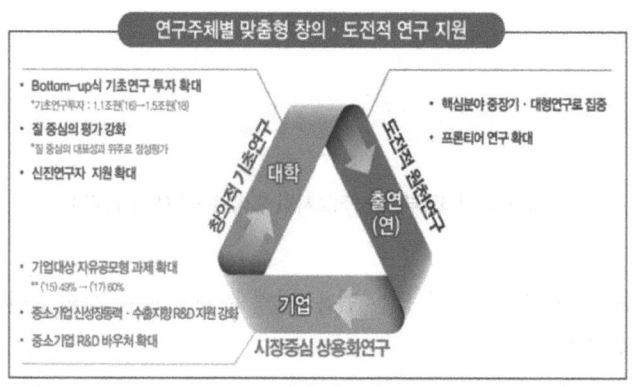

[그림 3.1-19] 연구주체별 맞춤형 창의도전적 연구지원

과기정통부 홍남표 과학기술전략본부장은 "기존 과제 모두를 재검토해 기술·제품 단계에 따라 중·장기와 단기로 재분류하고, 지원 방법도 다르게 운영할 계획"이라면서 "19대 미래 성장 동력도 모두 다 지속하는 것이 아니라 일부를 선별, 새로운 분류 체계에서 추진할 것"이라고 설명했다.

정부 R&D의 역할은 많은 변화와 혁신이 필요하다. 그동안 단기성과에 치중한 R&D 정책을 극복하고, 창의 도전적 연구를 토대로 미래성장동력 확보에 주력할 필요가 있다. 속도, 범위, 영향력 등에서 차별화되는 4차 산업혁명에 대한 적응력과 추진동력 확보를 위해 R&D 투자 방향의 재정립이 필요하다.

지능정보기술은 기계가 과거에는 진입하지 못하던 다양한 산업 분야에 진입하여 생산성을 높이고 산업구조의 대대적인 변화를 촉발함에 따라 경제·사회 전반의 '혁명적 변화'를 초래한다. 또한, 지능정보기술은 알고리즘의 변형·확장 및 다양한 유형의 데이터 학습(딥러닝 등)을 통해 적용분야가 지속해서 확대될 수 있다. 따라서 지능정보기술은 다양한 기술 및 산업과 융합하여 생산성과 효율성을 획기적으로 높이는 코어(Core)

역할을 수행한다.

일본은 지진이 자주 발생하는 나라이기 때문인지, 핵심 원천 특허를 마그마에 비유한다. 이에 따라 우리나라의 원천 특허를 마그마 특허, 핵심 특허를 코어 특허, 길목 특허를 모듈 특허-시스템 특허-제조제품 특허로 명명한다. 이는 마그마가 흘러내려 끝까지 도달하듯 기술이 최종적으로 사업화까지 가야 성공한다는 것을 의미한다.

그런데 이 마그마를 옆에서 보면 피자 혹은 파이와 같은 모양을 하고 있다. 기존의 로드맵에서는 대분류-중분류-소분류에 의한 직선형 배열이 대부분이었다. 제4차 산업혁명 시대에는 기술이 융합하고 연결되기 때문에 직선형 배열에서 벗어나 원형 배열을 통해 합종연횡이 가능한 구조가 필요하다. 일본의 경우도 Society 5.0을 통해 그 중심에 ICBM + AI 기술이 포진하고 그 둘레를 확장하여 최종적으로 응용분야인 스마트 홈, 스마트 시티, 자율주행 카, 스마트 팩토리 등이 배치되어 있다. 제4차 산업혁명 기술융합은 일본의 마그마 이론과 같이 핵심기술→기반기술→시스템 기술→ 제품·서비스 순의 구조를 갖는다. 기술융합 과정과 기술사업화 과정은 일맥상통하는 부분이 있다.

[표 3.1-7] 4차 산업혁명 기술 융합과 기술사업화 비교

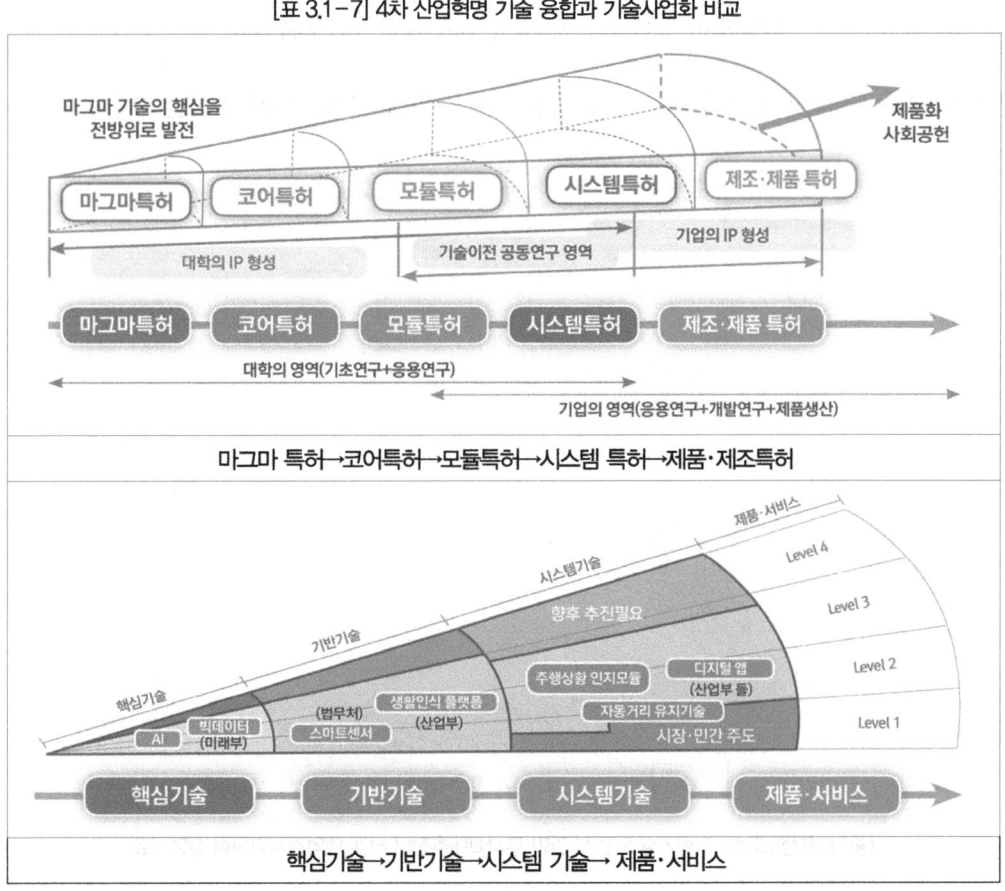

4차 산업혁명 기술 융합과 기술사업화

□ 일본은 지진이 많이 일어나는 나라인데 핵심·원천특허를 마그마에 비유하여 표시

  ○ 원천 특허를 마그마 특허, 핵심 특허를 코어 특허, 길목 특허를 모듈특허-시스템 특허-제조제품 특허로 명명하는데, 이는 마그마가 흘러내려 끝까지 도달하듯 기술이 최종적으로 사업화까지 가야 성공하는 것을 의미

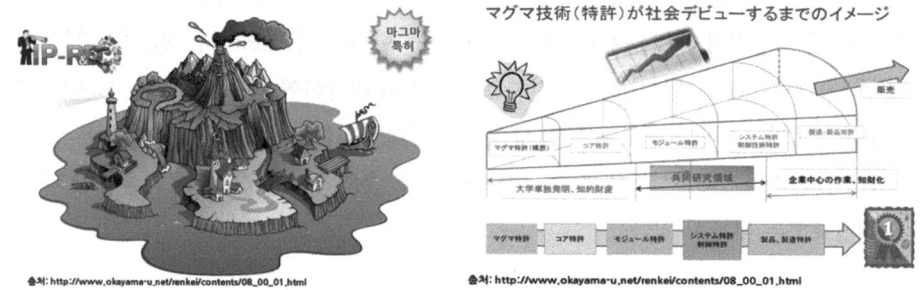

마그마특허-코아 특허-모듈특허-시스템특허-제조 제품 특허

□ 일본은 제4차 산업혁명 전략인 'Society 5.0' 실현을 위해 11개 시스템과 기반 기술 등을 제시함

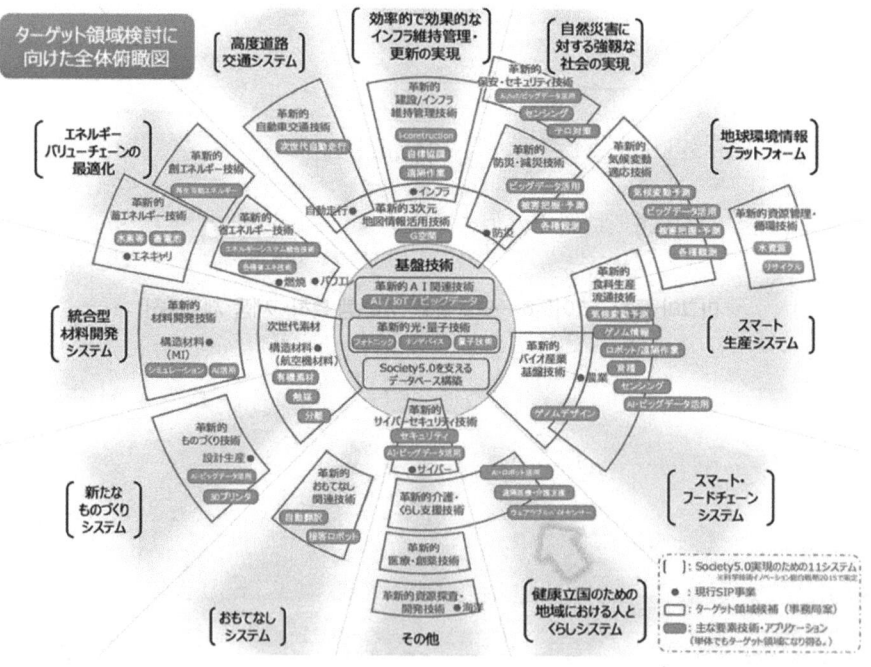

(출처: 후생노동성, 과학기술 인벤션 관민 투자확대추진비 타겟 영역검시위원회 설명자료)

정부가 추진하고 있는 제4차 산업혁명 시대 국가성장동력은 핵심기반기술과 산업융합 기술로 나누어진다. 그러나 초연결의 시대에 기술들은 상호 융합이 이루어지기 때문에 그 기준이 명확한 것은 아니다. 따라서 기존의 테크트리 내에서만 이루어지던 분류방식을 탈피하여 '패키지화지원방식'으로 지원된다.

4차 산업혁명 분야 '패키지화지원방식'의 시범 추진은 개념적으로 사업별 지원방식에서 탈피, 연관되는 기술 산업 제도를 하나의 시스템으로 구성하여 통합 지원한다. '18년에는 자율 주행차, 정밀의료, 미세먼지 등 3개 분야를 시범 적용한다. 향후, 패키지화 지원모델 업그레이드 및 대상 분야 확대할 예정이다. 이때, ① 기술발전 로드맵, ② 전후방 산업연관 효과, ③ 민·관 역할분담 등을 종합하여 패키지 內 세부기술을 구성할 예정이다. 이는 급속한 성장, 전략적 육성이 시급한 분야 등을 패키지 단위로 선정 확대하여 시너지 효과를 창출하려는 것이다. 이를 관계부처 사업기획의 가이드라인 및 예산 배분 조정의 틀로 활용할 예정이다.

분류체계는 기술 산업의 성장 메커니즘, 연계 융합구조 등을 종합하여 4차 산업혁명 전략적 투자범위를 5개 영역으로 설계하였다. 이때 중장기 기술수요, 기술수준평가, 전문가 AHP 결과 등을 토대로 영역별 세부기술을 구성하였다. 향후 잠재력 있는 기술 분야를 지속적으로 발굴하고 무빙타겟(moving target) 방식으로 주기적 수정 보완할 예정이다.

[표 3.1-8] 제4차 산업혁명 5대 영역

분야	영역	내용	투자전략	예시
기술분야	①기초과학	• 4차 산업혁명 기술혁신의 이론적 기초를 제공하는 과학	창의적 역량강화	뇌과학, 산업수학 등
	②핵심기술	• 4차 산업혁명의 기술적 동인이 되는 요소기술	기술경쟁력 확보	AI, 빅데이터, IoT 등
	③기반기술	• '핵심기술'과 결합하여 파급력을 증대 시키는 부가기술	산업혁신 요소기술 투자	이동통신, 반도체 등
융합분야	④융합기술	• 공공 산업융합 분야의 실질적 부가가치를 창출하는 기술융합	민관협력체계 지원	자율주행, 무인기 등
사회분야	⑤법 제도	• 4차 산업혁명의 기술·산업혁신을 뒷받침 하는 제도 법령 등	기술개발과 함께 사전준비	AI윤리헌장, 데이터IP등

투자전략은 영역별 기술성숙도 및 시장특성과 기존 국가성장동력(19대 미래성장동력*, 국가전략프로젝트** 등) 추진방향을 종합하여 전략적으로 투자할 예정이다. 핵심기술인 AI, IoT 등 국내외 기술격차가 큰 분야는 단기집중투자를 통해 기술경쟁력 조기 확보를 위해 노력한다. 기반기술인 지능형반도체, 센서, 정보보안 등 산업혁신 요소기술에 중점적으로 투자한다. 융합기술인 신산업 창출 및 공공서비스 스마트화를 위한 민관협력체계 구축을 지원한다.

4차 산업혁명 기술 분류체계(5대 영역)

□ 기존 개별기술단위의 지원방식에서 탈피, 핵심기술·지능형 인프라 인력양성 등 관련 사업을 유기적으로 연계·통합 조정

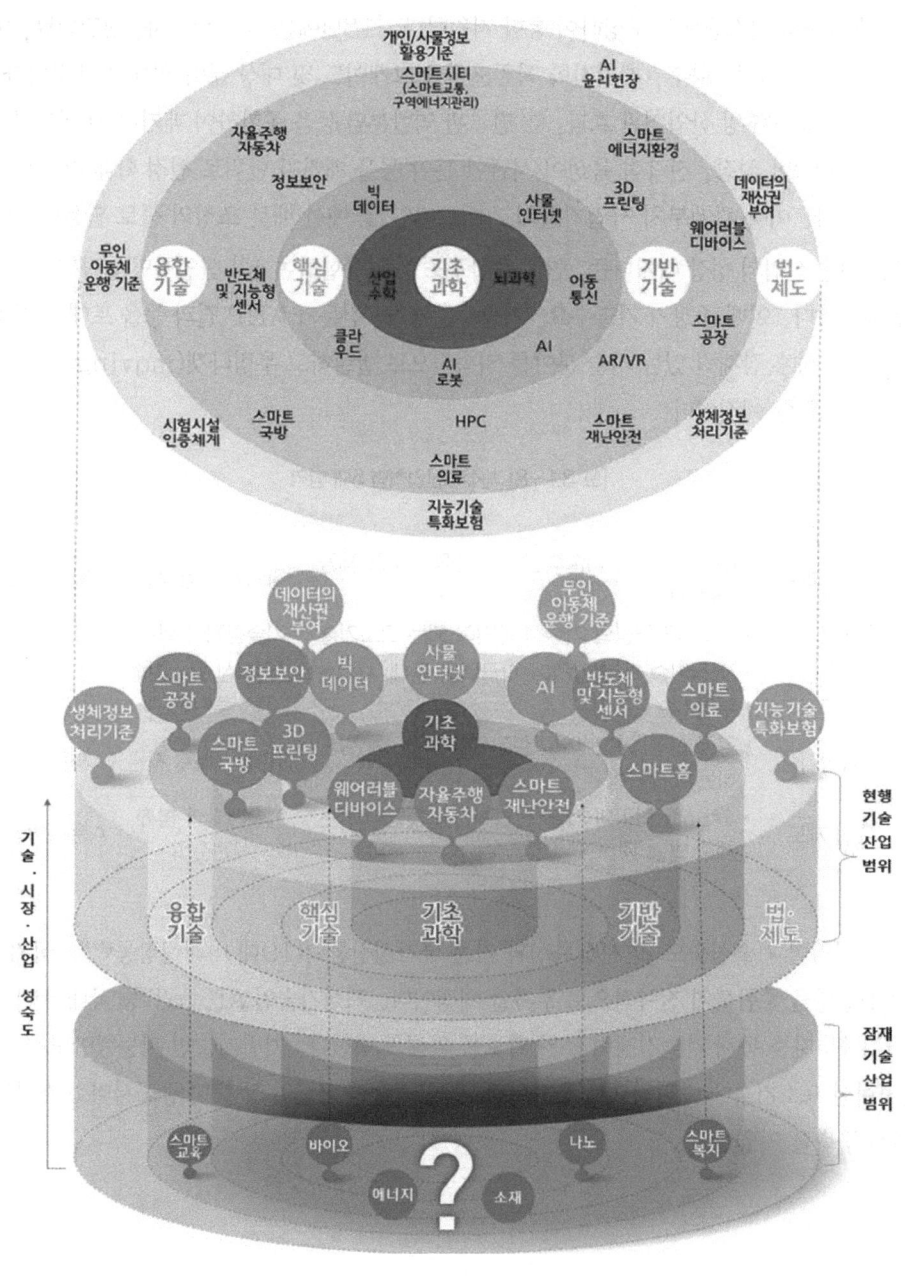

패키지형 연계지원 시범적용 例 : 자율주행차

□ 기존 개별기술단위의 지원방식에서 탈피, 핵심기술 지능형 인프라 인력양성 등 관련 사업을 유기적으로 연계 통합 조정

○ (패키지 연계방안) '18년도 예산에는 기술연계·실용화를 위한 신규 사업을 발굴·지원하고 '19년부터는 사업간 연계기획 유도

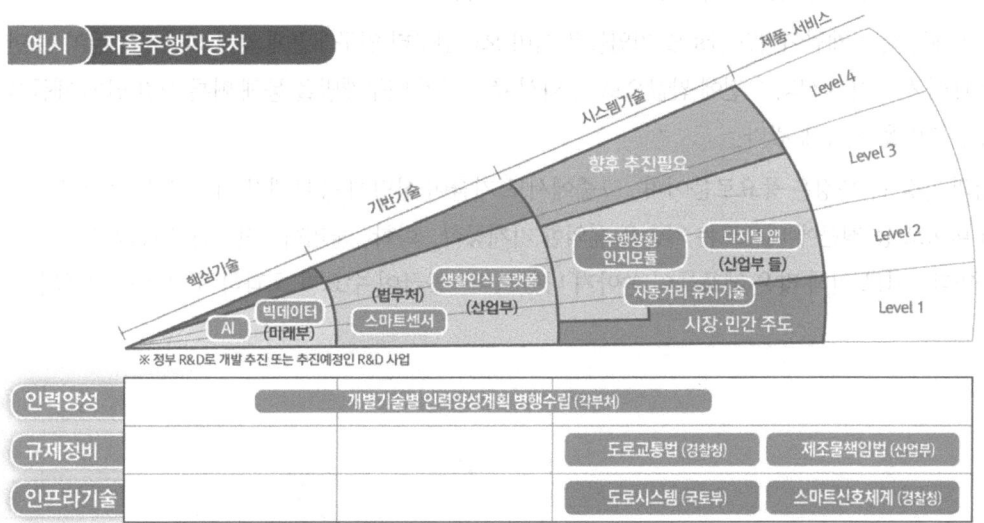

○ (패키지 연계방안) 중소·중견기업 협업형 사업과 핵심부품* 원천기술개발 지원하고 향후 국가전략프로젝트 등 범부처 사업을 통해 사업간 연계 강화

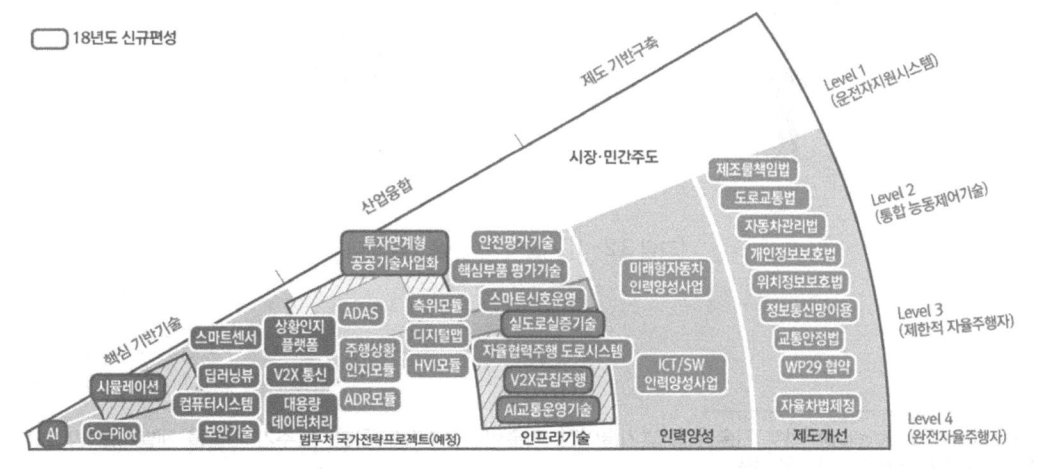

제2절 기술 사업화 사례

앞서 제6차 기술이전 및 사업화 촉진계획(2017~2019년)에서 살펴 본 바와 같이 기술·산업간 융합 및 혁신속도가 중요한 4차 산업혁명 시대를 맞아 개방형 혁신 촉진 생태계 조성을 위해 『외부기술도입(Buy R&D, B&D[78]) 활성화』를 핵심 전략으로 제시하였다.

우리에게는 낯선 개념이지만 글로벌 기업들은 이미 오래전부터 연구개발에 앞서 시장에서 돈이 될 만한 기술을 찾아내어 시장이 형성되기 전에 싼값으로 사 와서 추가적인 연구개발을 통해 빠른 시간 안에 제품을 시장에 출시하는 전략을 사용해 왔다.

현대의 가장 큰 특징은 풍요로움이며, 그중에서도 기술이 상당히 풍부해진 시대이다. 예를 들면, 정보통신이나 바이오 등 최근에 떠오르는 기술을 제외한 기계공학, 화학, 물리학, 전기전자 등의 기술은 이미 많이 발전하였다. 이로 인해 많은 제품들이 쏟아져 나왔으며, 공급이 수요를 초과하여 고객의 선택의 폭이 넓어졌다.

[그림 3.2-1] 기술의 시대, 풍요의 시대

---

78) B&D(Buy and Develop): 외부 기술을 도입(기술이전, 기술혁신형 M&A 등)한 후 추가 기술을 개발하는 방식으로 R&D 생산성을 향상시키는 방식을 허용

이러한 풍요의 시대에 발맞추어 사용자 경험을 토대로 한 고객의 니즈도 매우 다양해지고 있다. 즉, 고객의 욕구는 단순한 니즈(Needs) 위주에서 자기 생각이 들어간 욕구(Wants), 욕망(Desires)로 변화하고 있다. 최근에는 이러한 기술의 풍요로 인해 고객 자신이 무엇을 원하는지 명확히 모를 정도가 되어 가고 있다. 이런 복잡한 기술의 홍수 속에서 고객의 숨은 욕구를 찾아내어 사용자 경험에 의한 소비자 감성을 자극하는 제품이 시장에서 성공하고 있다.

글로벌 기업들은 기술획득을 위하여 직접 R&D를 진행하는 대신 소멸되어 자유롭게 이용할 수 있는 특허를 활용하거나, 등록되어 있으나 아직 시장이 형성되지 않은 특허를 조기에 획득하기 위해 인수개발(A&D)[79], 연결개발(C&D)[80], 연구 비즈니스 연계 개발(R&BD)[81], 인수합병(M&A)[82] 등을 통하여 기술을 획득한 후 추가 연구개발을 진행하고 이를 통해 신제품을 출시하고 있다.

제6세대 R&D의 특징은 연구 부분에 재 집중(Refocus the research part)이다. 옛날에는 참조할 만한 연구가 없어서 시행착오에 의한 개발이 중심이었다면, 현시대는 선행연구들이 넘쳐나고 있기 때문에 남들이 한 연구를 최대한 찾아보고 중복되는 것이 없을 때 비로소 연구개발을 진행한다. 즉, 6세대 R&D에서 R은 A(A&D), B(R&BD), C(C&D), F(F&D)의 다양한 방법이 존재한다.

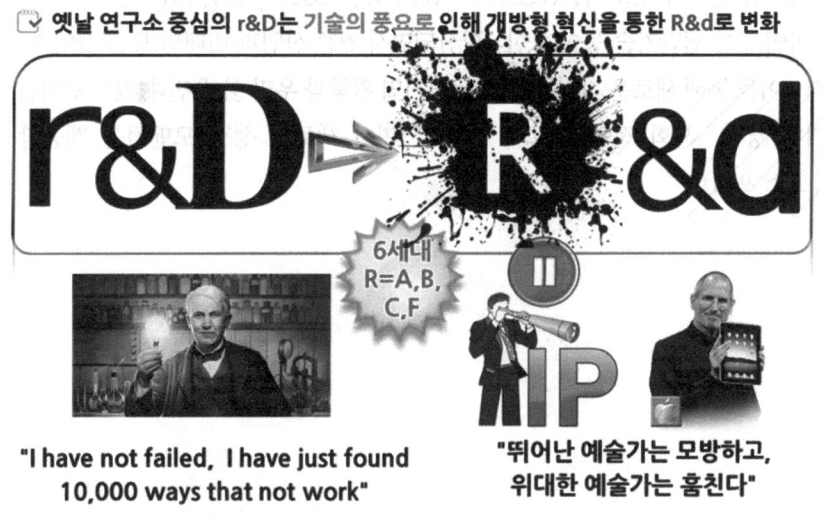

[그림 3.2-2] R&D패러다임의 변화

---

79) 인수개발(A&D(Acquisition & Development) : 미래에 돈이 될 만한 기술을 초기에 싼 가격으로 구매한 후 기술개발을 완성하여 시장에 출시하는 전략
80) 연결개발(C&D(Connect & Development) : 오픈 이노베이션을 통해 타사가 개발한 기술을 구매하여 자사의 기술과 결합함으로써 신제품을 출시하는 전략
81) 연구 비즈니스 연계 개발(R&BD(Research & Business Development) : 연구와 비즈니스(시장 상황에 맞는)를 고려한 개발
82) 인수합병(M&A(Merge & Acquisition) : 시장이 형성되었을 때 고가로 인수합병 하여 단기간에 시장진입 및 장벽을 구축하는 전략

기술이전 사업화를 R&BD(Research and Business Development)라고 표현하고 있으나, "R&D를 사업화 영역까지 확대한 R&BD"의 개념과 "기술개발 이후 기술이전과 제품개발 및 상용화 단계"의 개념이 혼용되고 있는 상황이다. 국가연구개발사업의 규모가 지속적으로 증가하면서 투자성과에 대한 체계적 분석 및 평가의 중요성이 증대됨에 따라 목표/시장 중심의 기획이 요구된다. 따라서 종전의 기술 중심 R&D에서 시장 중심의 R&BD(Research & Business Development)로 R&D 정책 전환의 필요성이 높아지고 있는 실정이다. 개방형 혁신은 아이디어 및 기술획득의 범위를 확대하여 신기술/신제품의 창출능력을 향상하는 동시에 시장진출에 소요되는 기간(Time-to-Market)을 단축할 수 있는 장점이 있어 전 세계적으로 빠르게 확산되고 있다.

미래학자 알렌 케이(Alan Kay)는 "미래를 예측하는 가장 좋은 방법은 미래를 만들어가는 것이다(The best way to predict the future is to invent it)."라고 말한다. 이처럼 사고 리더십(thought leadership)을 가진 글로벌 기업들은 고객의 숨은 니즈까지 찾아내고, 기술 중심으로 플랫폼을 형성하며 시장을 만들어 간다. 이런 기업들의 신제품이란 all new한 것이 아니라 기존에 있는 기술이거나 그 용도를 변경한 것, 기술과 기술을 융합한 것, 소형화한 것, 기술을 대체한 것 등이 대부분이다.

제4차 산업혁명 기술은 지능정보기술(ICBM+AI, iot, cloud, big data, mobile)등 새로운 ICT 기술과 나노 및 바이오 등 첨단기술 등이 융합, 확산되면서 기존 산업과 미래의 모든 산업과 비즈니스 모델의 혁신을 초래한다. 이를 통해 새로운 가치를 창출하고 기업 활동과 우리 삶에 전례 없는 변화를 가져오는 한편, 더 나아가 우리의 경제, 사회 전반을 크게 변화시키면서 새로운 성장 모멘텀을 제공할 것으로 기대된다.(2016. 다보스 포럼)

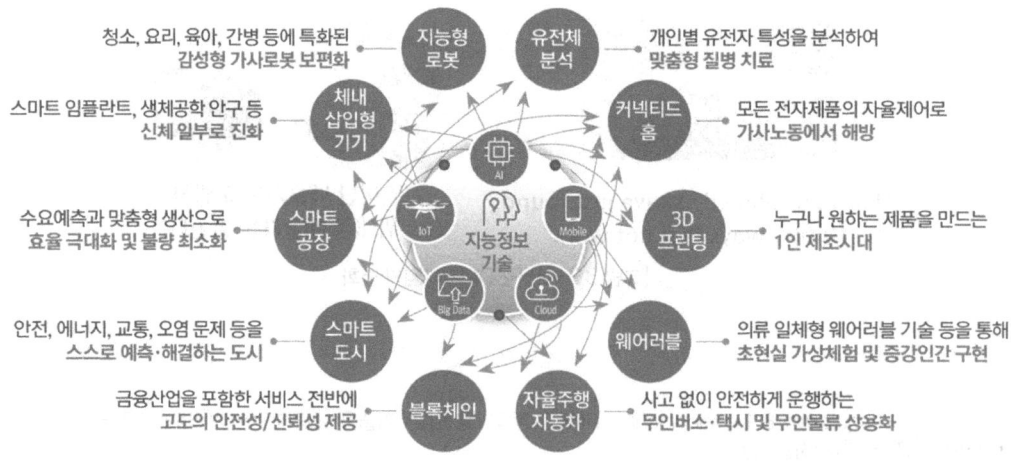

[그림 3.2-3] 제4차 산업혁명 기술의 융합

제4차 산업혁명을 이끌 핵심·원천기술은 대부분이 이미 개발이 완료되었거나 개발된 기술간의 다양한 융합을 통해, 제조업을 비롯한 전 산업에 광범위하게 응용·적용되어 새로운 제품과 서비스를 창출한다. 향후 성장은 이미 개발된 기술로 시장 변화와 소비자 니즈 변화에 부합하는 제품과 서비스를 누가 먼저 신속하게 개발하여, 플랫폼 등을 통해 실시간으로 다수의 소비자에게 제공함으로써 시장을 선점하느냐에 달려있다. 이것은 최근 기술융합과 기업 간 협업이 강조되는 이유이기도 하다.

진화경제학자 슘페터의 가설에 의하면, 일반적으로 보통 대기업이 소기업보다 자금도 많고 핵심인력도 많이 보유하고 있기 때문에 혁신을 잘 할 것이라고 생각한다. 그러나 현재 주력제품이 잘 팔리고 있는 기업은 자기잠식(Cannibalization)이 두려워 혁신적인 신제품을 잘 도입하지 않는다. 또한, 사람이 많기 때문에 의사결정이 까다로워 관료주의적이 되기 쉽다. 그래서 크리슨텐슨에 의하면 파괴적 혁신(disruptive) 혁신이 일어나면 기존의 대기업은 망할 수도 있다고 한다. 실제로 포춘이 1990년 선정한 미국 500대 기업 가운데 2010년까지 500대 기업으로 남은 곳은 121개사로 75%가 탈락했다. 액센츄어는 스탠더드앤드푸어스(S&P) 500 지수 편입 기업의 평균수명이 1990년 50년에서 2010년 15년으로 단축됐고 2020년에는 10년으로 줄어들 것이라는 분석을 내놨다.

그런데 최근 글로벌 기업 중에서도 기술혁신을 잘하는 ICT 기업들이 속속 생겨나고 있다. 이들은 기존 주력사업과는 달리 신사업을 구상할 새로운 스컹크 조직을 가지고 있다. 특히, 스타트업 등이 출원한 특허를 보고 있다가 미래 시장에 돈이 될 가능성이 있고 자사의 핵심역량과 맞는 것을 사 오는 전략을 구사한다. 제4차 산업혁명 기술에 있어서도 이 원리는 적용되는 데 그 중 대표적인 기업이 구글과 애플이다.

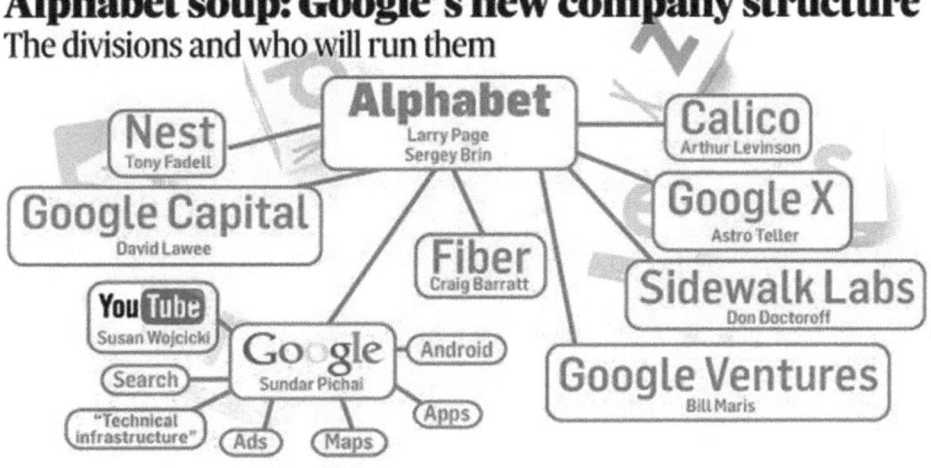

[그림 3.2-4] 구글의 사업 포트폴리오

제4차 산업혁명 기술과 관련하여 애플과 구글 등의 글로벌 기업들은 무작정 연구개발(R&D)부터 진행하지 않고 자사가 나가려고 하는 방향에 필요한 기술들을 구입해 왔다. 그 이후 자사의 핵심역량을 바탕으로 추가적인 연구개발을 진행하여 빠르게 시장에 제품을 출시하는 전략을 사용하였다. 구글은 Deepmind을 사와서 단기간에 알파고를 만들어 시장에 진출하였다.

이런 기업들은 처음에는 제4차 산업혁명 관련 핵심기술인(ICBM+AI) 기술을 확보하고 이를 바탕으로 응용제품 및 서비스에 필요한 기술들을 중점적으로 매입하였다. 구글이 Nest를 매입하여 스마트홈에 한 걸음 다가간 것이나 애플이 홈킷(homekit)을 인수하여 필요한 기술을 확보하고 그것의 연결을 위해 글로벌 기업들과 전략적 제휴를 한 것이 그 예이다. 그래서 thought leadership을 가진 기업들은 기존의 기술이 포함된 개념적 특허를 싼 값에 사오고 추가로 연구개발을 진행한 후, 빠른 시간 안에 제품을 완성하여 시장에 출시하는 전략을 사용한다.

현대의 신사업 발굴, 신제품 개발, 신 시장 개척에 있어서 가장 필요한 것은 개념 구상(concept building)이다. 이를 통해 비즈니스 모델(BM)을 구축하고 이를 바탕으로 필요한 기술들은 사오거나, 꼭 필요하다면 오픈이노베이션을 통해 외주를 주거나, 아니면 자사의 핵심역량을 바탕으로 연구개발을 수행한다. 선진 글로벌 기업들이 겪었던 시행착오를 우리가 뛰어넘을 수는 없지만 단축할 수는 있다. 축적된 시간은 다양한 시행착오를 단기간에 시도함으로써 줄일 수 있다.

Google과 4차 산업혁명 기술

□ (구글의 M&A) google은 제4차 산업혁명 핵심기술인 ICBM + AI 기술을 지속적으로 기업 M&A를 통해 확보하여 왔음

[그림 3.2-5] 구글의 제4차 산업혁명 포트폴리오

□ (제품+서비스) 자사의 핵심역량과 제4차 산업혁명(ICBM + AI)기술과 융합기술인 스마트 카, 스마트 홈, 스마트 시티, 웨어러블 디바이스, 로봇, 드론 등 융합

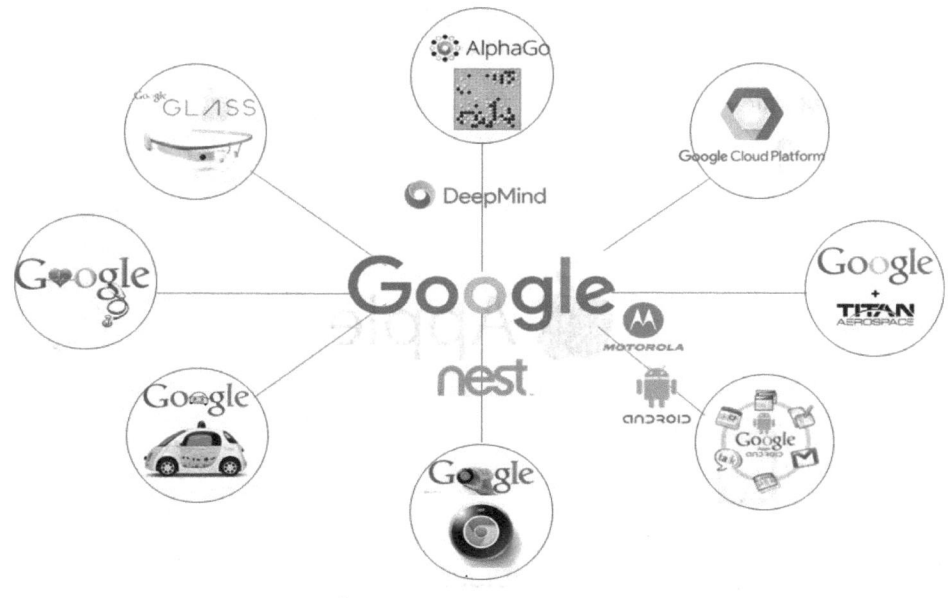

[그림 3.2-6] 구글의 제4차 산업혁명 기술융합 포트폴리오

< Apple과 4차 산업혁명 기술 >

□ (애플의 M&A) 애플은 제4차 산업혁명 핵심기술인 ICBM + AI 기술을 지속적으로 기업 M&A를 통해 확보하여 왔음

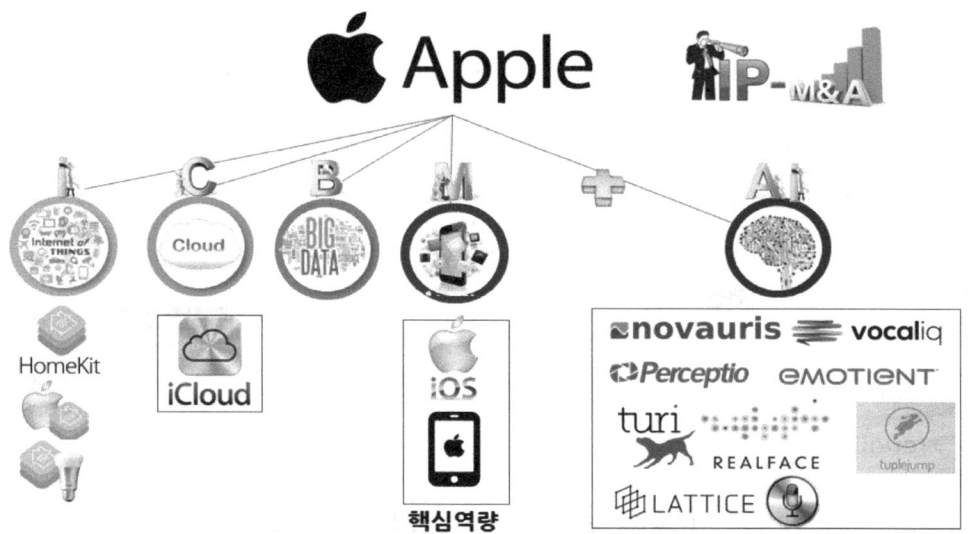

□ (제품+서비스) 자사의 핵심역량과 제4차 산업혁명(ICBM + AI)기술과 융합기술인 스마트 카, 스마트 홈, 스마트 시티, 웨어러블 디바이스, 로봇, 드론 등 융합

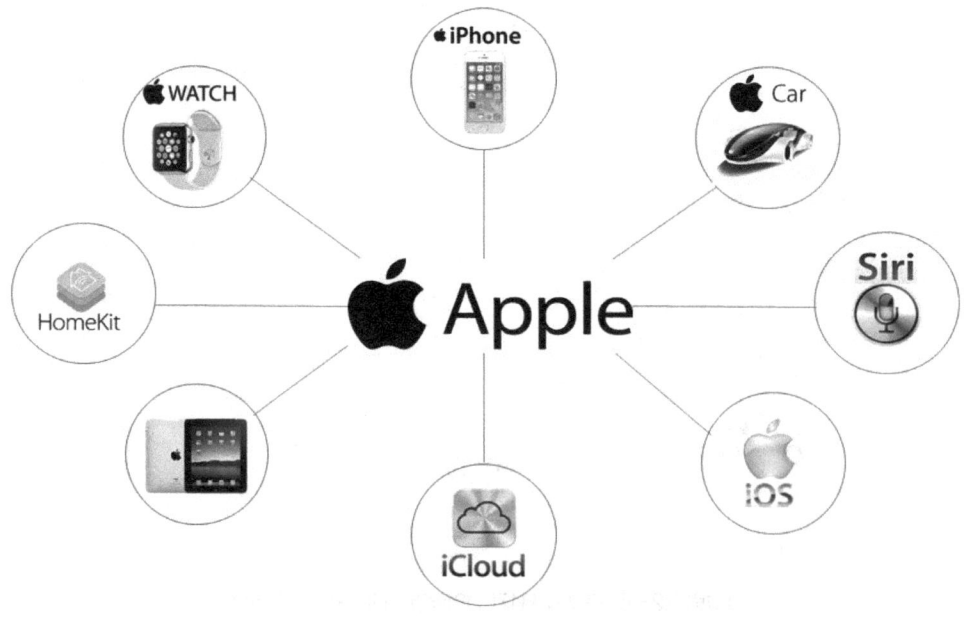

가. 사물인터넷(IOT) 기술 거래 또는 사업화 사례

사물 인터넷(Internet of Things, 약어로 IoT)은 각종 사물에 센서와 통신 기능을 내장하여 인터넷에 연결하는 기술을 의미한다. 인터넷으로 연결된 사물들이 데이터를 주고받아 스스로 분석하고 학습한 정보를 사용자에게 제공하거나 사용자가 이를 원격 조정할 수 있는 인공지능 기술이다. 글로벌 기업들은 사물 인터넷과 관련하여 필요한 회사들을 인수하거나 제휴하여 사업을 확장해 나가고 있다.

네스트(Nest)는 구글이 2014년 32억 달러에 인수한 구글의 자회사로, 스마트 온도조절장치, 스모크 디텍터 등 스마트 홈에 필요한 가전제품을 생산하고 있다. 구글 네스트 사의 제품들은 제품이 사용자의 생활습관을 학습할 수 있다는 것이 가장 큰 특징이다. 구글은 네스트 인수를 통하여 애플의 홈킷과 같은 스마트 홈 플랫폼을 개발하고자 한다. 네스트는 하드웨어, 소프트웨어, 서비스를 통합해서 최고의 경험을 만드는 경험 중심 디자인 기업이다. 토니 파델은 애플의 스티브 잡스와 제품 개발을 여러 번 진행한 경험이 있다. 2017년 네스트는 다양한 하드웨어가 통합된 가정용 스마트 보안 시스템 '네스트 시큐어 알람 시스템(Nest Secure alarm system)'을 발표했다. 이 시스템은 스마트 초인종, 실외 보안 카메라, 동작 감지 센서 등으로 구성되어 있다. 네스트 가드는 짧은 원통형 몸체에 상단에는 숫자 키패드가 달려 있고, 보안 허브 역할을 한다. 네스트 디텍트는 창과 문에 부착하는 한 쌍으로 구성된 동작 감지기로 네스트 가드와 연결된다. 네스트 헬로는 얼굴 인식 기능을 탑재한 스마트 초인종이다. 네스트 캠 IQ 아웃도어는 얼굴 인식, 인물 트래킹이 가능하고 HDR 1080p 영상으로 최대 12배까지 확대해 영상을 확인할 수 있는 실외용 보안 카메라다. 구글은 네스트 이외에도 revolv, dropcam, myenergy 등을 인수하여 제품 및 특허 포트폴리오를 확대해 나가고 있다.

[표 3.2-1] 구글의 스마트홈 시스템

애플은 홈킷을 통해 스마트 홈 분야에 집중하고 있다. 홈킷은 아이폰으로 조명, 온도조절기, 전원 등 인터넷과 연결되는 모든 가정용 기기를 제어할 수 있는 스마트 홈 플랫폼이다. 홈킷은 음성인식 서비스 '시리'가 마치 요술 램프의 요정처럼 집 안팎에서 사용자가 원하는 바를 실행에 옮기게 해준다. 일례로 "전등을 켜"라고 말만

하면 진짜 전등이 켜진다. 문제는 아직 시리가 음성인식 수준이 완벽하지 않다는 것이다. 이런 이유로 애플은 시리를 보강하기 위한 인공지능 관련 M&A를 활발히 진행하고 있다.

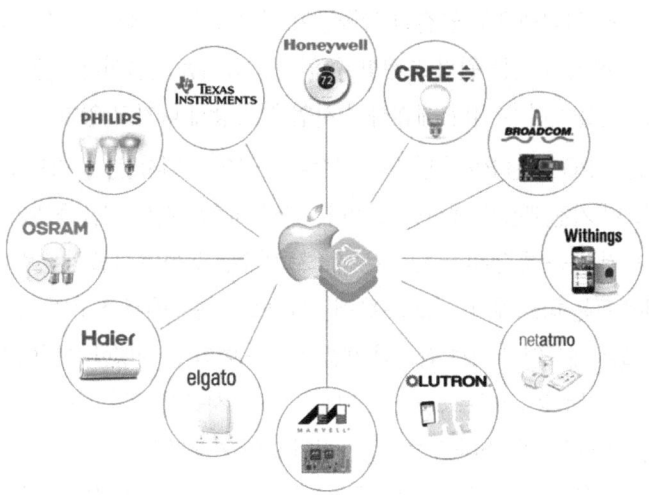

또한 애플은 홈킷과 관련하여 홈오토메이션 관련 업체들과 전략적 제휴를 활발하게 하고 있다. '홈 오토메이션 분야의 선도자'라고 할 수 있는 헤이어(Haier), 허니웰(Honeywell), 텍사스 인스트루먼츠(Texas Instruments)와 일관된 네트워크 프로토콜을 식별하는 작업을 진행하고 있다. 홈킷은 스마트 홈 기기를 위한 애플 브랜드의 프론트 엔드 및 제어 장치다. 시스템의 핵심 요소가 모두 애플이 만든 제품인 경우에만 무난히 잘 작동하는 애플 특유의 문제점을 안고 있으므로 애플 TV나 아이패드를 갖고 있지 않은 사람에게는 불편할 수 있지만 설정과 사용이 간편하다는 애플만의 미덕도 갖추고 있다.

IoT의 top 10과 경쟁우위분야

☐ (iot top 10) 사물인터넷(iot) 관련 가장영향력 있는 기업(2014년 기준)인 애플과 구글(nest 인수)은 1~2위를 유지하고 있음

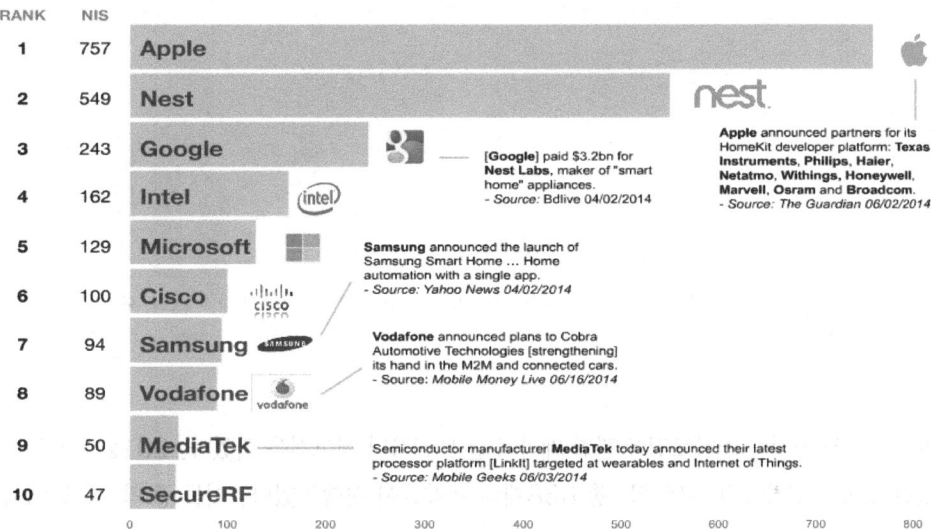

☐ (주력 경쟁분야) 주요회사의 특정제품을 통한 경쟁 우위 확보방안은 자사의 핵심역량을 바탕으로 집중분야를 세분화하여 타겟팅하고 포지셔닝하고 있음

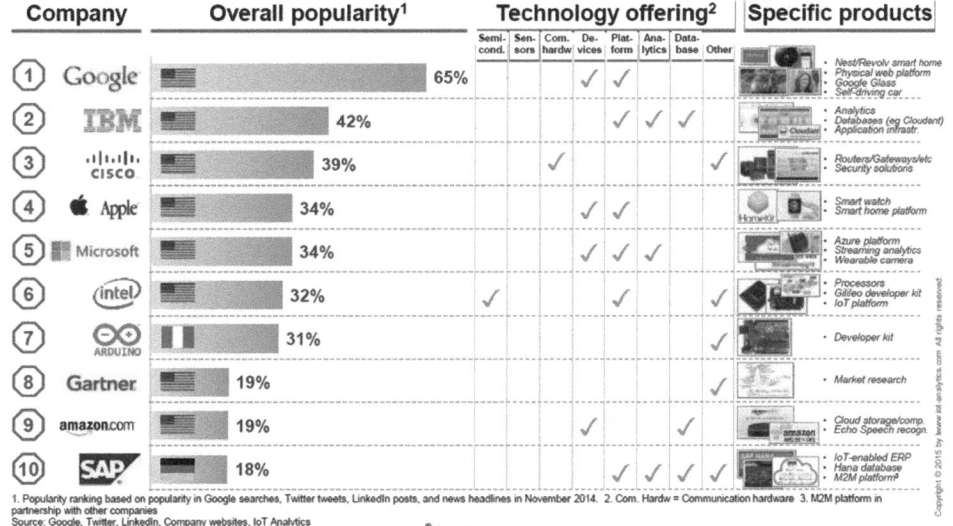

나. 인공지능(AI) 기술 거래 또는 사업화 사례

최근('12년~'17년)까지 글로벌 기업의 인공지능(AI) 기술 스타트업에 대한 M&A의 수가 지속적으로 증가하고 있다.

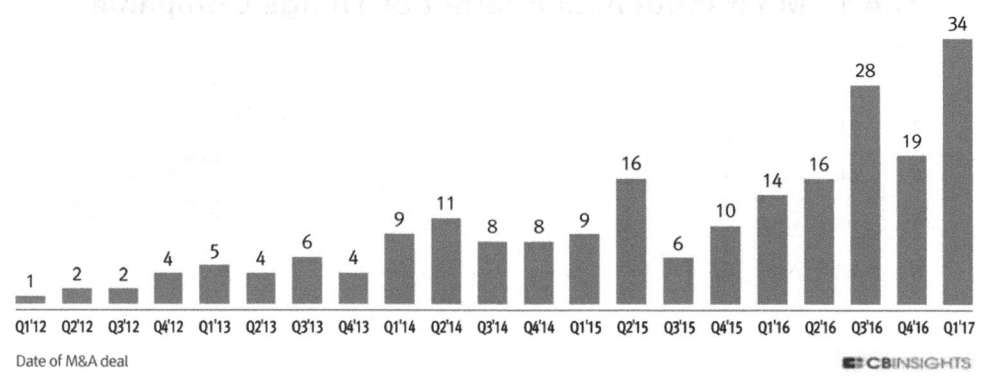

전 세계적으로 인공지능 스타트업에 관한 계약 수는 2016년 최고점을 찍었다. 2012년에 160건의 계약이 진행됐던 것과 비교해 2016년에는 총 658개의 계약들이 진행되었다. 이들 중 약 70% 이상의 계약이 미국 스타트업들과 맺어졌으며, 지난 5년간 미국은 인공지능 스타트업 시장이 가장 활발하다고 판단할 수 있다.

인공지능 스타트업 시장에 가장 관심이 많은 글로벌 기업으로는 단연 구글이다. 구글은 현재까지 약 11개의 인공지능 스타트업을 인수하였다.

인공지능 기술 M&A

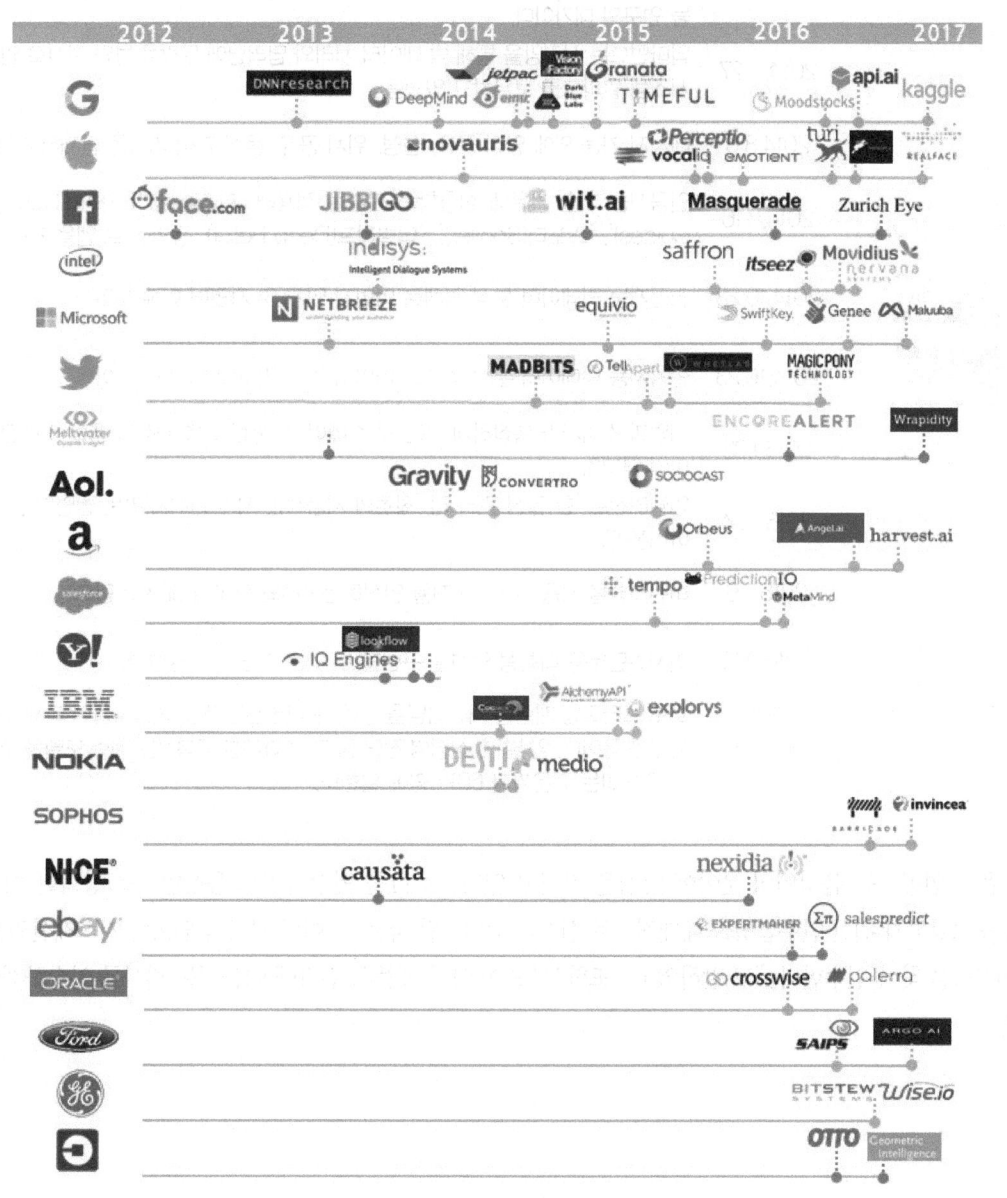

출처: CB INSIGHT, Race for AI; Top acquirers of AI startups, 2017

[표 3.2-2] 구글의 인공지능(AI) 기업 인수합병(M&A)

애플의 M&A	시기	내용
DNNresearch	2013. 3.13	캐나다 신경망 연구조사 업체로 음성 검색에 인공지능 기능을 탑재하는 연구를 하던 곳으로, 구글은 이 M&A를 통해 관련기술 확보 및 음성, 이미지, 동영상 등 다양한 컨텐츠 검색 기능을 서비스하고자 하였다. 이 과정에서 구글은 DNNresearch의 창립자인 토론토 대학교 제프리 힌튼 교수를 영입하였다. 그는 머신러닝을 고안한 인공지능 연구의 대가이다.
DeepMind	2014.1. 27	딥마인드는 신경망을 통해 빅 데이터 처리와 딥러닝에 두각을 보인 회사로 인공지능 시스템 알파고를 보유하고 있었음
emu	2014.8.6	메시지 기능 외에 일정 공유, 설정, 위치 공유, 음성 검색 기능을 탑재하고 있는 앱
jetpac	2014.8.16	인공지능 기술 가운데 심층학습 기술을 적용해 '제트팩 시티 가이드(Jetpac City Guides)', '스포터(Spotter)', '딥빌리프(Deep Belief)' 등의 무료 앱을 제작
Dark Blue Labs	2014.10.23	인공지능 빅데이터 분석 업체로 이미지 인지 및 자연어 이해 분야
Vision Factory	2014.10.23	인공지능 빅데이터 분석 업체로 이미지 인지 및 자연어 이해 분야
granata	2015.1.23	기업과 소비자가 복잡하게 만든 것을 데이터 중심 그룹 결정을 통해 이해관계자의 이익 극대화
TIMEFUL	2015. 5.4	인텔리전트 '한 일정 관리 앱, 최초의 지능적인 시간 관리자'라는 별명이 붙은 앱이 아이폰 앱
Moodstocks	2016.7.6	머신러닝을 사용하여 이미지를 인식하는 API와 모바일 SDK를 만드는 프랑스 벤처
api.ai	2016.9.19	어시스턴트용 대화형 액션을 구현할 수 있는 기술을 개발한 회사
kaggle	2017. 3.	호주 스타트업 캐글은 머신러닝을 통해 데이터 전문가 및 과학자들이 과제를 해결하는 플랫폼이다. 암 발견, 심장병 진단 등 도전 과제를 극복하는 예측 모델을 구축하고자 참여하는 전문가가 60만 명에 달한다.

애플은 인공지능 음성인식 분야에 강점을 가지고 있다. siri를 인수하면서 음성인식을 강화한 이후에도 siri를 보강하기 위한 인수합병을 대대적으로 실시해 왔다. 팀 쿡은 "뛰어난 사람과 뛰어난 지식재산권을 보유한 회사들을 찾아 인수한다."고 말하였고, 또한 "매출이 아닌 애플의 전략에 어울리는 회사를 인수하겠다."고 말했다.

[표 3.2-3] 애플의 인공지능(AI) 기업 인수합병(M&A)

애플의 M&A	시기	내용
(Siri)	2010. 4. 27.	iOS용 개인 단말 응용 소프트웨어로서 질문에 답변하고, 권고하며, 동작을 수행하는 자연어 처리를 이용 미국 국방성의 DARPA에서 진행한 일종의 인공지능프로그램개발 프로젝트로 성공한 개발자 노만 위나스키는 SRI 인터내셔널을 설립을 하였고, 이를 2010년 4월 28일에 애플이 인수하여 애플이 소유
novauris	2013.	자동 음성 인식 연구와 방대한 단어 데이터 개발을 진행해 왔으며, 스마트폰 초기 음성 인식 기술에 공헌했음 이 인수는 애플의 인공지능 음성 비서 시리의 기능을 강화하기 위한 포석으로 해석됨
vocaliq	2015.10.2	인공지능 대화 기능을 향상하는 기술을 보유
Perceptio	2015.10.6	기업들이 Artificial Intelligence (인공지능) 시스템을 많은 개인정보 및 유저 데이터를 공유하지 않고도 쓸 수 있게 하는 스타트업 음성인식 AI인 Siri를 한 단계 더 업그레이드하기 위한 전략적 인수
emotient	2016.1.7	얼굴인식기술 (페이스 ID)
turi	2016.8.5	조직들이 대형 인공지능 애플리케이션을 구축할 수 있도록 지원 애플리케이션에서 수집한 샘플은 추천 엔진, 사이버 사기 감지, 감성 분석 등에 활용
tuplejump	2016.9.22	인도의 빅데이터 수집 및 머신러닝 기반 분석 스타트업
REALFACE	2017.	인공지능을 기반으로 얼굴 특징을 학습해 인식하는 소프트웨어를 보유하고 있음
LATTICE	2017.	스탠포드 대학교의 '딥다이브'라는 연구 프로젝트에서 출발했으며, 데이터 마이닝과 머신러닝 기술을 기반으로 비정형 데이터를 처리하는 데 특화되어 있음 형태가 없고 연산이 불가능해 컴퓨터가 분석하기 어려운 소셜 데이터, 이미지, 텍스트 등을 비정형 데이터라고 함 래티스 데이터는 이 '다크 데이터'를 머신 러닝에 활용할 수 있도록 지원함

한국의 인공지능 스타트업 생태계는 글로벌 스타트업 트렌드와 비교하면 아직 기술경쟁력 및 자본에서 뒤처지고 있다. 이에 따라, 기술경쟁력 확보를 위한 연구개발(R&D) 투자를 위한 정부 및 공공기관 차원의 세금·금융·대출 등의 지원과 같은 과감한 인센티브가 필요하다. 또한, 글로벌 시장에서 기술적 우위를 확보하기 위해서는 인공지능 전문가를 양성하는 확실한 방안이 필요하다.

한국에서는 정부적 차원에서 민간부문의 인공지능 산업 생태계가 형성될 수 있도록 기업의 투자를 적극적으로 유도하는 데 주력해야 한다. 또한, 인공지능 스타트업들이 많이 형성될 수 있게 벤처·스타트업에 대한 지원을 강화해야 한다.

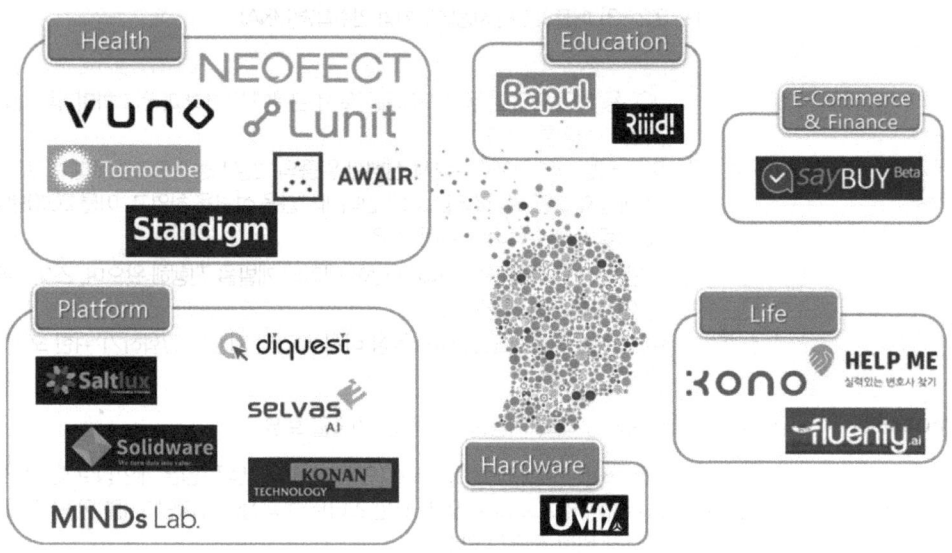

(출처: AI 플러스, 우리나라 AI 기업 현황조사 보고서, NIA, 2017.)

[그림 3.2-7] 우리나라의 인공지능 관련 스타트업

[표 3.2-4] 국내 기업 제4차 산업혁명 기술 사업화 사례

타입	기업	기술분야	비즈니스 모델	서비스 모델	성과
플랫폼 솔루션형	N3N	빅데이터 분석, 사물인터넷	- 사물인터넷 기반 실시간 데이터 시각화 솔루션 - 시각화 솔루션을 통해 스마트 시티 글로벌 시장 경쟁우위 확보	IoT 기반 공장 설비들에 부착되어 있는 단말기로부터 실시간 이상 징후 파악 및 수집으로 제조, 유통, 품질 운영, 안전 관리 등 전 인프라의 데이터 통합 제공, 운영 가시성 확보	- 세계 최대 크루즈선 운영업체 카니발코퍼레이션, N3N 기술 도입 - 국내 IoT 기업 최초로 CISCO사로부터 투자 유치
	솔트룩스	텍스트 마이닝, 자연어 처리, 머신러닝	- 인공지능 플랫폼 기반 서비스 구축 - 국내 시장에서 빅데이터 기계학습 솔루션을 조기개발하여 시장 선점	비정형 소셜 데이터 분석, 시멘틱 분석 등의 데이터 허브를 기반으로 사용자 맞춤형 콘텐츠 추천 및 가상비서, 지능형 헬프데스크 등 맞춤형 서비스 제공	- EU 빅데이터 플랫폼 사업 공동 수주 - 일본 최대 항공사 수주 - GCS와 MOU 체결
	플런티	머신러닝, 자연어 처리	- 대화형 인공지능(챗봇) 비즈니스 구축 - 구글의 '스마트 리플라이'보다 1년 앞선 서비스 출시로 시장 조기 선점 - 텍스트 중심의 스마트폰 활용에 익숙한 소비자들 타겟	채팅 데이터 기계 학습을 통해 상황에 맞는 메시지 응답을 손쉽게 지원해주는 챗봇 서비스	- 앱 다운로드 수 20만 돌파(미국, 캐나다 등) - 해외 장애인용 기기 제조업체 기술제휴 - 월간 이용자 25,000명 이상
킬러어플리케이션형	루닛	딥러닝, 이미지 마이닝	- 인공지능 학습 기반 의료 진단 솔루션 제공 - 병리과 의사들의 낮은 의견 일치율을 기계학습 솔루션으로 정확도 향상 - 고가의 스캐너 장비 중심 시장에서 저비용 기계학습 알고리즘으로 경쟁우위 확보	흉부 방사선 영상 및 유방조영술에서 진단 영상들을 딥러닝, 이미지 마이닝을 기반으로 검진 속도 향상 및 진단 정확도 향상	- '15년 소프트뱅크벤처스 등 20억 원 투자 유치 - '16년 인터베스트 등 30억 원 투자 유치 - 이미지 인식 기술 국제대회 7위('14)→5위('15)
	마인즈랩	빅데이터 분석, 클라우드 솔루션, 머신러닝	- 인공지능 기반 콜센터 솔루션 출시 - 고객과 상담사 음성 메시지를 텍스트 데이터로 변환·분석하여 최적 고객답변을 추천	고객 음성인식 빅데이터 플랫폼을 기반으로 기업에게 트랜드 분석·예측, 소비자 패턴 분석 등의 서비스 제공	- 통화 건당 약 4달러 절감 효과로 50만 달러 규모의 미국 콜센터 솔루션 사업 수주
	네오펙트	빅데이터 분석, 클라우드 솔루션, 머신러닝	- 인공지능 활용 재활치료 비즈니스 구축 - 환자 데이터를 기계학습하여 재활 프로그램에 인공지능 알고리즘 적용 - 클라우드를 통해 원격 의료	센서가 장착된 글러브를 착용한 환자로부터 데이터를 수집하고 이를 분석한 데이터를 재활 게임에 적용하여 스마트 재활 솔루션 제공	- 미국 위스콘신주립대병원 및 재활전문병원 납품 - '15년 샌프란시스코 법인→'16년 뮌헨 법인 설립 - '12년~'16년까지 다수 벤처캐피털로부터 118억 원 투자 유치

다. 3D 프린팅 기술 거래 또는 사업화 사례

제4차 산업혁명 기술이 항상 최신의 기술은 아니다. 좋은 기술이란 돈 되는 기술을 말한다. 훌륭한 기술이라도 시기를 잘 못 만난 기술, 고객이 원하지 않는 기술은 의미가 없다. 기업들은 생존을 위하여 R&D에 많은 자금을 투자하여 그 결과물로 특허를 가지고 있다. 그러나 모든 특허가 기술 사업화로 이어지는 것도 아니다. 결국 고객이 원하고 시기를 잘 만난 기술만이 돈 되는 기술이 되는 것이다. 사실상 고객은 모든 기능을 갖춘 아주 복잡한 제품을 원하지 않는다. 따라서 고객의 니즈를 정확히 파악하면 기존의 소멸된 특허로도 얼마든지 제품을 구성할 수 있다.

특 허 기 술		유용성
• 코닝사의 고릴라 유리(코닝 1961년 특허출원) * 존속기간 동안 시장이 열리지 않은 채 기간 만료		Apple社가 '07년 아이폰 및 아이패드에 차용
• IBM의 레이저프린터(1974년 특허출원 US3,803,637) * 존속기간이 만료된 1994년 이후 상용화		HP, EPSON, 캐논 등이 개량출원 후 상용화
• 3D 프린팅 기술의 경우 주요 원천특허*가 존속기간 만료되었거나 만료될 예정 * SLA(미), FDM(미), SLS(미), DMLS(미), 3DP(미) 등		'25년에는 2,300~5,500억 달러의 경제적 파급효과 전망(맥킨지, '13.5월)

3D 프린팅 기술은 3D 시스템스와 스트라타시스가 양분하고 있다. 스트라타시스는 2011년 3D 프린터 관련 특허를 다량 보유한 솔리드스케이프(Solidscape)와 2012년 이스라엘 오브젝트(Object)를 인수하며 판매 대수 기준 전체 시장의 50% 이상을 차지했다. 오브젝트 인수를 통해 '압출적층 방식(FDM: Fused Deposition Modeling)' 및 '폴리젯 방식(Polyjet)' 기술의 원천 특허를 확보했으며, 또 스트라타시스는 개인용 3D프린터 시장에서 25%를 차지하는 메이커봇(MarketBot)을 인수하며 관련 시장에 도전장을 냈다. 3D 시스템스는 금속 3D 프린터 업체인 프랑스 피닉스시스템(Phenix Systems) 인수가 주목되며, 이를 통해 3D시스템스는 항공·우주, 자동차 등 금속 3D 프린터 시장 공략을 강화할 것으로 예상된다. 그 외 3D 출력 재료 및 장비 관련 다양한 특허를 보유한 Z 코퍼레이션(Z corporation)을 인수하면서 제품군이 더욱 다양화되었다. 3D 시스템스는 343개 보유 등록특허 중 2013년에 56건 소멸, 2016년까지 37건 소멸 예정으로서, 특허 만료를 대비하여 2012~2013년 동안 타사의 관련 특허 119건 매입하였다. 특허 만료로 인해 시장 진입 장벽이 약화됨에 따라 3D 프린터 리딩 회사들이 전략적으로 특허 소송을 후발업체에 제기하고 있는 상황으로서, 후발 주자인 국내 기업들에 있어 소멸특허 활용 전략이 시급하다고 판단된다.

■ 3D Systems와 Stratasys M&A 기업 현황

기업	인수 대상 기업	인수 대상 기업 소재 국가	체결일
3D시스템즈 (3D SYSTEMS)	비즈파워테크놀로지(VisPowerr Technology)	미국	2013-08-06
	피닉스 시스템(Phenix Systems)	프랑스	2013-07-15
	래피드 프로덕트 디벨롭먼트 그룹 (Rapid Product Development)	미국	2013-05-01
	지오매직(Geomagic)	미국	2013-02-27
	코브웹(Coweb SARL)	프랑스	2013-01-10
	아이너스 테크놀로지(INUS Technology)	대한민국	2012-12-09
	티아이엠(TIM)	네덜란드	2012-10-01
	비스포크 이노베이션(Bespoke Innovations)	미국	2012-05-24
	프리덤 오브 크리에이션(FOC)	네덜란드	2012-05-12
	프레시파이버(FreshFiber)	네덜란드	2012-05-07
	바이다 시스템즈(Vider Systems Corp)	미국	2013-01-03
	제트코로퍼레이션(Z corp)	미국	2013-01-03
	케모(Kemo BV Modelmakerij)	네덜란드	2011-10-04
	포메르(Formero Pty Ltd)	오스트리아	2011-09-20
	프린트 3D 코퍼레이션(Print 3D Corp)	미국	2011-04-26
	사이코드(Sycode)	인도	2011-04-14
	비츠프롬바이츠(Bits From Bytes)	영국	2010-10-05
	디자인 프로토타이핑 테크놀로지 (Design Prototyping Tech)	미국	2010-04-06
	디티엠(DTM Corp_	미국	2001-08-24
	피닉스 시스템(Phenix Systems)	프랑스	intended
	일렉트로 옵티컬 시스템즈 (Electro Optical Systems-Rapid)	독일	1997-09-22
	일렉트로 옵티컬 시스템즈 (Electro Optical Systems)	독일	1997-07-14
스트라타시스 (STRATASYS)	메이커봇(MakerBot Industries LLC)	미국	2013-08-15
	오브젝트(Objet Ltd)	이스라엘	2012-12-03
	솔리드스테이크(Solidscape)	미국	2011-05-03
	IBM-Rapid Prototypint Tech	미국	1995-03-08
	메이커봇(MakeBot Industries LLC)	미국	pending

 미국의 3D 시스템스가 보유하고 있는 레이저 소결방식(SLS) 3D 프린터 관련 특허가 2014년 2월 만료됨에 따라 삼성전자를 비롯해 국내 중소업체인 TPC 메카트로닉스, 하이비젼시스템, 스맥 등 많은 기업들이 3D 프린터 시장에서 경쟁할 것으로 예상된다. SLS 방식의 3D 프린터 기술은 현재 고급 인테리어 소품이나 고가의 의료제품 등 맞춤형 제품에만 소량 적용하는 수준이었으나, 향후 그 응용분야가 자동차 부품 분야를

중심으로 확장될 것으로 보인다.

[표 3.2-5] 소멸예정인 3D프린팅 관련 특허

대표기술	특허번호	특허만료일	파급효과/기술내용
SLA 특허	(US4,575,330)	2004.08.08	• 최초 특허 만료로 관심 증대 및 가격 인하/ • 입체 리소그래피에 의한 3차원 물체의 생산을 위한 장치
SLS 특허	(US4,863,538)	2006.10.17	• 최초 SLS공정 특허 만료로 관심 증대/ 선택적 소결에 의한 생산 방법과 장치
SLS 특허	(US5,597,589)	2014.01.28	• 주요 공정특허 만료로 제2차 확산/선택적 소결에 의한 생산 방법과 장치
FDM 특허	(US5,121,329)	2009.10.30	• 3D 프린팅 대중화(RepRap 확산)/3차원 객체를 생성하기 위한 장치와 방법
3DP 특허	(US5,204,055)	2010.04.20	• 트루컬러 구현 3D프린팅 확산 예상/ 3차원 프린팅 기술
Objet 특허	(US6,259,962)	2019.05.03	• 표면이 매끄럽고 정확한 모델 제작 확산 예상/3차원의 모델 프린팅을 위한 장치와 방법
LOM 특허	(US5,730,817)	2016.04.22	• 트루컬러 구현 3D프린팅 확산 예상/ 라미네이트 오브제 제작 시스템
DMLS특허	(US5,658,412)	2014.08.19	• Metal 3D프린팅 확산 예상/ 3차원 객체를 생성하기 위한 장치와 방법
VLM 특허	(KR 0384135)	2021.07.06	• 개인용 3D 프린터 시장의 확대예상
VLM 특허	(US6,702,918)	2022.07.08	• 개인용 3D 프린터 시장의 확대예상/ 선형 열절단 시스템을 이용한 간헐적 소재공급 타입의 다양한 적층 궤속 조형 공정과 장치

라. 바이오-제약 기술 거래 또는 사업화 사례

에버그리닝은 의약용 신규 화합물에 대한 물질특허 등록 후 개량 형태의 제형, 신규 제조방법, 신규용도 등의 후속 특허를 지속적으로 출원하여 특허에 의한 시장 독점적 범위 및 기간을 확대함으로써 특허권자의 수익을 극대화하는 경영 전략이다. 에버그리닝(특허권이 늘 푸른 나무처럼 살아있게 하는 전략)은 특허의 존속기간을 연장하거나 20년 이상 특허 기간을 연장하여 더 많은 독점적 권리를 얻고자 하는 것을 말한다. 의약품 특허의 에버그리닝은 오리지널 제약사들이 미국에서 1984년(특허-허가 연계제도), 캐나다에서는 1993년(특허-허가 연계제도)부터, 블록버스터' 의약품의 이익을 가능한 한 장기간 유지하기 위해 사용하는 가장 중요한 전략 중의 하나이다.

미국에서 1984년 도입된 특허-허가 연계는 그간 막대한 자금을 투자한 오리지날 의약품 개발사가 이 제도를 활용하여 최대한 시장 지배력을 확보하는 데 힘썼다. 세계 블록버스터 급 의약품 중 주요 10개 물질에 대한 유형별 에버그리닝 전략은 아래의 표와 같으며, 특히, 대부분의 의약품이 에버그리닝 전략과 관련하여 특허분쟁이 발생되고 있다. 단계별 연구과정을 통해 새롭게 개량된 특허권을 확보할 수 있게 된다.

신약 개발 단계별 소요기간, 성공확률, 특허출원 전략

구분	후보물질발굴		IND	임상시험			NDA	시판 후 임상
단계	탐색연구	동물실험		1상	2상	3상		(4상)
목표	후보약물발견	기초 안전성·유효성	인체실험 개시 신청	안전성·투약량 측정	약효·부작용 확인	약효, 장기적 안전성	시판 승인 신청	시판 후 부작용 측정
대상	실험실 연구	동물대상	–	정상인 20~30명	환자 1~5천명	환자 1~5천명	–	수년간 장기 모니터링
소요기간	5년	3년	1개월	1.5년	2년	3년	6개월	4~6년
성공확률	5%	2%	85%	71%	44%	69%	80%	–
특허 출원 전략	물질특허	────────	────────	──────── 수화물, 염, 결정형 ────────		──────→		광학 이성체
				중간체(product & process) ────────		──────→		중간체
		제법특허	────────	──────→ 제법		──────→		제법
		제형특허	────────	──────→ 제형		──────→		제형
					용도특허 ────────		──────→	용도
				투여방법 특허				
				다결정형(product) 특허 ────────		──────→		다결정형

신약개발과정은 크게 탐색단계와 개발단계로 구분된다. 탐색단계는 의약학적 개발목표(목적효능, 작용기전 등)를 설정한 다음 신물질을 설계, 합성하고 그 효능을 검색하는 작업을 반복하여 개발대상 물질을 선정하는 단계이다. 개발단계는 대상물질에 대한 대량제조 공정개발, 제제화 연구, 안전성평가, 생체내 동태규명 및 임상시험을 거쳐 신약을 개발해 가는 과정을 포함한다. 신약개발과정 단계별로 연구 성과물의 특허권 보호가 가능하고 이와 같은 각 단계별 연구과정을 통해 새로운 개량된 특허권을 확보할 수 있게 된다.

[표 3.2-6] 제4차 산업혁명 바이오-제약 기술거래 및 사업화 유형

〈플랫폼 기술〉	〈의약품〉	4차 산업혁명		〈바이오 재료〉	〈특허-브랜드 융합〉 (BI)
		〈Bio-ICBM 융합〉	〈Bio-기구/장치 융합〉		
✓ 크리스퍼 ✓ 줄기세포 신규, 마커 ✓ Long Acting, ADC 기반 생물조작 기반기술 ✓ 세포 ✓ 유전자 ✓ 약물개발	(에버그리닝 전략) ✓ 신약개발 ✓ 개량신약 ✓ 바이오베터 ✓ 제네릭 ✓ 바이오시밀러 (글로벌 소송전략)	바이오 진단 ✓ 마커/장치 ✓ 유전자 빅데이터	바이오 장치 ✓ 3D 프린팅	생적합성 바이오 소재 적용한 의료기기 ✓ 스텐트 ✓ 인공조직 ✓ 수술용 실/테이프 ✓ 치과용 재료	기술/기업 아이덴티티 내포하는 브랜드 개발 및 특허 전략을 수립하는 특허·브랜드 창출 전략

〈허가를 고려한 IP 전략〉 ◄──────────────────────►

〈해외 사업화 전략〉 ◄──────────────────────►

    한미약품이 화이자 제약의 고혈압치료제인 암로디핀의 신규 염(아모디핀(캄실산)) 관련 특허를 받아 연간 600억 이상의 매출을 달성하였다. 신약개발과 물질특허에 대한 개량발명을 통해 신약개발자에 대항한 사례이다. 베실산과 캄실산을 제외하고 시판 중인 다른 국내 제약사의 출시 제품의 염은 화이자 社의 최초 개발물질에 포함되어 있어 신규 염에 대한 특허가 등록될 수 없다. 물질특허 만료 후에도 살아있는 각종 관련 특허를 무력화하기 위한 특허 무효소송 전략 개시하였다. 아스트라제네카의 고지혈증치료제 크레스토(성분명 로수바스타틴)의 물질 특허가 2014년 4월 만료되나, 조성물 특허가 2020년, 용도 특허가 2021년, 용법용량 특허가 2020년에 만료 예정이다. 한미약품, 종근당, 유한양행이 용도 특허[83]와 용법용량 특허로 무효심판을 청구한 상태이다.

---

[83] 용도특허의 경우 선행문헌에 게시된 발명이거나 선행문헌으로부터 통상의 기술자가 용이하게 발명할 수 있는 것이어서 진보성이 없어 특허무효 판단이 가능할 수 있다.

마. 구글(Google)의 기술 거래 또는 사업화 사례

구글(Google)은 전형적인 기술 중심(Technology Driver) 회사이지만 특허에 관해서는 무 전략인 회사였다. 그런데 2010년도로 넘어오면서 특허 전략에 획기적인 변화가 있었다. 미국등록 특허 수에 있어서 2013년에는 10위(1,807건), 2014년(2,566건)에는 7위로 가파르게 상승했다. 구글(Google)이 이처럼 특허경영 전략을 180도로 바꾼 데에는 정보통신기술의 발전과 연관성이 있어 보인다. KT 경제경영연구소에 따르면 구글의 M&A는 3기로 분류할 수 있다. 제1기는 인터넷 검색 엔진 기술 중심(Technology Driver)의 시기로, 특허는 핵심원천 위주로 확보하고 포트폴리오는 구축을 하지 않았다. 제2기는 애플에 의해 인터넷이 모바일로 옮겨 가면서 OS 체계가 변동이 되었는데, 애플은 iOS를, 노키아는 Symbian을 운영체제로 개발했고, 구글은 Android를 인수 합병하여 대응하였다. 그러나 안드로이드 진영의 삼성과 HTC 등이 iOS의 애플과 치열한 특허전쟁을 하면서, 구글은 특허의 중요성에 대해서 인식하게 되었다. 또한, 정보통신과 관련한 특허가 없었기 때문에 모토로라의 특허 6818개를 125억 달러에 인수하여 특허 포트폴리오를 구축하였다. 제3기는 Connected 시대로, RFID/USN이 M2M, V2V로 발전한 후 다시 IOT, IOE로 진화되고, 모바일 보안과 관련하여 전자지갑 등 핀테크가 부상함에 따라 차세대 신제품의 핵심원천 특허 확보와 포트폴리오 구축이 기업의 흥망성쇠를 좌우하는 것으로 인식되어 구글의 특허 행보가 빨라진 것이다.

[표 3.2-7] 구글 M&A 3기 분류

분류	1기: Fixed 시대	2기: Wireless 시대	3기: Connected 시대
연도	2001년~2005년	2006년~2011년	2012년~현재
시대 정의	웹 기반 검색엔진으로서의 본분에 충실	플랫폼 지배력을 기반으로 모바일로 전이 후 Android OS 생태계 구축	네트워크 인프라 확보로 IOT 등 차세대 'Cash Cow' 발굴 및 선도
주요 M&A 전략	• 검색역량 강화: 유즈넷, Deja 인수 • 광고 BM 확보: Applied Semantics 인수 • 이용패턴 분석: Urchin Software 인수	• 모바일 생태계 구성: Android 인수 • Android 생태계 확대: 모토롤라 인수 및 SayNow, Pittpatt 등 음성/안면인식업체 인수 • 플랫폼 강화: YouTube 인수(콘텐츠 경쟁력 제고)	• 연결성 강화: DNNrearch(신경망연구업체) 인수 • 인공지능활용: Deep Mind Technologies, SCHAFT(로봇기술업체)인수 • 보안: sipidr.io인수 • 자체망 구축: Sage TV 인수(Google Fiber 추진)
성과	글로벌 검색 시장 1위, 검색 광고 1위 사업자 기틀 마련	모바일로 지배력 전이 성공 하나 시장 정체 우려	플랫폼 사업자의 네트워크 종속 한계를 M&A로 극복 시도하며 사업 진행 중

출처: KT경제경영연구소

제1기(2001~2005년)는 인터넷 검색 엔진 기술 중심(Technology Driver)의 시대로 검색 관련 기술과 광고 관련 기술에 대한 M&A가 많다. 이 시기에 구글은 특이하게 모바일 운영체계인 안드로이드(Android)를 구매하는데, 이는 이후 2기로 변화하면서 구글의 모바일로의 변경을 용이하게 만들었다.

[표 3.2-8] 제1기(2001~2005년) 구글의 M&A 현황

날짜	인수업체	사업분야	인수금액
2001. 2. 12.	Deja(유즈넷 뉴스그룹/인터넷 포럼 업체)	구글 그룹	
2001. 9. 20.	Outride	검색기능강화	
2003. 2. 1.	Pyra Labs(Blogger.com)	블로그 검색 및 광고 강화	
2003. 4. 22.	Neotonic Software	구글 그룹, Gmail(고객관계관리)	
2003. 4. 23.	Applied Semantics	온라인 광고 플랫폼	1억 200만달러
2003. 9. 30.	Kaltix	검색기능 강화(개인별 맞춤검색)	
2003. 10.	Sprinks(온라인 광고회사)	애드센스, 애드워드	
2003. 10. 7.	Genius Labs(웹 감시 기록업체)	애드센스, 애드워드	
2004 1.	Orkut	지인네트워크 서비스	
2004. 2.	Foogle(가격비교 사이트)	구글 가격비교 검색	
2004. 5. 10.	Ignite Logic	HTML editor	
2004. 6. 23.	BaiduA	중국 검색 사이트	500만 달러
2004. 7. 13.	Picasa	이미지 편집/관리 소프트웨어	500만달러
2004. 10.	Where2	구글 맵(실시간 위치 검색)	
2004. 10. 27.	Keyhole(디지털지도회사)	구글 어스(위성 영상지도)	
2004. 10.	ZipDash(교통, 지도회사)	구글 맵(교통 분석)	
2005. 3. 28.	Urchin Software Corporation	웹사이트 분석	
2005. 5. 12.	DodgeBall(휴대폰 기반 Network 회사)	구글 모바일	250만 달러
2005. 7.	Reqwireless	모바일 브라우저	
2005. 7. 7	Current Communications Group	광대역 인터넷 접속	1억 달러
2005. 8. 17.	Android	구글 모바일(모바일 운영체제)	5,000만달러
2005. 11. 1.	Skia	그래픽 소프트웨어	
2005. 11. 17	Akwan Information Technologies	검색 엔진	
2005. 12. 20.	AOLB	광대역 인터넷 접속	10억 달러
2005. 12. 27	Phatbits	구글 데스크탑(Widget engine)	
2005. 12. 31.	allPAY GmbH	구글모바일(모바일 소프트웨어)	
2005. 12. 31.	bruNET GmbH	구글모바일(모바일 소프트웨어)	

제2기(2006~2011년)는 애플에 의해 모바일 시대로 접어들었고, 애플의 iOS 진영과 구글의 안드로이드 진영의 싸움이 가속화 된 시기이다. 인터넷 검색엔진 전문 업체에서 모바일 정보통신 전문기업으로 변경하면서 시대변화와 보조를 맞춰나갔다. 이 시기에 구글은 모토로라의 17,000여개 중 6818개의 특허를 125억 달러에 샀으며, 유튜브를 16억 5천만 달러에 매입하였다. 구글의 수익모델은 광고에 의존하기 때문에 광고 관련 기업을 다수 매입하였다. 특히, 모바일 보안과 관련하여 전자지갑 구현을 위해 보안 관련 기업을 M&A 하였다. PATINEX 2015에서, 구글의 나이젤 수 특허운용 총괄담당은 2010년을 회상하며 "전 세계 수십 개 업체가 특허를 앞세워 스마트폰 전쟁에 뛰어들었다. 그 당시 구글의 미국 특허등록은 275건으로

99위에 그쳤으며, 이때까지만 해도 구글은 특허에는 관심이 없었다. 하지만 스마트폰 전쟁에서 특허가 적극 활용되는 모습을 보면서 구글은 강력한 포트폴리오 구축에 나섰다."고 말했다.

구글의 제품개발 프로세스를 보면 우선 인수합병을 통해서 기술을 획득하고 이를 바탕으로 무료 서비스를 진행하며 시장 반응을 살핀다. 서비스를 진행해 본 후 반응이 좋으면 다시 상용화가 가능하도록 개발을 진행하여 제품출시를 하는 전략을 사용한다.

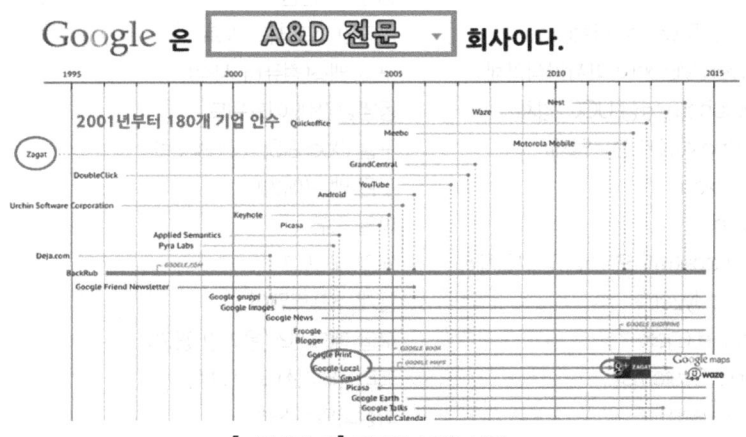

[그림 3.2-8] 구글의 A&D 사례

예를 들어 Zagat이라는 지역 정보서비스 업체를 사들여 Google local에서 음식점의 랭킹을 매기는 상용화 서비스를 진행한 것을 들 수 있다. 구글 맵도 waze라는 회사를 인수하여 제품화한 사례도 있다.

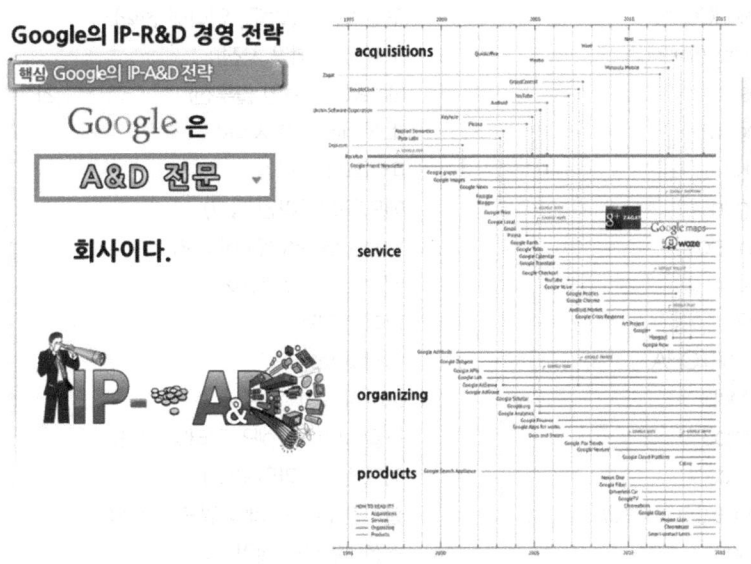

[그림 3.2-9] 구글의 제품출시 프로세스 관련 사례

[표 3.2-9] 제2기(2006~2011년) 구글의 M&A 현황

날짜	인수업체	사업분야	특허수	인수금액
2006. 1. 17.	DMarc Broadcasting(라디오 광고)	애드워즈	11	1억 200만 달러
2006. 2. 14.	Measure Map(웹분석 회사)	블로그 통계분석 강화		
2006. 3. 9.	Upstartle	구글 도큐먼트(워드프로세서)		
2006. 3. 14.	@Last Software	3D 모델링 소프트웨어		
2006. 4. 9.	Orion	웹 검색 엔진	160	
2006. 6. 1.	2Web Technologies	온라인 스프레드 시트		
2006. 8. 15.	Neven Vision(이미지인식업체)	구글 맵스(컴퓨터 시각)		
2006. 10. 9.	Youtube(동영상 UCC 업체)	동영상검색/애드워드		16억 5000만달러
2006. 10. 31.	JotSpost(위키 전문업체)	구글 Docs&Spreadsheet		
2006. 12. 16.	Endoxon	구글 맵스(매핑)		2800만 달러
2007. 1. 4.	XunleiC	파일 공유		500만 달러
2007. 2. 16.	Adscape(비디오 게임 광고업체)	게임 내 광고		2300만 달러
2007. 3. 16.	Trendalyzer	통계 소프트웨어		
2007. 4. 13.	Double Click	구글 애드센스(온라인 광고)		31억 달러
2007. 4. 17.	Tonic Systems	프리젠테이션 프로그램		
2007. 4. 19.	Marratech	화상회의시스템		1500만 달러
2007. 5. 11.	GreenBorder	컴퓨터 보안		
2007. 6. 1.	Panoramio	사진 공유		
2007. 6. 1.	Feedburner(비디오게임 광고업체)	구글 리더(Web feed)		1억달러
2007. 6. 5.	PeakStream	서버 컴퓨팅(병렬 처리)		
2007. 6. 19.	Zenter(온라인 프레젠테이션 개발업체)	구글 독스 사용		
2007. 7. 2.	GrandCentral	구글 보이스(VoIP, 인터넷 전화)		4500만 달러
2007. 7. 20.	Image America	구글 맵스(항공 사진)		
2007. 7. 9.	Postini	Gmail(통신보안 솔루션)	21	6억 2500만달러
2007. 9. 27	Zingku	소셜 네트워크 서비스		
2007. 10. 9.	Jaiku	마이크로 블로깅		1200만 달러
2008. 7. 18.	Begun	애드워즈(온라인 광고)		1억 4000만 달러
2008. 7. 30.	Omnisio	YouTube(온라인 비디오)		1500만 달러
2008. 9. 12.	TNC	Weblog 소프트웨어		2억 7000만 달러
2009. 8. 5.	On2	비디오 코덱		1억 3300만 달러
2009. 9. 16.	reCAPTCHA	인터넷 보안		
2009. 11. 9.	AdMob	모바일 광고		7억 5000만달러
2009. 11. 9.	Gizmo5	구글 보이스(VoIP, 인터넷 전화)		3000만 달러
2009. 11. 23.	Teracent	애드센스(온라인 광고)		
2009. 12. 4.	AppJet(EtherPad)	실시간 웹기반 협업 워드프로세싱		
2010.	Zynga	소셜네트워크 게임		
2010. 2. 12.	Aardvark	소셜 네트워킹 사이트 검색 서비스		5000만 달러

날짜	인수업체	사업분야	특허수	인수금액
2010. 2. 17.	reMail	이메일 계정 검색 애플리케이션		
2010. 3. 1.	Picnik	온라인 사진 편집 소프트웨어		
2010. 3. 5.	DocVerse	온라인 실시간 문서 공유 서비스		2500만 달러
2010. 4. 2.	Episodic	온라인 비디어 서비스		
2010. 4. 12.	PlinkArt	휴대폰 사진을 검색		
2010. 4. 20.	Agnilux	단말기용 칩 개발		
2010. 4. 27	LabPixies	Gadgets 위젯 개발 업체		
2010. 4. 30.	Bump Technologies	운영체제 3D 데스크탑 환경 구현		3000만 달러
2010. 5. 18.	Global IP Solutions	실시간 음성/영상 프로세싱	22	6820만 달러
2010. 5. 20.	Simplify Media	실시간 음악재생 소프트웨어		
2010. 6. 3.	Invite Media	실시간 입찰 방식 광고 서비스		8100만 달러
2010. 7. 1.	ITA Software(여행 관련 소프트웨어)	구글을 통한 항공권 구매	47	7억 달러
2010. 7 .16.	Metaweb	영화, 위치정보 등의 DB 보유		
2010. 8.	Zetawire	모바일 결제, NFC		
2010. 8. 4.	Instantiations	Java/Eclipse/AJAX 개발툴 SW		
2010. 8. 5.	Slide.com	소셜네트워크		1억 8000만 달러
2010. 8. 10.	Jambool	Social Gold 결제		7000만 달러
2010. 8. 15.	Like.com	쇼핑 관련 비교검색 엔진	15	1억 달러
2010. 8. 30.	Angstro	소셜 네트워킹 서비스		
2010. 8. 30.	SocialDeck, Inc.	모바일 소셜 게임 개발		
2010. 9. 13.	Quiksee	구글 맵스		1000만 달러
2010. 9. 28.	Plannr	모바일 일정관리		
2010. 10. 1.	BlindType	터치스크린 입력 기술		
2010. 12. 3.	Widevine Technologies	인터넷 보안(DRM)	27	
2011. 1. 13.	eBook Technologies	E-book		
2011. 1. 25.	SayNow	음성 인식		
2011. 3. 1.	Zynamics	보안		
2011. 3. 7.	BeatThatQuote.com	가격 비교 서비스		6500만 달러
2011. 3. 7.	Next New Networks	온라인 영상		
2011. 3. 16.	Green Parrot Pictures	디지털 비디오		
2011. 4. 8.	PushLife	서비스 제공		2500만 달러
2011. 4. 26.	TalkBin	모바일 소프트웨어		
2011. 5. 23.	Sparkbuy	상품 검색		
2011. 6. 3.	PostRank	소셜미디어 분석 서비스		
2011. 6. 9.	AdMeld(디스플레이 광고)	온라인 디스플레이 광고		4억 달러
2011. 6. 18.	SageTV	구글 TV(미디어 센터)		
2011. 7. 8.	Punchd	고객보상 프로그램		
2011. 7. 21.	Fridge	구글+(소셜 그룹)		

날짜	인수업체	사업분야	특허수	인수금액
2011. 7. 23.	PittPatt	안면 인식 시스템		
2011. 8. 1.	Dealmap	One deal a day service		
2011. 8. 15.	Motorola(휴대폰 제조, 판매업체)	모바일 서비스	6,818	125억 달러
2011. 9. 7.	Zave Networks	디지털 쿠폰		
2011. 9. 8.	Zagat	지역정보 서비스		1억 2100만달러
2011. 9. 19	DailyDeal	One deal a day service		1억 1400만 달러
2011. 10. 11	SocialGrapple	소셜미디어 분석 서비스		
2011. 11. 10.	Apture	웹 검색기술		
2011. 11. 14.	Katango	모바일 소프트웨어		
2011. 12. 9.	RightsFlow	음악 권리 관리		
2011. 12. 13.	Clever Sense	모바일 애플리케이션		

제3기는 Connected 시대로 RFID/USN→M2M, V2V→IOT→IOE로 진화하는 상황에서 차세대 신제품의 핵심원천 특허 확보와 포트폴리오 구축이 기업의 흥망성쇠를 좌우하는 것으로 인식한 구글의 특허 행보가 빨라진 것이다.

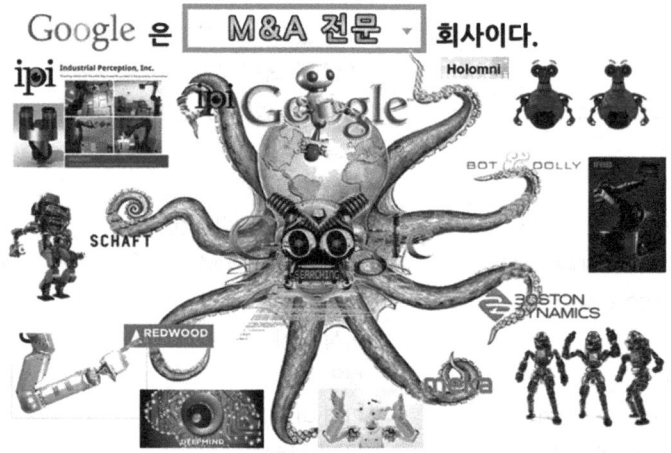

특히, 로봇과 관련해서는 마치 시장에서 부품을 사 오듯이 메카(meka), 레드우드(REDWOOD), 샤프트(Schaft) 등 8개의 기업을 인수하여 최첨단 기능을 갖는 로봇을 완성하였다. 구글의 기술획득 및 제품출시 과정을 보면 제품라이프 사이클이 짧은 정보통신 분야의 모범적인 사례에 가깝다.

즉, 시장의 흐름을 분석하여 미래에 돈이 되는 핵심원천기술을 파악하여 먼저 존재하는 기술은 사고(M&A, A&D, C&D) 추가 연구개발(R&D)을 진행하여 시장에 빠르게 베타버전의 무료서비스로 내놓는다. 시장의 반응이 좋으면 다시 후속 연구개발을 진행하여 제품화하는 전략을 사용한다.

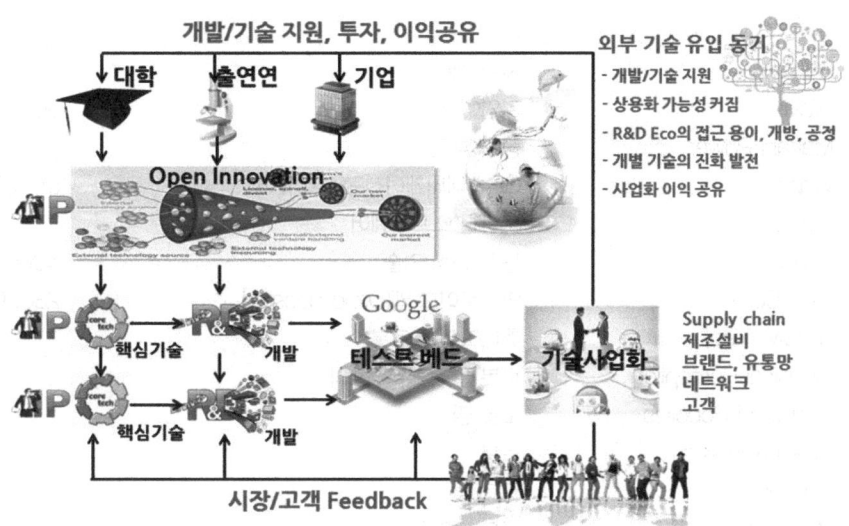

구글이 제4차 산업혁명 R&D와 관련하여 모범적인 이유는 처음부터 R&D를 진행하지 않고 스타트업이나 개인 발명가들에게서 기술(특허)을 사고 추가 연구개발을 통해서 빠른 시간 안에 제품을 출시한다. 이때 완벽한 제품이 아니라 테스트 베드 형태의 제품을 출시하고 시장과 고객의 반응을 보고 빠르게 피드백을 통해 제품의 완성도를 높여 나간다. 2012~2015년은 구글이 미래를 위한 행보를 빠르게 가져가기 위해서 특허 M&A를 활성화한 시기이다.

[표 3.2-10] 제3기(2012~현재) 구글의 M&A 현황

날짜	인수업체	사업분야	특허수	인수금액
2012. 3. 16.	Milk, Inc	소셜 네트워킹 서비스		
2012. 4. 2.	TxVia	온라인 결제		
2012. 6. 4.	Meebo	인스턴트 메시징		1억 달러
2012. 6. 5.	Quickoffice	생산성 제품군		
2012. 7. 20.	Sparrow	이메일 클라이언트		2500만 달러
2012.	WIMM Labs	안드로이드 스마트시계		
2012. 8. 1.	Wildfire Interactive	소셜 미디어 마케팅		4억 5000만 달러
2012. 9. 7.	VirusTotal.com	보안		
2012. 9. 17.	Nik Software, Inc.	사진 편집, 공유 애플리케이션	14	
2012. 10. 1.	Viewdle	안면 인식		
2012. 11. 28.	Incentive Targeting Inc.	디지털 쿠폰		
2012. 11. 30.	BufferBox	배송		1700만 달러
2013. 2. 6.	Channel Intelligence	상품 전자상거래		1억 2500만 달러
2013. 3. 12.	DNN research Inc.	인공신경망		
2013. 3. 15.	Talaria Technology	클라우드 컴퓨팅		

날짜	인수업체	사업분야	특허수	인수금액
2013. 4. 12.	Behavio	사회 예측		
2013. 4. 23.	Wavii	자연어 처리		3000만 달러
2013. 5. 23.	Makani Power	풍력 발전		
2013. 6. 11.	Waze	GPS 내비게이션 소프트웨어		9억 6600만 달러
2013. 9. 16.	Bump	모바일 소프트웨어		
2013. 10. 2.	Flutter	동작 인식 기술		4000만 달러
2013. 10. 22.	FlexyCore	안드로이드 앱(Droid booster)		2300만 달러
2013. 12. 2.	SCHAFT Inc.	휴머노이드 로봇		
2013. 12. 3.	Industrial Perception	로봇 팔, 컴퓨터 시각		
2013. 12. 4.	Redwood Robotics	로봇 팔		
2013. 12. 5.	Meka Robotics	로봇		
2013. 12. 6.	Holomni	로봇 휠		
2013. 12. 7.	Bot&Dolly	로봇 카메라		
2013. 12. 8.	Autofuss	광고 디자인		
2013. 12. 10.	Boston Dynamics	로봇		
2014. 1. 4.	Bitspin	안드로이드 앱(Timely)		
2014. 1. 13.	Nest Labs, Inc.	가정 자동화	115	32억 달러
2014. 1. 15.	Impermium	인터넷 보안		
2014. 1. 26.	DeepMind Technologies	인공 지능		2억 4200만 달러
2014. 2. 16.	SlickLogin	인터넷 보안		
2014. 2. 21.	spider.io	사기 광고 방지(anti ad-fraud)		
2014. 3. 12	GreenThrottle	장치(gadgets)		
2014. 4. 14.	Titan Aerospace	고공 무인기(High-altitude UAVs)		
2014. 5. 2.	Rangerspan	전자상거래(E-commerce)		
2014. 5. 6.	Adometry	Online advertising attribution		
2014. 5. 7.	Appetas	식당 웹사이트 제작		
2014. 5. 07.	Stackdriver	클라우드 컴퓨팅		
2014. 5. 7.	MyEnergy	온라인 기기 사용량 모니터		
2014. 5. 16.	Quest Visual	증강현실(Augmented Reality)		
2014. 5. 19.	Divide	장치 관리자(Device Manager)		
2014. 6. 10.	Skybox Imaging	위성장치(Satellite)		5억 달러
2014. 6. 19.	mDialog	온라인 광고		
2014. 6. 19.	Alpental Technologies	무선 기술(Wierless Technology)		
2014. 6. 20.	Dropcam	홈 모니터링(Home Monitoring)		5억 5500만 달러
2014. 6. 25.	Appurify	Mobile Device Cloud.		
2014. 7. 1.	Songza	Music streaming		
2014. 7. 23.	drawElements	그래픽 호환성 검사		
2014. 8. 6.	Emu	IM client		

날짜	인수업체	사업분야	특허수	인수금액
2014. 8. 6.	Director	모바일 영상		
2014. 8. 17.	Jetpac	인공 지능, 영상 인식		
2014. 8. 23	Gecko Design	Design		
2014. 8. 26	Zync Render	Visual Effects Rendering		
2014. 9. 10.	Lift Labs	손 떨림 보정(Liftware)		
2014. 9. 11.	Polar	Social Polling		
2014. 10. 21.	Firebase	데이터 동기화		
2014. 10. 23.	Dark Blue Labs	인공지능(Artificual Intelligence)		수천만 파운드
2014. 10. 23.	Vision Factory	인공지능(Artificual Intelligence)		수천만 파운드
2014. 10. 24.	Revolv	가정 자동화(Home automaion)		
2014. 11. 19	RelativeWave	앱 개발(App Development)		
2014. 12. 17.	Vidmaker	영상 편집(Video Editing)		
2015. 2. 4.	Launchpad Toys	아동 친화 애플리케이션		
2015. 2. 8.	Odysee	사진/영상 공유&저장		
2015. 2. 23.	Softcard	모바일 결제		
2015. 2. 24.	Red Hot Labs	App advertising and discovery		
2015. 4. 16.	Thrive Audio	서라운드 사운드 기술		
2015. 4. 16.	Tilt Brush	3D 페인팅		
2015. 5. 4.	Timeful	모바일 소프트웨어		
2015. 6. 18.	Pixate	Prototyping and Design		
2015. 7. 21.	Jibe Mobile	모바일 클라우드 통신		
2015. 9. 30.	Agawi	모바일 클라우드 통신		
2015. 10. 17	Digisfera	360도 사진 기술		
2015. 11. 11	Fly Labs	영상 편집		

애플의 스티브 잡스는 imac, ipod, iphone, ipad에 이어 icar와 iwatch를 미래에 돈이 되는 기술로 인식하였다. 애플에 iwatch가 있다면 구글에는 구글 안경이 있다.

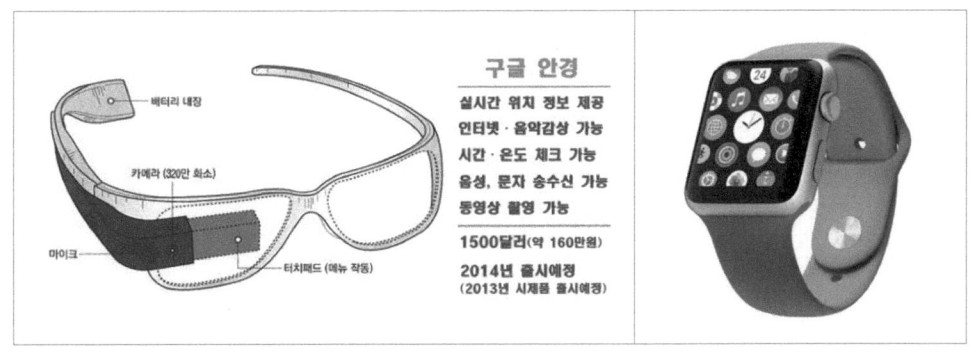

구글은 V2V와 관련하여 자율주행 자동차를 미래유망기술로 집중적으로 육성하고 있다. 스마트 카는 센서 네트워크(RFID/USN)에 기반을 두어 성장하였고 사물통신(M2M)의 1:1통신에서 사물인터넷(IOT)의 N:N 통신으로 발전 가속화될 것으로 예측된다.

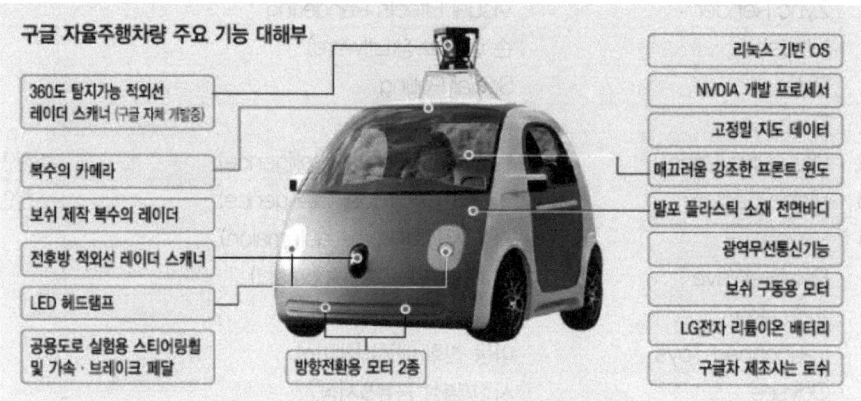

[그림 3.2-10] 구글의 자율주행차량 주요기능도

구글은 최근에 정보통신 기술의 발전 방향에 발맞추어 미래의 돈이 되는 강한 핵심원천 표준특허를 확보하기 위해 노력하고 있다. 이를 위해 특허전략을 강화하고, 모바일을 통한 지속가능한 성장의 발판을 마련하여 스마트 CITY로 연결해 나가고 있다.

Google의 acquisitions 역사

□ (구글의 acquisitions) Google은 2001년부터 지속적으로 기업 M&A를 통해 기술을 Acquisition 해 왔으며, 최근 들어 전 분야에 걸쳐 기술획득이 활발한 경향을 보임

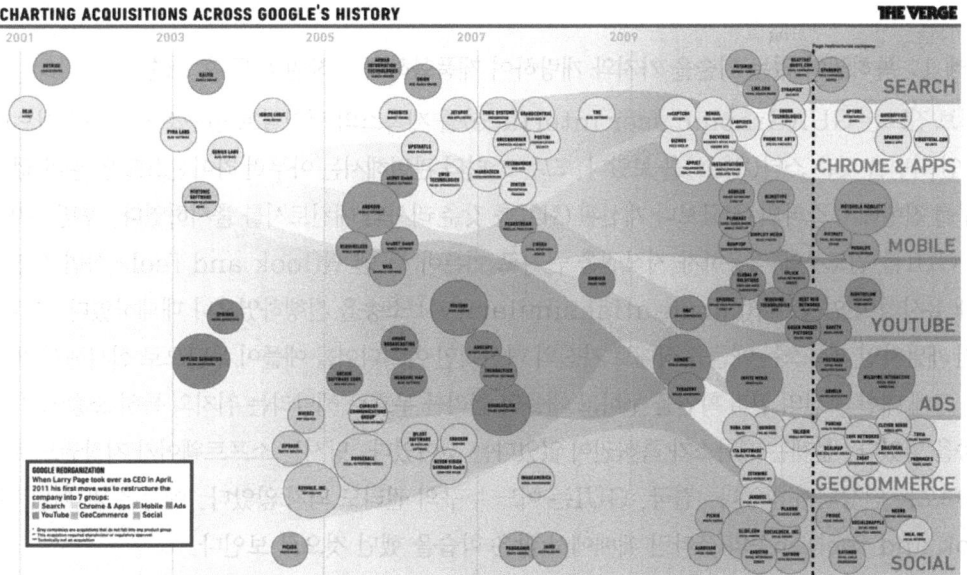

□ (특허 포트폴리오) 2000년대는 검색엔진이 주류였고, 모바일 시대의 진입에 따라 통신 분야의 특허가 증가하였음

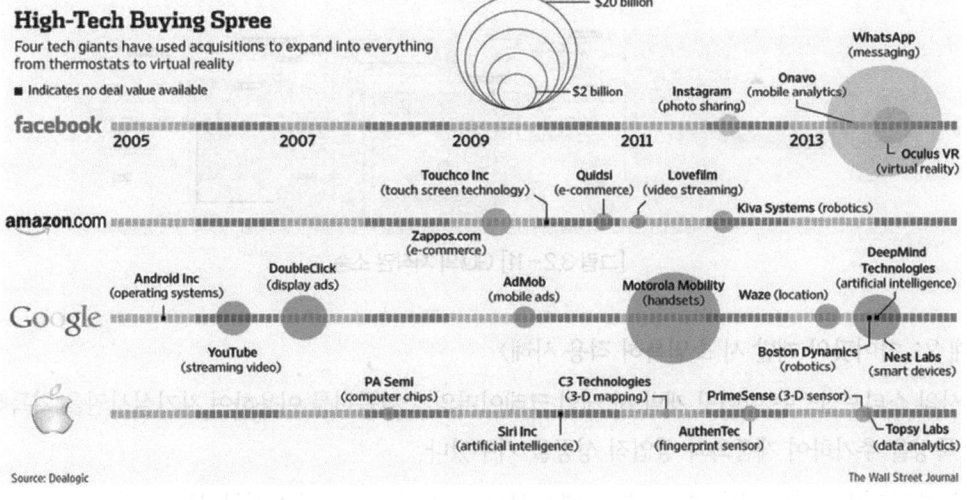

바. 애플(Apple)의 기술 거래 또는 사업화 사례

애플은 'I skate to where the puck is going to be, not where it has been.'으로 대변되는 캐나다의 전설적인 하키선수 웨인 그레츠키의 말처럼 미래시장에 돈이 될 만한 제품을 미리 파악하여 적은 돈으로 인수하는 A&D, C&D 전략을 포함하는 지재권 중심의 기술획득전략을 시의 적절하게 사용한다.

〈사례 1: 특허권이 없는 기술을 가져와 개량하여 제품화하여 저작권 획득 후 소송〉

스티브 잡스는 GUI(Graphic user interface)를 제록스의 팰러알토 연구소에서 비트맵으로 구현된 매력적인 화면을 갖춘 스타(Star)를 보았다. 그는 스타와 관련해서는 아무런 라이선스도 얻은 바 없는 상태에서 연구를 진행해서 스타의 GUI보다 개선된 GUI를 갖춘 리사와 매킨토시를 출시하였다. 후발주자인 MS와 HP가 GUI를 윈도우에 적용하자 저작권을 근거로 이른바 룩 앤 필(look and feel-화면을 전체적으로 봤을 때 유사성이 인정된다(substantial similarity)) 소송을 진행하였으나 대패하였다. 그런데 GUI의 원천 개발자인 제록스는 애플을 상대로 자신의 혁신적인 아이디어를 애플이 무단으로 실시해서 제품을 만들었으니 그에 대한 자신의 권리 확인을 구하고 애플의 권리를 무효로 해달라는 취지의 특허 소송에 가까운 이상한 소송을 벌였다. 문제는 제록스가 특허권이 없었다는 것이었다. 당시는 소프트웨어가 저작권으로 분류되었고, 특허로는 인정되지 않았다. 결국, GUI는 어느 누구의 권리도 되지 않았다. 애플은 20여년 전의 룩 앤 필(look and feel) 소송의 쓰라린 패배에서 많은 학습을 했던 것으로 보인다.

80년대에 소프트웨어에 대한 특허권이 인정되면서 애플은 2000년도에 와서 아이팟, 아이폰, 아이패드에 트레이드 드레스를 입혔고 이를 통해 삼성에 대해 제2의 룩 앤 필(look and feel) 소송을 진행하여 승소하는 결과를 얻었다.

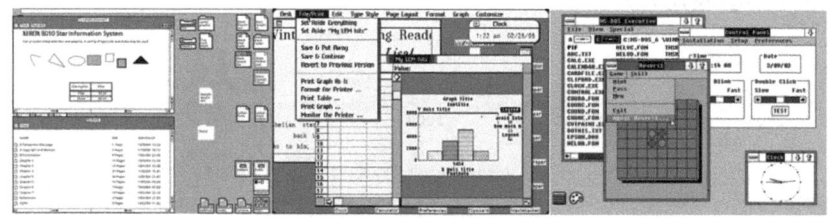

[그림 3.2-11] GUI의 저작권 소송

〈사례 2: 아이팟의 개발 시 소멸특허 적용 사례〉

애플사의 스티브잡스는 아이팟 개발 시 케인 크레이머의 소멸특허를 이용하여 자기실시권을 획득하고, 신규기술 특징을 추가하여 제품화와 상업적 성공을 거두었다.

영국인 벤처 기업가 케인 크레이머는 23살 때인 1979년 디지털 음악 수신기인 iPod의 원형인 IXI를 창안했다. 이를 바탕으로 특허를 출원하여 1987년 등록 받았다.(US. 667,088). IXI는 3분30초 분량의 음악을 저장해 들을 수 있었다. IXI는 케인 크레이머에게 일확천금을 안겨줄 수 있는 발명품이었다. 하지만 그는 88년 특허를 갱신할 비용이 없어 나중에 수천억 달러의 천문학적 수익을 올릴 IXI의 특허를 포기, 결국 누구의 소유도 아닌 공유재산으로 남게 됐다. 이후 애플은 케인 크레이머의 IXI 원천기술을 활용하여 iPod을 만들었다.

애플이 지금까지 꽁꽁 숨겨 놓았던 케인 크레이머를 노출시킨 것은 무려 890억 파운드(178조 원)에 달하는 손해배상 소송 때문이었다. iPod의 특허기술을 침해했다는 이유로 애플은 버스트 닷컴(Burst.com)을 상대로 이 같은 손배소를 제기하고 원고 측 증인으로 케인 크레이머를 내세웠던 것이다.

이렇듯 특허는 최초로 출원하여 등록을 받을 때까지는 시장이 열리지 않아 실시가 되지 않을 수 있다. 개인이나 대학 등은 등록료 부담 때문에 자발적으로 특허를 포기하거나 존속기간이 만료될 수 있다. 연구개발을 진행하기 전에 특허권이 소멸된 것을 발견하면 자유실시 기술로 누구나 사용 가능하기 때문에 마음대로 가져다 쓸 수 있다.

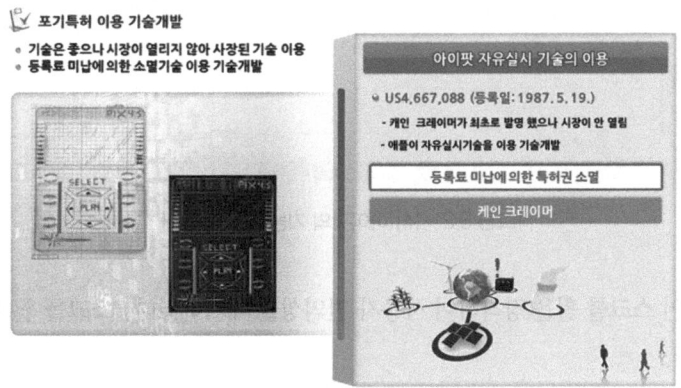

[그림 3.2-12] 소멸특허 활용 제품화 사례

〈사례 3: 아이팟의 개발 시 A&D 적용 사례〉

애플은 2001년 10월 기존의 MP3를 개조하여 새로운 기능이 추가된 아이팟과 음악관리 프로그램인 아이튠스를 출시한다.

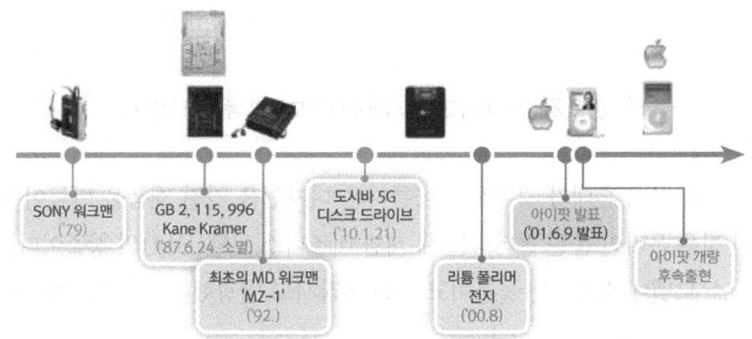

[그림 3.2-13] 아이팟의 탄생배경

초기의 MP3는 워크맨이 가지고 있던 재생, 녹음, FM라디오 기능을 넣은 상태에서 크기만 줄인 것이었다. 아이팟은 기존의 MP3와는 전혀 다른 고용량의 저장기능, 오래가는 배터리, 넓어진 액정화면, 다운로드가 쉽게 되는 FireWire 등의 성능을 구현한다. 이는 기존의 기술들을 가져다가 잘 활용한 것이다.

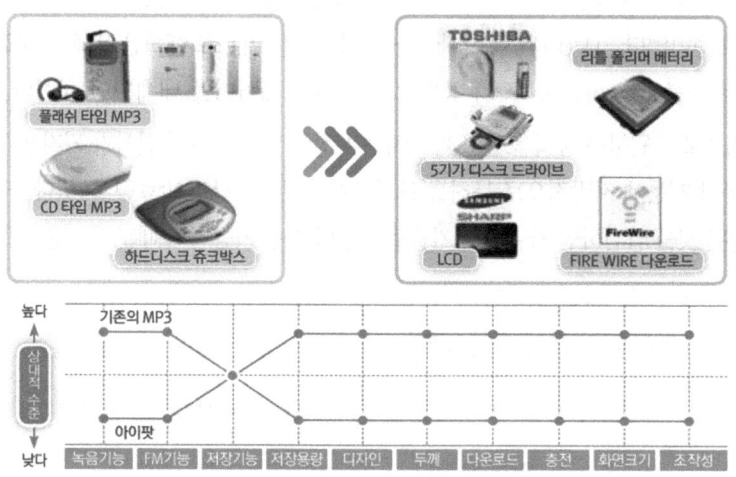

[그림 3.2-14] 아이팟의 기능추가 및 제거

또한, 새로운 기능인 스크롤 휠을 장착하여 사용자 편의성을 배가하였다. 스크롤 휠은 그 후 터치 휠, 클릭 휠로 발전하여 나갔다.

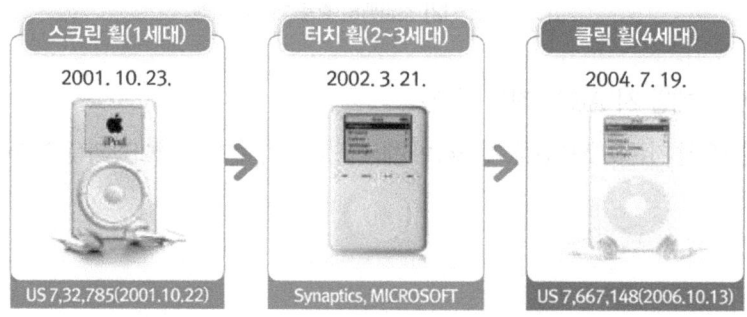

[그림 3.2-15] 아이팟의 휠(WHEEL) 모양의 동작 조작장치

트윈샷 기법을 사용해 작고 휴대가 간편하고 아름다운 디자인을 가진 제품을 만들어 낸 것이다. 애플이 레인콤[84]과 달랐던 것은 온라인 음원 장터라는 새 개념 비즈니스 모델(BM)의 창출이다. 음원 소비자 편의성을 높인 이 비즈니스 모델에 소비자는 물론이고 음원 제작사도 열광했다. 이처럼 기술이 성능→안전성(신

---

84) ㈜아이리버의 전신. 지난 2000년 세계 최초로 MP3를 개발 및 출시하여 국내시장 60%, 세계 시장 20%의 시장 점유율을 차지하며 전세계 MP3 시장을 석권하였으나 이듬해 애플 아이팟에 무릎을 꿇었다.

뢰성)→편의성→다양성(감성)→가격의 순으로 시장진화를 한다는 시나리오는 애플사의 아이팟에도 동일하게 적용된다.

[그림 3.2-16] 아이팟의 제품개발 과정

〈사례 5: 아이폰 개발 시 A&D, C&D 적용 사례〉

2007년 1월 맥월드를 통해 이미 개발된 휴대폰과 PC 기술을 잘 조합해 '아이폰'을 출시하였다. 애플은 세상에 없었던 새로운 개념의 휴대폰 즉, 스마트폰을 만들어 냈다. 스마트폰은 기존에 이미 있던 "인터넷+MP3 플레이어+휴대폰+컴퓨터+카메라+게임기"를 하나로 편집해(융합) 휴대폰의 패러다임을 전환하였다.

[그림 3.2-17] 애플의 아이폰 페이퍼 페이턴트

애플은 핑거웍스의 멀티터치 기술, 터치식 키패드, 고릴라 유리 등을 선제적 A&D, C&D, M&A를 통해 미리 확보하고, 이를 응용하여 기술개발에 매진하였다.

[그림 3.2-18] 아이폰의 제품개발 과정

　멀티터치와 사용자 인터페이스(UI) 관련 기술개발에 매진하여 가출원, 시리즈 출원 등을 통하여 최강의 지재권 포트폴리오를 구축하는 한편, 디자인 개발을 통해 목업을 제작해 직접 체험해 보면서 디자인을 완성해 나갔다. 제품 출시 후에는 후속 연구를 계속 진행하고, 후발적 M&A 등의 방식을 통해 통신 특허를 매입하며 통신 후발주자로서의 약점을 보완했다. 마케팅을 통하여 제품을 잘 팔면서, 후발주자가 따라오면 특허소송을 통한 진입장벽을 구축했다.

[표 3.2-11] 애플사의 A&D, C&D, M&A 현황

거래 일시	M&A 기업	사업 분야	애플 제품 관련성
2005. 3.	Schemasoft(CA)	Software	File formatting (iWork)
2005. 4.	FingerWorks	Gesture recognition company	iOS multi touch
2006. 10. 16.	Silicon Color	Software	Apple Color (Final Cut Studio)
2006. 12. 4.	Proximity(AU)	Software	Final Cut Server
2008. 4. 24.	P.A. Semi	Semiconductors	Apple A4, A5 (SoC)
2009. 7. 7.	Placebase	Maps	Maps
2009. 12. 6.	Lala.com	Music streaming	iCloud, iTunes Match
2010. 1. 5.	Quattro Wireless	Mobile advertising	iAd
2010. 4. 27.	Intrinsity	Semiconductors	Apple A5 (SoC)
2010. 4. 27.	Siri	Voice Control Software	Siri
2010. 7. 14.	Poly9(CA)	Web-based mapping	Maps
2010. 9. 20.	Polar Rose(SW)	Face-Recognition	iPhone software (camera)
2010. 9. 14.	IMSense(영국)	High Dynamic Range Photography	iPhone software (camera)
2011. 8. 1.	C3 Technologies	3D Mapping	Maps
2011. 12. 20.	Anobit(IS)	Flash Memory	iPhones and iPads
2012. 2. 23.	Chomp	Appsearch engine	iPhones and iPads
2012. 7. 27.	AuthenTec 4천억원	Security hardware and software for PCs and mobile devices	NFC 기반 지문인식 결제시장 선점
2012. 9. 27.	Particle	HTML5 web app firm	Web
2013. 3. 23.	WiFiSlam	Indoor location	

2008년 7월 애플이 앱스토어를 공식적으로 발표하면서 IT산업의 에코 시스템은 근본적인 변화를 맞이했다. 이동통신 사업자들에게 휘둘리던 휴대폰 단말기 제조업체 및 SW개발자들은 해방되었다. 누구나 자유롭게 앱을 등록할 수 있고 판매할 수 있는 앱스토어의 개방형 시스템은 그 뒤 IT산업의 표준이 되어 버렸다.

애플은 전 세계에 단 한 개의 공장도 갖고 있지 않으며 모든 제품 생산을 아웃소싱을 통해 해결한다. 전 세계적으로 부품을 대량 주문하여 중국 내 폭스콘(Foxconn · 중국명 鴻海) 공장에서 조립한다. 제품의 설계와 제조를 분리한 이른바 '디자인드 인 캘리포니아(designed in California)' '메이드 인 차이나(made in China)'의 전략을 구사한다. 이처럼 기존 제조기술을 아웃소싱으로 잘 공급하고, M&A나 공동개발 등을 통하여 개방형 혁신(Open Innovation)을 상시화화 했다. 또한 아이튠즈, 앱스토어를 통해 개방 플랫폼을 구축하고 이를 비즈니스 모델화하여 성공적인 사업을 이끌어 나갔다.

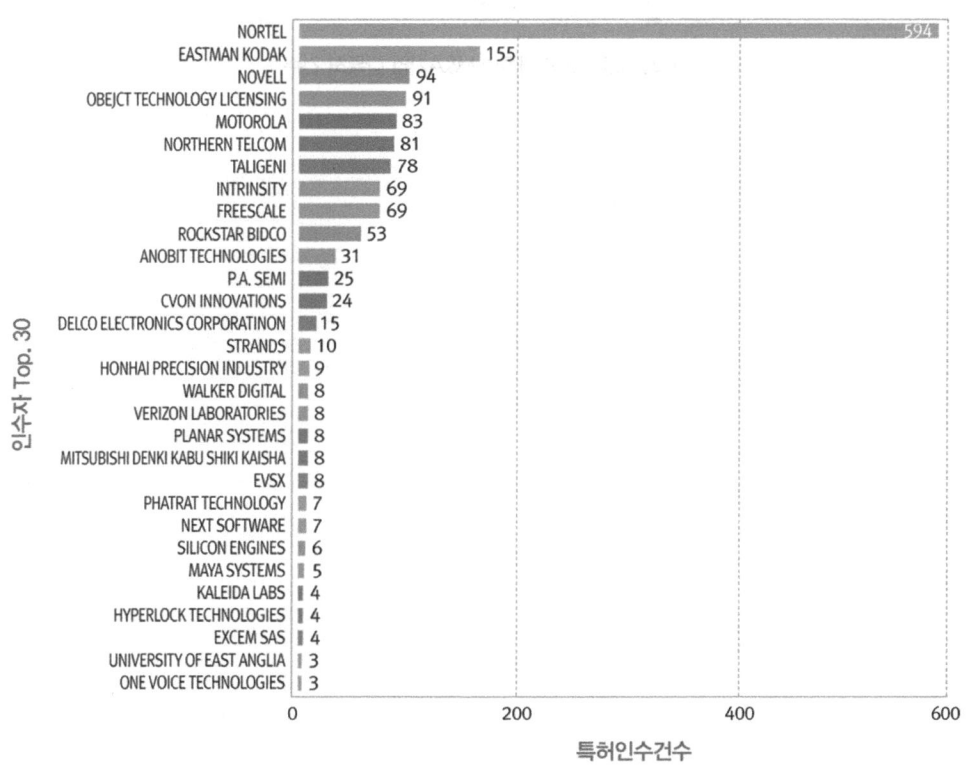

[그림 3.2-19] 애플의 M&A기업 다특허 건수

애플은 시장이 열리기 전에 핵심기술을 싼 가격에 사는 A&D, C&D 전략을 잘 구사하였다. 또한, 시장이 열린 기술에 대해서는 막대한 자금을 투입하여 M&A를 실시하였고, 이를 통해 사들인 가격보다 더 많은 이익을 내는 전략을 사용하였다.

[그림 3.2-20] 애플의 M&A기업 다특허 건수

제3절 우수한 제4차 산업혁명 기술내역

사업화 가치가 있는 제4차 산업혁명 특허기술은 국가나 기업의 핵심역량과 자원 등을 기준으로 각각 다르다. 물론 제4차 산업혁명 기술에 대한 핵심·원천 기술을 확보하는 것이 중요하지만 대부분의 핵심·원천기술은 이미 존속기간이 만료된 것이 많다. 물론 계속해서 핵심원천특허가 나올 것이다.

이런 상황에서 우리나라도 제4차 산업혁명 시대를 맞이하여 미래를 선도할 유망 신기술 분야에서의 IP 창출 경쟁력 강화를 위해 중점 IP 확보 전략을 마련할 필요가 있다. 주요국들은 新기술에 대한 IP 확보에 주력해 왔다. 빅 데이터, 증강현실 등 4차 산업혁명과 관련된 신기술 분야의 특허등록 건수는 지난 5년간('10~'15) 12배[85] 증가했다.

국가지식재산위원회에서는 한국특허전략개발원에 의뢰하여 제4차 산업혁명 5개 기술 분야를 대상으로 중점IP 확보가 필요한 세부 기술 분야를 도출하고 중점 IP 확보 전략을 마련하였다. 또한, 중점 IP를 원천·표준·유망특허별로 유형화하고 동 유형별로 특화된 분석 지표를 활용하여 대상 기술 분야를 도출하였다.

[표 3.3-1] 기술별 주요 현황

분야	시장 전망 (세계 시장 규모)	특허 출원 동향* (숫자는 순위임)	정부 R&D 투자 현황** ('16년 예산)(숫자는 순위임)
① 사물인터넷 (IoT) 분야	('13) 2,030억 달러 ↓ ('20) 1조35억 달러	총 11,223건 1. 중국 5,825건 2. 미국 3,030건 3. 한국 1,532건 등	총 1,552억 원 1. 디바이스 414억 원 2. 플랫폼 396억 원 3. 서비스 303억 원 등
② 인공지능 (AI) 분야	('16) 6만4천 달러 ↓ ('25) 368억 달러	총 45,995건 1. 미국 16,649건 2. 중국 14,949건 3. 한국 5,768건 등	총 443억 원 1. 지식 표현 및 언어 지능 164억 원 2. 시각 지능 98억 원 3. 추론 및 기계학습 60억 원
③ 빅데이터/ 클라우드 분야	('16) 282.6억 달러 ↓ ('20) 592.5억 달러	총 12,553건 1. 중국 7,171건 2. 미국 3,612건 3. 한국 1,022건 등	총 725억 원 1. 빅데이터 분석·예측 178억 원 2. 빅데이터 응용 및 서비스 170억 원 3. 빅데이터 저장·처리·관리 기술 145억 원
④ 3D프린팅 분야	('15) 51억 달러 ↓ ('19) 158억 달러	총 15,357건 1. 중국 6,707건 2. 미국 4,249건 3. 일본 1,905건 4. 한국 1,832건 등	총 282억 원 1. 응용 및 서비스 기술 136억 원 2. 소재 및 가공 기술 85억 원 3. 공정 기술 61억 원
⑤ 지능형 로봇 분야	('15) 269억 달러 ↓ ('25) 669억 달러	총 19,073건 1. 중국 5,845건 2. 미국 4,352건 3. 한국 4,268건 등	총 1,093억 원 1. 로봇 응용 및 서비스 592억 원 2. 기구 및 부품 기술 294억 원 3. 로봇지능기술 207억 원

---

[85] ('10) 421건 → ('12) 2,646건 → ('15) 5,107건('15년, 유럽특허청)

여기서 중점 IP의 정의와 판단기준을 살펴보면 다음과 같다. 원천 특허는 독창성이 있고 다수의 응용기술을 만들어내어 산업에 적용되며, 해당 제품 생산에 필수불가결한 핵심기술에 대한 특허로 정의하였다. 판단 기준은 태동기 단계의 기술로서 미래의 기술적, 사업적 활용 가능성이 높은 IP 창출이 예상되는 기술 분야이다. 표준특허는 표준을 기술적으로 구현하기 위하여 필수적으로 포함하여야 하는 특허로 정의하였다. 판단 기준은 해당 기술에 대한 국제적인 표준 활동이 활발하고 우리나라의 적극적인 표준화 참여를 통한 IP 창출이 예상되는 기술 분야이다. 유망특허는 원천/기본 기술의 흠결을 해결하고 성능, 편의성, 경제성 등을 개선하여 고객에게 제공하는 가치를 높인 기술에 대한 IP로 정의하였다. 판단 기준은 원천/기본 기술은 이미 성립되어 기술적으로 어느 정도 성숙한 기술로서 현 시점에서 시장성이 유망한 IP 창출이 예상되는 기술 분야이다.

4차 산업혁명 주요기술은 「기술수준평가('17, 과기정통부)」대상 기술을 활용(사물인터넷, 인공지능, 빅 데이터/클라우드, 3D프린팅, 지능형로봇) 하였다.

[표 3.3-2] 제4차 산업혁명 5대 분야 기술분류

대분류	중분류	소분류
IoT	디바이스	에너지 하베스팅, 지능형 SoC, 스마트 센서, 스마트 엑추에이터, 지능형 임베디드 시스템
	네트워크	저전력 장거리 통신 기술, 저전력 근거리 통신 기술, Massive Connectivity 기술, 초고속 광대역 무선 통신 기술, 자율 네트워킹 기술
	플랫폼	가상물리연계기술, 지능형 상황인지 및 예측 기술, 데이터 수집 분석 및 처리 기술, 이기종 연동 기술, 지능형 자율 제어 기술, 식별체계 및 메타데이터 관리 기술
	서비스 (IoS)	서비스 검색 기술, 서비스 매쉬업, 개인/공공/산업 도메인 적용 기술
	보안	프라이버시, 사물 인증 및 권한관리, 암호 및 키 관리, 악성 행위 분석 및 대응
빅데이터 · 클라우드	빅 데이터 수집기술	빅 데이터 수집/정제 및 품질관리, 데이터 융합가공, 실시간 ETL/ETL, 데이터 비식별화 및 필터링
	빅 데이터 저장·처리·관리기술	데이터 통합관리, 실시간 스트림 처리, 차세대 HW 기반 빅 데이터 저장·관리, 빅 데이터 라이프사이클 관리
	빅 데이터 분석·예측 기술	빅 데이터 심층 분석, 실시간 분석, 시뮬레이션 기반 예측, 분석 알고리즘 및 모델링, 빅 데이터 시각화
	빅 데이터 응용 및 서비스	데이터 유통, 온라인 분석 서비스, 도메인 빅 데이터 응용·서비스
	클라우드서비스 제공기술	클라우드컴퓨팅 플랫폼, 클라우드컴퓨팅 네트워크, 클라우드컴퓨팅 인프라/장비, 서비스 관리 기술
	클라우드 연동 기술	클라우드서비스 브로커기술, 클라우드 버스팅/페더레이션 기술, 이종클라우드자원 관리기술, 데이터 연동/관리 기술
	클라우드 보안 기술	클라우드사용자 인증및접근제어기술, 클라우드인프라 보안기술, 클라우드데이터 보안기술
	클라우드 서비스 및	XaaS 기술, 클라우드 어플라이언스기술

대분류	중분류	소분류
3D 프린팅	응용기술	
	공정기술	3차원 형상 측정 및 생성 기술, 공정 계획 기술, 적층 성형 기술, 융복합 공정 기술
	소재 및 가공 기술	금속 소재 및 가공 기술, 경화성 고분자 소재 및 가공 기술, 가소성 고분자 소재 및 가공 기술, 세라믹 소재 및 가공 기술, 바이오/의료용 소재 및 가공 기술, 융복합 소재 및 가공 기술
	응용 및 서비스 기술	의료 및 바이오 산업 응용, 기계/수송/에너지 산업 응용, 직접 제조 응용, 극한 산업 응용, 전자/전기 산업 응용, 플랫폼 및 서비스, 전문 소프트웨어
지능형 로봇기술	로봇지능기술	인식지능, 이동지능, 조작지능, 소셜 및 상호작용 지능, 로봇지능체계
	기구 및 부품 기술	로봇용 플랫폼, 구동부품, 제어부품, 센싱 부품, 기타 로봇용 부품/부분품
	로봇 응용 및 서비스 기술	가사 지원 로봇, 헬스케어 로봇, 문화/여가지원 로봇, 교육용 로봇, 의료/재활 로봇, 국방/사회 안전 로봇, 물류 로봇, 농업/축산 로봇, 교통 로봇, 건설 로봇, 해양/수중 로봇, 제조 로봇
AI	추론 및 기계학습	추론, 베이지안 학습, 인공신경망, 강화학습, 딥러닝, 앙상블 러닝, 인지공학
	지식표현 및 언어지능	지식공학 및 온톨로지, 대용량 지식처리, 언어분석, 의미분석, 대화 이해 및 생성, 자동통·번역, 질의응답(Q/A), 텍스트 요약
	청각지능	음성분석, 음성인식, 화자인식/적응, 음성합성, 오디오 색인 및 검색, 잡음처리 및 음원분리, 음향인식
	시각지능	컴퓨터 비전, 사물 이해, 행동 이해, 장소/장면 이해, 비디오 분석 및 예측, 시공간 영상 이해, 비디오 요약
	복합지능	공간 지능, 오감 인지, 다중 상황 판단
	지능형 에이전트	지능형 개인비서, 소셜지능 및 협업지능, 에이전트 플랫폼, 에이전트 기술, 게임 지능, 창작 지능
	인간-기계 협업	감성 지능, 사용자 의도 이해, 뇌-컴퓨터 인터페이스, 추론근거 설명
	AI특화 HW	뉴로모픽칩, 지능형 반도체, 슈퍼컴퓨팅

출처: 국가지식재산위원회 제20차(2017. 9. 20.) 안건, 유망 신기술분야의 중점 지식재산 확보전략

이를 통해 중점 IP 해당유형과 선도국, 한국의 기술수준을 살펴보면 다음과 같다.

[표 3.3-3] 제4차 산업혁명 5대분야 분석결과1

대분류	중분류	소분류	해당 유형	선도국	한국기술수준
① IoT 분야	디바이스	에너지하베스팅	원천IP	US	3위
	네트워크	Massive ConNECtivity 기술	표준IP	US	2위
		초고속 광대역 무선 통신 기술	유망IP	US	3위
	플랫폼	지능형 자율 제어 기술	원천IP	CN	4위
		식별체계 및 메타데이터 관리 기술	표준IP	–	–
	보안	암호 및 키관리	유망IP	US	3위
	소계		원천(2개), 유망(2개), 표준(2개)		
② AI분야	지식 표현 및 언어 지능	의미분석	원천IP	US	2위

대분류	중분류	소분류	해당 유형	선도국	한국기술수준
	시각 지능	사물이해	유망IP	US	3위
		장소/장면 이해	표준IP	US	3위
		비디오 분석 및 예측	유망IP	US	3위
		시공간 영상 이해	유망IP	US	4위
	AI특화 HW	뉴로모픽칩	원천IP	US	2위
		지능형 반도체	표준IP	JP	3위
		소계	원천(2개), 유망(3개), 표준(2개)		

출처: 국가지식재산위원회 제20차(2017. 9. 20.) 안건, 유망 신기술분야의 중점 지식재산 확보전략

[표 3.3-4] 제4차 산업혁명 5대분야 분석결과2

대분류	중분류	소분류	해당 유형	선도국	한국기술수준
③ 빅데이터/ 클라우드 분야	빅데이터 수집기술	실시간 ETL/ELT	원천IP	CN	3위
	빅데이터 저장·처리·관리기술	데이터 통합관리	표준IP		
	클라우드 서비스제공 기술	클라우드 컴퓨팅 네트워크	유망IP, 표준IP	US	3위
	클라우드 연동 기술	클라우드 서비스 브로커기술	표준IP	US	3위
		데이터 연동/관리 기술	유망IP	US	3위
	소계		원천(1개), 유망(2개), 표준(3개)		
④ 3D 프린팅 분야	공정 기술	3차원 형상 측정 및 생성 기술	유망IP	US	2위
	응용 및 서비스기술	의료 및 바이오 산업 응용	원천IP	US	3위
	소계		원천(1개), 유망(1개)		
⑤ 지능형 로봇 분야	로봇지능기술	조작지능	유망IP	US	3위
		로봇지능체계	원천IP		
	기구 및 부품 기술	구동부품	유망IP	JP	3위
		제어부품	원천IP	US	3위
	로봇 응용 및 서비스 기술	가사 지원 로봇	표준IP	US	2위
	소계		원천(2개), 유망(2개), 표준(1개)		
총계			원천(8개), 유망(10개), 표준(8개) (중복 기술 1개 포함)		

출처: 국가지식재산위원회 제20차(2017. 9. 20.) 안건, 유망 신기술분야의 중점 지식재산 확보전략

5개 기술 분야의 136개 소 분야를 대상으로 특허 출원·거래·분쟁 동향, 표준화 동향 등 중점IP 유형별로 지표(15개) 분석을 수행하였다. 지표 분석 등을 통해 원천 유망 표준특허 확보 필요성 등이 높은 중점IP 기술 분야를 총 25개 도출(소 분야 수준)하였다. 5개 분야에 대한 기술 분류를 살펴보면 다음과 같다.

대분야 기술	기술분야 (소분야)		
	원천특허 창출 대상 (8개)	표준특허 창출 대상 (8개)	유망특허 창출 대상 (10개)
① 사물인터넷 (IoT) 분야	· 에너지하베스팅 · 지능형 자율 제어	· Massive Connectivity · 식별체계 및 메타데이터 관리 기술	· 초고속 광대역 무선 통신 기술 · 암호 및 키관리
② 인공지능 (AI) 분야	· 의미분석 · 뉴로모픽칩	· 장소/장면 이해 · 지능형 반도체	· 사물 이해 · 비디오 분석 및 예측 · 시공간 영상 이해
③ 빅데이터/ 클라우드 분야	· 실시간 ETL/ELT	· 데이터 통합관리 · 클라우드 서비스 브로커 · 클라우드 컴퓨팅 네트워크*	· 클라우드 컴퓨팅 네트워크* · 데이터 연동/관리
④ 3D 프린팅 분야	· 의료 및 바이오 산업 응용	-	· 3차원 형상 측정 및 생성 기술
⑤ 지능형 로봇 분야	· 로봇지능체계 · 제어부품	· 가사 지원 로봇	· 조작지능 · 구동부품
분석 지표	· 원천특허 확보 가능성 · 미래 기술적·사업적 가치 (7개 세부 지표)	· 기술의 표준 활동성 · 한국의 표준 활동성 (4개 세부 지표)	· 유망특허 확보 시기 적합성 · 현재 시장성 (4개 세부 지표)

[그림 3.3-1] 제4차 산업혁명 5대분야 중점 IP 분석 결과

제4차 산업혁명 분야에 대한 핵심기술-기반기술-공공융합-산업융합의 결과에 따른 대응 R&D 투자 매트릭스는 다음과 같다.

[표 3.3-5] 4차 산업혁명 대응 R&D 투자 매트릭스

분류	대상분야	세부 분야					잠재기술· 산업
기초	기초과학	산업수학	뇌 과학	신경과학	신소재	양자컴퓨팅	기타
핵심 기술	AI	추론 및 기계학습	지식표현 및 언어 지능	지능형 에이전트	시각지능	인간-기계 협업	청각 지능	AI특화 HW	바이오 엔포메틱스 나노소재 등
	IoT	플랫폼	서비스 (IoS)	보안	네트워크(CPS포함)	디바이스	
	빅 데이터	빅 데이터 분석·예측 기술	빅 데이터 저장·처리·관리기술	빅 데이터 수집기술	빅 데이터 응용 및 서비스	
	클라우드	클라우드 연동 기술	클라우드 서비스 제공 기술	클라우드 보안 기술	클라우드 서비스 및 응용 기술	
	AI·로봇	로봇 지능 기술	기구 및 부품 기술	로봇 응용 및 서비스 기술	
기반 기술	지능형 센서 및 반도체	소재 기술	모듈기술	시스템	소재 기술	신재생 에너지 우주 기술 등
	HPC	분산·병합 컴퓨팅	광·양자 컴퓨팅	기타 (뉴로모픽칩)	
	이동통신	이동통신 액세스 시스템	이동통신 서비스 플랫폼	이동통신 단말 및 부품	

분류	대상분야	세부 분야				잠재기술·산업
공공 융합	정보보안	네트워크 보안	통합보안	서비스보안	디바이스/시스템보안	스마트 교육 스마트 복지 등
	AR·VR	감성콘텐츠	인터랙션 콘텐츠	실감형 영상 콘텐츠	콘텐츠 유통	
	스마트 국방	무인 감시체제	M&S(Modeling &Simulation)		무인 항공기	
	스마트 재난안전	재난 징후 센싱기술	빅데이터 기반의 실시간 예보기술		무인원격 방제 및 진화기술	
	스마트의료	정밀의료(업상의 의사결정시스템)		의료로봇(인체삽입 진단·치료용)		
산업 융합	스마트공장	플랫폼/IoT/클라우드	AI/보안/상호운용	어플리케이션/빅데이터	센서/디바이스	스마트 푸드체인 자원 선순환 시스템 등
	자동주행 자동차	핵심부품기술	자동주행 시스템	신뢰성 확보	실증기술	
	스마트홈	스마트그린홈	스마트시큐리티	홈오토에이션	AAL기반 홈헬스케어	
	스마트 시티	스마트교통	BEMS	구역에너지관리	원격 제어기술	
	웨어러블 디바이스	상황인지기술	스마트 UX/UI기술	물리/정보 보안기술	단말SW 및 서비스 플랫폼	
	스마트에너지 환경	에너지 저가 고효율화 및 사업화 기술	분산전열시스템	스마트기상 서비스	지속가능 자원순환	

출처: 제4차 산업혁명 대응 국가성장동력 패키지화 프로그램 검토자료, 과기정통부, 2017.

제4절 기술사업화 플랫폼

가. 기술은행 NTB(https://www.ntb.kr/)

기술은행(NTB)의 사업목적은 국가기술자산(공공·민간의 R&D성과물 등)의 활용도를 제고하고 산업계로의 확산을 촉진하여 기술경쟁력 강화와 국가 경제 발전에 이바지하기 위한 목적으로, 기술사업화 전 과정에서 참여 주체들이 국가기술자산을 활용할 수 있는 종합적 지원체계를 구축·운영하고 있다. 기술은행은 NTB의 한 섹터로 잠재력이 있는 기술을 구축하고, TP 등의 지원조직을 활용하여 창업·벤처기업 등에게 기술이전·사업화를 지원하는 종합시스템이다. 『기술 발굴·수집→우수기술선별→DB화→이전·사업화』의 전 과정에서 통합적·종합적인 국가의 기술사업화 정보관리 체계인 기술은행(NTB)을 구축 및 운영을 하고 있다. 기술 이전설명회(상담회) 개최 및 관련 지원을 통해 기술시장 형성 및 운영을 지원하고, 기술평가 모델개발과 기술금융지원 및 기술이전 사업화 협력의 장을 마련하는 등 개방형 기술혁신체제 확립의 핵심요소 기반을 구축·제공한다.

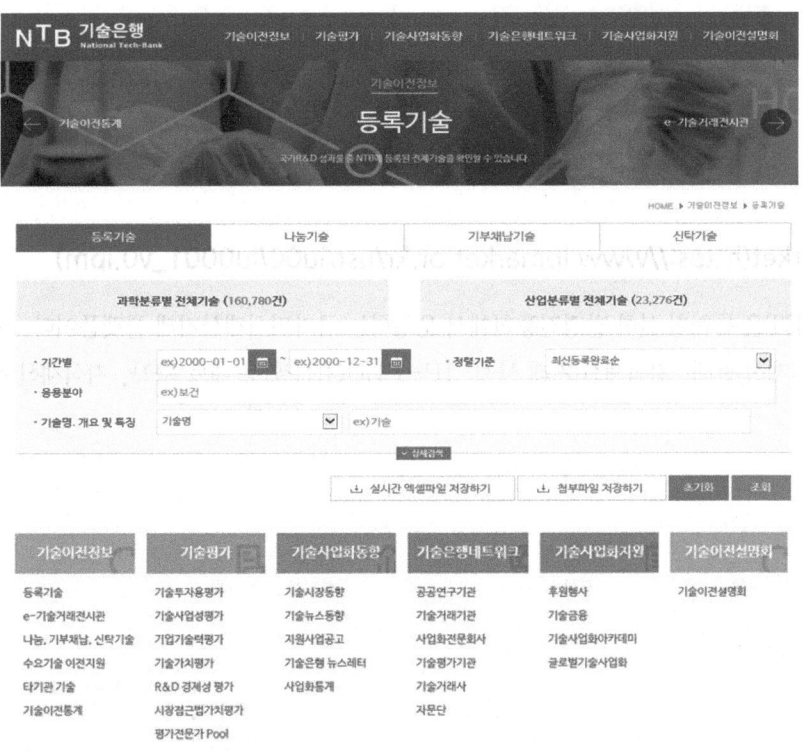

[그림 3.4-1] NTB의 사업영역

기술은행을 통해 대기업 등이 보유한 잠재력이 있는 기술의 이전·사업화를 지원하여, 기술력을 갖춘 지속 가능한 창업·벤처기업을 육성한다. 기술 풀(pool) 구축은 대기업, 공공연 등으로부터 창업·벤처기업에 이전 가능한 잠재력이 있는 기술을 확보하여 NTB 등재('14년 말)한다. 이후, 특허분석평가시스템, 기술평가기관 등을 활용하여 사업화 가능성이 높은 기술을 선별하여 NTB 내에 기술 pool을 구축·공개('15년 상)한다. 기술 중개는 TP(산업부), 창업진흥원(중기청), 창조경제혁신센터(미래부) 등 다양한 기관을 활용해 수요기업 발굴 후 이전한다. 기술 특성, 공급자·수요자 요구에 따라 기술이전방식, 컨설팅, 수익배분(무상양도, 지분투자(수익발생시 배당), 라이센싱 등) 등과 관련하여 다양한 형태의 계약체결 지원한다.

상용화 지원은 산업부, 중기청 등 관련부처에서 수행하는 기존 창업 및 사업화 지원사업인 R&BD(산업부, '14년 384.5억 원), 창업맞춤형 사업(중기청, '14년 499억 원) 등과 연계한다. 사업화 가능성이 높은 창업·벤처기업 등에 대해서는 초기 사업화·성장기 펀드, 신·기보, VC 등과 연계하여 투·융자 자금을 지원한다.

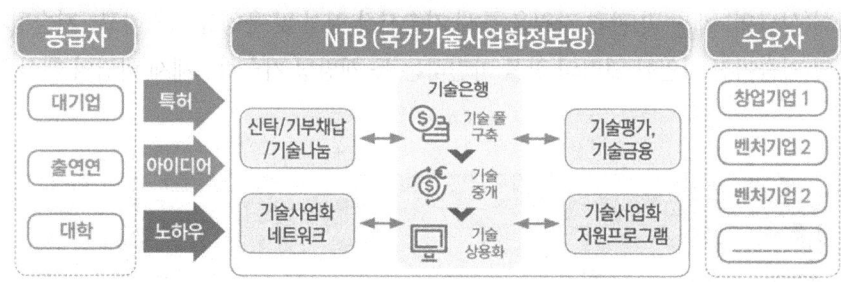

[그림 3.4-2] 기술은행 운영 구조도(안)

나. IP Market(https://www.ipmarket.or.kr/usr/iu00/iu0001_v0.ipm)

IP MARKET은 특허청 산하 발명진흥회에서 운영하는 국가지식재산거래 플랫폼이다. 이 사이트는 지식재산 구매, 지식재산 판매, 지식재산 거래 사례, IP-PLUG(IP활용 네트워크), 지식재산 경매 등으로 구성되어 있다.

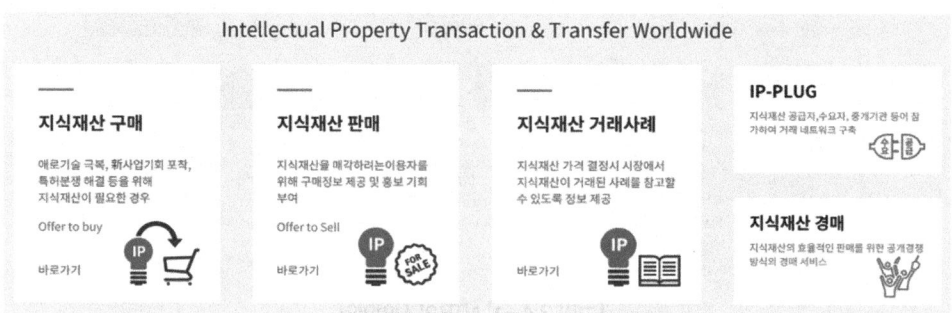

지식재산중개소는 축적된 경험과 차별화된 네트워크를 기반으로 세계 최고의 지식재산거래 기관을 지향하고 있으며 1996년 특허기술사업화 알선센터를 모태로 하여 2014년 현재의 모습으로 설립되었다. 지식재산중개소는 온라인(IP-Market), 오프라인(특허거래전문관)의 O2O연계서비스를 사업모델로 하고 있으며, 특허분석평가시스템(SMART3) 서비스를 통해 지식재산 수요·공급 분석을 지원하고 있다.

지식재산 거래 활성화하기 위하여 IP-Market은 지식재산 거래 경매 서비스를 제공한다. 경매 서비스는 지식재산 판매자가 경매를 희망하는 지식재산에 대하여 경매를 실시하고 경매 참여자들에 대하여 응찰 금액 순으로 낙찰 우선 협상대상자를 선정한다. 낙찰 우선 협상대상자는 3명을 선정하며, 선 협상자가 구매를 포기한 경우 차 협상대상자로 순서가 넘어가게 된다. 지식재산은 일반 상품과는 다른 특수성이 있기 때문에, 실제로 거래되는 지식재산의 판매자와 낙찰 우선 협상대상자가 오프라인에서 세부적으로 거래조건 합의하여 지식재산 거래가 성사된다.

IP-PLUG는 IP 수요자인 기업, IP 공급자인 대학·공공연구기관 및 기업, IP 투자자인 벤처 캐피털 및 은행, IP 중개자인 한국특허전략개발원(KISTA)과 한국발명진흥회의 IP 활용 전문가, 민간 IP 거래기관 등이 한자리에 모여 기업의 애로기술을 듣고, 정보를 공유하면서, 필요한 정보를 적절하게 연결해 주는 인적 네트워크이다.

[그림 3.4-3] IPLUG의 사업영역

제4차 산업혁명과 기술과 지식재산권

특허 구매 및 판매절차

□ (구매자) 기술(특허)을 구입하고자 하는 사람의 구매절차 프로세스

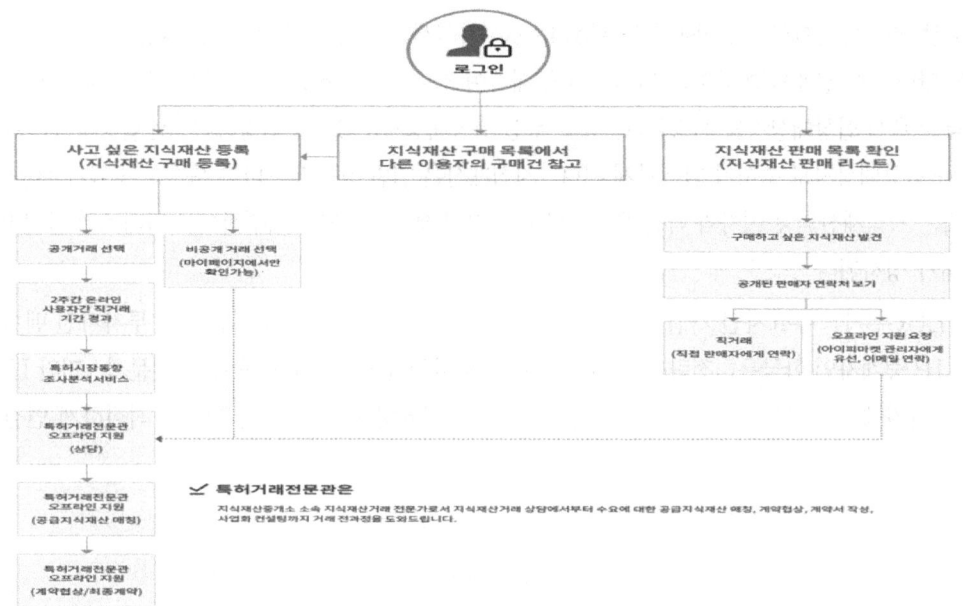

□ (판매자) 기술(특허)을 판매하고자 하는 사람의 프로세스

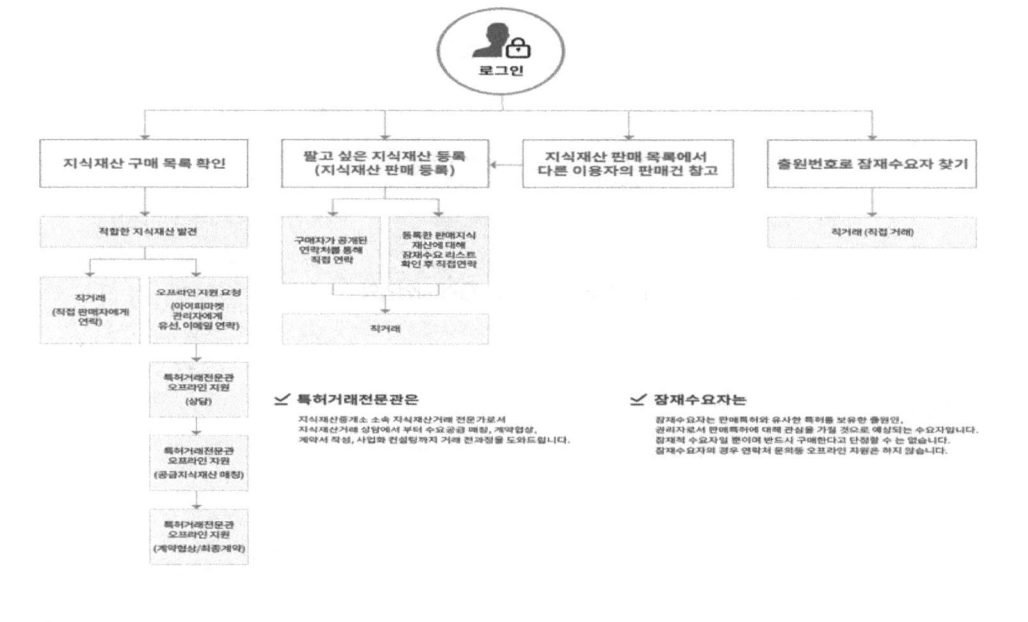

제5절 주요 선진국의 기술사업화 정책

가. 미국, 일본, 중국, 독일 모두 제4차 산업혁명 주도권 장악 모색

주요국은 자국의 전략 모델을 세계 시스템으로 탑재하기 위해 개방형 플랫폼 운영을 범 국가 차원에서 추진함으로써 사실상의 글로벌 표준을 장악하려는 방안을 모색하고 있다. 이를 위해 각국은 iot, 빅 데이터와 인공지능, 로봇 등을 연계한 시너지 효과를 살리면서 자국의 강점을 기반으로 제4차 산업혁명의 플랫폼을 전략적으로 구축하고 있다. 이들 국가의 플랫폼 구축 전략의 목표는 단순히 제조업의 혁신 생태계를 선점하는데 머무르지 않고, 전 산업과 경제사회 시스템의 글로벌 운영체계를 장악하겠다는 산업혁명 차원의 접근이다.

[표 3.5-1] 주요국의 제4차 산업혁명 대응현황 비교

구분	독일	미국	일본	중국
의제	인더스트리4.0 (2011년 11월)	AMP(Advanced Manu-Lacturing Partnership) ('11)	로봇 신전략 (2015년 1월) 4차 산업혁명 선도전략('16)	중국 제조 2025 (2015년 5월) 인터넷플러스('15.7)
플랫폼	설비·단말 중심의 플랫폼 (제조 시스템의 표준화를 통한 세계로의 수출)	클라우드 중심의 플랫폼 (클라우드 서비스의 수비 영역을 확정)	로봇·IoT·AI를 연계한 지능 로봇화 플랫폼 (로봇 플랫폼과 AI와 CPS 연계 플랫폼 추진)	인터넷 플러스 전략과 강력한 내수시장 연계 플랫폼 (제조대국에서 제조강국으로 전환과정에서 파생되는 플랫폼의 사실상 표준전략)
추진체계	플랫폼 인더스트리 4.0(2013년 4월) 독일공학아카데미, 독일연방정보기술·통신·뉴미디어협회(BITKOM), 독일기계공업협회(VDMA), 독일전기전자제조업협회(ZVEI) 등 관련 기업과 산업단체	IIC(Industry Inter-net Consortium, 2014년 3월 발족) GE, 시스코, IBM, 인텔, AT&T 등 163개 관련 기업과 단체	로봇혁명 실현회의 (2016년 1월) 로봇혁명 이니셔티브협의회(148개 국내외 관련 기업과 단체) IoT 추진 컨소시엄(2016년 10월)	국무원 국가제조강국건설지도소조 클라우드 컴퓨팅과 빅데이터 전략을 추진하는 인터넷 기업들과 연합함
기본전략	공장의 고성능 설비와 기기를 연결하여 데이터 공유 제조업 강국의 생태계를 살려서 Real에서 Cyber 전략	공장 및 기계 설비등은 클라우드에서 지령으로 처리 AI 처리와 빅데이터 해석을 중시하는 Cyber에서 Real 전략	로봇 기반 산업 생태계 혁신 및 사회적 과제 해결 선도 IoT, CPS, AI 기반 제3차 산업혁명 선도	5대 기본 방침, 4대 기본 원칙, 3단계 전략에 의한 강력한 국가 주도 제조혁신전략 방대한 내수 기반의 지혜 도시 (스마트시티)와 제 13차 5개 년 계획과 연계

구분	독일	미국	일본	중국
주요 기업	지멘스, SAP	GE, 아마존	토요타, 화낙	알리바바
용어	• Industrie 4.0 • 4차 산업혁명	• Digital Manufacturing Revolution • Innovation Revolution • Industrial Internet(GE) • Internet of Everything(Cisco)	• Society 5.0 • 4차 산업혁명 • e-F@actory(미츠비시) • 스마트제조(후지쯔)	• 인터넷+ • 4차 산업혁명
민간/ 정부 역할	민간주도 → 민관 공동	민간 주도 정부 지원	민관공동 주도, 공동실행	정부 주도 민간 실행
거버넌스	플랫폼 인더스트리 4.0	민간 컨소시움 민관 파트너쉽	제4차 산업혁명 관민회의	정부(국무원, 공업신식화부)
핵심 기술	공동 : 산업용 사물인터넷 ,CPS, 빅데이터, IoT, 인공지능, 로봇공학, 클라우드 등			
	자동화 설비·솔루션	빅데이터 인공지능	산업용로봇	범용적 정보통신기술
대응 방향	제조업 중심의 정책 방향 자동차, 기계설비 관련 독일 글로벌 기업 중심 추진 국가 차원의 아젠다 제시와 민관 공동대응	제조업 중심의 정책방향 설계 미국의 글로벌 IT기업의 적극적 참여	정부 아젠다 중심의 대응전략 기존의 강점인 로봇 기술 중심의 전략 수립	정부의 강력한 정책 추진 기존 제조업의 발전 수단으로 ICT 기술 활용 중국 내수시장 규모 적극 활용
특징	제조업·ICT 융합 국제표준화 선도 프라운호퍼 연구소 중견·중소기업의 혁신참여 유도	기술과 자금을 보유한 제조업 기업 주도	기술, 인재육성, 금융, 고용, 지역경제 등 종합대응 경제 현안 해결, 산업구조 재편의 기회로 활용	제조업 발전을 통한 경쟁력 제고 규모의 경제가 가능한 내수시장
한계	제조업 중심에서 경제전반으로 기술발전의 시너지 제고 필요	일자리, 소득분배 등 다양한 파급력에 대한 종합적 대응 미흡	사회 구조적 과제 해결이 쉽지 않고 재정여력 악화 등 정부지원 지속의 한계	빈곤, 지역격차, 노령화 등도 동시에 대응해야하는 복잡한 상황

* 자료: 정보통신기술진흥센터('16. 4.), 한국은행('16. 8.), 현대경제연구원('16. 8), 하원규 최남의(2015), p.280 등을 참조하여 재작성

나. 미국: 백악관과 상무부가 민간기업의 산업인터넷 협력을 지원

오바마 정부는 2011년부터 첨단제조업 파트너쉽(AMP) 프로그램을 지속적으로 발전시키며 제조 시스템 및 프로세스를 효율화하는 기술 개발에 적극적으로 투자해왔다. 대통령 과학기술자문위원회(PCAST)의 권고로 첨단제조업 파트너십 프로그램을 2011년 6월 발족하고 R&D 투자, 인프라 확충, 기업 간 협력 등 제조업 전반의 활성화를 도모하고 있다.

첨단제조파트너십(AMP)은 미국 제조업의 해외유출(Off-shoring)을 다시 되돌리기(Re-shoring)

위한 정책으로 추진되었다. 기존의 제조업에서는 인력과 생산규모 등을 중심으로 효율화가 가능했으므로, 저렴한 인력과 동일가격에 넓은 생산규모를 건설할 수 있는 개발도상국으로의 제조시설 이탈이 매우 자연스러운 현상이었다. 이를 극복하기 위해서는 높은 수준의 자동화나 고급인력중심의 생산시설을 갖춘, 개발도상국 대비 비교우위를 가지는 생산수단을 중심으로 생산시설이 재편될 필요가 있다.

미국은 백악관 내에 제조업 정책국을 설립하고 상무부 국가표준기술연구소(NIST)에 첨단제조국가 프로그램 사무국(Advanced Manufacturing National Program Office)을 설치하였다. 정부와 민간이 연계하여 제조업과 관련된 다양한 이슈들을 해결하고 효과적인 R&D 기반을 구축하기 위해 2012년 독일 프라운호퍼 모델을 벤치마킹한 "국가 제조혁신 네트워크(National Network for Manufacturing Innovation: NNMI)"를 구축하였다. 미국 정부는 'National Network for Manufacturing Innovation Institute Program: NNMIIP' 프로그램을 통해 민간기업, 주요대학, 연방 정부기관 등이 새로운 유망 기술 분야에 대해서 공동으로 투자하도록 다양한 유인과 정책적 자원을 제공하고 있다.

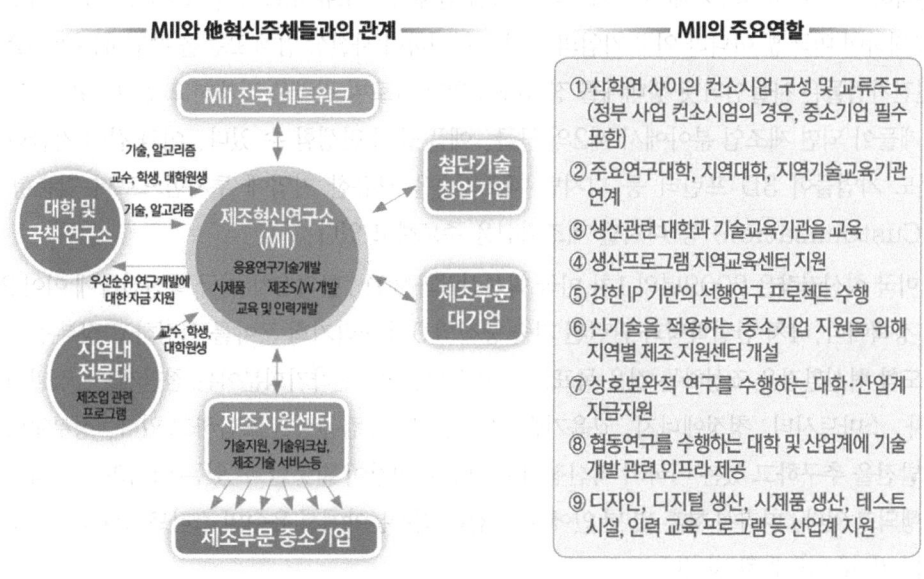

[그림 3.5-1] 미국 제조혁신연구소 모델
(자료: U.S. President's Council of Advisors on Science and Technology(2012), p. 23.)

구체적으로 말하면 3D 프린팅(additive manufacturing), 경량소재(lightweight materials), 차세대 전력(next generation power electronics), 디지털 디자인 및 제조(digital design & fabrication), 복합소재(complicated materials) 등 여러 첨단제조기술 분야의 지역별 제조혁신연구소(Manufacturing Innovation Institute, MII)를 설립하였으며, 전국적으로 총 45개의 제조혁신 연구소를 설립할 예정이다.

또한, 첨단 제조업 파트너십을 2014년에 2단계(AMP 2.0)로 발전시키며 대통령령으로 '미국 제조업 재건법안(Revitalize American Manufacturing and Innovation Act)'을 발표하였다. IIC(Industrial Internet Consortium)는 GE, AT&T, CISCO, IBM, Intel 등 5개 민간 기업을 중심으로 설립하여 2016년 2월 현재 237개의 기업이 참여 중으로 제품 개발, 제조공정 등 산업 전반에 사물인터넷이 활용되는 '산업인터넷' 전략을 발표하였다. GE의 '산업인터넷' 전략은 사물인터넷을 활용하여 산업 생태계의 혁신을 가져오는 동시에 비용절감과 새로운 부가가치 창출을 비전으로 제시하였다. 미국정부는 IIC 등의 공동체에 적극적으로 협력하여 새로운 부가가치 창출이 가능하도록 조력자의 역할을 수행해오고 있다. 미국의 제4차 산업혁명 육성전략의 3대 축은 첫째, 클라우드 서비스 등 미국의 인터넷 우위를 최대한 활용, 둘째, 제조 및 인터넷 기업이 축적한 빅데이터를 인공지능으로 처리, 셋째, 전 세계의 공장과 설비를 제어하는 미국 주도의 산업 플랫폼과 표준화 등을 실현하는 것이다.

미국은 전 세계 공장에서 수집되는 방대한 데이터를 구글, 아마존 등 인터넷 사업자의 데이터센터에 축적하고 이를 분석하여 지구 차원의 거대 비즈니스를 창출할 잠재력을 보유하고 있다. GE가 산업인터넷 컨소시엄(IIC)을 조직하여 미국 뿐 아니라 외국 기업의 참여를 독려하여 사실상 업계 표준을 수립하는 체제를 강화하는 등 미국 선진기업들은 사물인터넷 생태계를 장악하기 위한 글로벌 전략을 전개하고 있다. 향후 GE의 OS를 탑재한 기계들이 되면 제조업 분야에서 제2의 구글, 애플 등이 탄생할 수 있다. 이와 같이 자금력을 보유한 미국의 선도 기업들이 3D 프린터 등 디지털 제조기술을 보유한 기업에 투자함으로써 맞춤형 대량생산(Mass-Customization) 등 디지털 제조혁신을 주도하고 있다.

새로운 미국 혁신전략은 2009년의 1차 미국 혁신전략과 2011년의 2차 미국 혁신전략에 이어 2015년부터 시작된 정책이다. 4차 산업혁명과 관련된 기술 중심의 9대 전략기회 분야를 선정하고 정부 중심으로 향후 민간이 주도할 혁신환경을 조성하는 것을 목표로 하고 있다. 9대 전략기회분야는 첨단제조, 정밀의료, 두뇌, 첨단자동차, 스마트시티, 청정에너지, 교육기술, 우주, 고성능컴퓨팅을 포함하고 있다. 정부보다는 민간주도의 산업발전을 추구하고 있는 미국의 혁신정책은 대부분 민간이 활동할 수 있는 영역의 인프라를 구축하는 형태로 진행되고 있다. 따라서 향후 몇 년 안에 위와 같은 전략분야에서 유수의 스타트업과 중견기업들의 신제품/신서비스가 개발되게 될 것이다

다. 독일 : 「인더스트리 4.0」에서 정부역할 확대하며 「플랫폼 인더스트리 4.0」으로 발전

독일은 첨단기술전략(High-Tech Strategy) 2020을 수립하였다. 10대 프로젝트 중 하나로 제조환경변화에 대응하기 위한 민·관·학 연구 프로젝트 「인더스트리 4.0」을 추진하였다. 이에 따르면 2012~2015년에 2억 유로의 정부 예산을 투자하여 제조현장과 IT기술을 접목한 새로운 제조방식을 모색하였다. 「인더스트리 4.0」의 궁극적 실현방식인 스마트 공장(Smart Factory)은 개별 기술의 나열이 아닌 전체 공정상의 모든 기술이 초 연결되는 형태로 진화하였다. 스마트공장 확산을 위해 자동화 시스템의 안전,

책임 등에 대한 법률체제를 정비하였고, 독일의「인더스트리 4.0」은 정부의 전폭적 지원과 독일 인공지능센터(DFKI)[86]의 리더십을 통해 산재해 있는 요소기술을 종합하고 협업을 견인하였다.

[표 3.5-2] 인더스트리 4.0과 새로운 플랫폼 인더스트리 4.0 비교

	인더스트리 4.0	플랫폼 인더스트리 4.0
주체	산업협회(BITKOM, VDMA, ZVEI)	경제에너지부와 교육연구부
형태	연구 어젠다 중심, 독일의 국가 차원의 첨단기술 전략 10개 핵심 주제에 포함	정부기관 책임 하에 산업, 노조, 연구 기관이 함께 참여하는 현 정부 핵심 추진 과제
핵심 추진 과제	인더스트리 4.0 개발/발전 및 적용 전략 도출	기존 인더스트리 4.0의 적용전략 제안을 바탕으로 5개 핵심 분야로 세분화, 실제 적용 가능한 결과물 도출 - 참조 아키텍처 및 표준화 - 연구 및 혁신과 연결된 시스템의 보안 - 법적, 정책적 조건 - 인력 육성, 교육
목표 결과물	인더스트리 4.0 실행 기획안 '15. 4월 적용 전략 제안문서 발표	- 각 핵심 분야에서 손에 잡히는 결과물 도출 - 2015년 11월 정부 IT 최고정책회의(IT Gipfel) 1차 발표

자료: 포스코경영연구원(2015), 다시 시작하는 인더스트리 4.0.

독일은「인더스트리 4.0」의 지난 2년간 추진성과를 분석하였고, 실용성과 실행력을 강화해 2015년 4월 민간단체 중심에서 정부(경제에너지부와 교육연구부) 주도로 재추진을 선언하였다. 이에 따르면 스마트공장과 관련하여 기술 표준화 지연, 데이터 보안 문제 미해결, 시스템 도입 시 중소기업에게 막대한 초기 투자비용 부담, 경쟁사에 자사 제조공정 데이터가 유출될 가능성 등이 적극적인 수용에 걸림돌로 작용했다는 철저한 현상분석을 수행하였다. 이를 바탕으로「인더스트리 4.0」의 결점을 보완한「플랫폼 인더스트리 4.0」전략을 도출하였다.

라. 일본 :「일본부흥전략 2015」의 7대 추진방향 제시 및 로봇 신전략 5대 분야 육성

일본 정부는 2013년 아베노믹스 전략의 일환으로 발표된「일본부흥전략」을 보강하여 2015년「일본부흥전략 2015」를 발표하였다. 제4차 산업혁명의 정부 대응전략으로 민간이 적기에 해당 산업분야에 투자할 수 있도록 법·제도 환경을 정비, 민관이 함께 공유할 수 있는 비전 수립 필요성을 제시한다. 특히 고령화에 따른 노동력 부족 등 다양한 사회적 문제를 해결할 기회로 인식하고 있다. 또한, 사물인터넷, 빅 데이터, 인공지능의 연구개발을 중심으로 전략기술의 기본방향으로 제시하고 있다. 이에 따라 빅 데이터·인공지능 연구가 중심이 되어 재료기술, 의료기술, 에너지·환경기술, 산업 인프라기술을 2030년까지 중점적으로 육성할 계획이다.

경제산업성이 2015년 1월 발표한「로봇 신전략」은 5대 분야를 선정하여 육성하는 것을 골자로 한다. 이는

---

[86] DFKI(Deutsches Forschungszentrum fur Kunstliche Intelligenz) 인공지능 기반의 기술연구소로 마이크로소프트, SAP, BMW 등과 협력하며, 독일「인더스트리 4.0」전략의 청사진을 제시

로봇강국의 위상을 더욱 견고히 하려는 전략인 동시에 저출산·고령화, 인프라 노후에 따른 생산노동력 감소, 사회 보장 비용 증가 등 사회적 문제 극복 방안으로 구상한 것이다. 이전에는 로봇으로 간주하지 않던 사물(자동차, 가전제품, 휴대폰, 주거 등)까지 로봇화되면서 일상생활에서 가장 적극적으로 로봇을 활용하는 사회를 목표로 한다. 또한, 빅데이터, IT융합, 네트워크, 인공지능을 구사하는 로봇으로 세계를 주도하는 것을 모색한다.

[표 3.5-3] 로봇신전략의 업종별 5대 분야 목표

분야	목표
제조업	- 현재는 대기업 중심으로 로봇이 도입 - 일본 전체 기업의 90% 이상을 차지하는 중소기업에 로봇을 도입
서비스업	- 현재 서비스업은 취업자 전체의 70% 이상을 고용하는데, 노동생산성 향상이 필요 - 물류, 도소매업, 숙박업 등에 로봇을 확대 보급하여 생산성 확대(일손 부족 해결)
개호·의료	- 의료 로봇 시장을 500억 엔까지 확대하기 위해 새로운 의료기기 심사를 신속하게 처리 - 로봇 기술을 활용한 의료기기 실용화 지원을 2020년까지 100건 이상 실시
인프라·건설·재해대응	- 중장기적 관점에서 인력부족을 해결할 수 있는 건설현장의 정보화, 작업의 자동화 - 중요 노후 인프라의 20%를 로봇을 활용하여 점검
농림수산업·식품산업	- 트랙터 등 농업기계에 GPS 자동 주행시스템 장착, 작업의 자동화 구현 - 해당 분야의 업무 간소화에 기여할 수 있는 로봇 20종 이상을 도입

자료: 정보통신기술진흥센터(2016), 주요 선진국의 제4차 산업혁명 정책동향, 해외 ICT R&D 정책동향 2016-04호.

일본은 '신산업 구조 비전', 새로운 '일본재흥전략' 등을 통해 국가차원에서 4차 산업혁명에 적극적으로 대응하려는 모습을 보이고 있다. 일본정부 및 경제계는 4차 산업혁명을 통해 인구 감소, 산업경쟁력의 약화, 환경제약 등의 문제를 해결하는 Society 5.0을 지향하고 있다.

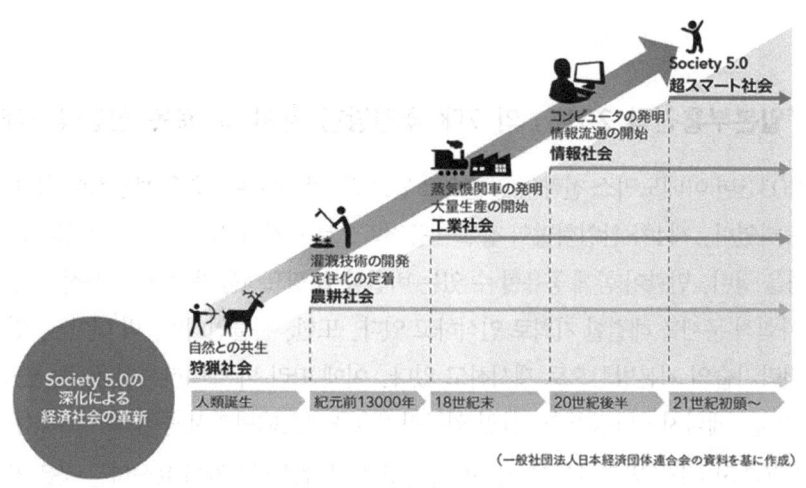

[그림 3.5-2] SOCIETY 5.0

일본의 경우도 Society 5.0을 통해 그 중심에 ICBM + AI 기술이 포진하고 그 둘레를 확장하여 최종적으로 응용분야인 스마트 홈, 스마트 시티, 자율주행차, 스마트 팩토리 등이 배치되어 있다.

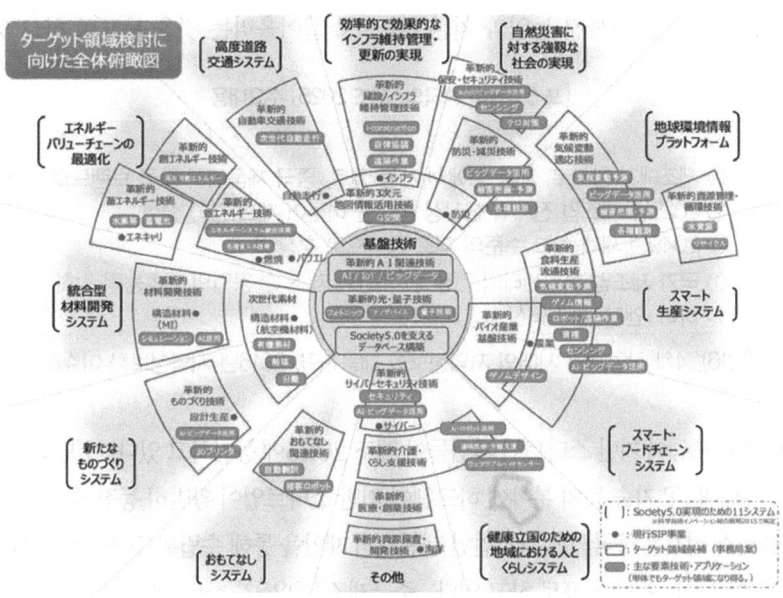

2016년에는 7대 추진방향을 제시하였다. ①데이터 활용촉진을 위한 환경정비, ②인재육성 및 고용시스템의 유연성 향상, ③이노베이션 및 기술개발의 가속화, ④금융조달 기능의 강화, ⑤산업구조 및 취업구조 전환의 원활화, ⑥중소기업 및 지역경제에 제4차 산업혁명 보급, ⑦사회시스템의 고도화 등이 그것이다.

제조 현장의 효율성을 높이기 위한 일본 기업들의 시도들이 IoT 플랫폼의 구축, 인공지능(AI)의 개발 등으로 이어지고 있으며, 옴론 등 100개사는 세계최초로 IoT 데이터 매매시장 창설에 나서는 등 데이터 유통시장의 활성화도 추진되고 있다. 일본기업은 공장, 헬스케어, 자율주행, 금융, 에너지 등 다양한 분야에서 새로운 비즈니스 모델의 개발에 힘쓰고 있으며, 특히 세계 센서 시장 40%의 점유율을 가진 경쟁력을 활용해 연계형 비즈니스를 개척하고 있다.

마. 중국 : H/W 부문 「제조 2025」와 Soft 인프라 「인터넷 플러스」 시너지

중국은 「제조 2025」와 인터넷플러스 정책을 통해 4차 산업혁명을 대비하고 있다. 2015년 발표된 중국의 「제13차 5개년 계획(2016~2020년)」의 기축 정책인 「제조 2025(Made in China 2025)」는 4차 산업혁명 구상에 대응하는 중국식 신 전략이다. 이는 거대한 내수시장을 기반으로 첨단기술을 융합한 신산업 혁신 전략을 추진한다. 또한, 제품 중심의 경쟁에서 제조+서비스와 같은 신(新)패러다임의 경쟁역량 확보를 모색한다. 즉, 디지털 전환을 가속화해서 저부가가치 산업을 고부가가치 산업으로 발전시키고, 추격이 어려운 복합지식 및 심층지식 분야 개척을 모색한다.

중국「제조 2025」는 제조 '대국'에서 제조 '강국' 전환 지향의 4차 산업혁명 대응 전략이다.「제조 2025」는 제조업의 종합경쟁력을 2025년까지 독일과 일본수준으로 끌어올리는 것을 목표로 하고 있다.

[표 3.5-4] 중국의「제조 2025」주요내용

구분	중점 분야
목표	① 제조에서 창조로, 제품 양에서 제품 질로, 중국 제품에서 중국 브랜드로 전환 추진 ② 2025년 제조업 전체의 생산성 향상을 이루어 제조 강국 실현 ③ 2049년 세계 최고 수준의 제조 강국으로 부상
5대 중점 프로젝트	① 국가 제조업 혁신센터의 건설 ② 지능화 제조 ③ 공업의 기초능력 강화 ④ 그린 제조 ⑤ 하이-엔드 설비 혁신

자료: 안문석, 이제은(2016), 4차 산업혁명 시대의 지역정보화 대응전략, 2016년 지역정보화 이슈리포트 제1호.

특히, 중국의 많은 하드웨어 기반 스타트업 기업들이 제조 2025에 동참하고 있다. 첨단공작기계와 농업 장비, 신에너지 자동차, 차세대 IT 기술 등의 분야에 하드웨어 기반 스타트업이 활발히 등장하고 있으며 실적이 나타나고 있다. 인터넷 플러스 정책은 중국의 민간기업인 텐센트의 제안을 통해 수립된 정책으로 ICT 기술을 기존 제조업에 적극 융합하고 활용하는 것을 목표로 하고 있다. 중국제조 2025가 하드웨어 중심의 혁신정책이라면 인터넷 플러스 정책은 소프트 인프라 중심의 정책이라는 점에서 4차 산업혁명을 대비한 균형 잡힌 전략이라고 볼 수 있다.

인터넷 플러스 정책은 인터넷 서비스와 제조 산업의 융합으로 고도화를 추진한다. 2018년까지 인터넷과 경제·사회 각 분야의 융합발전을 통해 신성장동력 창출하고, 인터넷경제와 실물경제의 융합체제를 구축하는 인터넷 플러스 장기 발전목표를 제시한다. 인터넷 플러스를 통해 산업의 경계를 허물고 혁신을 수용하도록 촉진책을 시행한다.

[표 3.5-5] 국무원 인터넷 플러스 행동 지도 의견(2015.7)의 11대 핵심결합 분야

분야	추진 내용
1) 창업지원	인터넷 플러스 산업 내 창업 지원, 경제 발전 신성장 동력으로 구축
2) 제조업 플러스	스마트 제조, 대량의 맞춤형 상품 제조, 네트워킹 제조 시스템 수준 제고
3) 현대농업 플러스	스마트 농업 생산 경영 시스템 구축
4) 에너지 플러스	에너지 생산 스마트화
5) 금융 플러스	인터넷 금융 클라우드 서비스 플랫폼 구축, 인터넷 금융 서비스 범위 확대
6) 복지 플러스	정부 공공시스템/데이터 네트워크화 추진, 스마트 복지 서비스(공유형)제공
7) 물류 플러스	재고 추산/측정 시스템화, 물류 시스템 네트워크화 추진
8) 상거래 플러스	농촌 전자상거래 확대, 에너지, 철강, 의약 등 분야의 전자상거래 확대
9) 교통 플러스	교통/운수 서비스 품질 향상, 교통/운수 운영 현황 시스템화
10) 환경 플러스	오염물질 측정 시스템화, 각 부문 별 모니터링 시스템 강화
11) 인공지능 플러스	인공지능 산업 육성, 인공지능 상품화 및 성능 제고

자료: 전종규(2016), 스마트 차이나, 중국4차 산업혁명, 삼성증권.

제6절 향후 전망과 대응책

1. 제4차 산업혁명 기술의 미래

"미래를 예측하는 가장 좋은 방법은 미래를 만들어가는 것이다(The best way to predict the future is to invent it)."라고 말한 미래학자 알렌 케이(Alan Kay)처럼 사고 리더쉽(thought leadership)을 가진 글로벌 기업들은 제4차 산업혁명 시대에 고객의 숨은 니즈까지 찾아내고, 기술 중심으로 플랫폼을 형성하며 시장을 만들어 간다.

이런 기업들의 신제품이란 all new한 것이 아니라 기존에 있는 기술이거나 용도를 변경한 것, 기술과 기술을 융합한 것, 소형화한 것, 기술을 대체한 것 등이 대부분이다.

그래서 thought leadership을 가진 기업들은 기존의 기술이 포함된 개념적 특허를 싼 값에 사오고 추가적인 연구개발을 진행하여 빠른 시간 안에 제품을 완성하여 시장에 출시하는 전략을 사용한다.

현대의 신사업 발굴, 신제품 개발, 신시장 개척에 있어서 가장 필요한 것은 개념 구상(concept building)이며 이를 통해 비즈니스 모델(BM)을 구축하고 이를 바탕으로 필요한 기술들은 사오거나 꼭 필요하다면 오픈이노베이션을 통해 외주를 주거나 아니면 자사의 핵심역량을 바탕으로 연구개발을 수행한다.

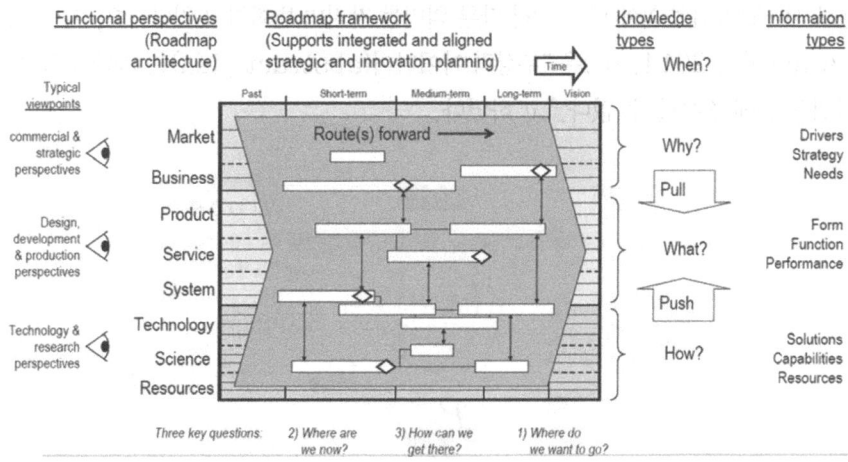

선진 글로벌 기업들이 겪었던 시행착오를 우리가 뛰어넘을 수는 없지만 단축시킬 수는 있다. 축적의 시간은 다양한 시행착오를 단기간에 시도함으로써 줄일 수 있다.

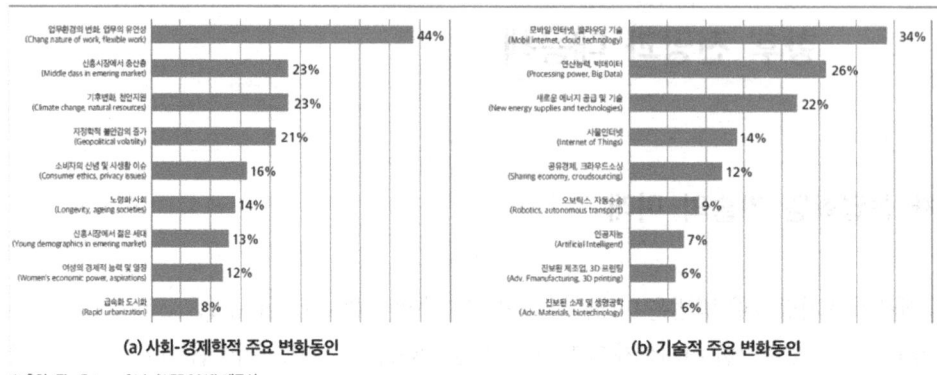

※ 출처 : The Future of Jobs(WEF, 2016) 재구성

2. 제품-서비스 융합 플랫폼 및 솔루션

영업방법(BM) 발명은 영업방법 등 사업 아이디어를 컴퓨터, 인터넷 등의 정보통신기술을 이용하여 구현한 새로운 비즈니스 시스템 또는 방법을 말하며, 영업방법(BM) 발명이 특허심사를 거쳐 등록되면 영업방법(BM) 특허가 된다. BM 특허란 컴퓨터 및 네트워크 등의 통신기술과 사업 아이디어가 결합된 영업 방법 발명에 대해 허여된 특허를 말한다. BM 특허는 미국에서는 USPC 705 시리즈로 유명하며, 우리나라에서는 2000년도 벤처 붐, 2010년 창조경제시대 스타트업의 BM, 그리고 다가올 2020년 제4차 산업혁명 시대 비즈니스 모델로 시대환경의 변화에 따라 각각 다른 의미를 가지며 변화하고 있다. 즉, 이면에는 BM 특허의 변화가 있다. Alice 판결(2014. 6.)은 "추상적 아이디어(abstract idea)는 과학과 산업의 기초빌딩 블록이므로 특허법을 통해 점유할 수 없다."고 하였다.

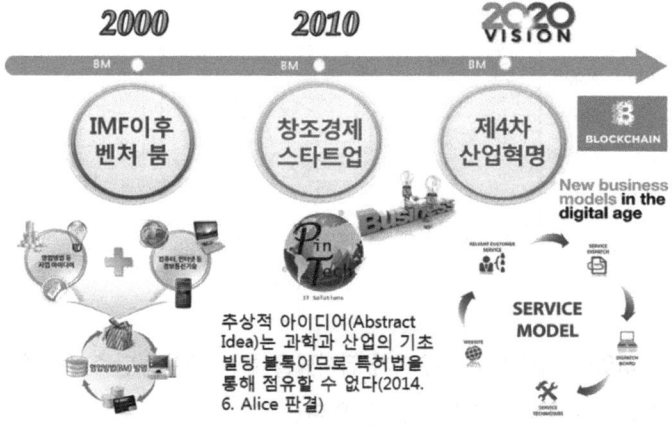

[그림 3.6-1] 비즈니스 모델의 시기적 특징

기술의 발전으로 인해 제품 및 공정, 제조기술은 더 이상 차별성을 가질 수 없게 되었으며 6개월 이내에 어떤 제품이든 모방이 가능한 상황이다. 모방을 방지하기 위해서는 제품의 각 요소에 20년간 독점 배타적인 권리가 부여되는 특허를 확보하는 것이 필요하다. 그렇지만 핵심원천특허를 제외하고는 개량 특허가 대부분이어서 제품에 강력한 특허권을 기회는 점점 줄어들고 있다. 이런 상황에서 제품과 서비스를 연결하여 고객에게 가치를 제공해주는 BM은 더욱 중요해지고 있다. 그러나 Alice 판결은 BM의 특허 권리범위를 인정해주지 않고 있어 이러한 현실과 모순이라 하지 않을 수 없다. 하나의 제품 자체가 똑똑해지는 데에는 한계가 있고, 현대의 고객은 미니멀리즘에 입각한 사용자 경험을 중시하기 때문에, 복잡하고 어려운 만능 제품은 효용성이 떨어지거나 특허로 출원했을 때 '다(多)기재 협(狹)범위'의 원칙에 의해 강한 특허가 될 수 없다. 결국, 제4차 산업혁명 시대에는 제품을 서비스 관점에서 연결하고 지능화하여 서비스 모델화하고 각 기술요소에 대해 특허화 하는 것이 가장 중요하다.

중소·중견기업이 제품이나 서비스를 판매하기 위하여 플랫폼을 구축하는 것은 무척 힘들다. 왜냐하면, 고객이 와서 머무는 플랫폼이 되려면 오랜 시간의 네트워크 효과(network effect)가 필요한데 자금력이 부족한 기업이 직접 만들기에는 어려움이 있다.

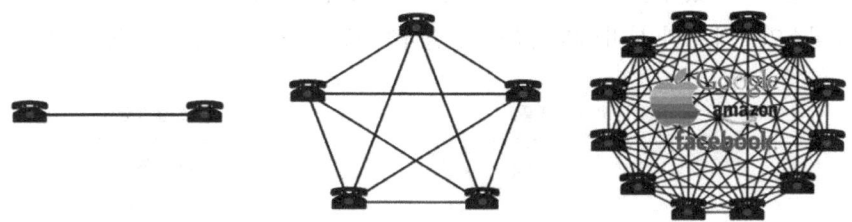

[그림 3.6-2] 네트워크 효과(network effect)

그러나 실망할 필요는 없다. 제4차 산업혁명에서 거론되고 있는 '지능(AI) + 정보(ICBM: Iot, Cloud, Big data, Mobile)'를 살펴보면 모바일 플랫폼은 이미 AGFM(Apple, Google, Facebook, Microsoft)에 의해 선점되었을 뿐만 아니라 오픈 소스로 제공된다. 빅 데이터도 글로벌 기업이 BM으로 잘 활용하고 있다.

그러나 우리나라는 빅 데이터가 많지 않다. 이런 상황에서 우리가 믿을 수 있는 것은 기존의 플랫폼을 잘 활용하여 새로운 BM을 창출하고 이를 바탕으로 빅 데이터를 모아서 미래시장이 열렸을 때 경쟁력을 갖는 것이다. 이 상황에서 무작정의 서비스 모델/비즈니스 모델보다는 이에 필요한 각 요소기술을 특허로 확보하는 것이 중요하다. 이것이 제4차 산업시대에 지식재산이 중요한 이유이다. 대기업도 기존에는 나 홀로 제품(stand alone)을 개발하는 데 치중하였지만 최근에는 개방형 플랫폼을 구축하는 것에 집중하고 있다. 따라서 중소중견기업은 이미 기 구축된 플랫폼에 올라타서 자사만의 독특한 솔루션을 제공할 수 있어야 경쟁에서 살아남을 수 있다.

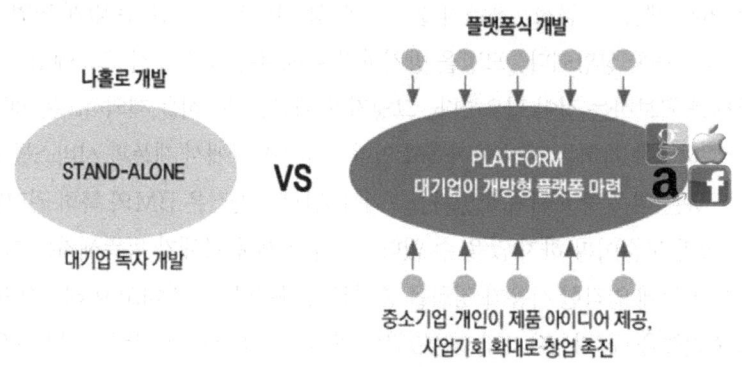

[그림 3.6-3] 플랫폼과 솔루션

제품과 서비스가 융합하는 방법은 여러 가지가 있다. 제품의 서비스화가 있는데 지멘스의 암베르크 공장, 제록스, GE의 서비스 등이 예이다. 서비스를 제품화하는 경우는 더존의 회계시스템, 아마존의 킨들 등을 들 수 있다. 또한 구축된 서비스 플랫폼에 올라타서 다양한 솔루션을 제공하는 우버, airbnb 등의 예도 있다.

애플은 서비스 플랫폼도 있지만 궁극적으로는 제품(iphone, ipad)를 팔아서 수익을 남긴다. 기존 사업이 제품인지 서비스인지에 따라 서비스와 제품을 연결하여 고객에게 최적의 솔루션을 제공할 수 있다.

기존사업 Value-up	제조(제품)	서비스	서비스 플랫폼
서비스	서비스 제품화 더존, 아마존 킨들	× not 제품	서비스 플랫폼 구글, 우버, airbnb
제조(제품)	기존 IP-R&D × only 제품 강화	제품 서비스화 제록스	애플 iTunes

[그림 3.6-4] 제품-서비스 융합 전략

제품-서비스 융합 IP 전략은 트리플 다이아몬드(Triple Diamond) 전략을 통해 구현될 수 있다. 제품-서비스가 구현되기 위해서는 비즈니스 모델에 입각한 UX/UI가 먼저 개발되어야 한다. 그 과정에서 빅 데이터, 인공지능 등의 제4차 산업혁명 기술들이 융합되어 최적의 솔루션을 만들어야 한다.

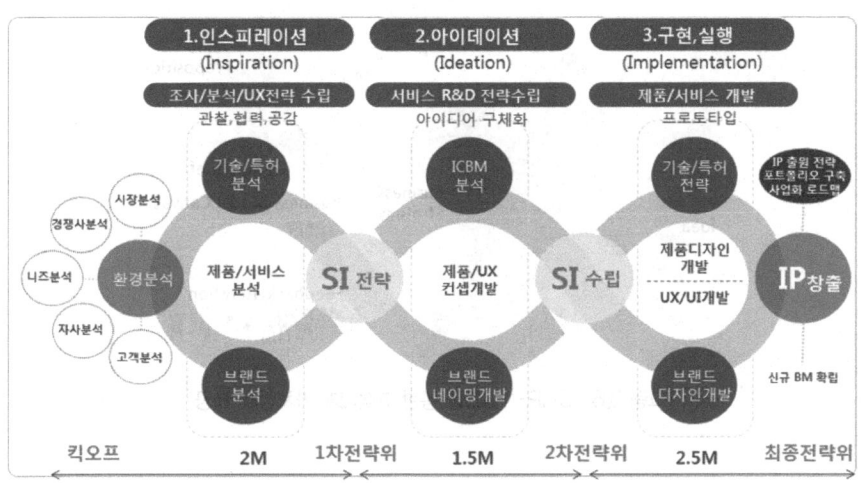

[그림 3.6-5] 제품-서비스 융합 IP전략 프로세스

 제4차 산업혁명의 주요 기술은 시대에 따라 다양한 이름으로 변화해 왔다. Home Automation은 한때 유비쿼터스(RFID/USN)라고 불렸고, M2M(Machine to Machine)은 발전하여 IoT(Internet of Things)로 불리다가 IoE(Internet of Everything)로 바뀌었으며, 최근에는 O2O(Online to Offline)로 부르고 있다. Business Model도 최근에는 핀테크(Pintech)로 불리다가, 이제는 블록체인(Block Chain)으로 통한다.

 우리는 시대에 따라 바뀐 용어가 신기술인 것처럼 유행을 쫒으며 집중지원을 해 왔으나 핵심원천 기술과는 거리가 점점 더 멀어져 갔다. 2000년대의 벤처 붐(BM 붐)은 신기루였다. 저탄소 녹색성장의 BM들도 있었으나, 창조경제시대의 상상력과 창의력은 BM을 많이 창출하지 못했다. 그러나 최근 제4차 산업혁명 관련 기술인 '지능(AI) + 정보(ICBM: Iot, Cloud, Big data, Mobile)' 등은 반도체 기술의 놀라운 발전으로 인해 저렴하고 신속해졌다.

 플랫폼은 "많은 사람이 쉽게 이용하거나 다양한 목적으로 사용된다."는 특징이 있다. IT에서는 애플리케이션을 작동시키기 위한 '기반 OS'나 '기술 환경'들을 말하기도 한다. 즉 많은 애플리케이션이 쉽게 사용될 수 있도록 한다. 서비스 플랫폼은 다른 서비스들이 나의 서비스 기능을 쉽게 사용할 수 있게 해주는 인터넷 기반의 기술 환경을 말한다. 일반적으로 포털은 백화점식으로 자사만의 폐쇄적 콘텐츠 환경을 만드는데 반해, 트위터는 다른 서비스들이 Open API를 이용해 트위터 콘텐츠를 자기 것처럼 쓸 수 있게 만들어 주었다.

[그림 3.6-6] IP-R&D를 통한 고객에게 가치명제 제공

3. 제4차 산업혁명 시대 지재권 전쟁 대비전략

인류의 역사는 전쟁의 연속이다. 농업혁명 시대에는 토지와 노예를 확보하기 위한 전쟁을 했고, 산업혁명 시대에는 원료와 판매처를 확보하기 위한 전쟁을 수행했다. 제1, 2차 세계대전은 원료와 판매처를 확보하지 못한 국가들이 일으킨 전쟁이었다. 전쟁은 기술의 발전을 가속화 했다. 전쟁사를 보면 좀 더 좋은 무기를 가진 쪽이 이겼다. 청동기에 대해 철기를 가진 군대, 선박에 대포를 가진 군대, 화살에 대비해 조총을 가진 군대가 승리하였다.

오늘날은 세상에 더 이상 좋은 빈 땅이 없어졌다. 각자 피해가 큰 물리적 전쟁보다는 보호무역 전쟁, 특허 전쟁을 통해 소리 없는 전쟁을 한다. 최근 트럼프 행정부의 대중국 행정명령을 보면 알 수 있다. 그런데 국가가 할 수 있는 보호무역 전쟁은 기업이 할 수 있는 것이 아니다. 기업은 오로지 특허 전쟁을 통해서만 경쟁사를 제압할 수 있다. 우리가 그토록 중시하는 과학기술 전쟁이라는 용어는 없다. 냉전 시대에 군비 경쟁이 비슷할 수는 있지만 그것은 자존심 싸움이었다. 기술은 전유성이 없기 때문에 재산권인 특허를 통해서만 싸울 수 있다.

[그림 3.6-7] 현대시대 전쟁의 종류

마이클 포터는 경쟁우위(Competitive advantage) 전략에서 중요한 요소로 고객 가치(customer value)와 희소성(rareness), 지속가능성(durability), 그리고 독창성(inimitability)을 뽑았다. 이 중 독창성에는 특허(patent), 브랜드(brand), 평판, 특별한 자산, 인적-네트워크, 금융자산 등이 있다.

'가치투자의 귀재'로 유명한 워런 버핏은 기업의 내재가치와 성장률에 기반을 둔 장기투자의 조건으로 경제적 해자(Economic Moats)를 기업 선택의 기준으로 삼았다. 여기서 경제적 해자는 고객전환비용(Switching cost), 네트워크 효과(network effect), 원가 우위(Cost leadership), 그리고 경쟁자들이 따라올 수 없는 제품이나 서비스를 판매할 수 있는 기반이 되는 브랜드(brand), 특허(patent), 법적 라이선스(license)와 같은 무형자산(intangible assets)을 지닌 회사이다.

제1, 2, 3차 산업혁명을 거치면서 특허 출원 건수가 비약적으로 발전하였다. 새로운 기술이 개발되면 이를 특허화하여 독점배타권을 행사하는 방식이다. 영국의 특허출원 동향을 보면 증기기관과 수차 방적기에 대한 특허가 많음을 알 수 있다. 미국의 경우 전기에너지와 자동차, 화학, 정보통신 관련 특허들이 산업혁명을 거치면서 급속도로 증가하고 있는 것을 알 수 있다.

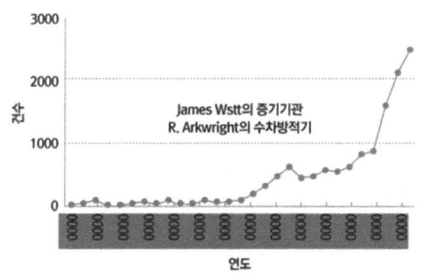

[그림 3.6-8] 산업혁명기의 영국의 특허등록추이

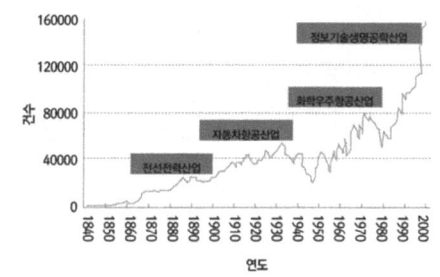

[그림 3.6-9] 미국의 1840-2000년도 특허등록추이

제4차 산업혁명과 강력하고도 유연한 지식재산제도의 상관관계를 풀기 위해서 다른 방향에서 접근을 시도해 보았다. 기술의 발달과 풍요의 시대로 인해 제품의 제조기술이 대동소이해지고 공급이 수요를 초과하면서 고객은 단순한 니즈(needs)를 넘어 욕망(wants), 욕구(desire)를 충족해주는 것을 기대하고 있다. 고객이 원하는 것은 단순히 제품이 고장 났을 때 애프터서비스(after service)를 받는 것이 아니라 사용자 경험(user experience)에 기반을 둔 고객의 가치(customer value)를 추구하는 것이다.

현시대는 제1, 2, 3차 산업혁명에서 나타난 증기기관, 전기, 철도, 컴퓨터, 인터넷, 전화기 등과 같이 세상을 뒤흔들 대발명이 잘 나타나지 않고 있다. 대신 제4차 산업혁명 시대에는 정보통신기술(ICT)과 기존의 과학기술이 기술과 기술, 산업과 산업의 융합을 통하여 고객이 원하는 새로운 제품/서비스로 만들어진다. 즉, 전통적인 과학기술이 발전하는 정보통신(ICT) 기술과 융합하고 업그레이드되어 독특한(Unique) 기술의 모델링(Tech Modeling)을 통해 사업모델(Biz Modeling)화 되는 경우가 많아진다. 여기서 사업모델

(Biz Modeling)은 기술의 발달로 인해 실현가능성(Feasibility)보다는 독특성(uniqueness)과 특허권의 선점(preemption)이 무엇보다 중요하다.

기업인이라면 항상 고민하는 것이 "현시대에 우리가 어떤 사업을 하면 돈을 벌 수 있는가?"이다. 그러나 BM은 회사마다 경우의 수가 다르고, 글로벌(Global), 인더스트리(Industry), 국가(Country), 제품(Product)마다 다른 경영, 다른 처방이 필요하다. 그럼에도 공통적인 프레임은 세계 경제의 흐름과 기술의 흐름을 인사이트(Insight)와 독특성(uniqueness)을 가지고 시의적절(Timely)하게 읽지 않으면 안 되며, 읽고 찍어내서 회사의 핵심역량과 만나야 한다. 만약 한순간이라도 흐름을 잘못 읽으면 대열에서 낙오된다. 그런데 사업화 모델링(BM)을 잘 하려면 이에 필요한 제품/서비스 모델링과 기술의 모델링도 굉장히 중요하다.

우리나라는 제4차 산업혁명의 주요 기술 분야에서 글로벌 경쟁사에 뒤떨어져 있다. 빅 데이터 등 7대 분야 전 세계 특허는 5년간('10~'15) 12배 증가하였고, IoT 분야 특허는 10년간('04-'13) 연평균 40% 증가했으며, 특히 최근 3-4년간 폭증하고 있다(출처: EPO · 영국 특허청). 그러나 우리나라는 미국 · 일본 · 유럽 등 주요국 보다 4차 산업혁명 핵심 분야 특허의 양과 질이 모두 열세이다.

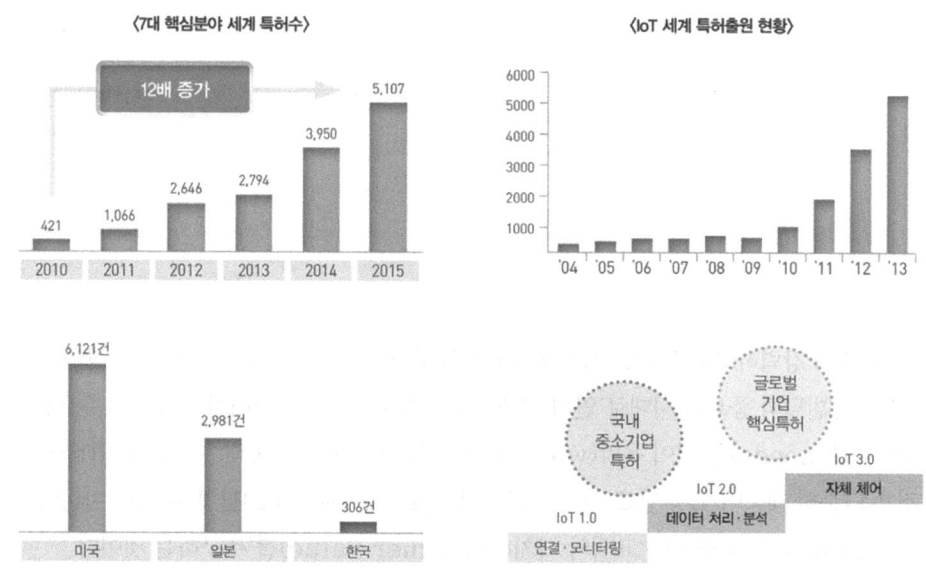

양(量)적으로 살펴보면, 세계 주요국에 등록된 인공지능 특허 1만1613건 중 한국은 306건을 보유하여 미국의 1/20, 일본의 1/10 수준이며 기술력도 미국의 75%에 불과하다(현대경제연구원, '16. 3.). 질(質)적으로는 우리나라 사물인터넷(IoT) 특허 상당수가 단순 장치 연결 · 모니터링 단계(IoT 1.0)에 머물러 있어, 수집 데이터의 처리 · 분석 · 예측 기술(IoT 2.0-3.0)은 해외 특허 로열티가 우려된다(「지식재산정책」'16).

4. 제4차 산업혁명 기술의 전망 및 대응책

궁극적으로 제4차 산업혁명의 특징은 초연결, 초지능, 초증강으로 기존의 과학기술이 ICT와 결합하여 기술과 기술, 산업과 산업의 융합을 통해 스마트 팩토리, 스마트홈, 스마트 시티로 구현되기 때문에 대부분의 기술이 제4차 산업혁명 관련 기술이다. 다보스포럼의 창시자인 클라우스 슈밥 회장이 4차 산업혁명의 성공 요건으로 강력하면서도 유연한 지식재산 제도를 꼽은 이유는 그는 "제4차 산업혁명 관련 핵심·원천특허를 확보하고, 궁극적으로 고객의 사용자 경험을 극대화할 수 있는 서비스 모델/비즈니스 모델에 필요한 요소기술을 확보해야지만 살아남을 수 있다."라고 그 이유를 설명했다. IP-R&D 전략은 제4차 산업혁명시대에도 여전히 유효하고 강력한 전략이다.

구체적으로는 제4차 산업혁명으로 새로운 산업지형을 만드는 데 있어서 정부는 "시장 실패의 경우에만 개입하는 소극적인 자세를 벗어나 기업들이 회피하거나 주저하는 리스크가 큰 기술과 프로젝트를 선제적으로 추진하여 새로운 시장"을 만들어야 한다.(마리아나 마추카토, 기업형 국가, 2013)

[그림 3.6-10] 마리아나 맞추카토의 기업형 국가

특히, 글로벌 저성장시대로 접어들면서 국내기업들의 R&D 투자와 혁신활동의 위축이 예상되므로 국가차원의 과학기술 R&D 전략은 장기적 관점을 가지고 불가피한 실패도 감내해야 한다. 미래의 다수 기업이 광범위한 분야에서 다양한 혁신과 응용이 가능한 기초 및 응용연구에 기초한 요소기술에 중점을 두고 추진할 필요가 있다.

마리아나 맞추카토는 "국가가 경제의 판도를 바꾸는 돌파구를 마련해야 하고 기술기반산업 성공의 배후는 국가라는 것을 잊지 말아야 한다."고 말했다. 그는 또 "국가는 더 이상 길들여진 고양이가 아니다. 기업가의 절박감으로 야생의 사자가 되어라."고 말했다.

실리콘 밸리의 초기 발전과정에서 연방정부의 지원이 많은 역할을 하였다. DARPA(국방고등기획국, Defense Advanced Research Projects Agency)는 국가 차원의 과학, 기술적 우위를 유지, 강화할 목적으로 1958년에 설립된 미국 국방부 산하의 혁신 연구 지원 조직이다. DARPA는 설립 이후 줄곧

선도적으로 주요 미래 이슈를 발굴하고, 이에 대한 솔루션 마련을 위해 학계의 기초 연구 역량과 기업의 개발 역량을 잇는 가교 역할에 집중해 왔다. 1958~74년 기간 중 펜타곤은 16억 불 상당의 반도체 연구비를 지원했으며, 인터넷은 연방정부에서 투자하여 개발한 APRA네트에서 발전한 것이다. 애플과 마이크로소프트에 많은 도움을 주었던 제록스사 파크연구소는 예산의 10%를 연방정부에서 부담하였다. 그리고 제도면에서 연방정부의 파산법과 엄격한 특허법, 캘리포니아주의 조세제도와 주 법령이 실리콘밸리의 생태계 조성에 이롭게 작용하였다고 한다.

민간 분야에서 많은 사람이 익숙하게 사용하고 있는 인터넷, World Wide Web 시스템, Google Maps, GPS, 아이폰의 Siri, PACS(디지털 의료 영상 전송 시스템), Digital X-Ray 등의 IT 기술과 제품들은 DARPA의 연구 과제를 통해 사업화된 것들이다. 스텔스 항공기, 무인 항공기, 무인자동차, 우주 탐사용 Saturn 로켓 등 군사 분야에 사용되는 각종 첨단 기술, 부품 등도 모두 DARPA의 연구를 통해 상용화됐다.

[그림 3.6-11] 과학기술의 발전과 정부의 지원

제4차 산업혁명과 관련하여 미국 특유의 과학기술 정책 및 R&D 제도는 민간에 많은 영향을 미쳤다. 전 세계 시가총액 1위를 달리고 있는 애플의 경우 아이폰을 스마트하게 만드는 것이 무엇인지 살펴보면 정부의 역할을 알 수 있다. 애플은 이미 개발된 기술들을 무료로 가져오거나 싼값에 매입하여 자사의 핵심역량을 포함한 추가적인 연구개발을 진행하여 빠른 시간 안에 제품을 출시하였다. 아이팟, 아이폰, 아이패드 등은 정부 연구개발의 성과를 잘 활용한 것이다.

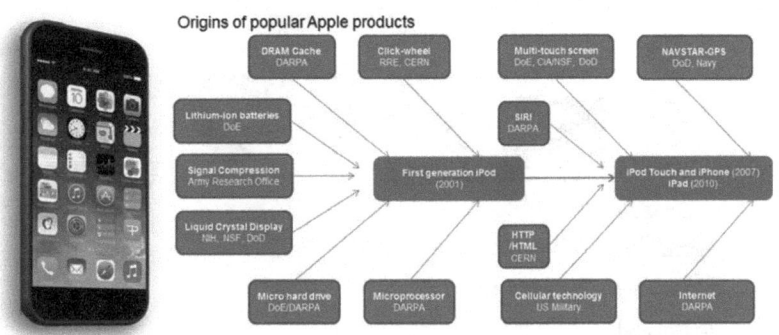

[그림 3.6-12] 애플의 정부 연구개발 결과물의 이용

    제4차 산업혁명 기술은 all 것이 아니라 이미 존재하던 기술을 초연결하고 초융합, 초중강, 초지능화 한 것이다. 90년대 중반 이전에는 기술적 요인이 비기술적 요인보다 중요했다. 또한, 제품의 수요가 공급을 초과했기 때문에 기업 간의 경쟁이 심하지 않았다. 따라서 내적 기술자원의 효율적·효과적 확보와 관리가 중요했다. 기술발전이 선형적(Linear)으로 발전하였기 때문에 선두 기술자가 장기적 우위를 확보하고 시장을 주도해 나갔다. 예를 들어 소니의 TV 브라운관인 트리니트론 방식은 1968년에 나와서 2008년까지 근 30년간 선두를 유지해 왔다.

    60년대에 컴퓨터가 나오고, 70년대에는 통신이 출현했는데, 기계식에서 전자식으로 그리고 전전자식으로 발전하였다. 80년대에는 오디오, CD 등이 나왔고, 90년대에는 비디오, TV, 카메라, 캠코더 등이 나왔다. 90년대 중반에는 인터넷이 대중화되었다.

    아날로그에서 디지털로 바뀌면서 많은 변화가 일어났다. 음성, 데이터, 영상이 디지털 기술로 변화하면서 기술발전은 비선형적(Non-linear)으로 발전하였다. 디지털 혁명, 정보화 혁명, 지식혁명을 거치면서 대체기술(alternative technology)이 다수 출현하였다.

    이로 인해 기술은 대체가능하기 때문에 기술적 요인도 중요하지만 비기술적 요인인 마케팅, BM, 솔루션, 디자인, demanding innovation, 전략적 선택과 연계, 산업 플랫폼 컨셉 개발과 확산, 수평적 협력업자 확보, 기업 내적 경영/관리 중심에서 외적 경영/관리의 중요성이 급증했다.

    R&D를 아무리 잘하더라도 기업문화(Corporate culture)가 폐쇄적인 글로벌 기업들은 관료주의와 대기업병으로 인해 시장에서 몰락하는 경우가 종종 있다. 대표적인 예는 노키아와 모토로라, 소니이다. 이들은 과거의 화려한 성공에 심취(피처폰, 스타텍, 레이저, 워크맨 등)하여 자기잠식을 감내하는 투자를 하지 않은 결과, 시장의 변화에 맞춘 신제품을 출시하지 못했다. IP-R&D는 강하였지만, 지재권 중심의 제품개발 전략 및 경영전략에서 실패하여 시장에서 퇴출되었다. 모토로라는 2007년 이후 휴대폰 시장의 최대 키워드인 '고객의 욕구변화'에 적절하게 대응하지 못했다는 게 시장전문가들의 분석이다. 소비자들은 매 순간마다

새로운 것을 원하는데, 나오는 후속모델 모두가 레이저와 비슷한 '미 투(Me, too)' 제품이었다.

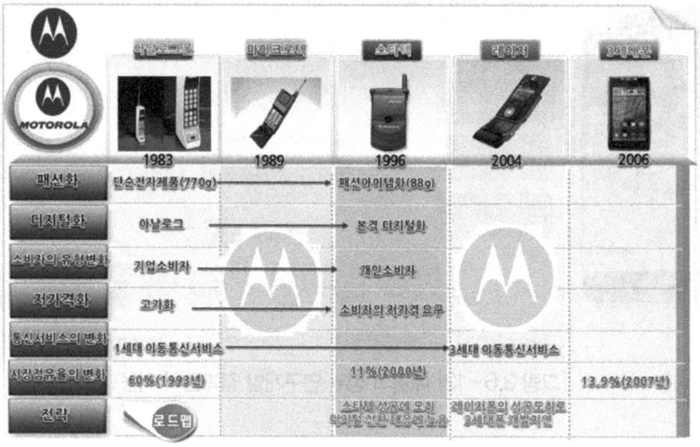

[그림 3.6-13] 모토로라의 스마트폰 실기

한때 휴대폰의 최초 발명 기업이자 스마트폰의 원조이기도 했던 모토로라와 노키아는 애플의 스마트폰이 출현하자 맥을 못 추고 역사 속으로 사라져 갔다. 새로운 트렌드를 만들지 못했다는 것이다. 모토로라는 스타택과 레이저를 통해 세계적으로 자리 잡은 슬림 트렌드를 만들었지만, 그 명성에 너무 취한 나머지 레이저 이후 출시된 모든 제품이 레이저와 비슷한 '미투(me, too)' 제품이 되어 버렸다.

노키아는 스마트폰, 타블렛 PC 업계에서 최초 개발을 했지만, 적기 제품을 출시하지 못했다. 그것은 노키아 자체 조직의 협력과 의사 결정력이 부족했기 때문이다. 결국 노키아는 구글, 애플, 삼성 및 여러 개의 시장 선두자들에 의해 밀려나 시장 적응에 실패했다.

기술혁신의 일차적인 목표는 제품혁신이다. 기술혁신의 정의는 여러 가지가 있겠지만 그 중 하나는 '발명의 상업화'이다. R&D는 기술혁신을 통해 산업발전을 추구하는 것이다. 이런 R&D는 수행의 주체에 따라 정부와 민간(또는 산학연)으로 나눌 수 있다. 민간 R&D의 주체인 기업은 R&D를 통해 기술을 개발하여 제품에 필요한 기술을 획득한다. 그 뒤 제품을 런칭(사업화)하고 생산하여 시장에 내다 팔아 수익을 창출한다. 즉, 기업 기술혁신의 궁극적 목표는 ROI(Return On Investment)의 창출이다. 대학과 출연연은 직접 제품을 생산하지는 않지만 어디엔가 있을 제품을 위해 기술혁신을 통해 국가 산업발전을 도모한다.

기술혁신의 궁극적 목적은 제품혁신이다. 그런데 제품혁신의 성과는 기술혁신 외에 비기술적 혁신인 조직혁신, 마케팅혁신, 프로세스 혁신, 정체성(Identity), 관성(inertia) 등에 의해 지대한 영향을 받는다. 따라서 성공적인 기술과 제품 혁신을 위해서는 전사차원의 전략과의 연계성과 실행이 필수적이다. 특히 최근에 산업계는 4대 벽(기술의 벽, 시장의 벽, 가격의 벽, 부가가치의 벽)이 붕괴가 가속화되면서 산업 내 산업 간 융복합화와 네트워크화가 급속이 진행되고 있다.

이러한 비연속적 기술과 제품 혁신은 기존의 사업부 단위(SBU)에서는 효과적으로 수행하기 어렵기 때문에 전사차원에서 융복합화와 네트워크화에 대한 명료한 이해를 바탕으로 비전과 목표를 명확히 하고 기술적, 비기술적 혁신을 보다 체계적이고 지속적으로 수행해야 한다. 이때 전사전략은 기존의 동질적 제품과 사업을 지속적으로 확대하되, 이질적인 기술적, 비기술적 제품과 사업모델을 확보하는 양손잡이(ambidexterity) 경영 수행을 전제로 한다.

제4차 산업혁명 기술은 인간을 노동으로부터 해방시키기 위한 끊임없는 노력의 결과이다. 전통적인 토지, 노동, 자본의 한계로 인해 기술이 구원투수로 등장하여 대발명과 소발명의 주기를 이루며 발전해 왔다.

그러나 이제 기술이 모든 것을 결정하지 않는다. 인류는 끊임없는 기술개발로 인해 풍요의 시대, 기술의 시대를 맞이하고 있으며, 최근 ICT 기술의 놀라운 발전으로 인해 제품순환주기가 점점 더 짧아지고 있다. 전통적인 과학기술과 ICT기술이 융합이 가속화되어 수십 년 동안 지켜져 왔던 업(業)의 경계가 순식간에 허물어지는 급격한 경영환경 변화에 직면해 있다. 이런 상황에서 기업의 목표는 성공이 아니라 지속가능경영에 맞춰져 있고, 미래의 신성장동력(제품고도화, 신제품 개발, 신사업 발굴, 신시장 개척)을 발굴하는 일은 생존을 위한 필수조건이 되어 버렸다.

프랑스 백과전서의 권두화에는 다양한 여신들이 나온다. 중앙에는 진리의 여신이 있고, 좌우에는 상상력의 여신, 이성의 여신이 있다. 그 아래에 과학(철학)의 여신, 역사의 여신, 물리학의 여신, 천문학의 여신 등을 거쳐 맨 아래 부분에 기예와 기술의 여신이 위치한다.

이처럼 제4차 산업혁명 시대에는 비기술적 요인인 마케팅, BM, 솔루션, 디자인, demanding innovation, 전략적 선택과 연계, 산업 플랫폼 컨셉 개발과 확산, 수평적 협력업자 확보, 기업 내적 경영/관리 중심에서 외적 경영/관리의 중요성이 점점 커지고 있다.

[그림 3.6-14] 프랑스 백과전서의 권두화

제4장

제4차 산업혁명과 지식재산권

- 제1절 제4차 산업혁명 관련 지식재산권
- 제2절 제4차 산업혁명 기술 관련 지식재산권 이슈
- 제3절 지식재산 환경 변화와 정책적 과제
- 제4절 제4차 산업혁명 관련 주요 선진국의 지식재산권 보호
- 제5절 지식재산권 관련 국제적 논의

제1절
제4차 산업혁명 관련 지식재산권

들어가며

지금까지 제4차 산업혁명을 이끄는 핵심기술은 어떤 기술들이 있는지 구체적으로 살펴보고, 그에 따라 해당 기술발전을 촉진하기 위한 정책적 지원을 관망해 보았다. 제4차 산업혁명 기술이 제품이나 생활에 성공적으로 적용되자면 해당 기술에 대한 지식재산의 보호가 반드시 필요하다. 아무리 좋은 기술이라도 권리로 보호받지 못하면 침해의 대상이 되며, 누구나 기술을 복제해 마음대로 사용할 수 있기 때문에 연구개발을 위해 쏟았던 노력과 시간이 무의미해지기 때문이다.

이 절에서는 제4차 산업혁명 기술을 보호받을 수 있는 관련 지식재산권이 무엇이 있는지 알아보고 구체적인 권리 내용을 학습하기로 한다. 먼저, 지식재산권 일반론으로부터 시작해 인공지능·자율자동차·생명공학 등과 관련이 있을 것으로 예상하는 특허제도, 저작권제도, 식물신품종보호제도 등을 개괄적으로 학습하기로 한다.

학습포인트

가. 제4차 산업혁명과 관련성이 높은 지식재산권이 무엇인지 알아본다.
나. 각 지식재산권이 제4차 산업혁명 기술과 어떤 연관성을 갖는지 확인한다.
다. 특허제도, 반도체 배치설계 보호제도 등 기술보호를 위한 산업재산권을 학습한다.
라. 저작권 제도, 영업비밀 보호제도 등 영업상 우위를 점하기 위한 법률을 알아본다.
마. 지식재산권을 획득하기 위한 지식재산권 보호 절차를 학습한다.

1. 특허권

신(新)정부에 들어 제4차 산업혁명이 핵심 키워드로 떠오르고 있다. 제4차 산업혁명을 이슈화한「세계경제 포럼」의 클라우드 슈밥 회장에 따르면 제4차 산업혁명은 자동화와 연결성이 극대화되는 산업 환경이다. 단순히 기기와 시스템의 연결에 그치지 않고 유전자 염기서열 분석, 나노기술 및 재생에너지까지 다양한 분야에서 동시다발적으로 비약적인 기술 발전이 이루어진다는 것이다.

클라우드 슈밥 회장은 제4차 산업혁명을 이끌 핵심 기술로 로봇, 신소재 등의 물리학 기술, 디지털 기술, 유전공학 및 바이오 프린팅 등의 생물학 기술을 들고 있는데, 지식재산권 중에서 이런 기술들과 가장 밀접한 관계가 있는 권리가 특허권이다. 특허는 로봇 등과 같은 물건뿐만 아니라 물질도 발명의 대상으로 보아 보호대상으로 하고 있고, 디지털 기술은 컴퓨터 관련 발명으로 취급해 포함시키고 있으며, 식물발명 및 유전자 관련 기술에도 특허를 부여하고 있기 때문이다.

이 단원에서는 특허권의 내용 중 제4차 산업혁명과 밀접한 관계가 있을 만한 부분을 선별하여 자세히 학습하면서 관련 이슈를 살펴보기로 한다.

가. 발명의 성립성

1) 발명의 성립성이란

특허권은 발명을 대상으로 부여되는 권리이다. 따라서 어떤 기술이 개발되었다면 일단「발명」에 포함되어야 특허를 받을 수 있는 최소한의 자격 요건이 되며, 이를 충족하지 못할 때는 아무리 좋은 기술이라도 특허받기는 어렵다.

특허법 제2조에 따른 발명의 정의는 "자연법칙을 이용한 기술적 사상의 창작으로서 고도한 것"으로 요약된다. 이를 좀 더 세분화하면 ①자연법칙을 이용할 것, ②기술적 사상일 것, ③창작일 것, ④기술적으로 고도할 것의 네 가지 요건으로 나눌 수 있다. 세 번째와 네 번째 요건은 쉽게 만족되는 것이거나 특허허여 요건을 판단할 때 따로 고려하므로, 발명의 성립성에서는 별로 문제 될 것이 없다. 이슈가 되는 것은 자연법칙의 이용 여부와 기술적 사상인지 여부이다. 그 중 자연법칙의 이용 여부는 인공지능, 비트코인, 블록체인 기술들처럼 실체가 없이 보이지 않는 곳에서 빛보다 빠른 속도로 실현되는 기술들에서 쟁점이 될 수 있다.

가) 자연법칙의 이용

발명은「자연법칙」을 이용하는 것이어야 한다. 여기서 자연법칙이란 자연계에 존재하는 원리로서, 만유인력의 법칙, 부력의 법칙 등과 같이 명시적인 과학 원리는 물론이고 자연계에서 관찰되는 자연현상·경험칙도 포함한다. 한편, 자연법칙을 이용해야 하므로 자연법칙 그 자체는 발명이 될 수 없다. 또한, 영구기관과 같이 자연법칙에 위배되는 장치나 기술은 발명의 대상이 되지 않는다.

발명은 자연법칙을 이용하므로 100%까지는 아니더라도 자연현상과 마찬가지의 항상성을 가져야 한다. 즉, 발명품을 다시 만들거나 시현했을 때 동일한 현상·효과를 반복적으로 얻을 수 있어야 한다. 한편, 발명이 자연법칙을 이용한다고 하여 발명자가 그 자연법칙을 완전하게 이해할 필요는 없다. 경험칙상 발명자가 의도하는 기술적 효과를 거둘 수 있음이 객관적으로 입증되면 충분하다.

[표 4.1-1] 발명에 적용되는 자연법칙과 경험칙

발명	자연법칙	경험칙
자전거	균형력	넘어지는 쪽으로 핸들을 틀면 넘어지지 않는다.
인공물고기, 어초	부력과 중력	가벼운 물체는 물에 뜬다.
비행기	양력	날개를 휘저으면 부상한다.

자연법칙을 이용하지 않는 대표적인 예로, 경제법칙, 수학공식과 같이 인간이 창안하거나 약속한 것에 불과한 것들이 있고, 속독법이나 악기의 연주방법 등과 같이 기술이 아니라 기능에 해당하는 것이 있으며, 단순한 정보를 제시하는 것에 주된 목적이 있는 경우 등이 있다.

나) 기술적 사상

발명은 기술로부터 우러나오는 구체적인 사고나 생각이다. 여기서 「기술」이란 과학 이론을 실생활에 적용하여 인간 생활을 이롭게 하는 구체적인 수단을 말한다. 기술은 구체성과 객관성을 가지므로 개인의 능력에 기초한 기능이나 기예는 발명과는 거리가 멀다.

발명의 정의상 기술 그 자체로 발명이 제한되는 것이 아니라 기술로부터 추론되는 아이디어까지 범위가 확장된다는 점에 유의하여야 한다. 예를 들어, 어떤 발명가가 마차의 바퀴가 나무로 만들어져 노면의 충격이 그대로 전달되는 문제점을 해결하기 위해 나무 바퀴 외주연에 부드러운 고무 띠를 붙였다면, 발명의 범위는 구체적 기술인「나무 바퀴+고무 띠」로 한정되는 것이 아니라,「바퀴에 충격 완화수단을 부착」한다는 아이디어까지 범위가 확장된다는 것이다. 이 예에서 발명의 범위에는 발명가가 구체적으로 생각하지 않았던「바퀴+공기타이어」도 포함될 수 있다.

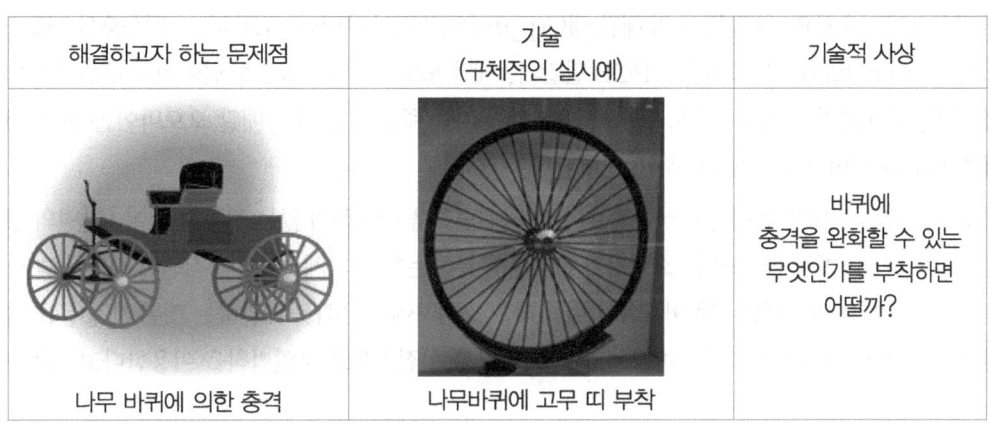

[그림 4.1-1] 기술과 기술적 사상

2) 발명의 성립성이 문제되는 발명

가) 용도발명

용도발명은 자연에 이미 존재하던 물질이나 화합물 등에서 새로운 특성을 인식하고 실생활에 유용한 용도로 전환한 발명을 말한다. 대부분의 의약 발명이 이에 해당한다. 원칙적으로 새로운 용도의 발견은 자연법칙을 이용하는 것이 아니라 자연 상태에 존재하던 물질을 인식한 것에 불과하므로 발명으로 보지 않는다. 그러나 특성을 용도로 전환하는 과정에서 창작적 요소가 존재하고 상당한 수고와 노력이 투입된 경우에는 특허법상 보호해 줄 가치가 있다고 판단하여 성립성을 인정한다.

용도발명의 대표적인 예로 DDT가 있다. DDT는 1800년대 후반 독일 화학자에 의해 합성되었다. 합성 당시에는 구체적인 효능을 알 수 없었으나 사후적으로 살충제 효능을 발견하였으며, 그 후 대표적인 살충제로 판매되었다. DDT는 자연 상태에 존재하던 물질을 인위적으로 합성한 것이라 전통적인 발명의 개념에는 부합하지 않지만 살충제로서의 효능이 우수하고 합성과정에서의 노력 투자를 감안해 용도발명으로 인정될 수 있는 것이다.

용도발명은 통상의 발명과는 달리 효과를 예측하기 어렵고, 확실히 밝혀지지 아니한 이상 일정한 반복 가능성이 미약하여 목적 달성이 현저히 의심스러운 경우가 많아 충분한 실험데이터로 효능을 입증하여야 특허권이 부여된다.

나) 전자상거래 관련 발명

「전자상거래 관련 발명」은 소위 비즈니스모델(Business Model, 영업방법)에 관한 발명으로 영업방법이 컴퓨터·통신기술 등을 통해 유무선 네트워크상에서 수행되는 발명을 말한다. 최근 광범위하게 애용되고 있는 배달의 민족, 요기요, 배달통 등의 배달 앱(App)이 대표적인 예이다. 컴퓨터 서버를 중심으로 소비자의 스마트폰, 콜센터 단말기, 각 음식점의 POS 단말기, 배달 오토바이의 이동통신 단말기가 무선 네트워크상에서 연결되어, 소비자가 스마트폰으로 음식을 주문하면 자동 주문이 들어가 배달 오토바이를 통해 배달하는 일련의 음식주문 서비스가 일사불란하게 진행된다.

전자상거래 관련 발명은 발명을 구성하는 일부가 자연법칙을 이용하지 않는 경우가 있어, 발명의 성립성이 문제된다. 배달 앱을 예로 들어보면, 소비자가 음식을 주문하는 행위 자체, 콜센터 직원이 전화를 받아 단말기에 입력시키는 행위 자체, 배달 직원이 오토바이를 타고 소비자에게 음식을 배달하는 행위 자체 등은 기계·전자적인 장치 내에서 기술적으로 이루어지는 것이 아니므로 실질적으로 자연법칙을 이용한다고 보기 어렵다.

> **CASE STUDY**
>
> 2015년, 배달 앱 전문업체인 「배달통」을 대상으로 특허침해소송이 제기되었다(머니앤밸류, 2015년 5월 6일 자). 배달 앱 개발 업체인 「비제로」가 자사가 보유한 '포인트 자동 적립과 차감 사용 관련 특허' 기술을 배달통이 침해한 것으로 판단하고 소장을 제출한 것이다.
> 비제로에 따르면, 자사 특허는 '인터넷 교환기를 통해 고객이 음식을 주문하면, 가맹점 고유 전화번호와 주문 고객의 전화번호를 취득해 고객에게 포인트를 자동으로 적립해주고 사용할 수 있도록 관리하는 것'인데, 이는 배달통의 핵심 시스템 및 서비스와 기능에 있어 실질적으로 동일하다는 것이다.
> 한편, 배달통은 침해 자체가 말이 되지 않는다고 주장했다. 배달통은 비제로 특허기술과는 달리 인터넷 교환기를 통하는 것이 아니라 050 번호를 사용하고 있어 전제조건이 다르다고 강변했다.
> 두 회사 간의 특허분쟁은 이제 시작되어 결론이 나려면 한참 기다려야 하겠지만, 인터넷을 통한 주문-신속배달 서비스 시장이 확대되면서 초미의 관심사가 되고 있다. 이처럼 비즈니스 모델 발명은 통상적인 상거래 방법이 전자통신 기술을 바탕으로 인터넷 상에서 이루어진다는 데 특징이 있다.

물론 인터넷 기술의 발달과 전자상거래의 확대, 제4차 산업혁명에 따른 다양한 영업 양태의 출현 등을 고려해 대부분의 나라에서 이런 정도의 비자연적인 발명 구성을 용인하고 있지만, 제4차 산업혁명 기술에 따라서는 인정되지 않는 경우가 있을 수 있다. 단적인 예로 비트코인과 같은 전자화폐의 경우 디지털 서명이 암호화된 체인 형태로 존재하는 것인데, 이런 암호 화폐가 어떤 자연법칙과 연관되어 있는지 상상하기가 쉽지 않다.

특허청의 심사 실무상 전자상거래 관련 발명은 영업방법이 정보처리 형태로 컴퓨터상에서 수행되더라도 소프트웨어에 의한 정보처리가 하드웨어를 이용해 구체적으로 실현되고 있어야 성립성을 인정한다. 즉, 일정 부분 소프트웨어적으로 진행될 수는 있으나, 반드시 하드웨어가 개재되어 상호 협동에 의해 특정한 목적 달성이 이루어져야 한다는 것이다.

다) 미생물발명 및 식물발명

「미생물발명」이란 곰팡이나 세균 등의 미세한 크기를 갖는 생명체에 대한 발명으로서, 미생물 자체에 대한 발명, 미생물 생산방법 발명, 미생물 이용방법 발명 등을 포함한다. 종전에는 미생물이 창작이 아닌 단순한 발견이고, 반복적인 생산 가능성이 없다는 이유로 특허 대상으로 하지 않았다. 유전공학기술의 발전에 따라 DNA 구조가 규명되면서 미생물발명의 특허성을 인정하게 되었다. 반복 가능성을 보장하기 위해 미생물발명에 대해서는 대상이 되는 미생물을 공인된 기탁기관에 맡기도록 강제하고 있다.

미생물발명이 김치나 치즈와 같은 식품산업에서부터 항생제, 항암제, 치료제 등을 생산하는 바이오산업 또는 제약산업까지 다양하고 광범위하게 활용되고 있다. 제4차 산업혁명과 관련하여 미생물발명에서 주목해야 하는 것은 미생물의 이용 방법 등이 컴퓨터 기술, 인공지능 또는 빅 데이터 분석기술과 접목되었을 때이다. 전문가들은 다양한 컴퓨터 기능들이 물리적인 장치들과 융합된 형태로 미생물을 이용해 의료, 항공, 신재생에너지 분야에 광범위하게 적용되는 시대가 도래할 것으로 예측한다. 예를 들어, 특정 미생물의 유전자 정보를 분석한 후 분석 자료를 컴퓨터에 입력하고 인공지능을 이용해 가상의 실험을 함으로써 최적의 미생물 이용 형태를 예측하는 것도 가능하다는 것이다. 이런 식의 컴퓨터와 미생물 유전자 정보가 융합된 소위 신(新)미생물발명은 접해본 바가 없어 특허청에서도 특허성을 인정해야 하는지 난감할 것이다.

한편, 「식물발명」은 식물을 대상으로 한 발명을 총칭하는 것으로, 유·무성 생식식물, 유전자, 식물세포뿐만 아니라 육종방법까지 포괄한다. 우리나라는 무성 생식식물에 대해서만 특허성을 인정하다가 1997년부터는 유성생식도 특허를 허여하고 있다.

식물발명은 반복해서 생산이 가능한 이상 다른 특허요건을 만족하면 특허 받을 수 있다. 여기서 반복 생산 가능성이란 동일한 육종소재를 사용하여 동일한 육종과정을 반복하면 동일한 변종식물을 만들어 낼 수 있어야 함을 의미한다. 제4차 산업혁명 기술로 유전공학이 대두되고 있는 만큼, 유전공학의 대상이 되는 식물발명 또한 중요성이 강조된다.

라) 컴퓨터프로그램 관련 발명

제4차 산업혁명과 관련해 가장 이슈가 될 만한 특허발명으로 「컴퓨터프로그램 관련 발명」을 들 수 있다. 컴퓨터프로그램 관련 발명은 특정한 목적 달성을 위해 컴퓨터 소프트웨어가 기계·전자적인 장치와 결합한 발명을 말한다. 사실 기계·전자장치 자체만으로 작동하는 경우는 흔하지 않으므로, 대부분의 기계·전자장비는 컴퓨터프로그램 관련 발명으로 보아도 무리는 아니다. 다만, 일반적인 기계장치를 컴퓨터프로그램 관련 발명으로 보지는 않으며, 클라우드 컴퓨팅이나 빅 데이터, 인터넷 보안, 모바일 앱 등 소프트웨어적인 성격이 강조되는 발명은 컴퓨터프로그램 발명의 범주에 포함한다.

컴퓨터프로그램 관련 발명은 컴퓨터프로그램이 이루고자 하는 특정 절차를 한정하는 방법발명의 형태로 또는, 컴퓨터프로그램이 의도하는 기능 위주의 장치발명으로 특허를 받을 수 있고, 더 나아가 컴퓨터프로그램이 기록된 기록 매체 발명으로 특허권 허여가 가능하다. 앞서 언급한 바와 같이 최근에는 컴퓨터프로그램 자체를 특허대상으로 청구범위에 기재할 수 있도록 특허출원 요건이 완화되었다.

> **CASE STUDY**
>
> 특허청의 컴퓨터프로그램 관련 발명 심사기준에 따르면 다음의 예시와 같이 청구항을 기재하여 특허출원할 수 있다.
> (1) △ 기능, ▢ 기능을 수행하는 컴퓨터장치
> (2) 컴퓨터에서 △단계, ▢ 단계를 실행하는 컴퓨터프로그램을 기록한 기록매체
> (3) 스마트폰에 △기능, ▢기능을 실행시키는 애플리케이션
> (4) 컴퓨터에 △단계, ▢단계를 실행시키는 컴퓨터프로그램
>
> 예를 들어, 가상현실을 이용한 심리치료 장치에 적용되는 소프트웨어로서, 환자에게 빌딩 옥상과 같은 고공 상황을 반복적으로 보여줌으로써 공포감을 해소하는 치료 프로그램을 작성하였다면 다음과 같이 기재하여 특허를 받을 수 있을 것이다.
> (예시) 환자가 착용한 웨어러블 디스플레이장치에 빌딩 옥상 영상을 디스플레이 하는 제1단계; 환자의 심박동수를 측정하는 제2단계; 상기 심박동수가 기준치를 넘는 것으로 판단되면 상대적으로 원거리를 보여주어 공포감을 완화하고, 심박동수가 기준치 이하이면 상대적으로 근거리로서 빌딩 아래쪽 영상 보여주어 공포감을 증가시키는 제3단계; 를 실행시키는 것이 특징인 컴퓨터프로그램

컴퓨터프로그램 관련 발명은 특허성이 있지만, 컴퓨터프로그램 자체나 컴퓨터 언어는 컴퓨터를 실행하는 명령어의 집합에 불과하므로 발명이 될 수 없다. 즉, 모바일 앱을 작성하였을 때, 모바일 앱이 의도하는 특정 기능·단계들은 방법발명이나 물건발명으로 특허가 가능하지만 모바일 앱 프로그램 그 자체는 특허를 받을 수 없다. 이에 따라. 컴퓨터프로그램을 작성하는 발명자는 그 프로그램에 의한 정보처리가 하드웨어와 연동하도록 정보처리장치 형태로 변경하여 특허출원하여야 한다.

나. 특허요건

특허출원된 발명은 심사를 거쳐 특허권을 부여한다. 모든 특허출원이 심사되는 것은 아니며,「심사청구」라는 별도의 절차를 밟아야 특허심사가 진행된다. 심사의 주체는 특허청 공무원인 특허심사관으로, 법적인 소양뿐만 아니라 기술적으로도 고도한 전문성을 가진 기술 전문가들이다.

특허심사관이 특허 부여 여부를 결정할 때 참고하는 기준을「특허요건」이라고 한다. 특허요건은 외국인의 권리능력, 공동출원 규정 등 다양하지만, 기술적 측면에서 가장 중요한 특허요건은 특허법 제29조에 규정되어 있는 소위 산업상 이용 가능성, 신규성 및 진보성이다.

1) 산업상 이용 가능성

특허요건으로 산업상 이용 가능성 여부를 판단하는데 이는 발명이 실제로 산업에서 사용될 수 있는지를 의미한다. 여기서 산업이란 유용하고 실용적인 기술에 속하는 모든 활동을 포함하는 최광의로 해석되기 때문에, 실질적으로 자연법칙을 이용하는 발명인 한 산업상 이용 가능성이 부정되는 예는 없다. 예를 들어, 농업이나 공업·상업 관련 발명은 당연히 산업적으로 이용 가능한 것으로 보며, 더 나아가 보험·금융업 등의 서비스업

관련 발명도 산업상 이용 가능하다고 보고 있다.

다만, 의료업의 경우 산업의 개념에는 포함되지만 산업상 이용 가능성이 부정되는 분야가 있다. 인간을 대상으로 하는 진단방법, 치료방법, 수술방법 등은 인류의 생명과 기본권에 깊은 관련성이 있어 특허를 부여하지 않고 있다. 수술방법 등에 특허가 부여되는 경우 해당 특허기술로 재산적 이익은 도모할 수 있을지 모르나, 인류애적 양심과 윤리에는 부합하지 않기 때문이다. 그러나 의료업의 경우에도 수술 등에 사용되는 의료기기는 장치발명으로서 특허 허여가 가능하다는 점에 유의하여야 한다.

2) 신규성

아무리 좋은 기술이라도 이미 누군가가 창안하여 사회 일반에 널리 알려진 경우에는 특허를 부여하지 않는다. 이는 특허제도의 근본 목적과도 관계가 깊은데, 이미 세상에 알려져 누구나 활용할 수 있게 된 발명에 대해 특허권을 부여하면 특별한 기술적 기여가 없는 자에게 독점권을 허락한 꼴이 되어 기술 축적이나 산업발전을 기대하기 어렵다는 취지이다.

신규성이 인정되려면 특허청에 출원하기 전에 발명이 국내외에서 공지(公知)되었거나, 공연(公然)이 실시되었거나, 반포된 간행물에 게재되었거나 전기통신회선을 통해 공중이 이용 가능하게 되지 않았어야 한다. 여기서, 공지란 불특정인이 알 수 있는 상태에 놓인 것을 말한다. 발명이 학회에서 발표된 경우, 공모전에 출품한 경우, 발명 샘플이 불특정인에게 배포된 경우 등이 공지에 해당한다. 공연 실시는 불특정인이 알 수 있는 상태에서 생산, 사용, 양도, 대여, 양도 또는 대여의 청약, 수입 등을 한 경우를 말한다. 예를 들어, 구간 단속카메라가 특허출원되기 전에 고속도로에서 비밀이 해제된 상태로 시 운전되었다면 공연한 상태에서 사용된 것이라 특허 받기 어렵다.

간행물에 의한 게재는 발명이 공개를 전제로 정기·부정기적으로 발행되는 문서나 도면에 게시된 것을 말한다. 발명이 신문에 기사화된 경우, 카탈로그에 발명이 설명된 경우 등이 해당한다. 특허청에서 발행하는 특허공보 또한 간행물에 해당하며, 중요한 특허요건 판단 자료로 활용된다. 발명이 인터넷(유무선의 전기통신회선)상의 공중 게시판, 이메일 그룹 등에 공개되어 누구나 알 수 있는 상태로 되었다면 마찬가지로 특허 받을 수 없다.

CASE STUDY

최근 중고등학생, 대학생, 창업자 등을 대상으로 하는 공모전이 봇물이 터지듯 하고 있다. 특허청뿐만 아니라 중소벤처기업부, 과학기술정보통신부 등 기술과 조금이라도 관련이 있는 정부기관이라면 적어도 한 두 개 정도의 공모전을 시행하는 것으로 보인다.

공모전에 출품할 때는 나중에 특허 받을 때 문제가 생기지 않도록 주의를 기울여야 한다. 공모전에 출품한 작품은 누구나 볼 수 있게 공지된 것으로서 신규성이 결여되어 특허요건을 충족시키지 못하기 때문이다. 제일 안전한 방법은 공모전에 출품하기 전에 간단한 형태라도 특허출원하여 출원일을 확보해 두는 것이다.

특허출원을 놓쳤다고 하여 특허 받을 방법이 아예 없는 것은 아니다. 「공지예외주장제도」를 이용하는 것인데, 공모전 시작일로부터 12개월 이내에 특허청에 출원하면서 공모전 출품 사실을 출원서에 기재하면 신규성이 결여되지 않은 것으로 보아준다. 자세한 행정적인 절차는 변리사가 잘 알고 있으므로, 출원하는 과정에서 공모전 출품 사실을 변리사에게 충분히 설명하는 것이 좋다.

3) 진보성

발명이 새로운 기술 즉, 신규성을 충족했다고 하여 모두 특허 받을 수 있는 것은 아니다. 특허출원일 이전에 공지된 기술들과 비교하여 기술적 차이가 크지 않고, 누구나 쉽게 창안해 낼 수 있는 수준이며, 산업적 효과도 크지 않은 발명이라면 진보성이 없다는 이유로 특허가 거절된다. 사실, 발명의 진보성은 특허심사관들이 심사 과정에서 가장 중점을 두어 심사하는 특허요건 항목이다. 진보성 없는 발명에 특허를 부여하면 산업발전에 도움이 되지 않고, 오히려 해당 특허권을 이용해 특허분쟁만을 유발할 것이기 때문에 도입된 요건이다.

[그림 4.1-2] 발명의 진보성 판단 예시

진보성 여부의 판단 주체는 다양하다. 발명자를 비롯해 출원 업무를 수임한 변리사가 1차적인 판단주체가 될 수 있고, 특허심사관도 중요한 판단 주체이며, 최종적으로는 특허관련 소송을 수행하는 판사가 진보성을 판단한다.

진보성 판단 방법은 각 나라별로 다른데, 우리나라의 경우 구성의 곤란성을 중심으로 발명 목적의 특이성과 효과의 현저성을 고려한다. 기타, 상업적 성공이나 발명을 저해하는 요인 등을 고려하고 있다. 진보성 여부는 판단 주체마다 보는 시각에 따라 다를 수 있어 특허소송의 중요한 논점이 되고 있다.

4) 특허를 받을 수 있는 자

특허권은 적법한 자격을 갖춘 자에게 부여된다. 소위 특허의 주체적 요건은 특허요건으로 분류되지는 않으나, 제4차 산업혁명 기술과 관련하여 쟁점이 될 수 있는 부분이 있어 살펴보기로 한다.

발명자 또는 발명의 승계인은 특허를 받을 수 있는 권리를 갖는다. 발명 행위는 법률행위가 아닌 사실 행위이므로 자연인만이 발명자가 될 수 있다. 공동으로 발명을 완성한 경우에는 발명에 관여한 사람 모두가 발명자가 되고, 이 경우 특허를 받으려면 공동으로 특허출원하여야 한다. 발명에 관여했다고 하려면, 실질적으로 협력한 경우로서 발명을 이루는 중요한 기술구성에 일정 정도 기여했어야 한다. 단순한 보조자나 관리인, 연구개발 위탁자, 투자자 등은 공동발명자로 보지 않는다.

발명자 또는 승계인이라고 해도 권리능력 즉, 특허법에 의해 부여되는 일반적인 권리와 의무의 주체가 될 수 있는 법적 자격이 없으면 특허권을 취득할 수 없다. 일반적으로 자연인과 법인에 대하여 권리능력이 인정되는데, 법인 등록이 되지 않은 회사명으로는 특허등록을 받을 수 없다는 점에 주의하여야 한다.

특허 적격이 문제 될 수 있는 제4차 산업혁명 기술로 인공지능을 들 수 있다. 인공지능 발전 양상을 보면 무인자동차에 적용되어 실생활에 도입되어도 문제가 없을 정도의 성능을 보이는 등 급격한 기술혁신을 이루고 있다. 조만간 인공지능이 인간의 지시 없이도 발명을 하는 시대가 도래할지도 모른다. 인공지능이 발명을 한 경우에 발명자를 누구로 볼 것인지가 쟁점이 될 수 있다. 단순 위탁자를 발명자로 보지 않는 현재 특허청 심사관행으로 볼 때, 인공지능이 창안한 발명에 대해 인공지능 소유자를 발명자로 인정하기 쉽지 않아 보인다.

CASE STUDY

구글의 자회사인 딥마인드가 종래의 '알파고'를 능가하는 새 바둑 프로그램 '알파고 제로'를 공개했다(한겨레신문, 2017년 10월 19일). 잘 알려진 바와 같이 알파고는 우리나라의 이세돌 9단이나 중국의 커제 9단 같은 바둑 고수와 승부를 겨루어 연전연승한 인공지능 컴퓨터다. '알파고 제로'는 인간이 두었던 바둑 기보를 학습하지 않은 상태에서 40일 동안 2900만 판을 독자적으로 둔 후 기존의 알파고를 압도했다고 하니, 실로 인공지능 분야의 기술발전 속도가 놀라울 따름이다. 바둑은 상당한 노력을 하지 않는 한 숙달하기 쉽지 않은 고난도의 게임이다. 이런 복잡한 게임에서 인간을 능가했다면, 발명을 독자적으로 수행하지 말란 법이 없다. 특허정보를 빅 데이터로 분석해 스스로 학습한 후, 문제점에 대한 해결책을 내놓는다면 그것이 바로 발명이지 않은가? '알파고 제로'가 한 발명이 특허출원 되었다면 누구를 발명자로 인정하여 특허를 부여할지 난감해질 것이다.

2. 저작권

제4차 산업혁명은 디지털 환경 변화를 초래하며, 인간 대 인간의 직접 대면보다는 온라인 환경에서 대부분의 생활·소비가 이루어지는 시대를 예고한다. 이에 따라, 저작물·저작자를 보호하는 저작권 제도에도 많은 변화가 예상되며 그에 따른 검토가 필요하게 될 것이다.

저작권은 저작물을 창작한 저작자의 권리와 그에 인접하는 권리를 보호하고, 저작물의 공정한 이용을 도모함으로써 문화 및 산업발전에 이바지함을 목적으로 한다. 여기서 저작물이란 인간의 사상 또는 감정을 표현한 창작물을 말한다.

기술과 기술 간의 융합, 문화와 기술 간의 융합을 의미하는 제4차 산업혁명 시대는 획기적인 기술발전뿐만 아니라 새로운 형태의 생활 양태와 문화 소비를 촉진할 것이 예상된다. 이에 따라, 인간의 사상·감정 등을 새로운 형태로 표현하는 문학·예술 등에 대한 이해와 저작권에 대한 새로운 인식이 필요하다. 이 장에서는 저작권 제도의 기본적인 이론을 제4차 산업혁명에 따른 문화 변화에 맞춰 살펴보고 주요 이슈를 확인해 보기로 한다.

가. 저작물

1) 저작물이란

저작권법에서 저작물이란 인간의 사상 또는 감정을 표현한 창작물을 말한다. 여기서 '창작'이란 문학작품, 미술작품, 영화 시나리오 등과 같이 전문가적 소양을 갖춘 것이라 오해할 수 있으나, 타인의 작품을 모방하거나 카피하지 않은 정도면 창작으로서의 조건이 충분하다.

저작물이 되려면 유형의 형태로 '표현'되어야 한다. 표현되지 않고 머릿속에 담아 둔 생각이나 아이디어는 저작물이 아니다. 저작물로 보호되는 것은 유형으로 표현된 작품 그 자체이지 그 속에 담긴 아이디어가 보호되는 것은 아니라는 점에 주의하여야 한다.

> **CASE STUDY**
>
> 초등학생이 쓴 산문에도 저작권이 적용될 수 있을까? 1989년 이와 관련해 의미 있는 판례가 나온 적이 있다. 사건의 요지는 초등학생 ○○○가 「내가 찾을 할아버지의 고향」이라는 제목으로 산문을 공표한 적이 있는데, 당시 문교부가 이를 「찾아야 할 고향」으로 제목을 바꾸고 내용의 일부를 수정하여 교과서에 실어 문제가 되었다. 대법원은 초등학생이라도 창작성을 인정해 저작권이 인정되어야 한다고 판시하였다.

저작물은 「인간」의 사상 또는 감정을 표현한 것이어야 한다는 점에도 유의하여야 한다. 따라서 침팬지와 같은 영장류라 하더라도 동물이 그린 그림은 저작물성이 있다고 할 수 없다. 제4차 산업혁명과 관련하여 인공지능이 다양한 분야에 적용되고 있는데, 인공지능이 만들어낸 창작품에 저작물성이 있는지 논란이 될 수 있다. 이것은 최근 상당한 논란이 집중되는 이슈로, 다음 장에서 자세히 살펴보기로 한다.

2) 보호되는 저작물과 보호되지 않는 저작물

저작물의 범주에 포함되는 한 저작권이 인정되지만, 저작권법에서는 그 예시를 들어 이해를 돕고 있다. 저작권법에서 예시한 저작물에는 각 문화·예술 카테고리 별로 다음과 같은 것들이 있다.

[표 4.1-2] 저작권의 종류[87]

범주	특징	종류
어문 저작물	문자 또는 구술로 표현된 저작물	-문자 : 소설, 수필, 매뉴얼, 시, 시조, 논문·텍스트, 각본 등 -구술 : 강연, 연설, 설교, 만담, 낭송
음악 저작물	소리(音)에 의해서 표현되는 저작물	가요, 가곡, 성악, 민요, 창극, 기악, 관현악, 오페라, 뮤지컬, 작사(가사), 작곡, 편곡, 즉흥 연주곡 등
연극 저작물	사람의 말과 몸짓에 의하여 표현되는 저작물	연극 대본, 연극, 무용·무용극, 무언극, 창극, 오페라, 뮤지컬 등
미술 저작물	시각적 미를 형상이나 색채에 의해서 평면적 또는 입체적으로 표현하는 저작물	회화, 서예, 디자인, 조소·조각·판화 공예, 캐릭터, 응용미술작품 등
건축저작물	건축과 관련된 저작물	건축물, 건축모형, 설계도서 등
사진 저작물	인물·풍경 등을 사진기 등의 기계적 장비에 의하여 필름이나 인화지등에 평면적으로 표현한 저작물	초상사진, 광고사진, 기록사진, 예술사진, 보도사진, 슬라이드·필름 등
영상 저작물	영상을 기계·전자장치에 의하여 재생하여 볼 수 있거나 보고 들을 수 있는 연속적 영상으로 표현된 저작물	영화·기록영화, 드라마·오락프로그램·기타 방송프로그램, 뮤직비디오, 게임, CF, 애니메이션 등
도형 저작물	어떤 형태나 모양을 표현하는 저작물	-평면적 도형 : 지도·도면·도표·설계도·약도·해도(海圖)·통계그래프·분석표·시력표 등 -입체적 도형 : 지구의(地球儀)·인체모형·동물모형 등
컴퓨터 프로그램	특정한 결과를 얻기 위하여 컴퓨터 등 정보처리능력을 가진 장치 내에서 직접 또는 간접으로 이용되는 일련의 지시·명령으로 표현된 창작물	운영체제, 응용 프로그램, 게임(컴퓨터 작동용), 임베디드 소프트웨어 등

원저작물을 번역하거나 각색·영상제작 등의 방법으로 새로운 작품으로 창작한 저작물을 이차적 저작물이라고 하며, 이차적 저작물에 대해서는 별도의 저작권으로 인정한다. 예를 들어, 조앤 롤링(J. K. Rowling)의 소설, 「해리 포터」 시리즈를 영상화한 영화 「해리포터」는 별도의 이차적 저작물로 보호된다. 한편, 저작자 본인의 권리 보호보다는 공공성이 강조되는 저작물에는 저작권이 미치지 않는 것으로 하고

---
87) 한국교육학술정보원·저작권위원회, 학교선생님을 위한 저작권의 이해, 2009년.

있다. 예를 들어, 헌법·법률·조약 등의 법 규정이나 국가 또는 지방자치단체가 공표한 고시·공고 등 그 밖에 이와 유사한 것과 법원의 판결·결정 등이 이에 해당한다. 또한 국가 또는 지방자치단체가 작성한 위와 관련된 편집물이나 번역물도 저작권이 발생하지 않는다. 사실관계를 적시한 것에 불과한 시사 보도의 경우에도 저작권이 미치지 않는다.

> **CASE STUDY**
>
> 신문기사의 저작물성과 관련하여 2006년에 이슈가 된 적이 있다. 한 일간 신문사가 연합뉴스의 기사와 사진을 복제하여 신문을 제작하였다가 저작권법으로 소송을 당했는데, 이 사건에서 대법원[88]은 사실의 전달에 불과한 시사 보도는 창작적인 요소가 개입될 여지가 많지 않아 저작물에서 제외된 것이라고 전제하면서, 다만 창작적 요소의 개입 여부는 시사 보도 건별로 살펴야 한다고 판시하였다. 즉, 여러 가지 정보를 정확하고 신속하게 전달하기 위해 흔히 사용하는 사실 보도의 형식으로 표현되었는지 혹은, 독창적이고 개성 있는 표현에 이르렀는지 개별적으로 살펴 저작권 유무를 판단해야 한다는 것이다. 이 사건에서는 연합뉴스가 패소하였다.

나. 저작자

저작권은 저작물을 창작한 저작자에게 부여되는 전속 권리이다. 여기서 저작자란 저작물을 창작한 자를 말한다. 예전에는 기록이 허술해 저작자를 알 수 없는 경우가 많았으나, 최근에는 저작권에 대한 인식이 향상되어 저작자를 특정하기 어려운 경우는 많지 않다.

저작물에 실명이나 이명 등으로 일반적인 방법에 의해 표시된 자를 저작자로 추정하며 이와 다를 경우에는 실제 저작자가 입증하여야 한다. 그렇다면 저작자와 저작 의뢰자가 저작자의 이름이 아닌 다른 사람의 이름으로 저작자를 표기하기로 한 경우는 어떻게 될 것인가? 이 경우 실제 저작을 담당한 저작자 본인에게 저작권이 있으며, 만약 저작 의뢰자가 저작권을 갖고자 한다면 저작자와 별도 계약으로 저작권을 인수하였어야 할 것이다.

창작자와 저작자가 달라지는 경우가 있다. 예를 들어, 회사나 연구소 등에서 업무상 저작물을 만들어 법인 등의 명의로 공표되는 경우가 있는데, 저작권법에서는 이를 「업무상 저작물」이라고 하면서 회사나 연구소 등을 저작자로 인정한다. 업무상 저작물은 법인·단체 그 밖의 사용자(이하 "법인 등"이라 한다)의 기획 하에 법인 등의 업무에 종사하는 자, 즉, 종업원 등이 업무상 작성하는 저작물을 말한다.

---

88) 대법원 2006. 9. 14. 선고 2004도5350 판결.

CASE STUDY

문제된 원숭이 셀카(연합뉴스)

원숭이가 찍은 셀카 사진은 누구에게 저작권이 있을까? 2014년 재미있는 저작권 사건이 이슈가 되었다. 영국 사진작가 데이비드 슬레이터가 인도네시아 밀림을 여행 중 당시 6살이던 '검정짧은꼬리원숭이' '나루토'가 카메라를 빼앗아 셀카를 수백 장 찍었는데, 그 사진 중 일부가 상품성이 있었던 것이다. 슬레이터는 이 사진으로 상당한 경제적 이득을 얻었고, 온라인 백과사전인 '위키피디아'에도 연락을 취해 사진의 무단도용을 멈춰달라고 요청하기도 하는 등 적극적으로 저작권을 행사하였다.

문제는 국제동물보호협회(PETA)에서 슬레이터에게 저작권 소송을 제기하면서 시작되었다. PETA는 슬레이터가 얻은 저작권 수익금 일부를 나누어 나루토를 위해 쓸 수 있도록 해달라고 주장하였다. 흥미롭게도 샌프란시스코 연방지방법원은 원숭이가 찍은 사진이나 코끼리가 칠한 벽화 등은 동물이 작성한 것이고 인간의 감정이나 사상을 표현한 것이 아니라서 저작권이 인정되지 않는다고 판결하였다.

소송전은 PETA와 슬레이터가 저작권료의 25%를 나루토를 위해 쓰기로 합의하고 소송을 취하하면서 마무리되었지만, 저작권 관련한 쟁점은 아직 명확하게 정리되지는 않았다. 소송 당사자가 합의를 했다고 하여 동물이 작성한 저작물에 저작권이 생기는 것은 아니며, 법적인 판단이 별도로 이루어져야 하기 때문이다.

우리나라 저작권법하에서 원숭이 셀카 사진에 저작권이 발생할 여지는 없다. 우리나라는 「인간」의 사상이나 감정이 표현되어야 저작물로 인정하며, 설사 저작권이 발생하였다 하더라도 원숭이는 권리능력이 없어 저작권을 향유할 수 없기 때문이다. 또한, 원숭이가 카메라 셔터를 누른 한, 사진작가에게 저작권이 돌아갈 리도 없을 것이기 때문이다.

다. 저작권의 내용

저작권은 저작물을 창작한 때부터 발생한다. 특허권의 경우 특허청에 출원한 후 심사를 거쳐 특허요건을 만족하는 발명에 대해서만 발생하는 데 반해, 저작권은 특별한 절차나 형식·심사를 필요로 하지 않는다. 우리나라에서 저작권 등록제도가 운용되고 있으나, 창작일이나 공표일을 추정하거나 저작권의 양도 등 권리변동에 활용될 뿐 권리 발생 요건은 아니다.

저작권은 저작인격권과 저작재산권으로 구분된다.

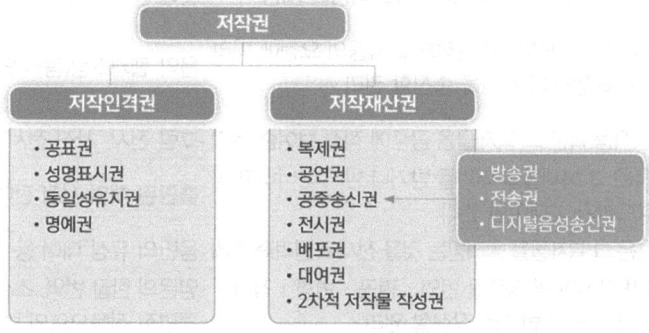

[그림 4.1-3] 저작권의 구분

1) 저작인격권

저작인격권은 저작자의 인격을 보호하기 위해 주어지는 권리로서, 공표권, 동일성유지권 등이 포함된다. 공표권은 자신이 저작한 창작물을 최초로 공표할지를 결정할 수 있는 권리이고, 성명표시권은 저작물에 본인의 이름이나 이명을 표시할지를 결정할 수 있는 권리이며, 동일성유지권은 저작물의 내용·형식 및 제호의 동일성을 유지하고 변경하는 것을 금지할 수 있는 권리를 말한다. 한편, 명예권은 저작물을 저작자의 명예를 훼손하는 방법으로 이용하지 말 것을 요구할 수 있는 권리이다. 공동저작물의 경우, 저작인격권은 저작자 전원의 합의에 의해 결정되는 것이 일반적이다.

2) 저작재산권

저작재산권은 저작물을 일정한 방식으로 이용함으로써 재산적인 이익을 얻을 수 있는 권리를 통칭한다. 저작재산권의 내용은 다음 표와 같다. 다음 표에서 방송권, 전송권, 디지털음성송신권은 공중송신권에 부속되는 지분권 개념이다.

[표 4.1-3] 저작재산권의 내용[89]

구분	법적 의미	사례
복제권	자신의 저작물을 인쇄·사진·복사·녹음·녹화 그 밖의 방법에 의하여 유형물에 고정하거나 유형물로 다시 제작할 권리	원고 출판, 사진 촬영, 책 복사, CD음악의 디지털 파일 변환, 방송프로그램 녹음·녹화, 인터넷 자료 다운로드, 만화 캐릭터의 입체화 등
공연권	자신의 저작물을 상연·연주·가창·강연·상영 등의 방법으로 공중에게 공개하는 것, 공개된 것의 복제물을 재생하여 공중에게 공개할 권리	소설을 연극으로 공연, 음악 연주, 노래 공연, 청중에게 강연, 영화 상영, 학교의 교내 음악방송, 체육관 콘서트 실황을 밖에서 모니터로 상영 등
공중송신권	자신의 저작물을 공중이 수신하거나 접근하게 할 목적으로 무선·유선 통신 방법으로 송신·이용에 제공할 권리	유선 또는 무선을 통해 저작물을 송신하는 방송, 전송, 디지털음성송신 등
방송권	공중이 동시에 수신하게 할 목적으로 무선·유선 통신의 방법으로 자신의 음성·음향·영상 등을 송신할 권리	지상파방송·유선방송·위성방송, 지상파방송을 유·무선 통신 방법으로 중계 등
전송권	공중이 개별적으로 선택한 시간과 장소에서 접근하도록 저작물을 무선·유선 통신의 방법으로 이용에 제공	인터넷 사이트에 저작물을 업로드하는 것, 인터넷에 클릭을 통한 자동적인 저작물의 송신 등
디지털 음성 송신권	공중이 동시에 수신하게 할 목적으로 공중의 요청에 따라 자신의 디지털 방식의 음성을 송신할 권리	음악 웹캐스팅(음악 인터넷방송) 등
전시권	자신의 원 작품 혹은 그 복제물을 공중에 직접 보여줄 권리	그림 전시, 사진 전시 등
배포권	원 작품 혹은 그 복제물을 대가를 받거나 받지 아니하고 공중에게 양도하거나 대여할 권리	출판된 책의 서점 판매 등
대여권	원 작품 혹은 그 복제물을 돌려받는 것을 전제로 빌려줄 권리	음반의 유상 대여 등
2차 저작물 작성권	저작권자가 자신의 원 작품을 번역·편곡·변형·각색·영상제작 그 밖의 방법으로 작성할 권리	영문의 한글 번역, 소설의 영화화, 입체적 작품의 평면적 작품으로의 변형, 장문의 단문 요약 등

---

[89] 한국교육학술정보원·저작권위원회, 학교선생님을 위한 저작권의 이해, 2009년.

제4차 산업혁명에 따라 문화 소비가 전혀 다른 방향으로 전개될 소지가 있어 저작권에도 큰 변화가 예상된다. 예를 들어, 3D 스캐너를 이용해 저작물을 디지털화하고 인터넷상에서 다량으로 배포한 경우 저작권자의 보호에 충실할 수 있을지 의문이다. 이런 디지털 데이터를 내려 받은 일반 소비자가 3D 프린터를 이용해 그대로 저작물을 복제한다면 가정식·개인적 실시에 불과하여 저작권이 미치지 않을 수 있기 때문이다. 불법으로 3차원 형상을 디지털화한 복제업자만 단속해서는 해결될 수 있는 단순한 문제가 아니다.

드론이 일상화되면서 개인 초상권을 침해하는 예도 더욱 늘어날 것으로 예상한다. 드론을 이용해 일반 시민의 집안 내부를 들여다보거나, 신체의 일부 또는 전체를 스캔해 복제품을 만들어 낼 수도 있어 큰 골칫거리가 될 소지가 있다.

3) 저작인접권

저작인접권은 저작물을 해석하고 전달하는 자에게 부여되는 별도의 권리이다. 저작권법에서는 제한적으로 나열하여 저작인접권을 인정한다. 실연하는 경우, 음반을 제작하는 경우, 방송하는 경우로 구분된다.

실연은 원저작물을 이용해 연기·무용·연주·가창·구연·낭독 등으로 표현하는 자와 이를 지휘·연출하는 감독자에게 주어진다. 가수·배우·영화감독 등이 이에 해당한다. 음반 제작은 음을 최초로 마스터테이프에 고정하는데 있어 녹음을 주도하고 책임을 지는 사람 즉, 음반제작자에게 주어지는 권리이다. 한편, 방송의 경우는 원저작물을 이용해 방송하는 통상의 방송사업자에게 주어지는 권리이다. 저작인접권의 내용은 각 케이스별로 약간씩 차이가 있으나 원저작권의 보호 수준과 크게 다르지 않다.

3. 부정경쟁방지 및 영업비밀 보호

우리나라는 자유경쟁에 입각한 시장경제 질서를 근간으로 하고 있으나, 비건설적·비기여적 경업은 오히려 공정하고 자유로운 경쟁을 해칠 우려가 있는바, 실질적인 공정 경쟁을 유도하기 위하여 「부정경쟁방지 및 영업비밀 보호에 관한 법률」을 제정하여 운영하고 있다.

동 법률은 부정 경업을 규제하는 ①부정경쟁방지 부분과 기술·영업 관련 노하우를 보호하는 ②영업비밀보호 부문으로 크게 나뉘는데, 제4차 산업혁명 기술과 관련하여 쟁점이 되는 것은 영업비밀보호에 관한 내용이다. 이하 부정경쟁방지 부분을 간단하게 살펴본 후 영업비밀보호에 관한 내용을 학습하기로 한다.

가. 부정경쟁의 방지

우리나라는 부정경쟁방지법 제2조제1호 가목 내지 자목에서 총 9개의 대표적인 부정경쟁행위 유형을 구체적으로 규정하고, 그 외 차목에 일반 조항을 두어 부정경쟁행위를 폭넓게 방지하고 있다. 그 구체적인 내용을 살펴보면 다음 표와 같다.

[표 4.1-4] 부정경쟁 행위

구분	의의	예시
상품주체 혼동행위	국내에 널리 알려진 타인의 성명, 상호등과 동일·유사한 것을 사용하거나 표시상품을 판매·반포하는 행위	비제바노, 맥시칸양념통닭, 재능교육 등 주지성을 획득한 상표를 자신의 상품에 부착해 판매하는 행위 등
영업주체 혼동행위	국내에 널리 알려진 타인의 영업표지와 동일·유사한 것을 사용하여 영업활동에 혼동을 주는 행위	앙드레김, 이영희 한복등과 같이 주지성을 갖는 성명·상호·표장을 영업에 사용하는 행위 등
저명상표 희석화	국내에 널리 알려진 타인의 상품·영업표지등과 동일·유사한 것을 사용해 식별력·명성에 타격을 주는 행위	KODAK 상표를 피아노에 사용하거나, SONY를 초콜릿에 사용하거나, Dunhill을 안경에 부착하는 행위 등
원산지 허위표시	원산지를 허위광고하거나 표시하여 상품을 판매·반포 등을 하는 행위	중국산 대마원사를 수입해 안동에서 만든 삼베수의에 '신토불이'로 표기
출처지 오인야기	생산·제조·가공된 지역을 다른 지역으로 허위광고하거나 표시하여 판매·반포 등을 하는 행위	국산을 외제로 표시하는 행위 또는 중국산을 'Made in U.S.A'로 표시해 판매하는 행위 등
상품질량 오인야기	타인상품을 사칭하거나 품질·내용·제법·수량 등을 오인하게 하는 행위	수입 쇠고기에 '한우 쇠고기'라 표시해 소비자를 기만하는 행위 등
대리인등 부당행위	타국에 등록된 상표의 상표권자의 대리인등이 해당 상표를 지정상품에 사용하는 행위	최근 미국에서 뜨는 'CAPTAiN'상표를 한국대리점의 대표가 한국 특허청에 등록해 무단으로 사용하는 행위 등
도메인 무단점유	주지의 타인 상호·상표등과 동일·유사한 도메인 이름을 등록·사용	'아이유'의 이름을 도용하여 도메인 등록하고 매입을 요구하는 경우
상품형태 모방	타인이 제작한 상품을 모방해 양도·대여 등을 하는 행위	인터넷에서 타인상품 형상데이터를 다운받아 3D프린팅 해 판매하는 행위
타인성과 무단사용	타인 성과를 자신의 영업을 위해 무단으로 사용해 이익을 해치는 행위	MCM상표를 지속 사용하고, 광고 등으로 고급 브랜드로 된 상태에서 불법으로 MCM상표를 타 상품에 사용

제4차 산업혁명에 따라 부정경쟁행위에 따른 피해가 크게 증가할 우려가 있다. 예를 들어, 인터넷 이용 인구가 증가하면서 유명 연예인이나 주지·저명한 회사의 이름을 도용해 인터넷 도메인을 선점하고 고가에 매입할 것으로 요구하는 불법행위가 증가할 수 있다. 미국의 유명 온라인 쇼핑몰 업체 '아마존'은 식료품 유통업체, '홀푸드마켓'을 인수하고 식자재까지도 온라인에서 구매할 수 있도록 토탈서비스를 구축한다고 하는데, 가히 온라인상에서 광고·구매·소비가 이루어지는 가상 세계가 일상화될 것으로 예상된다. 이런 측면에서 온라인 연결의 핵심 자원이라 할 수 있는 도메인 이름의 무단 점유는 특히 문제가 될 것이다.

3D 프린터를 이용한 타인 상품 모방행위도 급격히 늘어날 것이다. 3D프린터의 속성상 디지털 형태의 형상데이터만 있으면 수백 개의 모방 제품도 생산할 수 있어 특히 문제가 된다. 3D 형상데이터는 통상 3D 스캐너를 이용해 작성하지만, 더욱 큰 문제는 이렇게 작성된 형상데이터가 인터넷을 통해 무한정 퍼져나갈 수 있다는 점이다.

> **CASE STUDY**
>
> 상표 관련 부정경쟁행위는 현대 사회에서 자주 발생하는 불법행위 중 하나다. ㈜케이투코리아는 국내에 주소를 둔 등산용품 업체로서, 「K2」등의 상표를 사용해 20여 년 이상 등산화 등의 상품을 제조·판매해 오고 있었는데, 2004년 4월 30일경 한 업체가 「K-2」라는 상표를 등록하면서 분쟁이 발생하였다. 케이투코리아는 동 업체가 자신의 상품을 타인의 상품과 식별시킬 목적으로 상표를 등록한 것이 아니라, 일반 수요자로 하여금 자사의 상품과 혼동을 일으킬 목적으로 등록한 것이라 주장한 반면, 동 업체는 적법한 사용으로 권리행사의 외형을 갖추었으며 문제 될 것이 없다는 입장이었다. 이에 대해 대법원은 케이투코리아의 K2 상표는 동 업체가 K-2 상표를 등록할 당시 주지성을 확보한 것이고, K-2는 비록 별도의 이미지가 결합한 것이나 분리 가능한 것이라 케이투코리아 상표와 극히 유사하여 상품 출처의 혼동을 일으킬 수 있다고 판단하였다. 이에 따라, K-2 상표의 등록행위와 그 사용행위는 부정경쟁방지법상 부정경쟁행위에 해당한다고 판시하였다.

나. 영업비밀의 보호

1) 영업비밀의 개념

영업비밀은 공공연히 알려져 있지 아니하고 독립된 경제적 가치를 가지는 것으로서, 합리적인 노력에 의하여 비밀로 유지된 생산방법, 판매방법, 그밖에 영업활동에 유용한 기술상 또는 경영상의 정보를 말한다. 즉, 영업비밀이란 경쟁업자보다 영업상 유리한 위치를 차지하게 하는 구체적인 지식, 자료, 경험, 영업방법 등의 정보로서 비밀이 유지되고 있는 정보이다. 누구나 알 수 있는 정보는 영업비밀이 아니며 비밀성 유지가 가장 중요한 요건이다. 코카콜라가 보유한 콜라 제조방법이 대표적인 영업비밀이며, 1886년 미국의 약사인 J. S. 펨퍼턴이 조제한 이후 비밀로 유지되고 있다.

영업비밀은 특허법상 보호되지 않는 진보성 없는 기술상 정보나 물품이 형상, 구조 또는 조합에 관한 고안 등도 보호되는 등 제4차 산업혁명 시대에 있어 중요성이 강조된다. 특히 특허나 실용신안 등은 발명이나 고안에 대한 것으로서 자연법칙을 이용할 것을 요구하나, 영업비밀은 비밀이 유지되는 한 기초과학상 발견, 연산법, 수학 공식, 화학제품의 미묘한 조합, 진보성이 인정되지 않는 기술적 노하우, 경영상 정보, 영업상 아이디어 등을 법적으로 보호받을 수 있어 보호범위가 특허·실용신안보다 훨씬 넓다고 할 수 있다.

예를 들어, 무인자동차의 실험데이터, 인공지능이 사용한 학습데이터 등은 특허나 실용신안 또는 저작권으로 보호받기 어려우나 비밀을 유지함으로써 영업비밀로 보호될 수 있다.

[표 4.1-5] 영업비밀과 특허제도 비교

구분	영업비밀	특허
목적	타인의 영업비밀을 침해하는 행위를 방지하여 건전한 거래질서를 유지	발명을 보호·장려하고 이용을 도모해 기술발전을 촉진하고 산업발전 이바지
보호요건	비공지성, 경제적 유용성, 비밀유지	신규성, 진보성, 산업상 이용가능성
보호대상	비특허요건 기술, 설계도면 등 기술정보와 고객명부 등의 경영정보	발명(자연법칙을 이용한 기술적 사상의 창작으로서 고도한 것)
등록 유무 권리성	등록절차가 없고 일정요건을 충족하면 영업비밀로 인정 배타적 권리를 부여하는 것은 아니며 비밀로 유지되는 상태 그 자체를 보호	특허요건을 심사하여 충족된 경우만 권리를 인정 독점배타권을 부여해 타인의 불법 실시행위를 규제
보호기간	비밀로 유지되는 한 무한정	설정등록일로부터 출원일 후 20년
공개 여부	비공개	공개 전제
권리 이전성	비밀유지를 전제로 실시계약 가능	전용·통상실시권 설정이 자유롭고 비밀유지 노력 불필요

CASE STUDY

2011년 「조선일보」에 영업비밀과 관련하여 흥미로운 기사가 났다(조선일보, 코카콜라 레시피 125년 만에 공개됐나, 2011년 2월). 존 펨퍼턴이 1886년 최초로 제조해 코카콜라가 소유권을 가진 콜라 제조 방법이 125년 만에 인터넷에 공개됐다는 가십성 기사였다. 신문기사에 따르면 코카콜라 제조법은 코카 유동 엑기스(fluid extract) 3모금과 구연산 3온스, 카페인 1온스, 설탕 30(단위 불분명), 물 2.5갤런(약 9.5L), 라임 주스 2파인트 1/4, 바닐라 1온스, 캐러멜 1.5온스 등을 혼합하는 것이다. 마지막으로 비밀 성분으로 알려진 '머천다이즈 7X'(Merchandise 7X)도 1% 이내의 분량으로 포함돼 있다고 한다. 기사에는 누군가가 수기로 작성한 공책 사진도 포함되어 신빙성을 높였는데, 정작 코카콜라 측은 인터넷에 공개된 제조법은 자기들의 것과는 다르다는 입장을 고수하였다고 한다.

공개된 레시피의 진위를 떠나서 코카콜라의 대응은 충분히 이해되는 측면이 있다. 어떤 방식으로든 레시피가 공개되면 코카콜라 측의 제조방법은 더 이상 영업비밀이 아니며 법적인 보호가 불가능하기 때문이다. 이런 논란은 인터넷에 공개된 레시피를 이용해 누군가가 큰 성공을 거두게 된다면 잦아들 것으로 보이는데, 지금까지도 유사한 제품을 내놓는 음료회사가 없는 것을 보면 기사에 난 레시피는 가짜일 가능성이 크다고 생각한다.

2) 영업비밀의 요건

영업비밀은 ①비공지성, ②독립적 경제 가치성 및 ③비밀관리성이 요구된다. 3대 필요조건 중 하나라도 갖추어지지 않으면 더 이상 영업비밀로 인정되지 않는다.

CASE STUDY

甲은 외국상품 구매 대행 쇼핑몰을 운영하는 A 회사에 근무하는 프로그래머였다. 甲은 회사의 허락을 얻어 재택근무를 하면서 쇼핑몰 사이트를 관리하였는데 업무상 필요에 따라 쇼핑몰 소스 파일을 자택의 컴퓨터에 보관하였다. 한편, 甲은 A회사를 퇴사한 후 창업해 자체적으로 구매대행 쇼핑몰을 운영하게 되었는데, 이때 퇴사 시 미반납한 A 회사의 소스 파일을 그대로 사용하거나 일부 수정하여 사용한 것이 확인되었다.

A 회사가 甲을 상대로 영업비밀보호법 위반으로 고소한 사건에서 재판부는 甲의 책임을 인정하였다. 甲은 공개된 해당 소스 파일은 인터넷에 공개된 다른 소스 파일을 수정·조합해 사용한 것이라 비공지성이 갖추어지지 않아 영업비밀이 아니라고 주장했으나, 재판부는 해당 소스 파일은 여러 직원이 아이디어를 모으고 영업실적을 바탕으로 수정과정을 거치는 등 상당히 노력이 투입된 것이며, 관리자 모드를 구성하는 파일은 인터넷상에 공지된 바가 없어 영업비밀에 해당한다고 보았다(대법원 2008.7.24. 선고 2007도11409 판결).

비공지성은 공연히 알려져 있지 아니한 것 또는 경쟁사업자가 이미 알고 있거나 제한 없이 입수할 수 없는 것을 말한다. 여기서 비공지성은 상대적 개념으로, 비밀보유자에 의해 일정하게 한정된 인적범위로 비밀이 유지되고, 비밀 대상이 공개되지 않은 한 인적범위가 일부 확대되어도 무방하다. 비공지성에 대한 입증책임은 영업비밀의 침해를 주장하는 자 즉, 영업비밀 보유자에게 있다.

영업비밀에서 독립적 경제 가치성은 독립적 경제성으로 부르기도 한다. 해당 영업비밀의 보유자가 그 정보의 사용을 통해 경쟁자에 대하여 경쟁 상 이익을 얻을 수 있거나, 해당 정보의 취득이나 개발에 상당한 비용이나 노력이 필요한 것을 말하며, 유용성이 객관적으로 입증되어야 인정된다. 장기간의 시행착오와 실험 및 평가과정을 반복해 만들어낸 제조 조건 등이 이에 해당한다. 독립적 가치성과 관련하여 영업비밀 자체가 독립적인 경제적 가치를 가져야 하는 것이 아니라, 영업비밀 보유에 따라 그 보유자가 독자적으로 경제적 가치를 향유할 수 있으면 충분하다는 점에 유의하여야 한다.

기술적 영업비밀과 관련하여 특허에서와 같이 신규성이나 진보성을 갖추어야 영업비밀로 인정되는 것인지에 대한 논란이 있다. 영업비밀은 그 내용에 경쟁 재산적 가치가 있으면 충분하고, 특허와 달리 기술적으로 신규성이나 진보성이 있을 필요는 없다. 즉, 누구나 쉽게 만들어 낼 수 있는 기술이더라도 비밀로 유지되면서 그에 따라 경업자에 대해 경쟁적 우위를 차지하면 충분한 것이다.

비밀관리성은 상당한 노력을 투입해 영업비밀을 비밀상태로 유지하는 것을 말한다. 상당한 노력의 정도는 상대적인 개념으로 중소기업과 대기업이 다를 수 있으며, 인적·시스템적으로 비밀이라는 것을 인식할 정도로 관리하고 있는지가 중요하다. 통상 기업에서 영업비밀을 유지하기 위해서 대인적 조치로서 보안교육을 실시하고, 취업규칙·고용계약에 비밀유지 의무조항을 삽입하며, 보안관리대장을 갖추는 등 비밀 접근의 인적 범위를 설정한다. 또한, 시스템적 조치로서 특정 비밀구역을 설정하거나, 대외비 표시·비밀등급 표시등을 하며 물리적 접근을 통제하는 수단을 설정하기도 한다.

4. 반도체집적회로의 배치설계 보호

「반도체집적회로의 배치설계에 관한 법률」 소위 반도체설계법은 반도체 산업의 핵심기술인 반도체집적회로를 보호하는 법률이다. 반도체는 전기를 통하는 도체와 부도체의 중간 성질을 갖는 물질로써, 반도체 기판 위에 수천 개 내지 수백 만 개의 트랜지스터, 콘덴서, 저항 등의 회로소자를 형성한 것이 반도체집적회로 또는 반도체 칩이다.

사실, 반도체 배치설계는 특허법의 일반적 요건 즉, 발명의 성립성, 산업 상 이용가능성, 신규성 및 진보성을 갖추면 특허발명으로 인정받아 보호받을 수 있다. 그러나 반도체 배치설계는 종래의 특허기술과는 달리 이미 확립된 집적회로로서 공지기술을 뛰어넘을 정도의 기술성을 갖추지 못한 경우가 많아 진보성 요건을 충족하기가 쉽지 않다. 진보성을 충족하지 못한다 하여 기술적으로 아무런 가치가 없는 것이 아니고, 이론 설계상의 연구·레이아웃 상의 차이에 따라 기술적 향상이 이루어지는 경우도 있어 별도의 법제로 보호하게 되었다.

우리나라는 반도체 산업분야 세계 1위의 생산국으로서 반도체집적회로의 보호 필요성이 일찍부터 대두되었는바, 1992년 국회에 반도체설계법을 상정하여 법제화한 이후 지금에 이르고 있다.

제4차 산업혁명의 저변기술은 인공지능, 무인자동차, 로봇, 자동화기기 등인데, 이런 기술을 실현하기 위해 반도체칩 혹은 반도체집적회로 설계는 중요한 요소기술이다. 더욱이 휴대용 스마트기기가 일상화되면서 메모리·비메모리 반도체칩의 수요가 급증하고 있어, 회로 자체에 대한 보호 이슈가 크게 대두될 것인 바, 정책적 검토를 통한 추가적인 보호조치 강구가 요구된다.

가. 반도체설계법의 법적 성격

반도체설계법은 특허법과 저작권법의 중간체적인 법적 성격을 갖는다. 이에 따라 외국에서는 산업저작권(Industrial Copyright)이라고 칭하기도 한다. 특허법은 기술적 사상을 보호하고, 저작권은 인간의 감정·사상이 저작물로 유형화된 경우 그 저작물 자체를 보호함은 앞서 설명한 바와 같다.

반도체집적회로는 일반적으로 전체 시스템 설계→논리회로 설계→전자회로 설계→회로의 공간적 배치설계→제조→검사의 과정을 거쳐 제조되는데, 이 중 쟁점이 되는 부분은 회로의 공간적 배치 과정이다. 전자회로의 기능을 구현하기 위해 트랜지스터, 저항 등의 능동소자를 도선으로 연결하게 되는데, 능동소자는 일반적으로 공지된 것이므로 그 배치를 다르게 한다고 하여 특허법상 진보성을 인정받기는 사실상 어렵다. 따라서 특허법으로 회로 배치 자체를 보호받기는 쉽지 않으며, 사실 저작권으로 보호하는 것도 부족한 면이 있다. 잘 알다시피 저작권은 회로도 자체를 보호할 뿐, 회로 설계에 담긴 기술적 창작 부분은 간과되기 때문이다.

이에 따라 반도체설계법이 도입된 것으로, 이 법에서는 배치설계를 산업재산권의 일종으로 보호하되 반도체 분야의 기술순환주기가 짧은 점을 감안해 권리 보호 기간을 10년으로 짧게 설정하면서 권리 발생·행사

등은 특허법 수준으로 상향하였다. 반도체설계법은 저작권법과도 구별되는데, 배치설계권은 배치설계 자체 뿐만 아니라 설계도를 이용해 제조된 반도체칩 및 그 반도체칩이 내장된 제품까지도 보호 범위가 확장된다.

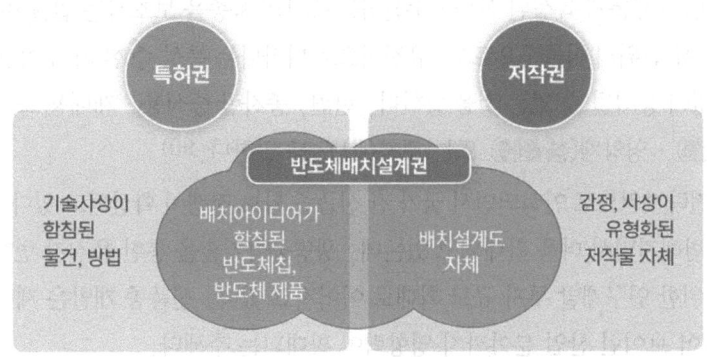

[그림 4.1-4] 반도체설계권의 중의성

나. 반도체배치설계의 권리 발생

반도체 배치설계권은 설정등록에 의해 발생한다. 배치설계를 창작한 자는 신청서에 반도체 각층을 평면적·구조적으로 나타낸 배치설계 파일 및 배치설계 설명서를 첨부하여 특허청에 등록을 신청할 수 있다. 배치설계권은 배치설계를 창작한 자에게 발생하나, 법인 소속의 종업원 등이 창작한 경우에는 다른 규정이나 계약이 없는 한 해당 법인이 배치설계권을 갖는다.

특허청은 심사하지 않고 등록신청의 시기적 요건과 주체적 요건이 충족되는 것을 확인하면 설정등록한다. 특허법에서와는 달리 배치설계의 객체적 요건은 판단하지 않는 것에 특징이 있으며, 이는 저작권법에서 저작권이 창작을 한 순간 다른 요건과 관계없이 자동으로 발생하는 것과 유사하다.

배치설계권이 무심사 등록된다고 하여 기술적인 부분이 모두 배제되는 것은 아니다. 적법하게 등록된 배치설계권이라고 하더라도 창작성이 없는 것으로 확인되면 사후에 등록이 취소된다. 여기서 창작성이란 특허나 디자인등록에서의 창작과는 수준이 다르며, 배치설계 제작자의 지적(知的) 노력의 결과로 통상적이 아닌 배치설계를 제작하는 행위이면 충분하다. 이 경우 통상적인 배치설계 요소의 조합으로 구성된 경우라도 전체적으로 볼 때 통상적이지 않은 배치설계를 제작하는 행위라면 창작성이 있는 것으로 본다.

5. 식물 신품종 보호

「식물신품종보호법」은 새롭게 육성된 식물·수산식물 종자의 품종을 보호하는 법률이다. 품종이란 식물학에서 통용되는 최저분류 단위의 식물군으로서, 유전적으로 나타나는 특성 중 한 가지 이상의 특성이 다른 식물군과 구별되고 변함없이 증식될 수 있는 것을 말한다. 한편, 종자란 증식용·재배용 또는 양식용으로 쓰이는 씨앗·버섯 종균(種菌)·영양체(營養體) 또는 포자(胞子)를 말한다.[90]

식량자원이 국가 전략자원으로 인식되면서 국가 간 신품종 확보 전쟁이 확산되고 있다. 이런 양상은 유전자 정보 분석 비용이 저렴해지면서 더욱 확대되고 있는데, 생명공학기술을 통한 유전자 변형 종자의 개발, 새로운 유전자원 탐색을 위한 연구개발 투자 규모 확대로 이어지고 있다. 신품종 개발은 제약 산업, 화장품 산업 등 일견 관련성이 없어 보이던 산업 분야까지 영향력이 확대되는 추세다.

제4차 산업혁명 기반 기술로 유전공학기술이 거론된다. 유전공학이 인공지능·빅데이터 분석기술과 합쳐져 종래에는 상상도 하지 못한 유전자 정보 활용이 가능해져서 신품종 개발도 훨씬 빨라질 것으로 예상된다. 이런 상황에서 유전공학기술의 결과물인 식물자원 신품종 및 유전자원에 대한 지식재산 보호제도를 학습할 필요가 있다.

가. 식물신품종보호법과 특허법의 관계

식물신품종보호법(이하 "식물신품종법"이라 한다)은 특허법과 유사한 측면이 많다. 실제로 특허법에서도 식물 발명을 인정하고 있는데, 2006년까지는 무성번식 식물만을 명시적으로 보호하다가 이후 특허법 개정을 통해 유성번식 식물까지도 보호 범위로 하였다. 식물발명은 식물신품종법 외에 특허법을 통해 중복적인 보호가 가능하다.

식물신품종법은 1995년 제정된 종자산업법에서 유래되었다. 우리나라는 국제식물신품종보호연맹(UPOV, International Union for the Protection of New Varieties of Plants)[91]의 영향을 받아 종자산업법을 제정하여 종자를 보호하기 시작했다. 2013년 종자 산업법상 품종 보호 및 품종 명칭에 관한 내용을 분리하여 '식물신품종보호법'을 제정하였다.

특허법과 별도로 식물 신품종의 보호 논의가 시작된 것은 특허법상 식물특허의 보호요건을 만족시키기가 쉽지 않다는 현실적인 문제 때문이었다. 특허법에서는 진보성을 등록요건으로 삼는다. 진보성을 인정받기 위해서는 기술적 차이가 상당해야 하고 그 차이에 따라 산업적인 효과가 실험 데이터 등에 의해 객관적으로 입증

---

[90] 충남대학교 산학협력단, 종자분야 특허제도와 품종보호제도의 조화 및 양 제도를 활용한 효율적 권리 확보 방안 연구, 2014년
[91] 스위스 제네바에 본부를 두고 있는 식물 신품종 보호를 위한 국제기구로, 미국·일본·유럽연합 등 67개 회원국이 가입되어 있으며, 우리나라는 2002년 1월 가입하였다.

되어야 한다. 종자산업의 경우, 육종에 오랜 시간이 필요하고 많은 비용이 소요되는 측면이 있어 권리 등록요건을 식물 육종 현실에 맞춰 완화할 필요가 있었다.

식물신품종법을 제정함으로써, 육성자 스스로 타인이 허락 없이 신품종을 상업화할 수 없도록 규제할 수 있게 되었으며, 육성자가 개발 비용을 회수하고 육종 투자로부터 이익을 거둘 기회를 갖는 것이 가능해졌다. 또한, 육성자에게 신품종 육성에 대해 일정한 보상을 함으로써 식물 육종에 대한 투자를 유도하는 효과를 거둘 수 있게 되었다.[92]

[표 4.1-6] 특허법과 식물신품종보호법의 비교[93]

구분	특허법	식물신품종보호법
보호대상	신규식물 • 품종, 품종의 그룹 • 유전자 • 식물세포, 세포주 • 식물의 일부(화분, 씨 등) • 육종방법, 재배방법 등	식물의 품종 (2012년 전작물로 확대)
심사절차	출원일로부터 1년 6월 경과 후 공개 심사청구제도의 존재 등록공고제도의 존재	출원등록 시 즉시공개 심사청구제도의 부존재 출원공고제도의 존재
보호요건	발명의 성립성, 산업상 이용가능성, 신규성, 진보성 〈보호요건 상 가장 큰 차이점〉 • 특허는 진보성이 있어야 하나, 식물신품종법은 구별성(작은 차이)만 요구 • 유전자 조작방법은 특허법에 의해서만 보호 가능	신규성(상업적 신규성), 구별성, 균일성, 안정성, 고유 품종명칭
출원계속 중 절차	• 특허 · 실용 · 디자인 기초 조약우선권 • 변경출원제도 • 신규성 상실 예외 12개월 인정 • 보정 가능	• 품종보호출원 기초 조약우선권 가능 • 변경출원 불가능 • 신규성 상실 예외 12개월 인정 • 비교적 자유롭게 보정 가능
심사방법	서류심사	서류심사 및 재배심사
권리의 효력	물건발명의 경우에는 물건을 생산, 사용, 양도, 대여, 수입, 양도 또는 대여의 청약을 하는 행위(양도 또는 대여를 위한 전시를 포함)	종자의 증식, 생산, 조제, 양도, 대여, 수출, 수입, 양도 또는 대여의 청약(양도 또는 대여를 위한 전시를 포함)
보호기간	출원일로부터 20년	설정등록일로부터 20년(임목은 25년)
침해구제	민 · 형사상 책임 · 처벌	민 · 형사상 책임 · 처벌
권리보호 예외	실험 또는 연구를 하기 위한 특허발명의 실시	자가 생산 목적의 자가 채종 자가 소비 목적의 보호품종 실시 다른 품종의 육성 목적 실시 실험 또는 연구 목적의 실시

---

[92] 권오희, 식물신품종보호제도 고찰 – 특별법과 특허법의 비교를 중심으로 –, 지식재산21, 2001년.
[93] 충남대학교 산학협력단, 종자분야 특허제도와 품종보호제도의 조화 및 양 제도를 활용한 효율적 권리 확보 방안 연구, 2014년.

나. 식물신품종 등록요건

새로운 식물품종을 육성한 자 또는 개발한 자는 농림축산식품부장관 또는 해양수산부장관에게 품종보호 출원서를 제출하여야 한다. 출원서에는 품종이 속하는 식물의 학명 및 일반명과 품종의 명칭을 적고 품종의 특성 및 품종육성 과정에 관한 설명서와 품종의 사진·종자시료를 첨부하여야 한다.

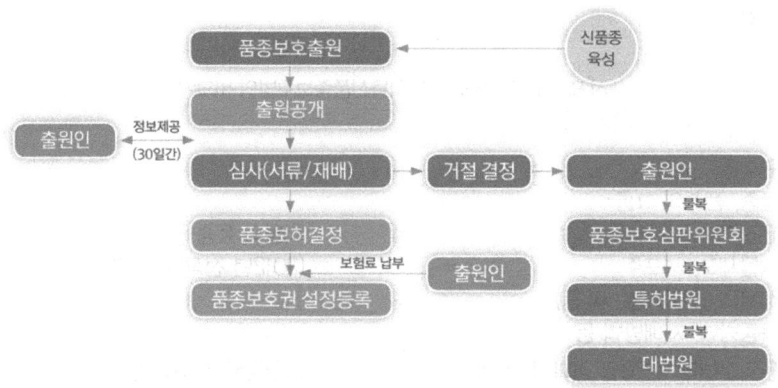

[그림 4.1-5] 품종보호출원 프로세스[94]

품종보호권은 보호품종에 주어지는 독점배타적 권리이다. 보호품종이 되기 위해서는 법에서 정한 품종보호 요건을 갖추어야 하며, 전문성을 가진 심사관의 심사를 거쳐 엄격하게 등록된다. 식물신품종법상 품종보호 권리 발생요건은 다음과 같다.

[표 4.1-7] 식물 품종보호 요건[95]

구분	의의	특허법상 유사요건
신규성	우리나라에서 1년 이상, 외국에서 4년 이상 종자나 이용을 목적으로 수확물이 양도되지 않을 것 기존에 알려지지 않은 새로운 품종일 것을 의미	신규성
구별성	출원일 이전 일반에 알려진 품종과 명확하게 구별되는 것 조사대상 특성 중에서 한 가지 이상의 특성이 대조품종과 명확하게 다르면 구별성이 있는 것으로 간주 기준색표로 잎·꽃을 관찰하는 등 양적·질적으로 판단	진보성
균일성	품종의 본질적인 특성이 충분히 균일한 경우 작물의 번식방법을 고려하여 작물별로 이형주수에 의해 판단하되 기준을 정해 기준 이하면 인정	발명의 성립성 (반복 가능성)
안정성	반복적인 증식 후에도 등록 당시의 중요한 특성이 안정적으로 유지되는 것 균일성이 인정되면 다른 사유가 없는 한 안정성도 인정되는 것이 일반적	

---

94) 농촌진흥청, 로열티 대응 원예특용작물 품종개발 현황과 금후 과제, 2016년.
95) 식물신품종보호법 제17조 내지 제20조, 종자관리요강(농림축산식품부 고시 제2012-268호).

품종 보호 요건 중 가장 중요하게 취급되는 것은 구별성이다. 출원일 이전에 일반에게 알려진 품종과 대비하여 명확하게 특성이 구별되어야 한다. 여기서 구별성은 '종자관리 요강'과 국립종자원 예규인 '품종보호출원품종 심사요령'의 '구별성' 항목을 참조하여 심사한다. 구별성은 품종 보호권의 침해 여부 판단에도 활용된다. 심사관은 품종 보호 요건을 확인하기 위해 출원인에게 종자시료 등 자료를 요청할 수 있다.

한편, 식물 신품종 보호에도 특허제도에서와 같이 선출원주의가 적용된다. 같은 품종에 대하여 다른 날에 둘 이상의 품종 보호 출원이 있을 때에는 가장 먼저 품종 보호를 출원한 자만이 그 품종에 대하여 품종 보호를 받을 수 있으며, 같은 날에 출원한 경우에는 협의에 의해 정한 자만이 품종 보호를 받을 수 있다.

CASE STUDY

품종 보호권의 침해 여부는 어떻게 판단할까? 특허법에서는 소위 구성요소완비의 원칙이라고 하여 특허발명을 구성하는 세부 구성 모두를 포함해서 실시하면 침해한 것으로 본다. 보호품종의 경우에는 재배 실험을 통해 품종이 품종 보호 요건 상 구별성이 있는지 여부로 판단하는 것이 일반적이다. 다음은 실제 사례이다.

甲은 오복 꿀참외의 품종을 개발한 후, 2004년 국립종자원에 품종보호 출원을 하여 2007년 설정등록을 받았다. 한편, 동종 업자인 乙은 칠성꿀참외 종자를 증식해 2007년 5월경부터 판매하여 오고 있으며, 丙은 乙로부터 칠성꿀참외 종자를 공급받아 당찬꿀참외, 명문골드참외, 명품골드참외로 명명하여 판매하고 있다.

甲은 乙과 丙을 상대로 품종 보호권 침해를 이유로 소송을 제기하였는데, 이 사건에서 법원은 국립종자원 및 원광대학교에 재배시험을 의뢰하여, 농림수산식품부 고시(제2010-133호) '종자관리요강' 제5조 및 별표4와 국립종자원 예규인 '품종보호출원품종 심사요령'의 '구별성'에 관한 규정을 토대로 질적 특성 1개 또는 2개 항목(종피색, 과실 최대 너비의 위치)에서 한 등급 이상의 차이가, 양적 특성 1개 항목(잎몸 엽절의 발달)에서 두 계급 이상의 차이가 나타났으므로 구별성이 있다고 보아 침해가 아니라고 판단하였다.

한편, 甲은 乙과 丙의 참외종자를 수집하여 자사 연구소에서 DNA 분석을 실시하여 보호품종과 DNA 마커가 모두 동일한 것을 확인하고 법원에 증거로 제출했으나, 법원은 받아들이지 않았다. 법원은 DNA 분석은 재배 실험에 의한 구별성 판단의 보조적인 수단 또는 참고자료에 불과하다고 판단하였다(서울고법 2011. 12. 15., 2010나109260. 대법원 2013. 11. 28., 2012다6486).[96]

6. 지식재산권 보호절차

지금까지 제4차 산업혁명 기술과 관련성이 높을 것으로 예측되는 특허법·저작권법 등 중요 지식재산권 법률을 선별·요약하여 설명하였다. 지식재산권은 유형물에 부여되는 통상의 소유권과는 달리, 아이디어나 창작물 등 머릿속에 형성된 생각에 주어지는 무형의 권리인바, 법에서 정한 엄격한 절차·기준에 의해 부여된다. 따라서 법률에서 정한 방식에 따라 관련 부처에 서류를 제출하여 권리 부여를 출원·신청하여야 하며,

---

96) 충남대학교 산합협력단, 종자분야 특허제도와 품종보호제도의 조화 및 양 제도를 활용한 효율적 권리 확보 방안 연구, 2014년.

심사과정이 필요하다면 심사를 받아야 권리를 부여받을 수 있다. 제4차 산업혁명 기술에 대한 지식재산권도 이와 다르지 않다. 예를 들어 인공지능에 대해 특허권을 받고자 한다면 소관 부처인 특허청에 인공지능 발명에 대한 기술 내용을 상세히 적어 특허출원하여야 한다.

이 단원에서는 앞서 학습한 지식재산권 법률에 따라 권리를 부여받고자 하는 경우 참고할 수 있는 절차에 대한 정보와 사이트 정보 등을 알아보기로 한다.

가. 지식재산권 출원 등에 관한 절차

지식재산권 법률에 따른 출원·신청 및 심사·등록절차는 다음 표와 같이 정리된다. 각 법률이 보호하는 대상과 절차가 상호 다르므로 유의하여야 한다.

[표 4.1-8] 지식재산권 출원 등에 관한 절차

구분	특허법	저작권법	부정경쟁방지 영업비밀보호	반도체설계 보호법	식물신품종 보호법
권리 요약	새로운 물건·방법 발명 보호	인간 사상 등이 고정된 유형물을 보호	영업 관련 노하우를 보호	반도체집적 회로를 보호	새로운 식물 신품종을 보호
소관 부처	특허청	문화체육 관광부	특허청	특허청	농림축산식품부 해양수산부
보호 대상	발명· 기술 아이디어	저작물	영업비밀 제품	반도체 레이아웃	신품종 식물
보호 기간	출원일로부터 20년	생존 시+ 사후 70년	비밀이 유지되는 기간	설정등록일로부터 10년	설정등록일로부터 20년 (과수·임목은 25년)
심사 여부	심사	무심사	무심사	무심사	심사
등록 요건	신규성·진보성 산업상이용 가능성	–	–	주체적 기초요건	신규성·구별성 균일성·안정성
권리 발생	특허출원· 설정등록	창작 즉시	영업비밀 보유 즉시	등록신청· 설정등록	보호출원· 설정등록

각 소관부처는 권리 등록에 심사가 필요한 경우, 해당 기술이나 품종에 전문성을 가진 특허심사관·품종보호심사관 등을 별도로 두어 심사를 하고 있다. 지식재산권의 출원 및 등록 절차에는 고도의 법률적 지식이 필요하다. 또한 기술적인 부분에 대한 전문지식이 없으면 심사관의 의견제출 지시 등에 제대로 대응하기 어려우므로 출원인·신청인 등을 보조하기 위해 변리사 제도 등을 두고 있다.

출원·신청 절차에서 도움을 받을 수 있는 홈페이지 주소 등 관련된 정보는 다음과 같다.

[표 4.1-9] 소관 정부부처 관련 정보

지식재산권 구분	소관부처	홈페이지 출원·신청 사이트	비고
특허법	특허청	www.kipo.go.kr	특허출원 반드시 필요
	특허로	www.patent.go.kr	
저작권법	문체부	www.mcst.go.kr	필요에 따라 저작권 등록
	한국저작권위원회	www.cros.or.kr	
부정경쟁방지 영업비밀보호	특허청	www.kipo.go.kr	기술임치를 통해 영업비밀 보유 사실 입증 가능
	기술자료 임치센터	www.kescrow.or.kr (중소벤처기업부/참고)	
반도체 배치설계 보호법	특허청	www.kipo.go.kr	특허출원 사이트와 동일
	특허로	www.patent.go.kr	
식물신품종 보호법	농림축산식품부 해양수산부	www.mafra.go.kr (산림청 www.forest.go.kr) www.mof.go.kr	각 부처별로 식물품종에 따라 별도 출원등록 기관을 운영
	국립산림품종 관리센터	www.forest.go.kr (산림용 품종출원)	
	국립종자원	www.seednet.go.kr (농업용 품종출원)	
	수산식물품종 관리센터	www.nfrdi.re.kr (해조류)	

나. 출원절차 상 유의사항

제4차 산업혁명 기술 관련하여 지식재산권을 획득하고자 하는 경우, 심사를 받아야 할 때가 대부분이고, 서류 작성이 불완전하면 설정등록된 권리라도 무효되는 경우도 발생할 수 있으므로 변리사 등 전문가에게 도움을 요청하는 것이 바람직하다. 특허출원뿐만 아니라 식물신품종보호출원의 경우에도 필요한 경우 변리사에게 출원·등록절차를 의뢰하면 된다.

학습정리

- 산업재산권은 특허권, 실용신안권, 디자인권 및 상표권으로 구분되며, 각 권리가 보호하는 객체가 서로 다르다.
- 제4차 산업혁명 기술은 대부분 특허권에 관계되나, 내용에 따라서 저작권이 문제가 되기도 하고, 더 나아가 식물신품종보호법 등과도 관련될 수 있다.
- 제4차 산업혁명 기술과 관련하여 특허법에서는 발명의 성립성과 특허요건 상 진보성이 쟁점이 될 수 있다.
- 저작권법은 인간의 감정과 사상을 표현한 창작물만 보호하는바, 제4차 산업혁명 기술에 의한 창작물들이 저작물성을 만족하는지가 쟁점이 된다.
- 식물신품종보호법은 특허법에 비해 등록요건이 엄격하지 않아, 특허법으로 보호하기 곤란한 식물발명 특히, 유성생식 식물에 대한 보호가 가능하며, 유전자 조작에 따라 새로 육성된 유성생식 식물 보호에도 유리하다.

제2절
제4차 산업혁명 기술 관련 지식재산권 이슈

들어가며

기계학습·딥러닝으로 대표되는 인공지능 기술이 하루가 다르게 발전하고 있다. 그에 따라 다양한 분야에서 응용되고 있는데, 최근 신문기사에 따르면 사용자가 대략적인 노래 트랜드를 지정하면 인공지능 컴퓨터가 알아서 작곡해 완전한 곡으로 완성해 준다고 한다. 이렇게 작곡된 노래는 과연 누구에게 소유권이 있을까? 단순히 노래 트랜드를 지정한 사용자가 모든 권리를 가져가는 것은 불합리하다고 생각할 수도 있다.

제4차 산업혁명이 도래하면서 종전에는 생각하지 못했던 새로운 지식재산 보호 이슈가 생겨난다. 인공지능뿐만 아니라 무인자동차의 경우도 사고가 났을 때 누가 책임을 져야 하는지부터 시작해 다양한 논란이 있을 수 있다.

이 장에서는 제4차 산업혁명 핵심기술과 관련하여 지식재산권 관점에서 생길 수 있는 다양한 이슈를 제기해 본다. 또한, 제1절에서 학습했던 지식재산권 지식을 활용해 나름대로의 해결책을 같이 고민하고, 필요하다면 지식재산권의 개선방향도 생각해 보기로 한다.

학습포인트

가. 제4차 산업혁명 기술 관련 지식재산권 쟁점이 어떤 것이 있는지 알아본다.
나. 가장 핵심이라 할 수 있는 인공지능 관련 지식재산 논란을 점검해 보고, 법 제도 차원에서 해결책을 도출해 본다.
다. 빅데이터도 제4차 산업혁명의 핵심기술인 만큼, 신문기사를 바탕으로 쟁점을 도출해 보고, 해결책을 고민해 본다.
라. 지식재산권 관점에서 정책적 해결이 가능하다면 어떤 점이 실현 가능성이 높은지 확인해 본다.

1. 인공지능

가. 인공지능이란

인공지능이란 인간의 지능적인 행동을 모방해 사고 · 학습 · 자기계발 등을 할 수 있도록 조직된 컴퓨터 장치를 말한다.[97] 즉, 인간의 학습능력 · 추론능력 · 지각능력 등을 컴퓨터프로그램으로 구현한 것을 의미한다. 인공지능(AI, Artificial Intelligence)이란 용어는 1956년 미국 다트머스 대학에서 열린 인공지능 관련 회의에서 존 맥카시(John McCarthy) 교수가 처음 사용하면서 널리 쓰이기 시작했다.

인공지능의 역사는 18세기까지 거슬러 올라가 일찍부터 개발이 시작되었는데, 초기에는 주로 복잡한 수학 문제를 풀거나 인간이 쉽게 할 수 없는 암호해독 분야 등에 투입돼 천문학적인 계산을 처리하는 등 다양하게 활용되어 왔다. 그러나 초창기의 인공지능 컴퓨터는 미리 정의한 규칙이나 알고리즘을 이용해 지능을 흉내 낸 소위 약한(Weak) 인공지능에 불과했다.

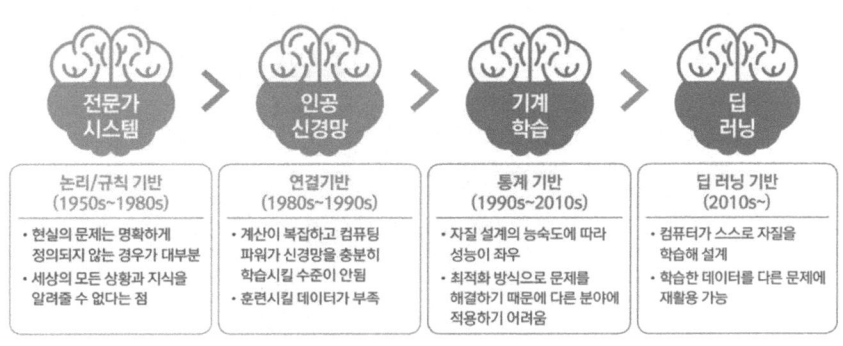

[그림 4.2-1] 인공지능의 역사[98]

그나마 제한된 영역에서 지능적인 행동을 보이고 작업을 수행하는 최초의 인공지능 컴퓨터는 아마도 2011년에 IBM이 자연언어 처리를 위해 만든 왓슨(Watson)일 것이다. 왓슨은 미국의 유명 퀴즈쇼인 제퍼디 쇼에 출연하여 퀴즈 챔피언 2명과 대결을 벌여 완벽한 승리를 거두기도 했다.

인공지능 컴퓨터는 문제 해결을 위해 다양한 컴퓨터 알고리즘을 사용한다. 잘 알려진 신경망 이론이나 퍼지 이론뿐만 아니라, 전문가 시스템(Expert System)과 같은 거대 판단체계, 기계학습(Machine Learning), 유전 알고리즘(Genetic Algorithm) 등이 활용된다. 최근「알파고」라는 구글사의 인공지능 컴퓨터에 적용되어 뛰어난 성능을 구현한 딥러닝(Deep Learning) 기법도 관심을 끌고 있다.

대표적인 인공지능 컴퓨터로는 애플사의「Siri」, IBM의「딥마인드」, 구글「알파고」, 구글「딥드림」, 마이

---
[97] 두산백과, doopedia 인공지능.
[98] 정보통신기술진흥센터, http://www.iitp.kr.

크로소프트의 「테이」, 삼성전자의 「빅스비」 등이 있다. 최근까지 대부분의 인공지능 컴퓨터들은 스마트기기에 적용되어 자연어를 처리하기 위한 용도로 사용되거나, 병명·상담 등 전문적인 컨설팅을 제공하기 위한 보조수단으로 사용되고 있으나, 앞으로는 다양한 분야에 적용되어 혁신제품을 만들어 낼 것으로 예상한다. 인공지능 알고리즘이 진화해 인류를 뛰어넘는 초지능이 만들어지면 인류가 대항할 수 없는 수준까지 갈지도 모를 일이다.

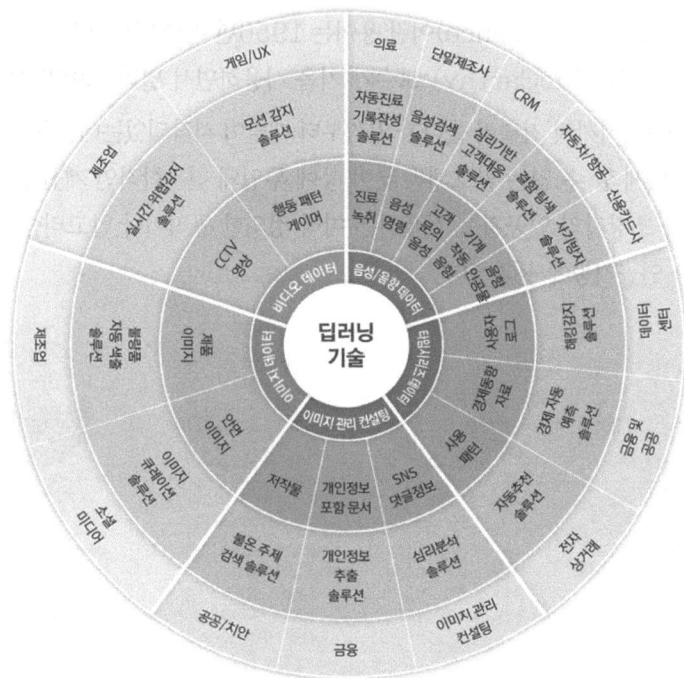

[그림 4.2-2] 다양한 딥러닝 적용분야[99]

---

99) 권용진, 알파고가 세상을 지배할 것이라고?, http://brunch.co.kr, 2016년.

나. 인공지능 관련 특허분류

[표 4.2-1] 인공지능 관련 기술개요 및 특허 CPC[100]

요소기술	세부기술	기술개요	특허분류 (CPC)
학습 및 추론 기술 (Learning and Reasoning)	지식 표현	분석된 지식을 컴퓨터가 이해할 수 있는 언어로 표현하는 기술	G06N5/*, G06F15/18*
	지식 베이스	축적한 전문지식, 문제 해결에 필요한 사실과 규칙이 저장된 DB로 구축, 관리하는 기술	G06F17/30*
상황 이해 기술 (Context-Understanding)	감정 이해	사람의 기분, 감정을 인식·구분할 수 있는 기술	G06N/*
	공간 이해	시공간적 세계를 정확하게 인지하고, 3차원의 세계를 잘 변형시키는 기술	G06N/*
	협력 지능	다른 에이전트와 교류하고 이해하며, 그들의 행동을 해석하고 효율적으로 대처하는 기술	G06N3/*
	자가 이해	자기 자신(개성, 정신적 심리적 특성)을 이해하고 느낄 수 있는 인지적 기술	G06N/*
언어 이해 기술 (Language-Understanding)	자연어 처리 (형태소 분석, 개체명 인식, 구문 분석, 의미 분석)	인간의 자연적 언어에 대해 형태소 분석, 개체명 인식, 구문 분석, 의미 분석을 수행하는 기술	G06N/*
	질의응답	질문에 대한 답변을 제시하는 기술	G06F17/30*
	음성 처리	디지털 음성신호를 컴퓨터에서 처리 가능한 언어로 변환하는 기술	G10L15/*
	자동 통번역	한 언어에서 다른 언어로 자동으로 번역하거나 통역하는 기술	G06F17/28*, G10L15/*
시각 이해 기술 (Visual-Understanding)	내용 기반 영상 검색	영상 데이터 차체의 특징 정보인 색광과 모양, 질감 등 영상 데이터의 내용을 대표할 수 있는 특징들을 추출하고 이를 기반으로 색인과 검색을 수행하는 기술	G06F17/30781~G06F17/30858
	행동 인식	동영상에서 움직이는 사물의 행동을 인식하는 기술	G06F17/3079*, G06K9/00335, G06K9/3241
	시각 지식	행동 인식, 영상 이해, 배경 인식 등을 이용하여 영상 데이터로부터 지식 정보를 추출·생성하는 기술	G06T7/*, G06F17/30*
인식 및 인지 기술	휴먼 라이프 이해	개인 경력관리, 건강, 대인관계, 재무관리 등 일상생활에서의 지능적 도움을 제공하기 위해 사람의 생활을 이해하는 기술	G06N3/02~G06N3/105
	인지 아키텍처	인지 심리학 측면에서의 사람의 마음 구조를 컴퓨팅 모델화하는 기술	G06N3/14*

---

100) 효율적인 선행기술조사를 위해 미국, 유럽 특허청 주도로 2012년 개발된 국제특허분류로서, 2015년 현재 전 세계 특허문헌의 약 71%가 CPC로 분류되고 있다. 특정 기술의 CPC를 알면, 그 기술분야에 속한 특허정보 들을 모두 검색해 볼 수 있다.

다. 인공지능 관련 주요 특허

인공지능 관련 특허출원은 연구개발이 본격 시작된 1990년대 이후 본격 증가하기 시작해 2013년에는 연간 1,200여 건에 달한다. 주요 출원인으로는 IBM, MS, 후지쯔, 소니, 퀄컴 등 글로벌 IT기업이 대다수를 이루고 있다. IBM은 이미 2010년 인공지능 컴퓨터「왓슨」을 출시한 이후, 헬스케어, 금융, 클라우드 시스템 분야에 특허를 활발히 출원하고 있다. 인공지능 분야의 주요 특허기술로는 지식기반 모델을 이용한 컴퓨터, 생체기반 모델 컴퓨터시스템, 디지털컴퓨팅 및 데이터프로세싱 장비들로 나타났다.101)

특허 피인용수를 기초로 선정한 인공지능분야의 주요 특허들은 다음과 같다.

[표 4.2-2] 인공지능 관련 주요 특허102)

구분	원천특허 1	원천특허 2	원천특허 3	원천특허 4
공개번호	US2016-0034814	US5938721	US6119101	US5790974
출원일	2015.08.03.	1996.10.24.	1997.01.17.	1996.04.29.
발명의 명칭	노이즈 강화 후방전파와 딥러닝 신경망 (Noise-boosted back propagation and deep learning neural networks)	위치 기반 개인 휴대 정보 단말기 (Position based personal digital assistant)	전자상거래용 지능형 에이전트 (Intelligent agents for electronic commerce)	달력 엔트리를 관리하는 지각 에이전트 포함 휴대용 달력장치 (Portable calendaring device having perceptual agent managing calendar entries)
대표도면				
기술요약	불확정성을 갖는 판단 시스템에서 컴퓨터시스템을 딥러닝 기법을 이용해 기계학습 시키는 기술	이동통신기기에 적용되는 자동 실시간 포지셔닝 시스템에 관한 것으로, 태스크 스케줄링에 관한 DB와 연동 기술	쇼핑사이트에서 거래 정보를 수집·분석하여 특정 소비자의 소비 패턴을 분석·제공하는 기술	GPS와 양방향 무선통신모듈을 구비하고 서버와 연동해 정보를 공유하면서 업데이트하는 자동 시스템

인공지능분야 특허출원수는 미국이 68%, 일본이 18%를 차지하는데 반해, 한국은 단 2%에 불과해 기술개발 속도가 느린 것으로 분석되었다.

---

101) 윕스, 인공지능기술의 특허출원동향, 2016년.
102) 한국특허전략개발원, 제19대 미래성장동력 특허분석 보고서, 2017년.

라. 인공지능 관련 지식재산권 이슈

1) 인공지능이 만든 음악·소설·그림에 저작권이 발생하는가?

사례로 시작하기

2017년 6월 22일 구글코리아가 대치동 캠퍼스에서 인공지능과 관련해 흥미로운 발표를 했다. 제4차 산업혁명에 관한 관심이 한껏 높아진 상태라 언론의 주목을 받았는데, 발표회에서 구글은 인공지능 작곡머신인 「엔신스(NSynth)」와 인공지능 사물 스케치머신인 「오토드로(AutoDraw)」를 선보였다.

구글 엔신스는 1000여 개 악기와 30여 만 개의 음이 담긴 데이터베이스를 구축하고 인공지능 모듈로 학습시켜 새로운 소리와 음악을 만들어낸다고 한다. 그 음악이 단순한 합성 수준을 넘어 기초적이지만 완성된 연주곡으로 손색이 없는 수준이다.

한편, 오토드로는 인공지능으로 기초적인 사물 스케치를 이해해 새로운 결과물을 그려낸다고 한다. 예를 들어 돼지 그림을 그리는 법을 인공지능이 학습한 상태에서 트럭 스케치를 입력하면 돼지와 닮은 트럭 디자인을 만들어 내는 식이다(이데일리, 2017.6.22.).

이렇게 인공지능 엔신스와 오토드로가 작곡을 하거나 그림을 그린 경우, 저작권은 누구에게 발생할까?

인공지능에 대한 저작권 논쟁은 사실 인공지능이 단순한 계산 기계 수준을 넘어 통계기반의 기계학습이 성과를 거두면서 시작되었다고 할 수 있다. 최근 들어 딥러닝이 인공지능 알고리즘의 대세로 등장하면서 논쟁은 더욱 가열되고 있다.

인공지능이 음악을 작곡하고 그림을 창작하는 시대가 되었다. 2016년에는 인공지능이 쓴 영화 시나리오가 발표되기도 했는데, IT 전문매체인 「아스테크니카」가 유튜브에 공개한 자료에 따르면 비록 9분 정도의 짧은 단편영화지만, 조회수가 70여 만 회에 이르는 등 지대한 관심을 끌었다. IBM에서 만든 인공지능 컴퓨터, 「왓슨」은 공포영화 예고편을 자동으로 제작하기도 했다. 예일대 컴퓨터공학과 교수가 만든 인공지능 작곡머신 「쿨리타(Kulitta)」는 바흐의 모든 곡을 분석해 학습한 후 바흐 스타일의 새로운 음악을 몇 초 만에 완성했다. 실제 블라인드 테스트에서 100여명 이상이 이것을 인간의 작품이라고 착각했다고 한다.

이렇게 인공지능이 작곡을 하거나 그림을 그리는 등 저작물을 만들게 되면, 저작권이 인정될 수 있는지에 관한 논란이 발생한다. 더 나아가 만약 저작권이 있다면 그 저작권은 누구에게 부여되는 것인지도 아직 결론이 나지 않은 상태다.

[그림 4.2-3] 구글 인공지능 오토로드가 그린 그림[103]

저작권법에 따르면 저작권은 인간이 창작한 저작물에 주어지는 권리이므로, 인공지능이 창작한 음악이나 그림에는 현행법상 저작권이 부여될 가능성은 많지 않다. 저작권법 제1조에 규정된 이 법의 목적을 보더라도 저작자의 권리를 보호하기 위해 저작권법을 제정한다고 하고 있다. 그러므로 인간이 아닌 인공지능이 만들어낸 결과물에 저작권이 부여될 가능성은 높지 않다.

저작권은 저작물에 주어지는 것이고, 용어의 정의상 저작물은 '인간의 사상 또는 감정을 표현한 창작물'이다. 인간의 사상이나 감정이 전혀 개입됨이 없이 단순히 빅 데이터를 학습해 생성한 인공지능 창작물에는 저작권이 발생하지 않는다고 보는 것이 타당하다. 이런 논리는 앞서 예시했던 바와 같이, 미국 법원이 원숭이가 찍은 셀카 사진에 저작권이 발생하지 않는다고 판단한 판례와 동일한 취지이다.

다만, 주의해야 할 점은 인공지능이 전체 저작물을 창작한 것이 아니라 인간이 인공지능을 도구로 사용해 창작한 경우에는 저작권이 인정되어야 한다는 것이다.[104] 예를 들어, 어떤 작곡가가 멜로디의 주요 진행 흐름은 직접 작곡하고, 화음을 넣는 부분과 악기를 선택하는 단계에서 구글의 인공지능 작곡머신 「엔신스(NSynth)」를 활용하였다면 저작물의 주요 부분은 인간이 창작한 것이므로 해당 음악의 저작권은 작곡가에게 주는 것이 타당하다.

최근, 자동·반자동으로 음악합성을 할 수 있는 키보드를 이용하거나 고성능 컴퓨터를 이용해 디지털 음악을 창작하고 클럽 등에서 유통하는 경우가 많은데, 이때 경우 키보드와 컴퓨터를 조작해 디지털 음원을 생성한 프로듀서나 디제이에게 저작권이 발생하므로, 인공지능을 도구로 이용한 작곡자에게 저작권이 주어지는 것은 당연하다. 영국 저작권법에서는 컴퓨터가 생성한 저작물(프로그램 저작물 포함)의 경우 저작물 창작에 필요한 준비(Necessary Arrangement)를 실시한 자에게 귀속된다고 하여 동일한 입장을 취하고 있다.[105]

인공지능이 독자적으로 만들어낸 결과물에는 저작권이 발생하지 않되, 인간이 개입하여 도구로 활용한 경우는 저작권이 발생한다고 정리할 수 있다. 그렇다면 인간이 어느 정도까지 개입되어야 저작권이 인정되는 것일까? 어떤 케이스가 인공지능을 도구로써 활용한 경우인지 여전히 논란이 될 수 있다.

---

103) 이데일리, 작곡하고 그림 그리는 AI…구글 '마젠타 프로젝트' 공개, 2017년.
104) 특허청, 인공지능 분야 산업재산권 이슈 발굴 및 연구, 2016년.
105) 한국지식재산연구원, Issue & Focus on IP, 2016년.

저작물은 창작물이기 때문에 창작의 법적 의미를 살피는 것이 해결책이 될 수 있다. 저작권법에서 창작성이란 단지 남의 것을 베끼지 않고 저작자 자신의 독자적인 사상 또는 감정을 표현하면 충분하고 높은 수준의 창작성을 요구하지 않는다. 그렇기에 개입의 정도는 아주 낮은 수준으로 정하는 것이 타당할 것이다. 즉, 인공지능에 대략적인 창작 방향을 지시하기만 하더라도 인간이 창작에 개입한 것으로 보아 저작권을 인정하는 것이 적절해 보인다.

따라서 인공지능 컴퓨터를 단순히 소유한 사람이나 저작을 시작하도록 단순 지시한 사람은 저작자가 될 수 없겠지만, 인공지능을 조작한 사람은 저작자가 될 가능성이 높다.

인공지능 저작물에 대한 저작권 허여 여부가 전 세계적으로 논란이다.[106] 일본은 인공지능에 인간 수준의 저작권을 부여하는 방향으로 논의를 진행하는 반면, 미국특허상표청은 인공지능이 창작한 저작물에 저작권을 부여할 계획이 없는 것으로 확인된다. 한편, 영국은 특이하게도 2014년에 인공지능 로봇이 한 창작물에는 저작권을 부여하지 않는다는 입법을 했는데, 지식재산이 로봇 분야에서 중요한 역할을 한다는 점을 고려하면 어떻게 이런 입법이 이루어졌는지 쉽게 이해되지 않는다. 반면, 뉴질랜드는 1994년판 저작권법 하에서 소프트웨어, 로봇, 인공지능 등에 의한 창작물에도 저작권을 부여할 수 있는 것으로 해석하고 있다. 물론, 이때 저작권은 로봇이나 인공지능에게 가는 것이 아니라 인공지능을 조작하거나 이용한 인간에게 부여한다.

최근, 인공지능이 제4차 산업혁명의 핵심 원천기술로 부각되면서 우리나라에서도 인공지능에 법적 자격을 부여하고 인공지능 창작물에 저작권을 부여하자는 주장이 제기되었다. 우리나라의 인공지능분야 기술개발 수준이 선진국에 비해 높지 않은 만큼 과감한 입법보다는 여러 가지 사정을 살펴 장기간 논의하면서 조심스럽게 접근할 필요가 있다.

2) 인공지능이 창작해 낸 발명은 특허 가능한가?

사례로 시작하기

최근, 특허정보를 활용해 기술적인 문제점을 해결하는 방법론이 개발되어 산업현장에서 활발하게 사용되고 있다. 기능 중심 검색(FOS, Function Oriented Search)이라고도 불리는데, 다량의 특허 정보를 문제 해결을 위한 기능 관점에서 검색하여 해결책을 도출하는 프로세스이다.
예를 들어, 무더운 여름 맥주를 좋아하는 어떤 사람이 순간적으로 차가워지는 캔맥주를 개발하고 싶다고 하자. 이때 '순간 냉각'이라는 기능식 키워드로 특허 정보를 검색하면 다양한 순간 냉각 방법을 찾을 수 있는데, 그중 냉매의 기화열을 이용해 냉각하는 방법을 가장 저렴한 구현방법으로 선택할 수 있다.
현재, 기능 중심 검색 방법론은 기술적으로나 법적으로 전문적 소양을 갖춘 변리사가 주로 담당하지만, 인공지능이 발달하면 컴퓨터가 대신해 발명할 수도 있을 것이다. 이 경우, 누가 특허권을 가져갈 것인가?

---

106) WIPO, Economic Research Working Paper No. 30, 2015.

발명이란 지금까지 존재하지 않았던 새로운 기술이나 물건을 창안해 내는 것을 말한다. 좀 더 구체적으로는 특허법상 발명의 정의를 상정하면 된다. 발명이란 '자연법칙을 이용한 기술적 사상의 창작으로서 고도한 것'을 말한다. 또한 자연법칙을 이용함으로써 기술적 측면이 고려되어야 하고, 창작성이 있으며, 기술적으로 차별될 것을 요구한다.

딥러닝 알고리즘이 도입되면서 인공지능이 기술적인 창작을 할 가능성이 더욱 높아지고 있다. 예를 들어, 트리즈(TRIZ)107)라고 하는 발명 방법론이 산업현장에서 활발히 사용되고 있는데, 기존에 트리즈 기법으로 인간이 발명하던 것을 인공지능이 대신하도록 하면 된다.

사실, 인간이 창의성을 발휘해 창작이 발생할 수 있는 모든 가능성 즉, 가능한 발명품은 어느 정도 해 공간(solution space)으로 규정되었다고 볼 수 있다. 우리나라에서만 매년 20만 건의 특허정보(발명 아이디어)가 쌓이고 있으며, 전 세계적으로 2억 8천만 건의 특허정보가 축적된 상태다. 이제는 해 공간을 빠르게 탐색해 해결책을 찾아내는 것이 더 중요해졌으며, 이는 인공지능이 실력을 발휘할 수 있는 영역이다. 대부분의 발명이 다른 발명을 기초로 성능을 향상한 개량발명인 상황에서 인공지능이 발명을 하지 못하란 법은 없다.

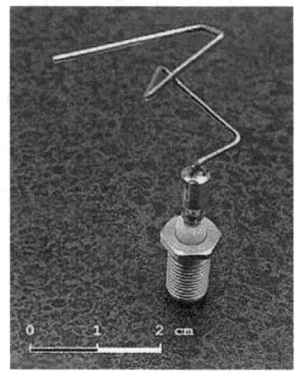
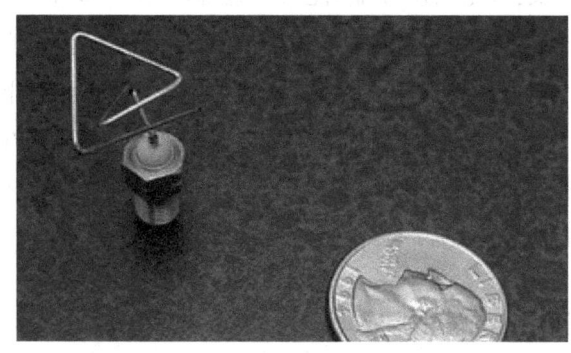

[그림 4.2-4] 나사가 인공지능으로 개발한 우주비행체용 안테나108)

인공지능을 이용한 자동 발명기계는 일찍부터 연구되고 있다. 2006년 존 코자(John Koza)교수는 유전 알고리즘을 이용해 발명기계를 만들어 특허를 받았다. 이 발명기계로 저항과 캐페시터만을 갖는 증폭비 2배의 새로운 회로를 발명해 사람들을 놀라게 했다. 나사(NASA)의 엔지니어들은 인공지능을 활용해 안테나의 품질을 향상시키기도 했는데, 이는 넓은 의미의 발명기계이며 사람들이 전혀 생각지도 못한 형태로 안테나를 구성했다고 한다.

컴퓨터프로그램 발명은 인간보다 인공지능이 훨씬 더 위력을 발휘할 수 있는 분야이다. 컴퓨터프로그램은

---

107) 러시아인 알츠슐러가 25만 건의 특허 중 핵심적인 기술을 담은 4만 건의 특허를 분석해 만들어낸 발명 방법론으로서, 창의적인 발명에 내재된 공통 특성을 뽑아내 일련의 문제해결기법으로 발전시켰다. 현재, 삼성전자를 비롯해 많은 기업에서 활발하게 활용되고 있다.

108) 위키피디아, 'Evolved antenna', http://en.wikipedia.org/, 2017년.

인공지능이 쉽게 이해할 수 있는 형태로 소스코드가 기록되어 있다. 게다가 다양한 소프트웨어 알고리즘을 여러 패턴으로 조합해 자동으로 수만 개의 알고리즘을 생성한 후, 특정 문제에 대한 해결책이 되도록 테스트하고 채택하는 것은 인공지능에게 그리 어려운 일이 아니다. 때문에 일본에서는 인공지능을 활용해 스스로는 사용할 계획이 없는 지식재산권을 다수 창출하고 악의를 갖고 권리를 행사하는 이른바, 「지식재산 트롤」이 생길지도 모른다는 우려를 하기도 한다.

이렇게 인공지능이 창안한 발명에 특허권 부여가 가능할 것인가? 특허권이나 저작권이나 대상물만 다를 뿐 둘 다 창작에 관한 것이기 때문에, 인공지능과 저작권의 관계에서 논의되었던 사항들이 그대로 적용될 수 있다.

먼저, 인공지능이 발명한 것이 특허대상이 되는지에 대해서 살펴보자. 특허란 발명에 부여되는 것이고, 발명은 자연법칙을 이용한 기술적 사상의 창작으로서 고도한 것이다. 그러므로 다른 사정이 없는 한 인공지능의 발명은 인정받을 수 있을 것이다. 현실 세계에서 과학적 현상을 이용해 작동되고 기능을 발휘하는 한, 인공지능이 만들었다고 하여 발명의 성립성을 부정할 근거는 없다.

다만, 창작성이 문제가 될 소지가 있다. 특허법에서 창작은 새로운 것, 만들어 낸 것, 자명하지 않은 것을 요구한다. 특허요건 중 신규성을 의미하는 것으로 해석할 수 있는데, 문제는 창작이란 인간만이 할 수 있는 것 아니냐는 의문이다. 현재 특허청의 관행으로는 자연법칙을 이용하는 한 창작성 여부는 별도로 검토하지 않고 특허요건에서 신규성만을 확인한다. 그러므로 인공지능이 창안했다고 하여 그 창작성을 부정해 발명이 아니라고 판단할 가능성은 낮다. 즉, 발명의 성립성에는 큰 장애 요인은 없을 것이다.

특허권의 소유에 관한 문제는 발명 과정에서 인공지능을 어떻게 활용하였는지에 따라 달라질 수 있다. 저작권에서처럼 1) 인공지능을 도구로 활용한 경우, 2) 인간이 발명의 주요 부분을 완성하고 인공지능이 이를 구체화한 경우, 3) 인공지능이 발명 전체를 완성시킨 경우로 구분하여 살펴본다.

먼저, 인공지능을 도구로 활용하여 발명한 경우는 인간을 발명자로 인정하고 해당 발명자가 특허권을 가지면 될 것이다. 최근, 의료분야에서 IBM 「왓슨」이 헬스케어 회사인 웰포인트(WellPoint)와 함께 폐암을 진단하는 보조 인공지능 컴퓨터를 만들어 활용한 예가 있다. 왓슨의 진단 결과가 전문의 수준을 넘어선다고 하지만 인공지능은 치료방법을 제시할 뿐이다. 의료정보를 입력하여 학습시키고 최종 병명을 판단한 후 치료 방향을 결정하는 것은 의사이므로, 치료 성과는 해당 의사에게 돌아간다고 보아야 할 것이다.

민법을 참조하더라도 인공지능을 도구로 활용한 경우, 인공지능 창작물에 대한 권리귀속 주체는 소유자에게 있다고 보아야 할 것이다. 민법 제100조제2항은 종물은 주물의 처분에 따른다고 규정하고 있다. 인공지능 창작물은 인공지능과의 관계에서 종물의 성격을 갖고 그 인공지능은 인간이 소유하는바, 인공지능 창작물은 소유자에게 귀속되는 것이다.

다음으로, 인간이 발명의 주요 부분을 완성하고 인공지능이 이를 구체화한 경우이다. 예를 들어, 기존 건축물의 설계 및 시공 데이터와 제반 법규·주변 조건들을 코드화하여 학습한 후에, 건축비·용도·층수 등의 제약 조건을 세분하여 입력하면, 이를 기반으로 건축물의 설계도면을 자동으로 생성해 주는 「알파아키텍트」109)가 있을 수 있다.

즉, 인공지능과 인간이 협업하여 하나의 완성된 발명을 한 것인데, 이런 경우는 공동발명 법리를 적용하여 해결하면 될 것이다. 공동발명이란 2명 이상의 발명자가 직접적이고 실질적인 상호 협력관계를 통해 발명을 완성하는 것이다. 과제를 해결하기 위한 착상과 그 구체화의 과정에서 일체적, 연속적인 협력관계 아래, 발명자 각각이 중요한 공헌을 하는 것을 말한다.

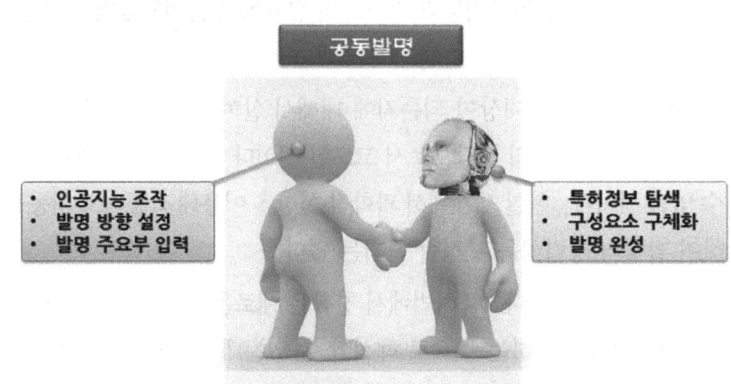

[그림 4.2-5] 인간과 인공지능의 공동발명

인공지능과 인간이 긴밀한 협력 속에 발명을 완성하였다면 인간과 인공지능의 공동발명에 해당한다. 다만, 이 경우라도 인공지능에게 특허권이 부여될 수 있는 것은 아니다. 잘 알다시피 인공지능은 자연인이나 법인이 아니므로 권리능력이 없고 공동발명 사실은 있다고 하더라도 지분을 향유할 수는 없기 때문이다. 우리나라 특허제도에서 공동권리자 중 일방이 사망하는 경우 그 지분은 남아있는 공동권리자들에 지분 비율로 귀속되므로, 인공지능이 갖지 못하는 특허권 지분은 인간 발명자에게 부여하면 될 것이다.

마지막으로 인공지능이 모든 창작과정을 수행한 경우인데, 인간이 발명에 참여하지 않은 이상 특허권을 가질 수는 없어 법적인 해석이 아직까지는 불가능하다. 인공지능을 소유한 자 또는 관리자를 특허권자로 하자는 의견도 있으나, 현재 공동발명 법리상으로는 단순 관리자나 지시자를 공동발명자로 인정하지 않는다.

3) 현행 제도 관점에서 인공지능 창작물을 어떻게 볼 것인가?

인공지능 창작물에 대한 법제도 적용에 대해 좀 더 자세히 살펴보기로 한다. 여기서, 인공지능 창작물이란 인간의 관여가 최소화된 상태에서 인공지능이 스스로 창작해 낸 음악, 소설, 영상 등의 저작물을 말한다.

저작권 제도는 무심사주의를 채택하고 있다. 또한 저작물에는 창작과 동시에 권리가 발생하므로, 권리가

---

109) 특허청, 인공지능 분야 산업재산권 이슈 발굴 및 연구, 2016년.

있는 것처럼 보이는 인공지능 창작물이 폭발적으로 증가할 가능성이 있다. 앞서 살펴본 바와 같이, 인공지능이 독자적으로 생성한 콘텐츠에는 저작권이 발생하지 않는다는 것이 통설이다. 하지만 저작물만 보아서는 외관상 구분이 어렵기 때문에 인공지능 창작물이라고 스스로 밝히지 않는 한 인간의 창작물과 동일하게 다루어질 가능성이 높다.

특허의 경우, 특허청에서 신규성이나 진보성을 심사해 등록을 일일이 결정하기 때문에 권리의 증가가 상대적으로 한정적일 것이나, 저작물은 증가 양상을 제어할 수 없으므로 권리 보호범위 조정에 있어 사회·경제적인 영향을 반드시 고려하여야 한다.

인공지능 창작물을 저작권으로 보호한다고 할 때, 경우 권리 보호기간이 과도하게 길다는 우려도 있다. 인공지능의 특성상 활용 가능한 패턴을 추출해 다량의 콘텐츠를 창작해내는 것은 어려운 일이 아닌데, 큰 노력 없이 무작위로 창작된 저작물에 대해 70년이란 저작권 보호기간을 보장하는 것은 과도하다는 평가다. 인공지능 창작물의 권리성을 인정하는 방향으로 지식재산 제도를 개선하는 경우에는 여러 다른 나라들의 동향을 파악해 보호기간을 조정할 필요가 있다.

한편, 인공지능 창작물에 권리를 부여한다면 어떤 근거로 부여할 것인지의 문제는 지식재산 제도 도입의 원칙론으로 돌아가 판단해야 할 것이다. 우선 인공지능의 창작물을 첫째 지식재산으로 보호함으로써 인간의 행동을 변화시켜 사회 전체적으로 합리성을 실현한다는 인센티브론이 있고, 창작물은 창작자에게 원천적으로 귀속되는 것이라 이를 주장하기 위한 권리가 필요하다는 자연권론이 있다.

인센티브론은 관점에서 보면, 인공지능 창작물에 권리를 부여함으로써, 인공지능 관리자가 창작을 하는 인공지능에 투자를 늘리게 하고 적극적으로 인공지능을 활용하게 된다고 보는 입장이다. 이렇게 된다면 사회에 긍정적인 영향을 미칠 것이므로 일견 타당하다고 생각된다. 한편, 그러나 지적 창작물을 전제로 하는 자연권론은 인공지능이 자의가 없다는 점을 고려하면 인정받기 어렵다.

인공지능의 사회·경제적인 영향이 커짐에 따라 권리침해 등의 책임 주체로 인공지능에 법률상의 인격을 부여하자는 주장이 있다. 인공지능에 법인격이 부여되면 저작권이나 특허권의 귀속 주체가 될 수 있어 앞서 언급한 권리부여의 문제가 상당 부분 해소될 것으로 기대된다. 다만, 인간 구성원이 주체가 되어 움직이는 기업이나 단체와는 달리 법인격을 갖는 인공지능은 권리에 대한 책임을 다할 수 없는 경우가 있으므로 법인격 부여에 대한 필요성과 영향력을 면밀히 살펴 신중히 접근해야 할 것이다.

인센티브론 관점에서 인공지능 창작물의 지식재산 보호 필요성을 검토하자면 어떤 비즈니스 모델이 상정되어 인공지능 창작물이 생성되는가를 확인하는 것이 필요하다. 인공지능과 인간과의 관계에 있어 다음과 같은 시나리오 설정이 가능할 것이다.110)

① 콘텐츠 창작자가 인공지능을 도구로 활용해 창작하는 경우

---

110) 일본 지적재산전략본부, 차세대 지식재산 시스템 검토 위원회 보고서, 2016년.

② 플랫폼상에 탑재된 인공지능으로 창작자가 콘텐츠를 제작하는 경우
③ 인간이 인공지능에 캐릭터를 지정하고 인공지능이 창작하는 경우

창작물 완성 과정에서 인공지능이 한 역할을 기초로 각 시나리오 별로 지식재산 보호 필요성을 살펴보기로 한다.

가) 콘텐츠 창작자에 의한 인공지능 이용

A(인공지능 프로그램 제공자) 및 B(인공지능 이용자) 모두 인공지능 프로그램 개발이나 빅 데이터를 이용한 학습 등 창작을 위한 일정한 투자가 이루어진다고 볼 수 있다. 따라서 투자에 대한 이익을 보장하기 위해 A에게는 인공지능 프로그램에 대한 저작권, 특허권 등을 통한 보호가 필요하다. 한편, A에게 인공지능 프로그램 제공에 따른 대가 회수의 기회가 이미 부여되므로 인공지능 창작물 자체에 대한 보호는 불필요하다고 생각된다.

B에 대해서는 인공지능을 이용해 다양한 콘텐츠를 시장에 제공함으로써 투자 회수의 기회가 기본적으로 보장된다. 다만, 인공지능 창작물에 대한 타인의 무임승차에 대한 억제 필요성이나 광범위한 수익화 관점에서 추가적인 보호가 필요할 수 있다.

한편, 이 시나리오에서 모든 인공지능 창작물을 보호 대상으로 하면 과잉 보호가 될 우려가 있다. 따라서 일정 정도의 높은 가치를 갖는 창작물에 대해서만 B에게 대가 회수의 기회를 부여하는 것도 생각해 볼 수 있다.

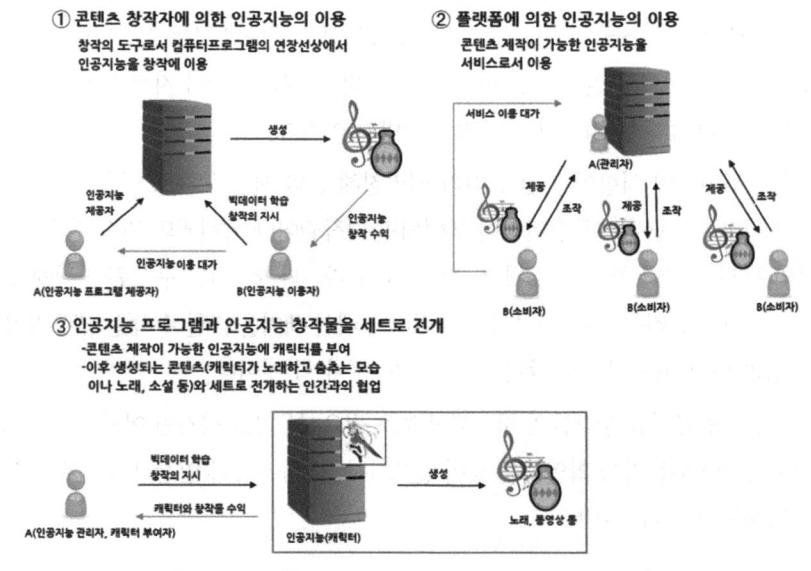

[그림 4.2-6] 인공지능 창작물에 대한 관여 시나리오[111]

---

111) 일본 지적재산전략본부, 차세대 지식재산 시스템 검토 위원회 보고서, 2016년.

나) 플랫폼에 의한 인공지능의 이용

A(인공지능 관리자, 플랫폼 제공자)에 있어서 인공지능 프로그램 개발이나 빅 데이터에 의한 학습 등 인공지능이 창작 가능한 상태에 이를 때까지 투자가 이루어졌다. 투자 회수를 보장하기 위해, A를 프로그램에 대한 저작권, 특허권 등으로 보호하고 서비스 제공에 대한 대가를 회수할 수 있는 기회를 부여하면 될 것이다. 따라서 인공지능 창작물에 대한 별도의 권리 주장은 불필요하다.

B(소비자)는 단순히 서비스를 이용하는 것에 불과해 창작물 생성과정에서 투자가 거의 이루어지지 않고 있다. 따라서 B에 대한 특별한 지식재산의 보호는 불필요할 것이다.

한편, 이 시나리오에서 플랫폼 제공자인 A의 영향력에 대해 면밀한 주의가 필요하다. A는 플랫폼을 운영하는 자로서 소비자의 인공지능 창작물에 쉽게 접근 가능하므로 부당한 이용규약을 통해 독점적으로 이용하려는 시도를 할 수 있기 때문이다. 플랫폼 제공자는 인공지능의 구축에 있어 빅 데이터의 수집과 활용에 우위성을 가진 만큼 비즈니스 모델의 실태를 파악하고 영향력을 평가·분석해 공정한 이용이 이루어질 수 있도록 환경을 정비해 나가야 할 것이다.

다) 인공지능과 인공지능 창작물을 세트로 전개

A(인공지능의 관리자, 캐릭터 부여자)에 있어서 인공지능 프로그램의 개발이나 빅 데이터를 이용한 학습 등 창작이 가능한 인공지능을 작성하는데 투자가 이루어졌다. 캐릭터를 제작하고 시장에 인지시키는데 투자를 한 것이므로 투자 회수를 보장하기 위해 지식재산의 보호가 필요하다. 인공지능 프로그램에 대한 지식재산 보호, 캐릭터에 대한 저작권 및 상표권 등에 의한 보호가 기본적으로 가능할 것이다. 그 외 추가적인 보호는 불필요할 것이나, 창작물에 대한 타인의 무임승차를 억제하고 광범위한 수익화를 보장하기 위한 보호조치가 필요할 수 있다는 의견도 있다.

4) 인공지능 관련 발명은 특허등록이 가능한가?

사례로 시작하기

인공지능에 관한 연구가 활성화되면서 인공지능 자체를 발명하는 경우가 많아지고 있다. 딥러닝과 같이 전혀 새로운 인공지능 알고리즘이 속속 적용되면서 좀 더 인간과 비슷한 지능을 갖게 되었는데, 이렇게 인공지능 자체를 발명한 경우 지식재산권으로 보호받을 수 있을까?
예를 들어, 어떤 연구자가 실제 생명체를 가지고 실험을 하기에는 너무나 많은 시간이 걸리고 방대해서, 살아있는 유기체처럼 스스로 움직이고 생활하는 능력을 갖춘 인공생명(Artificial Life) 알고리즘을 적용해 인공지능을 만들었다면 특허발명으로 인정될 수 있을까?

인공지능은 컴퓨터나 로봇을 구동시키기 위한 소프트웨어로 작성되는 경우가 대부분이므로 컴퓨터프로그램 발명으로 보호될 수 있다. 물론, ㈜엔비디아에서 개발한 딥러닝 기반 인공지능 GPU처럼 일련의 명령어가 하드웨어에 심어져 칩 내에서 구동되기도 한다. 이런 경우 하드웨어 자체는 발명으로 인정되므로 크게 문제될 것은 없고, 소프트웨어적으로 작동하는 부분만 발명의 성립성을 확인하여 특허를 부여하면 될 것이다. 현재, 특허청 컴퓨터프로그램 발명 심사기준에 따르면 컴퓨터 프로그램이 하드웨어와 결합되어 일정한 효과를 내는 경우 컴퓨터프로그램 발명으로 성립성을 인정받을 수 있다.

인공지능이 컴퓨터프로그램으로 작성된 경우, 프로그램 리스트 자체로 저작권에 의한 보호도 가능하다. 저작권에서 컴퓨터프로그램이란 특정한 결과를 얻기 위하여 컴퓨터 등 정보처리능력을 가진 장치 내에서 직접 또는 간접으로 사용되는 일련의 지시·명령으로 표현된 창작물을 말한다. 다만, 저작권으로 보호하는 경우, 컴퓨터프로그램의 표현만을 보호할 뿐 내재한 아이디어는 보호받지 못하므로 주의하여야 한다. 즉, 같은 기능을 하더라도 표현이 다르면 저작권 침해로 보지 않는다. 특허법이 컴퓨터프로그램에 담긴 기능·기술적 아이디어를 보호하는 것과는 대조적이다.

인공지능을 특허법상 컴퓨터프로그램 발명으로 보호할 수 있다는 점에 큰 이견은 없을 것이다. 다만, 특허법은 모든 발명을 물건발명과 방법발명으로 이분하고 실시 유형·침해 유형도 이에 맞추어 규정하고 있는 만큼, 물건성이 확실하지 않은 컴퓨터 소프트웨어에 대한 보호가 완벽하지는 않은 상태다. 즉, 현재 특허청은 컴퓨터프로그램이 출원되는 경우 발명의 성립성을 인정해 특허권을 부여하지만, 특허권의 활용에 있어서는 부족한 부분이 있다.

예를 들어, 컴퓨터프로그램은 디지털 형태로 존재하므로 그 특성상 순간적으로 복제되어 인터넷을 통해 다량으로 불법 유통되는 경우가 많은데, 이 경우 특허법상 침해가 성립하는지 아직도 논란이 있다. 특허침해가 인정되려면 불법적인 실시가 이루어져야 하나, 특허법상 실시 개념에 네트워크를 통한 전송이 포함되는지 명확하지 않아 침해 저지가 쉽지 않은 상황이다. 따라서 추가적인 법 개정을 통해 인공지능 관련 컴퓨터프로그램 발명을 완벽하게 보호할 필요가 있다.

5) 인공지능이 사고를 낸 경우 법적 책임은 누구에게 있는가?

사례로 시작하기

인공지능이 의료사고를 내면 누가 책임질 것인가? 최근, 인천 가천대 길병원은 IBM사의 인공지능 프로그램 「왓슨 포 온콜로지」를 활용해 환자를 진료하기 시작했다(중앙일보, 2017년 4월 21일). 아직은 기존의 치료법을 검색하고 요약해 의사에게 제공하는 수준이기는 하나 좀 더 발전하면 적극적으로 치료법을 제안하게 될 것이다.

치료 프로그램에 참여하는 병원 관계자는 환자의 치료를 책임지는 것은 의사라면서 인공지능 활용에 의사의 책임을 강조했다. 한편, 삼성융합의과학원 장동경 교수는 의료기기의 제조물 책임과 연관 지어 인공지능 컴퓨터가 임상적·유효성 검증이 이뤄진 의료기기라면 제조자와 사용자인 의사가 판단 책임을 져야 하고, 비의료기기라면 의사가 판단의 책임을 져야 할 것이라고 의견을 제시했다.

인공지능 알고리즘이 발달하면서 강한 인공지능(Strong AI)이 출현할 날도 멀지 않았다. 강한 인공지능은 스티븐 호킹이 예언한 것으로, 일반적인 인공지능과는 달리 자아의식을 가진 인공지능인데, 지배·관리하는 인간의 통제를 벗어나 스스로 생존하고 보존하는 능력을 갖춘 인공지능이다. 강한 인공지능에 이르면 인간의 통제를 받지 않으므로 예측 불가능한 행동 양식을 보일 수 있는데, 인공지능이 불법행위를 저질러 타인에게 피해를 줬을 때 누가 책임을 질지 문제 될 수 있다. 이런 논란은 강한 인공지능이 아니더라도 발생할 수 있는 상황이므로 선제적인 검토와 대책 마련이 필요하다.

[그림 4.2-7] 구글 자율주행차 사고 장면[112]

인공지능의 법적 책임은 민법에서 해결책을 찾을 수 있다. 민법에서는 미성년자나 심신상실자가 제3자에게 손해를 끼치더라도 기본적으로 이런 자들은 책임능력이 없어 불법행위에 따른 손해배상 책임을 지우지 않는다. 이 경우, 감독할 법정의무가 있는 자 또는 그에 갈음해 감독의무가 있는 자가 손해배상 의무를 부담하도록 하고 있다.[113]

아무리 인공지능 알고리즘이 발달했다고 하더라도 현재 인공지능의 성능이 미성년자나 심신상실자까지도 이르지 못하고 있는 상황이므로, 인공지능이 불법행위를 저질러 법적 책임을 져야 한다면 민법상 후견인의 선관주의 의무 법리를 차용하여 인공지능을 관리할 책임이 있는 사람에게 지우면 될 것이다.

또한 민법 제758조에서는 공작물 책임을 규정하고 있는데, 여기서 공작물이란 원칙적으로 사람이 인위적으로 만든 모든 물건 중 토지에 정착되어 있는 물건을 말한다. 민법에서는 공작물 책임은 점유자 또는 소유자에게 있다고 하면서, 공작물의 설치 또는 보존의 하자로 인하여 손해가 발생하면 원칙적으로 공작물을 점유한 자가 책임지고, 이차적으로 그 소유자가 책임을 지도록 하고 있다.

현행법에서는 자연인이나 법인만이 권리와 의무의 귀속 주체로 보고 있어 인공지능 자체에 책임을 지울 수는 없다. 인공지능 점유자 또는 소유자가 법적 책임을 부담하는 것이 타당하다. 남아 있는 것은 혹시 인공지능

---

112) 사진 출처 : 테크 크런치, The GEAR, '구글 자율주행차, 역대 최악의 사고로 크게 파손', 2016년 9월 26일.
113) 민법 제755조.

을 제작한 자의 책임은 없는지 여부인데, 단순한 가전제품 등에도 제조자 책임이 인정되고 있으므로 일반 법리에 따라 인공지능 제작자에게도 일정 수준의 제조자 책임을 지울 수 있을 것이다.

2. 무인자동차

가. 무인자동차란?

무인자동차는 「자율주행차」라고도 하며 운전자가 조작하지 않아도 스스로 주행하는 자동차를 말한다. 1960년대 벤츠에서 최초로 제안하였으며, 70년대 중후반까지 초보적인 수준의 연구가 진행되다가, 최근 들어 인공지능과 센서 기술이 급속히 발달하면서 실용화를 눈앞에 두고 있다.

무인자동차는 고성능 카메라를 포함한 다양한 센서들과 충돌방지 장치와 같은 예비적 안전수단이 필요하며, 무엇보다도 차량 주변의 도로상황에 맞춰 주행 상황 정보를 종합적으로 판단하고 처리하는 주행 상황 인지·대응 기술이 필수적이다.

무인자동차는 아이러니하게도 벤츠나 도요타 같은 전통적인 자동차 회사들보다는 구글, NVIDIA와 같은 IT기업들이 활발히 개발 중이다. 그중 가장 앞서가는 구글의 무인자동차는 실제 도로 주행거리가 200만 km에 이른다고 한다. 최근에는 애플도 장기 프로젝트 중 하나로 무인자동차를 개발 중이다.

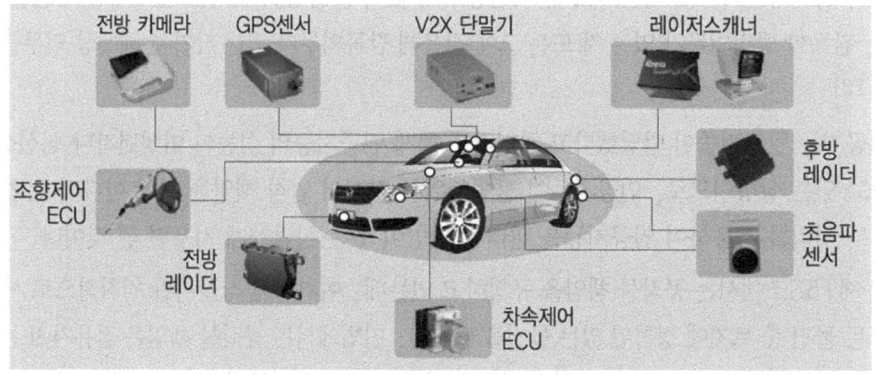

[그림 4.2-8] 무인자동차의 시스템 구성114)

무인자동차에서 가장 큰 이슈는 아무래도 안전성이다. 구글은 전방주시 태만, 안전수칙 미준수, 음주운전 등을 들어 오히려 인간이 자율주행차보다 훨씬 위험하다고 말하지만, 무인자동차가 전자장비들로 이루어져 있고 전자장비는 언제든 고장 날 가능성을 갖고 있기 때문에, 무인자동차가 인간의 운전 실력을 능가하기는 쉽지 않을 것이

---

114) IPnomics, '자율주행자동차 정말 안전할까?', 2015년.

다.
나. 무인자동차 관련 특허분류

[표 4.2-3] 무인자동차 관련 기술개요 및 특허 CPC

요소기술	세부기술	기술개요	특허분류 (CPC)
차량 위치 측정	디지털 맵	무인자동차가 주행할 때 사용하는 지도를 구성하는 기술	G01C21/32, H04W4/02
	차량의 절대 위치 추정	디지털 맵 상에서 무인자동차의 절대 좌표를 측정하고 계산하는 기술	G01S19/00, G01C21/26, H04W4/046, H04L67/12
	차량의 상대 위치 추정	도로 주행 상황에서 무인자동차와 무인자동차 사이, 무인자동차와 일반 차량 사이 간격을 추정하는 기술	G01C21/10, G01S5/14, G01S19/51, G08G1/16,
주변 환경 인식	센서 관련 기술	적외선, 레이저, 라이다 센서 등 무인자동차의 상황을 인식할 때 필요한 센서 관련 기술	B60W40/02, B60G17/019, G05D1/02
	통신 관련 기술	차량 대 차량, 차량 대 도로 설치 시설, 차량 대 단말기 간 통신기술	G08G1/16, H04W4/02, H04L67/00
주행 계획 및 상황 판단	경로 계획	목적지까지의 최적의 경로를 설정하는 기술	B60W30/14, G05D1/02
	상황 판단	다양한 주변 환경과의 상황에서 무인자동차의 운행 방식을 결정하는 기술	B60W40/02, B60W40/10, B60W50/02
차량 제어	조향장치	무인자동차의 방향을 변경하는데 필요한 각종 기술	B60W10/20, B62D5/04
	구동장치	추진장치, 변속장치, 제동장치 등 무인자동차의 구동·움직임을 결정하는 기술	B60W10/04, B60W10/10, B60W10/18
	현가장치	무인자동차의 서스펜션, 자동 현가 등을 결정하는 기술	B60W10/22, B60G
제어시스템 간 상호작용	사용자 인터페이스	차량 제어시스템과 운전자·탑승자 간 상호작용	B60W50/08, B60K35/00, B60K37/00, G06F3/011,
	통신모듈	차량 제어시스템과 외부 환경 간의 상호작용	G08G1/16, H04W4/02, H04L67/00

다. 무인자동차 관련 주요 특허

무인자동차 분야의 주요 특허출원인은 도요타, 덴소(Denso), 현대자동차, 혼다, 히다치, 지엠, 니산 등이다. 도요타는 안전 실드(Safety shield)기술을 포함한 주변 환경 인식 및 자율 협력 주행기술에서 특허 강세를 보였다. 현대자동차는 스마트 SW통신기술을 포함해 전 분야에 걸쳐 고른 특허출원을 나타냈으나 출원은 많지 않다. 삼성전자는 자동차 자체 기술보다는 실감형 콘텐츠분야 등에 주로 출원하고 있다.

특허 피인용 수를 기초로 한 무인자동차 분야의 주요 특허는 다음과 같다.

[표 4.2-4] 무인자동차 관련 주요 특허[115]

구분	원천특허 1	원천특허 2	원천특허 3	원천특허 4
공개번호	US8126642	US6965816	US6720920	US6985089
출원일	2008.10.24.	2002.10.01.	2002.12.26.	2003.10.24.
발명의 명칭	자율주행차의 제어 및 그 시스템 (Control and systems for autonomously driven vehicles)	무단사용 방지 및 관리성 강화 PFN/TRAC 시스템 (PFN/TRAC system FAA upgrades for accountable remote and robotics control to stop the unauthorized use of aircraft and to improve equipment management and public safety in transportation)	차량간 통신 방법 및 그 장치 (Method and arrangement for communicating between vehicles)	차량 대 차량 통신 프로토콜 (Vehicle-to-vehicle communication protocol)
대표도면				
기술요약	무인자동차의 주행 판단과 제어에 관련된 센서 및 컴퓨터 종합 시스템 기술	자동차·항공기를 포함한 이동체의 무단 사용을 방지하는 기술	무인자동차 안전에 관한 것으로, 충돌방지, 스마트 크루즈, 차량 간 통신기술	차량 간 무선통신 수단을 갖추고 긴급 상황 발생 시 반복적 교신으로 안전 확보 기술

스마트 협력 주행 및 무인자동차를 위한 초연결 통신기술 분야에 특허가 집중되고 시장성이 확인되는 만큼, 이 분야에 대한 전략적·선별적 정책 지원과 기술개발을 통한 특허확보 노력이 필요하다.

---

115) 한국특허전략개발원, 제19대 미래성장동력 특허분석 보고서, 2017년.

라. 무인자동차 관련 지식재산권 이슈

1) 무인자동차가 사고를 냈을 경우 누구의 책임인가?

> **사례로 시작하기**
>
> 무인자동차분야에서 가장 앞서가는 기업은 아무래도 최고의 인공지능 알고리즘을 개발한 구글이다. 구글은 스탠퍼드대, 카네기멜런대학교 연구팀을 영입해 2009년부터 무인자동차를 개발하기 시작했다. 2014년에는 드디어 운전대는 물론 브레이크 페달과 액셀 페달도 제거한 완전한 형태의 무인자동차 시제품을 공개했다.
> 실제 거리주행을 안정성을 뽐내던 구글 무인자동차가 2016년 2월 최초로 자동차 사고를 냈다. 캘리포니아주 마운틴뷰에서 시 관용버스와 가벼운 접촉사고를 냈는데, 구글은 무인자동차의 책임을 일부 인정하면서 소프트웨어를 수정해 재발을 방지하겠다고 약속했다.
> 이번 사고의 경우 차량 대 차량이 접촉한 가벼운 사고였지만, 지나가던 행인을 타격해 상해를 입히거나 사망케 하면 어떻게 될까? 누가 손해배상 책임을 져야 할 것인가?

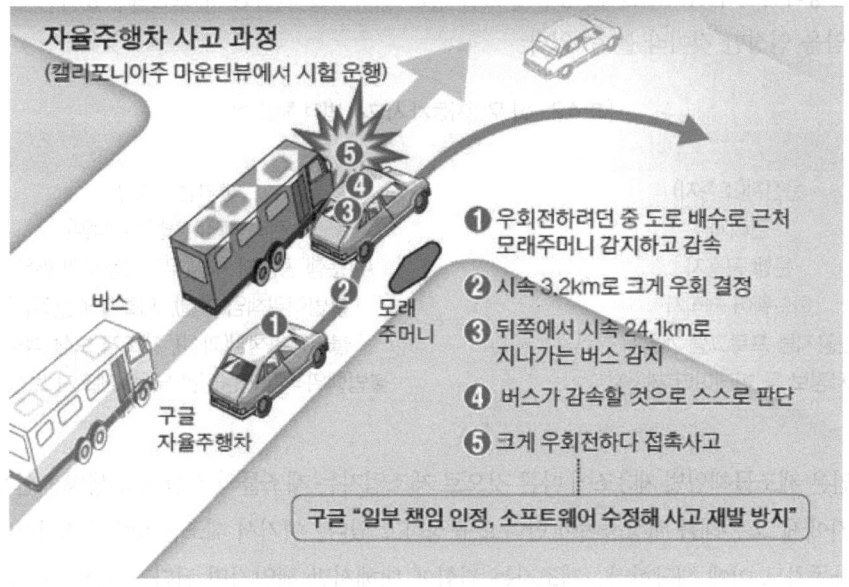

[그림 4.2-9] 구글 자율주행차 사고 과정[116]

무인자동차가 상용화되려면 기술적인 문제도 모두 해결해야겠지만 제도적인 정비도 시급하다. 아직 우리나라는 무인자동차를 상정한 제도 개선은 전무한 상황으로, 무인자동차 관련 법률은 자동차관리법, 도로교통법, 형법, 위치정보보호법, 개인정보보호법 등이 있다.

사고 발생 시 무인자동차의 법적 책임은 인공지능의 법적 책임과 유사한 접근방법으로 해결할 수 있다. 무인자

---

116) 중앙일보, '구글 자율차 330만 km 주행 첫 판단 미스 사고, 2016년.

동차가 도로 상황을 파악하고 주행을 제어하기 위해서는 인공지능이 필수적으로 채용될 수밖에 없기 때문이다.

1) 인공지능에서의 경우와 같이 무인자동차를 도구로써 이용하는 경우와 2) 무인자동차가 인간의 통제 밖에 있는 경우를 상정해 본다. 예를 들어, 1)은 무인자동차에 최소한 탑승자가 주행을 제어할 수 있는 수단이 마련되어 일단 유사시에 대응할 수 있은 경우이고, 2)는 탑승자가 무인자동차를 제어할 수 있는 수단이 아무것도 없는 경우가 될 것이다.

무인자동차를 도구로 이용하는 경우는 탑승자 즉, 무인자동차를 관리하고 지배하는 피동적 운전자에게 사고 책임이 있다고 보아야 할 것이다. 왜냐하면, 자동차손해배상보장법 제3조에 따르면 자기를 위하여 자동차를 운행하는 자는 그 운행으로 다른 사람을 사망하게 하거나 부상하게 한 경우 그 손해를 배상할 책임을 지기 때문이다.117) 여기서 자기를 위해 자동차를 운행하는 자는 운행 지배와 운행 이익을 가지는 자로서, 탑승자를 말한다.

현재 시판되는 자동차와 마찬가지로 무인자동차의 경우에도 제조자 책임이 적용될 수 있다. 구글이 무인자동차를 시험 운행하면서 접촉사고를 낸 경우에 있어 순순히 책임을 인정한 바 있는데, 당시 구글은 제조업자로서 제조자 책임을 인정한 것이라 볼 수 있다.

[표 4.2-5] 무인자동차 사고시 법적 책임118)

책임 주체	법적 책임의 종류
운전자(조종자)	불법행위책임
관리자	관리 책임(불법행위책임)
운행 공용자	운행 공용자 책임(무인자동차의 경우)
하드웨어 제작자	불법행위책임(과실), 제조자책임(결함)
인공지능 프로그램 개발자	불법행위책임(과실), 제조자 보상 책임
위치정보 등 빅데이터 제공자	불법행위책임(가능성은 낮음) 제조자 보상책임

제조자 책임은 제조물책임법 제3조에 따른 것으로 제조업자는 제조물의 결함으로 생명·신체 또는 재산에 손해를 입은 자에게 그 손해를 배상하여야 한다고 규정하고 있다. 여기서 제조물이란 제조되거나 가공된 동산으로서 무인자동차도 이에 해당한다. 제조자는 결함에 대해서만 책임지면 된다. 결함이란 제조상·설계상 또는 표시상의 결함이 있거나 그밖에 통상적으로 기대할 수 있는 안전성이 결여된 상태를 말하며, 제조상 결함, 설계상 결함, 표시 상 결함으로 구분된다.

현재 법률에 따르면 전반적으로 현존하는 자동차에 준해 법률관계가 정리되지만, 인공지능 알고리즘이 발달해 초지능의 강한 인공지능이 출현하면 인간의 통제밖에 있게 될 것이다. 이 경우 탑승자에게는 무인자동차의 통제권이 주어진 바 없으므로 자동차손해배상 보장법상 배상 책임을 지울 수 없을 것이다. 버스 요금을 내고

---

117) 특허청, 인공지능 분야 산업재산권 이슈 발굴 및 연구, 2016년.
118) 특허청, 인공지능 분야 산업재산권 이슈 발굴 및 연구, 2016년.

버스에 탑승했다가 사고를 당한 승객과 동일한 상황으로 이해하면 될 것이다. 이 경우, 무인자동차의 소유주에게는 관리자의 책임을 물을 수 있을 것이며, 무인자동차 제작자에게는 제조자 책임을 지울 수 있을 것이다.

2) 무인자동차가 사용하는 위치정보를 어떻게 볼 것인가?

> **사례로 시작하기**
>
> 무인자동차는 기본적으로 센서 기반 기술로서, 고도의 컴퓨터 제어장치에 의해 작동하지만, 지도 데이터와 자동차 위치 정보를 이용해 주행 상황을 파악하는 기술이 도입되면서 안정성이 더욱 높아졌다. 구글의 자율주행차는 위성 위치정보 시스템(GPS)을 장착하고 현재 위치와 목적지를 이용하여 지도상에 끊임없이 매핑을 시키면서 원하는 방향으로 조향을 한다.
> 무인자동차에 탑재된 GPS는 자동차 자체의 위치 정보로서 제조사의 소유가 될 것이나, 앞으로는 무인자동차에 탑승한 탑승자의 인적사항까지 자동차에 연결되면서 개인정보로 취급될 가능성도 상당히 크다. 탑승지와 종착점을 자동으로 기록하게 되므로 민감한 정보로 작용할 소지도 있다.
> 이런 탑승자의 위치정보는 지식재산 관점에서 어떻게 이해해야 할 것인가?

 무인자동차가 이용하는 위치정보 즉, GPS 정보를 어떻게 이해하고 보호해야 하는지에 대한 논란이 있다. 좌표 궤적 자체에 보호 필요성이 있는 것은 아니지만, 무인자동차 이용자의 개인정보와 결합되는 경우 심각한 사회 문제로 비화될 수도 있을 것이다. 예를 들어, 특정 정치인이나 연예인이 소유한 무인자동차의 위치정보가 실시간으로 노출된다면 안전 상 문제가 될 수도 있으며, 무인 택시의 위치정보가 추적되는 경우 범죄에 악용될 소지도 있을 것이다.

 또 하나의 논란은 무인자동차의 GPS 정보가 지식재산으로 분류될 수 있는지다. 지식재산이라 하면 인간의 창조적 활동이나 경험을 통해 창출되는 지식·정보라고 할 것인데, 이런 관점에서 위치 정보가 즉각적으로 지식재산으로 분류되지는 않을 것이다. 다만, 위치정보가 데이터베이스로 구축되어 기술적 가치를 갖는 일련의 정보 집합체가 되는 경우에는 저작권 보호가 가능할 것이다.

 우리나라는 「위치정보의 보호 및 이용 등에 관한 법률」소위 위치정보법을 제정해 개인의 위치 정보를 보호하고 있다. 무인자동차의 위치 정보를 보호하자면 동법을 적용할 수 있을 것이다. 동 법률에서 위치 정보란 이동성이 있는 물건 또는 개인이 특정한 시간에 존재하거나 존재하였던 장소에 관한 정보로서, 전기통신설비 및 전기통신회선설비를 이용하여 수집된 것을 말하며, 개인위치정보란 특정 개인의 위치 정보를 지칭한다.

 누구든지 개인 또는 소유자의 동의를 얻지 않은 채, 당해 개인 또는 이동성 있는 물건의 위치 정보를 수집하거나 이용 또는 제공하는 행위는 위법하다. 한마디로 동의를 받지 않으면 위치 정보 수집 및 이용이 금지된다고 할 수 있다. 개인 위치정보의 경우에는 이에 더해 이용약관 등에 위치 정보를 이용한 사업 내용, 위치정보의 보관기간, 폐기 방법 등을 자세히 적어 동의를 받아야 한다.

 위치 정보를 부당하게 수집, 이용 또는 제공하여 손해를 입힌 자는 당해 개인에게 손해를 배상할 책임을 진다. 개인정보 위치를 누설하거나 변조 또는 훼손·공개한 자는 5년 이하의 징역 또는 5천만 원 이하의 벌금에 처해질 수도 있어 주의해야 한다.

3. 빅데이터

가. 빅데이터란?

빅데이터란 기존 데이터베이스 관리 기술을 넘어서는 대용량의 정형·비정형 데이터를 말하며, 데이터를 분석해 경제적·산업적으로 의미 있는 정보를 뽑아내는 과정을 빅데이터 분석이라고 한다.

빅데이터는 보통 4V의 특성을 갖는다고 한다. 먼저 빅데이터는 규모(Volume)면에서 대용량이다. 페이스북이 저장하는 사진문서 용량이 30페타바이트(30,000TB)에 이르고 중국판 유튜브, 「유쿠투더우」는 하루 5억 명의 관람객이 방문해 동영상 시청 기록과 코멘트 등을 남긴다. 우리가 매일 스마트폰으로 대화하는 카톡 메시지나 트위터 등 각종 SNS 데이터도 빅데이터에 해당한다. 그 외 빅데이터는 다양성(Variety)을 가지며, 데이터가 쌓이는 속도(Velocity)가 엄청나고, 표본이 거대하므로 정확성(Veracity)을 갖는다.

[그림 4.2-10] 일상생활에서의 빅데이터

사실 빅데이터를 쌓아두는 것만으로는 큰 의미가 없다. 빅데이터를 분석해 우리 생활에 유용한 정보를 도출하는 것이 더 중요하다. 최근 빅데이터를 분석할 수 있는 다양한 전산 툴들이 소개되어 활용된다. 예를 들어, 데이터 분석에 특화된 R코드, 파이썬(Python) 등이 있으며, 2006년 개발된 오픈소스 하둡(Hadoop)도 페이스북의 자동 이미지 검색, 금융거래 내역 분석을 통한 사기방지, 검색 패턴을 통한 광고 타케팅 등에 활용된다.

나. 빅데이터 관련 주요 특허

빅데이터 분야에서 가장 많은 특허를 출원한 기업은 IBM으로 나타났으며, 주로 고성능 빅데이터 처리 및 저장관리 기술에 집중되어 있다. 그 외, MS, 히다치, HP, 오라클, SAP 등이 상위 다출원인으로 나타났다. 우리나라에서는 한국전자통신연구소가 가장 많은 출원을 하고 있으며, 빅데이터 처리 분야에 주로 출원한다. 특허 데이터를 이용한 기술성장주기 분석에 따르면 빅데이터 분야는 성장기에 접어들었으며, 2030년 정도에 성숙기에 도달할 것으로 분석되었다.[119]

특허 피인용수를 기초로 선정한 빅데이터 분야의 주요 특허는 다음과 같다.

[표 4.2-6] 빅데이터 관련 주요 특허[120]

구분	원천특허 1	원천특허 2	원천특허 3	원천특허 4
공개번호	US6421777	US6829561	US8024708	US8010337
출원일	1999.04.26.	2002.12.09.	2007.03.05.	2005.04.27.
발명의 명칭	분산 데이터 처리 시스템에서 부트 이미지를 관리하는 방법 및 장치 (Method and apparatus for managing boot images in a distributed data processing system)	데이터 클러스터링 및 데이터 처리 시스템의 품질 결정 방법 Method for determining a quality for a data clustering and data processing system	병렬처리 컴퓨터시스템의 실행프로그램 디버깅 시스템 (Systems and methods for debugging an application running on a parallel-processing computer system)	데이터베이스 시스템 성능 예측 (Predicting database system performance)
대표 도면				
기술 요약	서버 데이터 처리시스템에 저장된 부트 이미지에서 고객 데이터를 호출하는 방법	다수의 클러스터가 포함된 데이터 클러스터링 기법과 품질을 평가하는 기술	병렬처리 시스템에 제공되는 어플리케이션 플랫폼 기술	빅 데이터를 저장하는 데이터 시스템의 성능을 평가하고 향상시키는 기술

성숙기까지 아직 준비 기간이 있어, 공공연구기관이 소유한 빅데이터 특허를 과감히 기업에 이전하여 기술 경쟁력을 조기에 확보할 필요가 있는 것으로 분석된다.

---

119) 한국특허전략개발원, 19대 미래성장동력 특허분석보고서 -빅데이터-, 2016년.
120) 한국특허전략개발원, 제19대 미래성장동력 특허분석 보고서, 2017년.

다. 빅데이터 관련 지식재산권 이슈

1) 빅데이터는 법적으로 보호받을 수 있는가?

> **사례로 시작하기**
>
> 빅데이터를 분석해 고객층을 찾아내거나, 유권자 층을 분석하여 선거에 활용하는 전략들이 각광을 받고 있다. 2012년 재선에 성공한 오바마 대통령은 정치헌금 기부명단, 각종 면허, 신용카드 정보, 소셜 네트워크 서비스(SNS) 등 다양한 빅데이터 분석을 통해 유권자 개개인의 성향을 파악하고 개인별 맞춤형 선거운동을 전개함으로써 성공적인 선거 결과를 도출하기도 했다.
> 빅데이터는 이렇듯 유용하게 다양한 분야에 활용되고 있다. 이러한 빅데이터가 법적으로 보호받을 수 있을까? 예를 들어, 이동통신회사에서 자사 스마트폰 사용자의 위치 정보, 앱 사용정보, 수발신 전화 사용시간 정보 등을 수집해 보관하고 있는 경우 무형의 경제적 가치로서 인정받을 수 있을 것인가?

결론부터 이야기하자면 빅데이터 그 자체는 경제적 가치를 별도로 가지며, 무형의 자산으로서 법적으로 보호된다. 빅데이터를 분석해 도출한 정보나 메시지도 영업비밀의 일종으로 보호될 수 있다.

현대 사회에서 빅데이터는 기술적인 데이터보다 오히려 더 중요해졌다고 할 수 있다. 특히, 빅데이터가 인공지능에 활발하게 활용되면서 더욱 그러하다. 딥러닝은 수많은 데이터 속에서 패턴을 발견한 뒤 사물을 구분하거나 판단하는 학습법이라 다량의 학습데이터가 필요하다. 구글이 자율주행 차량을 오랫동안 시운전하면서 도로 상황 데이터·발생 가능한 상황 데이터를 축적하는 것도 바로 이런 이유 때문이다. 알파고의 경우 바둑기사들이 둔 16만 건의 기보 데이터를 학습해 인공지능 바둑 알고리즘을 완성했고, 이세돌 9단과 대국해 5전 4승을 거두었다.

빅데이터는 데이터베이스 형태로 컴퓨터 저장장치에 보관될 것이므로 저작권으로 보호될 수 있다. 저작권법에서 보호하는 데이터베이스란 소재를 체계적으로 배열 또는 구성한 편집물로서 개별적으로 그 소재에 접근하거나 그 소재를 검색할 수 있도록 한 것을 말한다. 체계적으로 배열되어 이용할 수 있는 형태로 보관되어 있는 한, 빅데이터는 저작권법상의 보호를 받는 데이터베이스이다.

빅데이터 저작권을 갖는 자는 데이터베이스의 제작 또는 그 소재의 갱신·검증 또는 보충에 인적 또는 물적으로 상당한 투자를 한 자이다. 개인뿐만 아니라 법인격을 갖는 기업이 데이터베이스 저작권자가 될 수 있으며, 단순히 데이터가 쌓여 있는 상태가 아니라 인적·물적으로 상당한 투자를 하였음을 입증할 수 있어야 한다. 즉, 데이터베이스 생성에 창작성까지 요구하지 않지만 의도성을 갖고 상당한 노력과 자본을 투자하였어야 한다.

데이터베이스 제작자는 데이터베이스의 전부 또는 상당한 부분을 복제·배포·방송 또는 전송할 권리를 갖는다. 데이터베이스 저작권은 교육·학술 또는 연구를 위하여 이용하는 경우와 시사 보도를 하는 경우 일부 제한되기는 하지만, 당해 빅데이터를 이용하는 것에 대한 독점적 권리를 갖는다.

한편, 빅데이터는 영업비밀로도 보호받을 수 있다. 영업비밀은 공공연히 알려져 있지 않고 독립된 경제적 가치를 가지는 것으로서, 합리적인 노력에 의하여 비밀로 유지된 생산방법, 판매방법, 그밖에 영업활동에 유용한 기술상 또는 경영상의 정보를 말한다. 빅데이터의 경제적 가치는 앞서 설명한 바와 같고, 빅데이터가 공개되지 않은 상태에서 비밀로 관리되고 있다면 「부정경쟁방지 및 영업비밀 보호에 관한 법률」에 의해 보호받을 수 있을 것이다.

빅데이터를 절취(竊取), 기망(欺罔), 협박, 그 밖의 부정한 수단으로 빼돌리거나 이용하는 경우 민형사상의 책임을 물을 수 있다. 이에 더해, 고의로 영업비밀을 침해한 경우 침해죄로 형사고발도 가능하다.

CASE STUDY

〈사진출처: 미주 한국일보〉

2012년 미국 할인매장 업계 2위인 '타겟(TARGET)'이 고객으로부터 거센 항의를 받는 사건이 벌어졌다.
한 고객이 '고등학생인 딸에게 예비엄마에게나 보내는 할인쿠폰을 보냈다'면서 불만을 표시했는데, 알고 보니 그럴 만한 이유가 있었다.
타겟은 이미 오래 전부터 빅데이터를 이용해 고객 맞춤형 마케팅을 실시하고 있었다. 고객이 자사 홈페이지를 방문해 상품 정보를 검색하면 데이터베이스에 저장해 두었다가 분석해 고객 성향에 따라 상품을 디스플레이하거나 쿠폰 등을 발행해 왔던 것이다. 타겟은 여성이 임신하면 초기에는 영양제, 중기에는 로션, 말기에는 유아용품을 주로 구매한다는 빅데이터 분석 결과를 기초로 해당 여학생이 영양제를 구입한 후 로션을 구입하자 유아용품 할인 쿠폰을 발송했다.
그런데 더욱 흥미로운 것은 이 여학생이 그 당시 진짜로 임신을 했었다는 사실이다. 빅데이터를 활용하는 기업이 부모보다도 먼저 임신 사실을 알고 고객 응대를 했다는 것이 놀랍지 않을 수 없다. 미래 시대에는 빅데이터가 우리도 모르는 우리의 취향이나 모습을 먼저 찾아줄지도 모른다.

2) 빅데이터를 이용한 발명은 누구 소유인가?

사례로 시작하기

2017년 4월 (주)코웨이가 업계 최초로 빅데이터를 바탕으로 한 「스마트 영업 시스템」을 개발했다고 밝혔다. 코웨이가 30년간 축적한 내부 정보와 지역별 외부 정보를 활용해 지역 단위의 빅데이터 분석이 가능한 시스템을 개발했다는 설명이다. 빅데이터에는 코웨이의 고객 현황, 제품군별 사용 현황, 가구 침투율 등의 고객 관리에 대한 정보뿐만 아니라, 지역별 인구밀도, 주택·가구 현황, 기후, 주변시설 등의 지역 환경에 대한 정보까지 포함되었다. 코웨이는 이 시스템을 기존 고객 관리는 물론이고, 신규 고객 발굴에 활용하겠다고 선언했다(이코노믹리뷰, 2017년 4월 26일).
빅데이터 활용이 많아지면서, 빅데이터가 필수 구성요소 일부로 포함된 영업방법 발명 출원이 급증하고 있다. 영업방법 발명, 소위 비즈니스 모델 발명은 영업방법이 정보통신기술을 이용해 정보처리가 하드웨어적으로 구현되도록 구체화하는 경우 인정되는데, 이 경우 발명을 구성하는 빅데이터는 특허제도에서 어떤 의미를 가질 것인가? 빅데이터를 축적한 데이터베이스 제작자는 어떤 법적 지위를 주장할 수 있을 것인가?

빅데이터는 사실 대규모라는 점, 비정형 데이터가 훨씬 많다는 점, 비의도적으로 축적되는 경향이 있다는 점 등을 제외하면 종전의 DB와 크게 다르지 않다.

[그림 4.2-11] 영업방법 발명[121]

그동안 데이터베이스를 발명의 구성요소 중 일부로 하여 컴퓨터 관련 발명이 지속해서 출원되고, 특허권이 부여되어 왔으므로 빅데이터를 활용한 영업방법 발명 또한 당연히 특허 대상이 된다.

문제가 되는 것은 특허권이 부여되었을 때, 빅데이터를 보유한 제작자를 발명자의 일부로 볼 수 있는 지다. 그동안 데이터베이스를 구성요소로 하는 발명들은 대부분 발명자 스스로 데이터베이스를 소규모로 구성하고 이를 기초로 기술적 구현을 했으므로 데이터베이스 제작자와 특허발명의 발명자가 다르지 않았다. 그러나 빅데이터의 경우는 정보를 축적해 데이터베이스로 만드는 제작자와 빅데이터를 이용해 영업방법을 창안하는 발명자가 명확히 다른 경우가 발생할 수 있다.

제4차 산업혁명이 가속화되면서 정부에서는 빅데이터 활용을 촉진하기 위해 다양한 지원 정책을 마련하고 있다. 「정부 4.0」도 그중 하나인데, 수집한 공공 데이터를 클라우드 서비스에 저장·공유하고 국민을 대상으로 오픈해 빅데이터 분석을 활성화함으로써 일자리를 창출하겠다는 전략이다. 공공데이터를 활용해 영업비밀 발명을 창안했다면 발명의 소유권은 누구에게 있는가? 구글이나 네이버 등 온라인 정보제공 서비스 업체가 보유한 빅데이터를 활용해도 경우에도 동일한 논란이 발생할 수 있다.

[그림 4.2-12] 빅데이터 영업방법 발명의 소유권 관계

---

121) 특허청, http://www.kipo.go.kr, 2017년.

빅데이터 제작자를 발명자로 보아 특허권 일부를 가질 수 있도록 할 것인지는 공동발명 법리를 따르면 될 것으로 생각한다. 특허제도에서 공동발명이 인정되려면 실질적으로 협력한 경우로서 발명을 이루는 중요한 기술구성에 일정 정도 이바지했어야 한다. 단순한 보조자나 관리인, 연구개발 위탁자, 투자자 등은 공동발명자로 보지 않는다.

빅데이터 제작자가 특정한 의도 없이 주기적으로 쌓이는 정보 데이터를 단순히 관리만 하고 있었다면 기술적 기여를 했다고 볼 수 없으므로 공동발명자로 인정되기는 어려울 것이다. 만약, 빅데이터를 축적하면서 창안된 영업방법 발명 내에서 효율적으로 활용되거나 기능을 높일 수 있도록 의도성을 갖고 관리한 경우라면 당연히 공동발명으로 인정되어야 할 것이다.

실질적으로는 공동발명으로 포함할지 여부 즉, 빅데이터 영업방법 발명을 출원할 때 권리를 인정하여 공동출원인으로 할지는 영업방법 발명을 창안한 주 발명자에게 빅데이터를 활용하도록 허락하거나 데이터 사용 계약을 체결할 때 정해질 가능성이 높다. 예를 들어, 앞서든 사례에서 (주)코웨이가 축적한 고객 현황, 제품군별 사용 현황, 가구 침투율 등을 활용해 정수기 고객관리 시스템을 창안하려고 한다면 발명자는 코웨이와 접촉해 데이터 활용을 협의할 것이므로, 협의 내용의 일부로 특허권 공유 관계를 정리하게 될 것이다.

4. 사물인터넷

가. 사물인터넷이란?

사물인터넷이란 사물과 사물 간, 사물과 사람 간을 연결해 정보를 교환하고 상호 소통하게 하는 지능형 인프라를 말한다. 대부분 정보통신 기술을 기반으로 하며, IoT(Internet of Things)로 약칭하기도 한다. 제4차 산업혁명 시대는 초연결성을 특징으로 하는바, 사물인터넷은 그야말로 제4차 산업혁명 기술의 핵심이라고 할 수 있다.

사물인터넷은 빅데이터와 깊은 연관성이 있다. 사물에 인터넷을 연결하는 이유는 기본적으로 정보 교환을 목적으로 하고, 교환된 정보는 서버의 데이터베이스에 저장돼 빅데이터가 되기 때문이다. 사실, 사물인터넷은 그 자체로 혁신적이라기보다는 빅데이터 활용과 연계되어야 활용성이 극대화된다.

[그림 4.2-13] 사물인터넷

사물인터넷을 이루는 기본 기술로는, 디바이스(Device), 네트워크(Network), 서비스(Service), 빅데이터(Big Data) 및 보안(Security) 기술 등이 있다. 이 중 네트워크 및 빅데이터 기술이 우선 해결되어야 하는 핵심기술이다.

사물인터넷은 다른 기술과 융합되거나 이종의 분야에 응용되어 그 동안 생각하지 못했던 혁신적인 서비스를 제공할 수 있을 것이다. 예를 들어, 인터넷에 연결된 스마트워치를 이용해 혈압이나 맥박을 상시로 측정해 서버에 송신함으로써 최적의 건강관리 서비스를 제공하는 헬스케어, 신발에 장착된 센서와 통신장비를 이용해 건강을 관리해 주는 신발 등이 가능할 것이다. 또한 가정의 콘센트에 접속하여 전력량을 측정하고 관리하는 능동형 전력관리 시스템, 치매 노인에게 적용되어 건강관리를 해줄 뿐만 아니라 안전까지 보장하는 노인 관리 시스템 등이 출현할 수 있다.

나. 사물인터넷 관련 특허분류

[표 4.2-7] 사물인터넷 관련 기술개요 및 특허 CPC

요소기술	세부기술	기술개요	특허분류 (CPC)
디바이스	초경량 저전력 IoT 디바이스 플랫폼	제한된 자원의 사물인터넷 서비스에 적합한 정보보호 지원형 사물인터넷 디바이스 플랫폼 기술	G06F1/32, G06F9/00, H04L12/00
	자율제어/고신뢰 IoT 디바이스 플랫폼	디바이스 스스로 상황을 인지하고 자율적으로 운용 환경을 재구성하는 고신뢰/실시간 IoT 디바이스 기술	G06F15/16, H04L12/00
네트워크	개방형 HW/SW 플랫폼	오픈소스 기반의 사물 검색, 연결, 응용 서비스 개발과 IoT 사물 개발을 지원하는 HW/SW 플랫폼 및 개발도구 기술	G06F9/44, G06F8/00, H04L12/00, H04W48/00, H04W76/00

요소기술	세부기술	기술개요	특허분류 (CPC)
	초소형 저전력 스마트 센서 모듈	사람·사물들의 상태와 변화들을 실시간으로 감지하여 변화량과 변화의 의미를 전달하는 기술	H04L12/28, G01~
	다중 디바이스 연결을 위한 액세스 네트워크	저전력 Smart Things의 인터넷 접속으로 반경 10km 범위를 지원하는 저비용의 액세스/로컬 IoT 네트워크 기술	H04L12/28, H04W
	자율 디바이스 연결을 위한 서비스 인지형 네트워크	초연결 자율형 IoT 디바이스와 다양한 특성을 가진 IoT 서비스를 지원하기 위한 네트워크 기술	H04L12/00, H04W76/00
	이종기기 간 연동을 위한 복합 IoT 게이트웨이	IoT 네트워크 서비스 범위의 신속한 확대를 위한 이종망간 연동 IoT 게이트웨이 기술	H04L12/66
플랫폼	분산구조 기반의 IoT 플랫폼	단말 및 서버가 상호 협력적 정보 분석을 지원하는 플랫폼 기술	G06F17/30, H04L
	실시간성 보장형 IoT 플랫폼	고도의 신뢰성, 실시간성 및 안정성을 요구하는 자율 제어형 물리시스템을 지원하는 임무 중심 IoT 플랫폼 기술	H04L12/00
	이종 플랫폼의 Federation	기 개발된 플랫폼 간 상호 연결·통합적 사물 검색·정보 공유·정보 분석 핵심기술	H04L29/06, G06F9/44, G06F8/00, H04L12/00, H04W48/00, H04W76/00

다. 사물인터넷 관련 주요 특허

사물인터넷 분야에 출원된 특허를 분석해 보면 주요 출원인은 애플, 구글, 삼성이 대표적이다. 그 중에서는 애플은 세계 사물인터넷 시장에서 가장 영향력 있는 기업으로 손꼽힌다.[122] 애플은 사물인터넷 개발자 플랫폼으로「HomeKit」을 발표하고 텍사스인스투르먼트, 필립스, 하이얼 등 세계 메이저 IT회사들과 제휴해 사물인터넷 시장을 주도할 준비를 마친 상태다.

애플이 출원한 주요 특허들은 다음과 같다.

[표 4.2-8] 사물인터넷 관련 애플의 주요 특허[123]

구분	원천특허	응용특허 1	응용특허 2	응용특허 3
공개번호	US7917661	US9071453	US2014-0146714	US2015-0348554
출원일	2010.04.20.	2012.06.11.	2013.11.19.	2014.09.30.

---

122) 한국특허전략개발원, 4차 산업혁명과 연계한 특허관점의 미래 유망제품분석 - IoT(사물인터넷) 분야 -, 이슈페이퍼 제 2017-01호, 2017년.
123) 한국특허전략개발원, 제19대 미래성장동력 특허분석 보고서, 2017년.

구분	원천특허	응용특허 1	응용특허 2	응용특허 3
발명의 명칭	무선 가정 및 사무용품 관리 및 통합방법 (Wireless home and office appliance management and integration)	위치 기반 장치 자동화 (Location-based device automation)	통합 홈서비스 네트워크 (Integrated home service network)	가정 자동화를 위한 지적 보조시스템 (Intelligent assistant for home automation)
대표 도면				
기술 요약	무선 네트워크를 이용하여 가정 또는 사무실 내 기기들을 중앙 PC에서 제어하는 기술	이동통신 단말기가 집에서 어느 정도 떨어졌는지 거리를 측정하고, 자동화 모드를 설정하는 기술	중앙 집중형 홈제어기에서 가전제품들과의 무선통신을 연결하고 제어하기 위한 기술	사용자의 음성을 인식하여 연결된 디바이스를 사용자의 음성 명령에 따라 제어할 수 있도록 하는 기술

스마트홈 기업인 「네스트」를 인수한 구글은 홈오토메이션에 주목해 관련 기업들을 인수·합병함으로써 사물인터넷 특허 포트폴리오를 구축하였으며, 주로 IoT 디바이스 및 IoT 산업융합분야에서 활발한 특허활동을 하고 있다. 우리나라 기업으로는 삼성이 사물인터넷 기술 투자를 확대하고 있는 상황으로, 2015년에는 사물인터넷 분야에 출원한 특허가 2,475개에 달할 정도로 적극적이다.

라. 사물인터넷 관련 지식재산권 이슈

1) 사물인터넷의 특허등록 가능성은 어느 정도인가?

사례로 시작하기

지은탁씨는 초등학생 자녀 2명을 가진 워킹맘이다. 지은탁씨에게 아침시간은 전쟁터나 마찬가지이다. 아침식사 준비에 남편 출근길 배웅에 아이들 학교 등교 수발까지… 정작, 본인은 지하철역으로 가는 마을버스를 놓치기 일쑤다. 헐레벌떡 마을버스를 타고나면 걱정거리가 생긴다. 가스는 제대로 끄고 나왔는지 혹시 다리미를 그대로 꼽아놓은 채 집을 나선 것은 아닌지 늘 걱정이다.

이런 지은탁씨를 돕기 위해 남편이 나섰다. 남편은 전자공학과를 졸업한 경력을 살려 「사물인터넷을 활용한 가정용 스마트 전력관리 시스템」을 발명했다. 스마트폰으로 가정에 있는 모든 전자기기를 온/오프 제어할 수 있고 전력량도 점검할 수 있는 것으로, 기본적으로 콘센트형의 IoT기기와 스마트폰을 인터넷으로 연결했다.

시제품을 제작해 지은탁씨에게 사용해 보도록 했더니 잘 작동될 뿐만 아니라 만족도가 매우 높았다. 만약 남편이 발명한 전력관리시스템을 특허로 출원하면 특허등록 가능할 것인가?

발명을 한 자가 특허를 받으려면 특허출원 후에 특허청의 심사를 거쳐야 한다. 특허심사관이 특허요건을 검토해 특허성을 만족하는 것으로 인정하면 특허등록을 결정한다. 특허요건 중에서 가장 중요하고 논란이 되는 것이 진보성이다. 진보성은 종래 알려진 선행기술들을 고려할 때 출원된 발명이 기술적으로 차이가 있고, 그 차이에 의해 효과가 예상할 수 없을 정도로 나타나는지를 의미한다.

사물인터넷에 관련된 발명은 정보통신기술을 기반으로 하므로 사실 진보성만 만족한다면 기존 정보통신 관련 발명들과 마찬가지로 특허를 받는데 큰 문제는 없다. 사물인터넷을 별도의 카테고리로 구분하고 특허 가능성을 판단할 이유가 없다는 것이다.

하지만 사물인터넷은 대부분 종래 시중에 나와 있는 기술들을 융합해 하나의 서비스로 만들어 기능을 제공하는 것이다 보니 실질적으로 진보성을 인정받기 쉽지 않은 경우가 많다. 위의 사례에서 예로 든 가정용 스마트 전력관리 시스템의 경우만 하더라도 발명자는 특별한 기술을 새로 만든 것이 아니라, 종래 시중에 팔리던 콘센트형 IoT기기를 가정에 맞게 일부 수정하고 스마트폰에서 작동하는 앱 프로그램을 만들어 서로 연결시켰을 뿐이다. 이런 정도의 발명이라면 현재 특허청의 심사기준과 관행으로 볼 때 특별한 이유가 없는 한 특허를 받기 어렵다.

사물인터넷 발명처럼 융합해서 만들어지는 발명을 '결합발명'이라고 통칭한다. 특허청 심사기준에 의하면 결합발명의 경우 기술적 특징이 기능적 상호 작용으로 인해 개개의 기술적 효과의 합과는 다른, 예를 들어 더 큰 복합적인 상승효과를 달성하면, 기술적 특징의 집합을 의미 있는 조합으로 인정해 특허를 허여한다.[124] 따라서 유기적 결합에 따른 예측 불가능한 효과가 상당히 인정되어야 특허를 받을 수 있는데, 사물인터넷의 경우 예측 가능한 것들이 대부분이어서 특허 가능성이 낮은 것이다.

또한, 대부분의 사물인터넷이 영업방법 발명으로 출원되는 경우가 많은 것도 문제다. 현재, 특허청은 시장 파급효과를 고려해 영업방법 발명에 대해 특허 등록률을 상당히 낮게 유지하고 있어서 사물인터넷 발명도 특허 받기가 쉽지 않을 수 있다.[125] 특허청에 따르면 평균 특허 등록률이 60% 수준인 데 반해, 영업방법 발명의 특허 등록률은 대략 25% 정도에 머물고 있다.

사물인터넷 서비스 시장 활성화를 위해 사물인터넷 관련 발명의 특허등록을 정책적으로 높일 필요가 있다. 단순한 결합이거나 기존 기술의 조합인 경우라도 상업적 성공 가능성이 높거나 국가 전략기술과 맞물려 있는 경우에는 특허 포트폴리오를 형성할 수 있도록 등록을 지원할 필요가 있을 것이다.

---

124) 특허청, 특허·실용신안 심사기준, 2017년.
125) 한국지식재산연구원, 지식재산정책, 2016년.

2) 사물인터넷 기술에 중요한 지식재산 정책은 무엇인가?

사례로 시작하기

한때, 국내 제3위 이동통신기기 제조업체로 호황을 누렸던 (주)팬택이 천덕꾸러기 신세로 전락했다. 최근 신문기사에 따르면, 팬택을 인수한 통신장비업체 쏠리드가 종속회사인 에스엠에이솔루션홀딩스가 보유하고 있던 팬택의 경영권을 케이앤에이홀딩스에 넘겼다고 한다(한국일보, 2017년 10월 26일). 특허를 해외업체에 매각하면서도 사물인터넷을 키우겠다는 입장이던 쏠리드 측이 IoT사업을 양도하고 회사까지 매각하면서 먹튀 논란이 일고 있다.
사물인터넷은 통신기술을 바탕으로 하다 보니 이동통신 특허기술을 보유한 기업들이 쉽게 사업화에 나설 수 있는 분야로 꼽힌다. 우리나라 통신기술 경쟁력이 만만치 않은 만큼 전략적인 강소기업 지원이 필요할 것으로 생각한다.

사물인터넷에서 가장 중요한 요소기술이 정보교환을 위한 통신기술이다 보니 아무래도 가장 강조되어야 할 지식재산 정책은 「표준특허」 지원이라고 할 수 있다. 특허청 조사에 따르면 사물인터넷 특허출원 비중은 네트워크 제어 관리 50.4%, 서비스 기술 25.8%, 보안인증 기술 14.1%, 기타 9.7% 정도 된다고 한다. 이 중 표준을 언급한 특허출원이 무려 58%에 달한다고 하니 표준특허의 중요성은 아무리 강조해도 지나치지 않다.[126]

표준특허란 표준에 기재된 내용을 실행하기 위해서 특허 기술을 침해하지 않고는 해당 표준을 실행할 수 없도록 설계된 특허, 즉 표준기술을 구현하기 위해 반드시 실시되어야 하는 특허를 말한다. 표준은 정부 또는 국제기구에서 특정 전자기기를 제조하려면 반드시 지켜야 하는 규격을 말하므로, 표준특허는 사업을 하려면 반드시 침해할 수밖에 없다. 한마디로 표준특허는 표준특허권자에게 반드시 실시료를 지급해야 쓸 수 있는 특허기술을 말한다.

[그림 4.2-14] 스마트폰에 적용된 표준특허[127]

---

126) 한국지식재산연구원, 지식재산정책, 2016년.
127) 특허청, 표준특허길라잡이, 2016년.

제4차 산업혁명의 원동력은 빅데이터와 인공지능을 기반으로 한 기술간·이종 분야 간 융합이라고 할 수 있는데, 우리 실생활과 관련된 빅데이터는 사물인터넷을 통해 대부분 축적할 수밖에 없으므로 어떤 면에서 보면 사물인터넷이 가장 기저에 깔린 원천기술이라고 할 수 있다. 그러므로 사물인터넷 관련 표준특허를 개발하고 국제표준으로 채택될 수 있도록 정책적으로 지원할 필요가 있다.

CASE STUDY

표준특허로 인한 수익창출 사례는 우리 주변에서 쉽게 찾아볼 수 있다. 다음은 특허청이 예시하고 있는 표준특허 사례이다. 퀄컴은 표준특허를 기초로 '통신칩 가격'이 아닌 '스마트폰 도매가격'의 2.5~5%를 받고 있는 것으로 알려졌으며, 삼성전자, LG전자 등 우리나라 통신업체로부터 2014년 1년간에만도 2조 원 안팎의 특허료를 거둔 것으로 확인되었다. 100만 원짜리 갤럭시폰을 한 대 사면 그 중 6만 원 정도가 퀄컴으로 자동 입금되는 식이다.

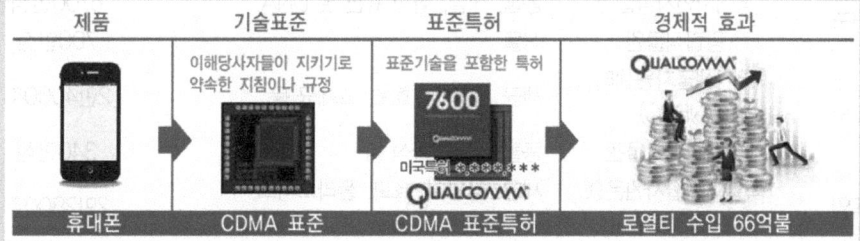

- 퀄컴은 군 비밀통신 등에 주로 사용하던 CDMA 원천 기술 확보 및 국제표준화에 성공하였고, 한국전자통신연구원은 표준화된 CDMA 기술을 실제 시장에 사용하기 위한 기술을 독자 개발하여 한국에서 세계 최초로 상용화 성공
- 퀄컴은 이를 통해 66억 불(약7조 원) 이상의 로열티 수입을 얻었지만, 이에 비해 한국전자통신연구원은 상용화에 대한 대가로 상대적으로 저조한 수입
- 한국전자통신 연구원은 이를 계기로, 표준화와 특허의 중요성을 인식하고, 자체 기술의 국제표준화 및 표준특허 활동을 적극적으로 추진하여 세계 표준특허 강자로 급부상

---

5. 유전자원

가. 유전자원이란?

유전자원이란 다양한 정의가 존재한다. 생물다양성협약(CBD, Convention on Biological Diversity)[128] 제2조를 참조하면 유전적 가치가 있는 정보를 포함하고, 재생산이 가능한 생물물질(biological materials)의 일부를 지칭하는 것으로 정의할 수 있다. 약초·농작물 등의 식물 뿐 아니라

---

[128] 생물 다양성을 생태계, 종, 유전자 세 가지 수준에서 파악하고, 생물 다양성의 보전, 생물 다양성 구성 요소의 지속 가능한 이용, 유전자원의 이용으로부터 발생하는 이익의 공정하고 공평한 배분을 목적으로 하는 국제조약이다.

동물과 미생물에서 유래한 물질들도 유전자원의 대표적인 예이다.

유전자원은 신품종 육성, 신물질의 추출, 유전자 탐색을 통한 생명공학 연구 등 그 가치가 갈수록 중요해지는 지식재산이다. 최근, 유전자원에 대한 중요성을 인식한 세계 각국은 앞 다투어 유전자원 확보와 보존을 서두르고 있다.

국명	기관명	주요 보유자원	공인자원 보유량
미국	미국 유전자원은행 (ATCC)	세균, 곰팡이, 미세조류, 효모, 재조합 DNA, 종자, 식물조직, 원생동물, 동식물 바이러스 등	7만3500주
	스미 소니언 자연사박물관	DNA, 동식물 표본 등	1억2400만점
영국	국립자연사박물관	동물, 식물, 화석 표본 및 DNA	6700만점
	왕립식물원	식물	700만점
일본	국가생물자원센터 (NBRC)	세균, 곰팡이, 효모, 고세균 등	2만4000주
	국립과학박물관	동물, 식물, 화석 등	340만점
독일	독일미생물자원은행 (DSMZ)	세균, 곰팡이, 효모, 플라스미드, 동식물세포주 등	2만2800주
프랑스	국립자연사박물관	동물, 식물, 화석 등	7600만점
중국	중국미생물보존센터 (CGMCCAA)	세균, 곰팡이, 효모 등	1만4400주
	중국과학원	동물, 식물, 균류 등	1400만점
한국	국립생물자원관	DNA, 동식물 표본 등	186만점

[그림 4.2-15] 나라별 생물 유전자원 보유량[129]

2010년 10월 생물다양성협약 나고야 의정서(일명 CBD-ABS)가 채택되면서 유전자원 확보가 가속화되었다. 나고야 의정서는 생물유전자원을 이용해서 발생하는 이익을 자원 제공국과 공유하도록 규정하는 국제규범이다. 우리나라는 2017년 9월 20일, 이 의정서에 사인해 정식으로 가입했다. 중국과 영국은 2011년도에 이미 각각 1400만 종, 6400만 종을 확보한 반면, 우리나라는 186만 여종에 불과해 조속한 대응조치가 필요한 것으로 나타났다.[130]

---

129) 파이낸셜뉴스, 700조원 시장 놓고 글로벌 격돌, 2011년 1월 2일.
130) The Science Times, 그 어떤 자원보다 가치있는 유전자원, 2017년 10월 28일.

나. 유전자원 관련 지식재산권 이슈

1) 유전자원은 어떻게 지식재산으로 보호받을 수 있는가?

> **사례로 시작하기**
>
> 일본 화장품 회사 시세이도는 2012년 인도네시아 야생 허브를 이용한 화장품 원료 등과 관련한 특허 51건을 철회했다. 현지 비정부기구가 유전자원에서 발생한 이익 공유 등을 규정한 나고야 의정서 기준에 저촉된다고 주장하자 특허 수십여건을 포기한 것이다.
> 이처럼 유전자원을 활용한 특허를 놓고 자원 제공국과 이용국간 대립이 첨예하다. 제공국은 생물다양성협약·나고야의정서 등 생물자원보호협약에 근거를 두고 '주권'을, 이용국은 국제무역기구(WTO) 무역관련 지식재산권협정(TRIPs)에 따른 지식재산권을 중심으로 '재산권'을 강조하는 모양새다(IPnomics, 2017년 8월 1일).
> 그렇다면 새로운 유전자원을 개발했을 때, 어떤 방식으로 보호받을 수 있을까?

유전자 염기서열 분석 장비가 고도화되고 빅데이터 분석기술이 발전하면서 유전공학을 이용한 신품종 식물발명, 미생물 이용발명 등이 일상화되었다. 유전자 가위를 이용한 유전자 조작 기술은 암을 일으키는 유전자 부분을 정밀하게 도려내 원인을 치료함은 물론, 멸종동물까지 복원할 수 있는 단계에 이르렀다.

유전자원을 이용한 발명은 대부분 특허제도를 통해 지식재산권으로 보호받을 수 있다. 약초나 식물, 동물 등은 자연에 존재하는 것을 찾아낸 것에 불과하므로 자연법칙을 이용하지 않아 발명으로 인정받기 쉽지 않다. 하지만 약초나 식물에서 의도적으로 추출한 특정한 성분이나 동물로부터 유래된 추출물 등은 진보성이 인정되면 의약·화장품 용도발명으로 특허등록이 가능하다. 특허법은 식물의 처리방법, 식물의 육종·개량방법, 식물의 재배방법 등 방법 발명까지도 보호하고 있다.

새로운 식물 종을 교배한 경우, 식물신품종보호법에 따라 보호받을 수도 있다. 특허법에서는 기술적인 진보와 반복 재현성이 보장되어야 특허권이 부여되는데, 식물발명으로 특허요건을 만족시키는 것이 쉽지 않다. 유성번식 식물의 경우, 초월육종·종간육종은 진보성을 인정받을 가능성이 높지만, 전통육종에 의해 개량된 품종은 알려진 기술로 만들어 낸 것에 불과해, 통상 진보성이 인정되지 않는다. 따라서 이런 경우에는 오히려 종래 알려진 품종과 명확히 구별될 것만을 요구하는 식물신품종보호법으로 보호받는 것이 유리하다.

미생물 자체의 발명, 미생물의 이용에 관한 새로운 발명, 공지 미생물의 이용에 관한 신규 발명 등 미생물 관련 발명은 특허로 출원하면 미생물발명으로 보호받을 수 있다. 미생물발명을 출원하려면 당해 미생물이 쉽게 입수할 수 있는 경우가 아니면 공인기관에 미생물을 기탁하여야 한다.

유전자원을 특허권으로 보호받으려면 유용성이 충분히 입증되어야 한다. 유전자, DNA 단편, 안티센스 뉴클레오티드, 벡터, 재조합 벡터, 형질전환체, 융합세포, 단백질, 재조합 단백질, 모노클로날 항체, 미생물, 식물 및 동물 등의 발명을 특허 받고자 하는 자는 특정적이고 실질적이며 신뢰성 있는 유용성을 특허출원서류에 충분히 기재하여야 한다.

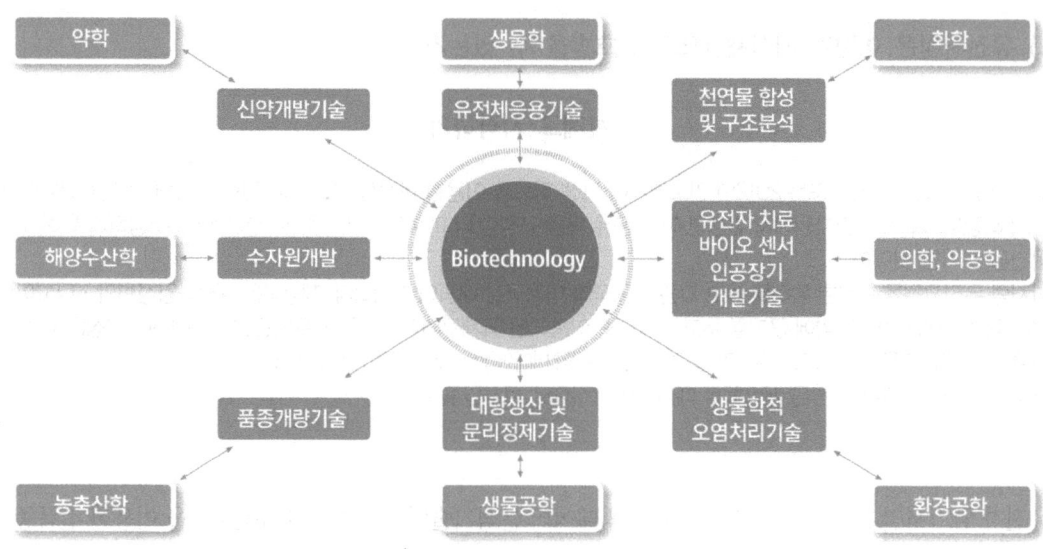

[그림 4.2-16] 특허로 낼 수 있는 생명공학기술[131]

2) 다른 나라의 유전자원을 활용해 지식재산화 할 수 있는가?

국내 굴지의 화장품 제조사인 A사는 최근 중국에서만 재배되는 닥나무로부터 항 자외선 성분을 추출해 미백화장품을 개발하였다. 이 화장품은 천연 추출물을 주성분으로 하다 보니 장기간 사용에도 부작용이 없고, 멜라닌 색소 침착률이 극도로 억제되는 효과가 있었다. A사는 화장품을 특허로 출원하고, 이를 기초로 중국에도 조약우선권 출원하였다.
이 사례에서 A사가 진보성을 인정받으면 우리나라는 물론 중국에서 특허권 획득이 가능할 것이다. 이 경우, A사의 특허권은 A사만의 것일까? 혹시 원 천연재료를 생산해 A사에 공급하는 중국이 권리를 주장할 수 있는 여지는 없을까?

유전자원 자체 또는 유전자원을 이용한 발명의 특허권 획득이 가능하다는 점은 앞서 설명한 바와 같다. 유전자원 발명을 특허권으로 획득하면 다른 발명과 마찬가지로 경제적 이익을 독점적으로 향유할 수 있다. 해당 유전자원이 우리나라에 존재하지 않고, 다른 나라의 유전자원을 이용해 발명한 경우라도 달라지는 점은 없다.

유전자원 발명은 다만, 향후 특허를 출원할 때 유전자원의 출처를 공개해야 하거나 유전자원 발명으로 인한 경제적 이익의 일정 부분을 유전자원을 보유한 국가와 나누어야 할지 모른다. 우리나라가 2017년 서명한 생물다양성협약 나고야 의정서 때문이다.

---

131) 특허청 홈페이지, http://www.kipo.go.kr, 2017년.

[표 4.2-9] 나고야 의정서의 주요 내용

구분	준수 내용
접근 Access	유전자원 및 전통지식에 대한 투명한 접근 및 관련 절차 마련 국가책임기관으로부터 사전 동의서(PIC) 발급
이익 공유 Benefit Sharing	이익 공유에 대해 자원제공자와 상호합의조건(MAT) 체결 자원 이용으로부터 발생한 금전적, 비금전적 이익 공유
이행준수 Compliance	사전 동의서(PIC)와 상호합의조건(MAT)에 대한 국내 규정 마련 절차이행 여부 모니터링 및 강제 이행을 위해 점검기관 설치

다량의 유전자원을 확보하고 있는 중국은 나고야 의정서를 기초로 유전자원을 활용한 지식재산 정책을 다각도로 추진하고 있다. 중국은 2017년 내로 '생물 유전자원 접근 및 이익 공유(ABS) 관리 조례'를 시행한다고 하는데, 법이 시행되면 우리나라 기업은 중국산 약초·녹용 등 여러 생물자원을 이용해 의약품, 건강기능식품을 만들 때 제공처에 별도의 로열티를 제공해야 한다.[132] 중국은 특별한 기술적 기여 없이 유전자원을 가졌다는 이유만으로 특허 수익을 챙길 수 있게 된 것이다.

중국이 준비 중인 조례안에 따르면 총수익금 최대 10%를 자원 보유 기업에 제공해야 한다고 하며, 외국 기업이 중국 생물 유전자원에 접근하거나 이용 시 자국 기업과의 합작할 것이 권고된다. 위반하면 불법 소득 및 비합법 재물로 간주한 몰수, 생산·영업 중지 등 강력한 처벌을 뒤따른다.

나고야 의정서를 기초로 지식재산권 취득 요건을 강화하고 있는 국가들로는 중국을 비롯해, 인도, 브라질, 남아공, 이집트 등 다양하며, 점차 증가하는 추세다. 다음 표에서 주요 국가별 유전자원 출처 공개요건 및 제재 규정을 정리하였다.

[표 4.2-10] 주요 국가별 유전자원 출처공개 요건

국가	공개 대상	기타요건	제재 규정
중국	국내외 자원	합법적 취득 증거 필요(PIC/MAT등)	출처공개 보정요구 불응 시 등록 불가
인도	국내외 자원	출원 전 인도 자원관리국 승인	등록 취소
브라질	국내 자원	출원 전 사전등록	출처공개 보정요구 불응 시 등록 불가/벌금
남아공	국내 자원	합법적 취득 증거 제출	등록 취소
이집트	국내외 자원	합법적 취득 증거 제출	출처공개 보정요구 불응 시 출원취하 간주
안데스 공동체	공동체 역내 자원	합법적 취득 증거 제출	출처공개 보정요구 불응 시 출원포기 간주/권리무효
노르웨이	국내외 자원	합법적 취득 증거 기재(PIC등)	처벌
스위스	국내외 자원	–	벌금
EU	국내외 자원	–	–
이탈리아	국내외 자원	합법적 취득 증거 제출	등록 시 각주 첨부
독일	국내외 자원	–	–

---

[132] IPnomics, 내년 중국발 나고야 의정서 '폭탄' 예고…국내 대응 부실 우려, 2017년 10월 16일.

6. 3D 프린팅

가. 3D 프린팅이란?

3D 프린팅 기술의 발전으로 3D 프린터가 범용화되면서 3차원 데이터만 있으면 누구든지 장신구, 장난감, 가구 소품 등 필요한 물건을 가정에서도 만들어 볼 수 있는 시대가 되었다. 3D 프린팅은 가정을 넘어서 자동차나 항공기의 정밀 부품의 제작에도 활용되고 있으며, 제조 기술과는 거리가 멀어보이던 의료분야에서도 활발하게 사용되기 시작했다. 최근, 미국의 제약회사인 아프레시아(Aprecia)가 약 먹기를 꺼려하는 환자들을 위해 3D 프린터로 쉽게 용해되는 알약을 만들어 FDA승인을 받았다고 발표한 바도 있다. 3D 프린팅 기술이 하루가 다르게 발전하고 있으며, 적용범위도 빠르게 확산되고 있는 것으로 보인다.

3D 프린팅은 3차원 입체물을 만들어 내는 기술로서, 입체 형상 데이터를 기반으로 파우더 형태의 폴리머나 금속 등의 재료를 가공·적층하는 방식(Layer-by-Layer)으로 쌓아 올려 입체물을 제조하는 기계이다. 적층방식은 압출, 잉크젯 방식의 분사, 광경화, 파우더 소결, 인발 등 다양하다. 활용 가능한 재료로는 폴리머, 금속, 종이, 목재, 식재료 등이 있다.

 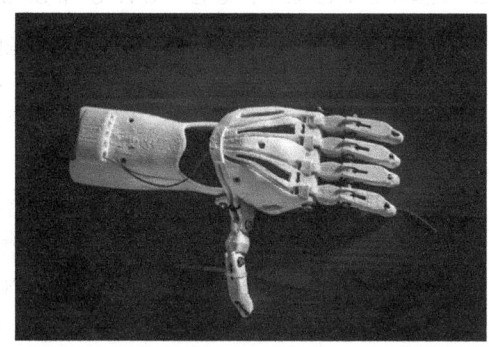

[그림 4.2-17] 3D 프린터와 3D 프린터를 이용한 입체물

3D 프린팅은 인터넷 상에서 간단하게 형상데이터를 다운받아 원하는 물건을 신속하게 만들어 사용할 수 있다는 점에서 제조업의 혁명으로 인식되고 있다. 또한, 물건을 직접 구매할 필요 없이 3D 데이터만 구입해 가정에서 몇 개든지 만들어 사용할 수 있어 상거래의 혁명으로 일컬어지기도 한다.

나. 3D 프린팅 관련 특허분류

[표 4.2-11] 3D 프린팅 관련 기술개요 및 특허 CPC

요소기술		세부기술		특허분류 (CPC)
소재	고분자	재료	ABS	C08L55/02
			Nylon	C08L77/02
			PC	C08L69/00
			Polyphenylsulfone	C08L81/06
			PEEK	C08L61/16
			PLA	C08L67/04
			생체재료	C08L2203/02
		중합 제어	적정융점 및 경화제어 기술	
	금속 세라믹	티타늄, 금, 은, 스테인리스 스틸 등		B22F9/00
		유리, 세라믹 등		C04B35/00
모델링		3D 디자인 변환		G09B25/06
		3D 스캐닝		G06T17/00
		3D 객체의 표면 또는 곡면 제조		G05B19/4099
프린팅 공정		분사·인쇄기술	미세노즐, 미세분사기술	B29C31/042
		에너지원	에너지원 출력 및 조절기술	
		위치제어 기술	정밀 위치제어 및 고속제어	
		적층 가공	SLA	B29C67/0062
			SLS	B29C67/0077 B22F3/1055, 3/008 C04B35/64, 35/65
			FDM	B29C67/0055
후처리		착색, 연마		B29C67/0085 B22F3/24 B05B
		표면재료 증착		B05D, C23C

다. 3D 프린팅 관련 주요 특허

3D 프린팅분야 특허는 1984년 원천특허가 출원된 이후 꾸준히 증가하는 추세로, 2013년 한 해만 해도 560건 정도의 특허가 출원된 것으로 나타났다.[133] 주요 출원인으로는 3D시스템즈, 스트라타시스, MIT 공대, HP 등이며, 그 외 히다치, 마츠시타 등 일본 기업이 다수를 차지하고 있다. 대부분의 특허가 3D 프린

---
133) 이소영, 특허로 본 3D 프린터 산업, 2013년.

팅 시장이 집중되는 미국, 일본, 유럽에 출원되지만, 최근 들어서는 중국 특허청에 미국 기업의 출원이 이어지고 있다.

특허 피인용 수를 기초로 한 3D 프린팅 분야의 주요 특허는 다음과 같다.

[표 4.2-12] 3D 프린팅 관련 주요 특허[134]

구분	원천특허 1	원천특허 2	원천특허 3	원천특허 4
공개번호	US4575330	US5121329	US5663925	US6004124
출원일	1984.08.08.	1989.10.30.	1995.09.26.	1998.01.26.
발명의 명칭	광 조형기술에 의한 3차원 물체 제조방법 (Apparatus for production of three-dimensional objects by stereolithography)	3차원 물체를 생성하기 위한 장치 및 방법 (Apparatus and method for creating three-dimensional objects)	제어된 다공성 3차원 모델링을 위한 방법 (Method for controlled porosity three-dimensional modeling)	얇은 튜브형 액화기 (Thin-wall tube liquifier)
대표 도면				
기술 요약	유체 요소를 상호 교호하는 방식으로 3차원 형상의 물체를 형성하는 SLS방식 프린팅 기술	양방향으로 교호하면서 특정 온도에서 고화되는 물질을 방전을 통해 3D로 프린팅하는 FDM방식 기술	3D 프린팅 과정에서 레이어 사이에 공극을 두어 가볍고 강도 높은 입체물을 프린팅하는 기술	압출기에 있는 액화장치에서 배럴로 사출되는 사출형성 물질의 온도를 제어하는 기술

대표 3D 프린팅 기업인 스트라타시스는 우리나라에 특허출원을 하지 않은 상태로 확인되고, 미국에 출원된 대부분의 원천특허 존속기간이 만료되는 만큼, 공개 기술을 기초로 개량 기술을 개발하여 3D 프린터 시장에 진출할 수 있도록 정책적 지원을 하는 것이 필요하다.

---

134) 한국특허전략개발원, 제19대 미래성장동력 특허분석 보고서, 2017년.

라. 3D 프린팅 관련 지식재산권 이슈

> **사례로 시작하기**
>
> 방탄소년단을 좋아하는 여고생 김 모 양은 최근 집에 있는 3D 프린터로 방탄소년단의 피규어를 직접 만들어 소장할 수 있다는 사실을 알고 실제로 제작해 보기로 했다. 그래서 무료로 3D 데이터를 구할 수 있는 사이트를 수소문해 해당 STL 파일을 다운받아 책상에 올라갈 정도의 크기로 알맞게 조절한 다음 방탄소년단 피규어를 만들었다.
> 이 사례에서 생각해 볼 수 있는 지식재산권 이슈는 무엇이 있을까? 아무래도 피규어는 캐릭터 형태로 창작되었을 것이므로 저작권이 관계될 수 있고, 만약 디자인적 요소가 가미되었다면 디자인 권과도 관계될 수 있다. 저작권이나 디자인권이 피규어에 부여되었다면 김 모 양이 3D 데이터를 다운받아 피규어를 제작한 행위는 원칙적으로 침해행위가 될 수 있지만, 가정적·개인적 실시에 그쳤으므로 사법처리 되지는 않을 것이다.

3D 프린팅에 의한 제조 혁신이 사회 전반뿐만 아니라 지식재산 제도에도 많은 변화를 요구하고 있다. 3D 데이터를 이용해 모방품을 유통·생산하는 것이 종전보다 쉬워졌으므로 정규품의 지식재산 보호가 제대로 이루어지는지 검토할 필요가 있으며, 3D 데이터 자체에 대한 보호 필요성도 검토되어야 한다. 다른 측면으로, 3D 데이터를 자유롭게 공유·가공하는 과정에서 혁신적인 새로운 제품이나 아이디어가 개발될 수 있으므로 오히려 3D 데이터의 이용을 활성화하는 방안도 동시에 검토될 필요도 있다.

3D 프린팅이라 하여 전혀 새로운 지식재산 제도가 적용되어야 하는 것은 아니다. 지식재산권이 허여된 물품을 허락 없이 생산하거나 판매하는 경우 권리침해행위가 된다. 다만, 3D 프린팅의 경우, 물건 자체를 생산해서 유통하기보다는 그 물품의 3D 데이터가 유통되는 경우가 많으므로 3D 데이터의 복제·반포를 규제하는 지식재산 보호 시스템이 필요하다.

저작물의 경우 저작권은 그 저작물의 3D 데이터까지 미치는 것으로 해석되므로 캐릭터·피규어 등의 저작물 보호는 비교적 안정적이다. 그러나 특허품은 침해행위에 있어 3D 데이터의 작성·유통 등이 침해행위를 구성하는 것인지 여전히 논란이 있다. 그 이유는 특허권의 경우 물건이나 방법적인 발명을 상정하여 침해행위를 고려하였을 뿐, 물건이나 방법이 디지털 데이터로 모양을 바꿔 상거래 되는 것을 상정하지 않았기 때문이다.

우리나라 특허법 제2조를 보면, 특허발명을 물건과 방법으로만 구분한다. 물건발명의 경우에 그 물건을 생산·사용·양도·대여 또는 수입하거나 그 물건의 양도 또는 대여의 청약하는 행위가 발명의 실시행위라고 정의한다. 예를 들어, 특수한 기능을 갖는 문고리가 특허되었다면, 허락 없이 그 문고리를 만들어 팔거나 대여하는 행위만 특허침해가 될 뿐, 그 문고리를 3D 데이터로 스캔하여 판매하는 행위는 침해 자체가 성립되지 않는다.

이에 따라, 이런 논란을 근원적으로 해결하기 위해 특허법 상 특허물건에 대한 정의와 실시행위에 관한 규정 개정이 요구된다. 해결방안은 3D 데이터가 특허법 제2조 상「물건」에 해당하는지 여부를 명확하게 규정하는 것에서 시작된다. 만약, 3D 데이터가 프로그램의 일종으로 물건에 해당한다면, 그 물건의 생산(복제)이나 양도 등은 특허권 침해의 대상이 될 수 있을 것이다. 그렇지 않다면 3D 데이터의 유통을 방지하는 것은 현행법으로는 불가능하게 된다. 따라서 특허법 개정을 통해 3D 데이터를 포함한 프로그램을 물건의 일종으로 명확히 정의함으로써 3D 프린팅에 의한 침해 일탈 행위를 방지할 필요가 있다.

이에 더해, 3D 데이터는 통상 개인 간 거래보다는 싱기버스(Thingiverse)나 그랩캐드(GrabCAD)와 같은 플랫폼을 통한 유통이 대부분이므로 3D 데이터의 유통과정에서 침해를 방지하기 위해 플랫폼 제공자에 대한 역할과 책임을 명확히 하는 것도 필요할 것이다. 예를 들어, 저작권법에 온라인서비스 제공자의 책임 제한에 관한 내용이 자세히 규정되어 있으므로 이것을 특허법에 도입하여 활용하는 것도 가능하다. 즉, 반복적으로 특허품에 대해 3D 데이터를 불법 제작해 게재하는 자를 식별·관리하고 계정을 해지하거나, 3D 데이터 보호를 위한 기술적인 보호조치를 할 수 있도록 보장하는 행위들을 플랫폼 제공자의 의무사항으로 명문화하는 것이다.

한편, 지식재산권으로 보호되지 않는 대상물을 기초로 3D 데이터를 제작하거나 완전히 새롭게 3D 데이터를 생성한 경우, 정보의 공유·활성화 측면에서 어떻게 바라보아야 하는지 논점이 될 수 있다.

대상물을 단순히 스캔해 만든 3D 데이터는 사실의 측정 데이터에 불과해 창작성을 찾아볼 수 없고 특별한 투자·노력도 한 것이 아니어서 법적 보호의 필요성은 크지 않을 것이다. 만약, 스캔하는 과정에서 일정한 창작활동을 통해 부가가치가 발생한 것이라면 이런 부가가치에 주목해 보호 방안을 신설하는 것이 필요하다고 생각된다. 다만, 이런 경우라도 창작의 정도가 명확히 규정되지 않는다면, 무분별한 보호로 자유로운 비즈니스 기회를 저해할 것이므로, 권리 보호와 정보 이용 간에 균형 잡힌 검토가 필요하다.

제4차 산업혁명 기술은 하루가 다르게 발전하므로, 그 때마다 만족할 만한 지식재산 보호체계를 갖춘다는 것은 쉬운 일이 아니다. 3D 프린팅의 경우, 불법이 이루어지는 과정에서 3D 프린터를 이용해 침해물을 제작하는 자 외에 3D 데이터를 제작하는 자, 이를 인터넷상에 불법으로 업로드 하는 자, 불법 사이트를 운영하며 3D 데이터를 판매하는 플랫폼 운영자 등 다양한 불법행위자가 있을 수 있어 만족스러운 보호책 마련이 더욱 어렵다. 오히려, 권리자 스스로 선제적으로 불법 침해행위로 인한 피해를 최소화하려는 노력이 더 필요할 수 있다. 이하, 세계지식재산권기구(WIPO)에서 제시하는 3D 프린팅 관련 권리자의 대책 방안을 설명한다.[135]

첫째, 3D 프린팅 시장 참여자들이 비즈니스 전략을 바꿀 필요가 있다. 예를 들어, 수익창출 기반을 3D 프린터 시장 자체가 아니라 3D 프린터에 소요되는 재료나 소재에 맞추고 고가에 공급하는 전략을 펴서 침해하기가 쉽지 않도록 하는 방안이 있을 수 있다. 예를 들어, FDM(Fused Deposition Modeling) 방식의 3D 프린터에 들어가는 ABS 필라멘트의 가격 주도권을 쥐고 공급을 제어함으로써 불법행위를 방지할 수 있다는 것이다.

둘째, 침해행위를 하는 이용자들과 싸울 것이 아니라 수용하고 인정함으로써 협조를 이끌어내 자사 제품의 혁신으로 연결시킬 필요가 있다. 어떤 이용자 커뮤니티는 자사 기술자에 버금가는 전문성을 갖춘 경우도 있어, 이용자 협조 속에 피드백을 제품에 반영한다면 브랜드 이미지도 넓힐 수 있을뿐더러 미래를 이끌 혁신제품을

---

[135] WIPO, World Intellectual Property Report - Breakthrough Innovation and Economic Growth, 2015년.

개발할 수도 있을 것이다.

마지막으로, 디지털 방식의 기술적인 보호조치를 도입하는 것이 하나의 보호 수단이 될 수도 있다. 컴퓨터 OS 등 디지털 산업분야가 종전 인터넷을 통한 침해행위를 방지하기 위해 기술개발을 통해 불법복제를 방지한 것과 같이 디지털 방식이 3D 프린팅 분야에도 도입될 수 있다. 디지털 산업분야의 이런 방식의 기술적 보호조치는 최근 성공적인 것으로 평가되며, 저작권에 대한 일반 대중의 인식변화와 겹쳐 불법 복제 행위가 상당히 감소한 것으로 나타나고 있어, 유사한 방식의 접근이 필요하다는 것이다.

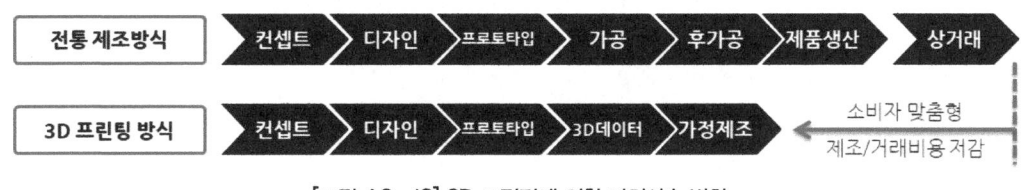

[그림 4.2-18] 3D 프린팅에 의한 가치사슬 변화

7. 기타 이슈 : 국경을 넘는 디지털 방식 지식재산 침해

제4차 산업혁명 시대를 맞아 디지털·네트워크화가 가속화되면서 정보 연결을 통한 비즈니스 혁명이 촉진되고 부가가치가 높은 지식재산이 창출되고 있다. 그만큼 인터넷을 통한 불법 침해 사례도 증가하고 있다. 한국저작권단체협의회 조사에 따르면 P2P나 포털 또는 웹 하드 등을 통한 저작권 침해가 줄어들 기미를 보이지 않고, 2012년 들어서는 토렌트를 이용한 저작권 침해 사례가 42%나 증가했다고 한다.[136] 네트워크를 통한 초연결성은 지식재산 침해를 더욱 부추기는 추세다.

우리나라는 인터넷상의 지식재산 침해를 방지하기 위해 민간을 포함해 여러 대책을 강구해 왔다. 예를 들어, 침해자에 대한 직접적인 경고 외에 불법 복제물을 올린 사이트 운영자에게 삭제를 요청하거나, 보안 소프트웨어 회사를 통한 상시 모니터링을 하고, 검색 서비스 사이트와 협조해 침해 억제 활동을 전개한다.

---

136) 한국지식재산보호협회, 2013 지식재산 침해대응 및 보호집행 보고서, 2013년.

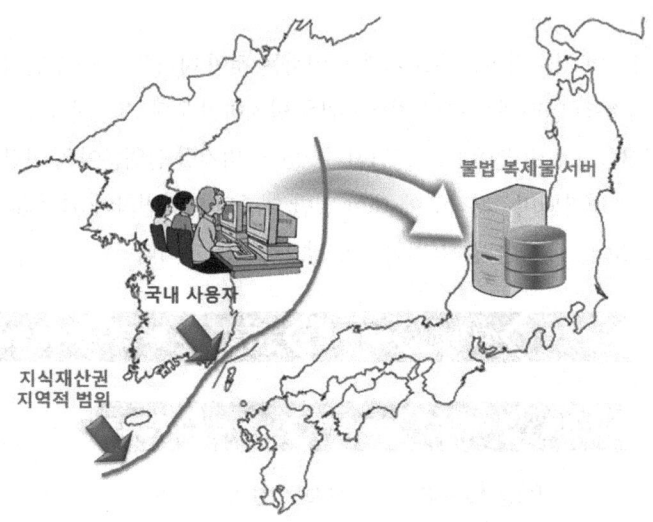

[그림 4.2-19] 국경을 넘는 지식재산권 침해

　정부의 적극적인 대응과 지식재산에 대한 인식 변화로 다행히 소기의 목적을 달성하고 있지만, 제4차 산업혁명 기술 발달로 어떤 다른 형태의 침해행위가 네트워크상에서 일어날지 알 수 없는 것이 사실이다. 인터넷상의 침해는 보다 교묘하고 복잡하며 좀 더 악의를 띨 가능성이 높다. 예를 들어, 국외에 서버를 설치하고 불법 복제물을 업로드 해 국내에서 이용하도록 하는 사례가 있다. 지식재산권은 속지주의를 기본으로 하는바, 종래 지식재산권의 개념으로는 국외에 있는 서버를 폐쇄하도록 하거나 침해자를 상대로 민형사상 조치를 취하는 것이 쉽지 않다.

　침해 콘텐츠를 검색하기 어렵게 해 단속을 피하거나 불법 복제물 자체가 아니라, 이용자가 불법 복제물에 이르는 경로만을 눈에 띄는 곳에 올려 법망을 피하려는 악질적인 침해행위도 문제점으로 지적된다. 소위「리치사이트(reach site)」라고 하며, 불법 복제물에 접근할 수 있는 링크 주소만을 모아 사이트를 구축해 이용자가 스스로 불법행위를 하도록 조장한다. 통상 이런 리치사이트는 불법 복제물 자체를 통해 수익을 얻기 보다는 사이트를 방문하는 이용자를 대상으로 광고를 해 수익을 얻는 비즈니스 모델이 일반적이다. 리치사이트가 해외에 서버를 두는 경우 가장 침해 대응이 어려운 것으로 알려져 있다.

　기술 발달로 인터넷상의 지식재산 침해행위가 대폭 증가할 것이므로, 정보산업의 이익을 악질적으로 침해하는 경우에는 한층 강화된 대응조치가 필요하다. 다만, 일괄적으로 규제할 경우 정보 활용이 저해될 수 있으므로, 강력한 조치가 필요한 정보와 그렇지 않은 정보를 구분해 보호 이익이 크지 않은 정보에 대해서는 오히려 유통을 촉진하는 등의 균형 잡힌 정책 마련이 중요할 것이다. 또한, 지식재산 교육을 강화해 어떤 행위가 저작권 침해행위인지, 정당한 이용은 어떤 식으로 이루어지는지 등을 홍보해 이용자 스스로 침해행위 감시자로 만드는 풍토를 만들어 나가야 할 것이다.

소위 리치사이트에 대해서는 현행 법규로 규제하는 것이 사실상 불가능하므로 일정한 불법 유도행위에 대해 법적 조치가 가능하도록 법 제도를 개정해야 할 것이다. 예를 들어, 저작권법이나 특허법 등에 침해행위로 간주할 수 있는 간접침해 규정을 두고 그 일부에 리치사이트 규제 내용을 포함하면, 악질적인 불법 유도행위에 대해서는 대응이 가능할 것으로 본다.

우리나라에도 일부 시행되고는 있지만, 영국이나 유럽 국가들이 도입한 소위 「사이트 블로킹(site blocking)」 제도를 강화해 불법 사이트에 접속하는 것 자체를 방지하는 방안도 대안이 될 수 있을 것이다. 자유로운 정보 공유를 목표로 하는 미래 시대의 네트워크화에 반하는 조치가 될 수 있다는 비판도 있으나, 블로킹 사이트 선정을 악의적인 사이트로 최소화하고 지도를 강화해 나간다면 표현의 자유와 지식재산 보호라는 양자 사이에서 타당한 절충점을 찾을 수 있을 것이다.

해외 서버를 이용한 지식재산 침해행위는 국제 공조를 통해 해결할 수 있을 것이다. 우리나라는 세계 5대 특허청 협의체(IP5, Intellectual Property 5)의 일원인 만큼, 국경을 넘는 지식재산 침해에 대한 방지책을 선도적으로 제안하고 공감대를 얻는다면, 충분히 유의미한 해결방안을 도출할 수 있을 것이다. 또한, 최근 국제 사법상 해외 서버로부터 발신되는 정보가 특정 국가만을 대상으로 하는 것이 명확하면 당해 특정 국가법이 적용될 수 있다는 해석도 있는 만큼, 이를 기초로 해외 서버에 의한 침해해위를 법적으로 보호하기 위한 기본적인 정책 방향을 설정하는 것이 필요하다.

학습정리

- 인공지능이 만든 음악·소설·그림 등은 인간의 사상 또는 감정을 표현한 창작물이 아니므로 저작권이 부여되지 않을 가능성이 크다.
- 인공지능이 발명한 경우, 사람이 인공지능을 도구로서 활용해 발명한 경우라면 그 사람에게 특허권이 부여될 수 있을 것이나, 인공지능이 전적으로 창안한 것이라면 특허권이 부여되기 어렵다.
- 인공지능 또는 무인자동차가 사고를 내어 법적 책임을 지울 필요가 있는 경우, 인공지능의 감독 의무가 있는 자에게 책임을 묻는 것이 가능하다.
- 빅데이터는 저작권법상의 데이터베이스로 보호받을 수 있다. 또한, 빅데이터가 비밀로 유지되고 있다면 영업비밀로 보호가 가능하다.
- 사물인터넷은 특허권으로 대부분 보호가 가능하나, 융합형 기술인바, 진보성을 인정받기가 쉽지 않을 수 있다.
- 유전자원은 미생물, 생물인 경우 특허법으로 보호가 되며, 식물발명은 특허법 이외에 식물신품종보호법에 따라 보호될 수 있다.
- 3D 프린팅에 의한 특허 침해행위를 방지하기 위해 3D 데이터의 유통을 규제하는 방안 마련이 필요하다.

제3절
지식재산 환경 변화와 정책적 과제

들어가며

제4차 산업혁명으로 디지털화가 가속화되고 네트워크를 통한 객체 간 연결이 고도화되면서 지리적·공간적 제약이 해소되었을 뿐만 아니라, 모든 정보가 디지털화되어 다량으로 축적되고 누구든지 그 정보에 접근할 수 있게 되었다. 이에 따라, 정보의 보호와 활용이 지식재산 분야의 중요한 이슈로 떠오르고 있다.

이 절에서는 우리나라를 둘러싼 지식재산의 환경변화를 제4차 산업혁명 기술발전에 기초해 점검해 보고, 우리 지식재산시스템을 개선하기 위한 요건은 무엇인지 확인해 보기로 한다. 또한, 이에 기초해 정책적인 대안을 마련하자면 어떤 형태로 구체화할 수 있는지 학습해 보기로 한다.

학습포인트

가. 제4차 산업혁명에 따른 지식재산 환경 변화를 확인해본다.
나. 환경변화에 대응하기 위해 지식재산시스템이 갖추어야 할 필요조건을 학습한다.
다. 정보 보호·활용 측면에서 지식재산 정책이 무엇인지 학습한다.
라. 우리나라 지식재산 정책 방향에 대해 파악한다.

1. 제4차 산업혁명과 지식재산 환경 변화

디지털화가 가속화되고 네트워크를 통한 객체 간 연결이 고도화되면서 지리적·공간적 제약이 해소되었을 뿐만 아니라, 모든 정보가 디지털화되어 다량으로 축적되고 누구든지 그 정보에 접근할 수 있게 되었다. 또한, 모바일 단말기가 일반 대중에게까지 보급되면서 지금껏 단순히 정보의 수신자였던 일반인들이 정보를 만들어 내는 정보 생산자가 되는 시대가 되었다. 더 나아가 사물인터넷의 발달에 따라 모든 물건에 센서가 설치됨으로써 실시간으로 현실 세계의 거동이 정보로 변화해 파악 가능하다.

디지털·네트워크의 발달과 이에 연결되는 사람이나 물건의 확대는 전 세계에서 생성되고 유통되는 정보량의 폭발적인 증대를 가져왔다. 여기에 정보 검색이나 분석 기술이 연결되면서, 대량의 정보를 집적해 조합하고 연결함으로써 새로운 부가가치를 창출하는 혁신적인 창의 활동이 활성화되고 있다.

폭발적인 정보의 축적은 지금까지의 지식재산시스템에 새로운 과제를 던져준다. 예를 들어, 대량으로 생성되고 수집되는 콘텐츠는 저작권으로 보호되는 정보와 저작권의 보호영역에서 벗어나 있는 정보가 혼재하는 문제점을 야기한다. 저작물을 이용하자면 사전에 저작권자에게 허락을 얻는 것이 원칙이지만, 대량으로 생산되어 정보가 뒤섞인 상황에서 권리자에게 허락을 받기는커녕 보호되는 정보와 그렇지 않은 정보를 구분하는 것조차 곤란한 상황이 발생한다. 이에 따라, 정보의 종류나 이용의 형태, 새로운 정보 창출에 따른 산업적 영향 들을 모두 고려하면서 혁신을 창출하고 지식재산을 보호하는 균형 잡힌 정책을 도모해 가는 것이 어느 때보다 중요해졌다.

가. 차세대 지식재산시스템의 필요조건

제4차 산업혁명을 대비하는 차세대 지식재산시스템은 크게 두 가지 관점이 고려되어야 한다. 먼저, 디지털·네트워크 시대에서 종전의 지식재산 제도가 온전하게 작동되어 인터넷 상의 지식재산권 침해 등 신종 침해 유형에 대응할 수 있는지 확인되어야 한다. 또한, 인공지능에 의한 창작물·빅데이터 등의 지식재산 객체성, 3D 프린팅 기술발전에 기인한 침해행위를 포섭할 수 있는지 여부 등, 새로운 지식재산 이슈를 포섭할 수 있는 지식재산시스템으로 외연을 확대해 나가는 것이 필요하다.

이런 관점에서 중장기적으로 지식재산시스템을 검토할 때 염두에 두어야 할 사회·경제적인 변화와 이를 기초로 한 지식재산시스템의 필요조건에 대하여 다음과 같은 논제로 정리할 수 있을 것이다.

1) 정보량 증가 및 다양화 대응

디지털 및 네트워크 기술발전으로 정보 유통이 세계화되고, 소비자에 의한 정보 생산이 일상화되었다. 이에 따라 생성·축적·활용할 수 있는 정보량이 폭발적으로 증가하였다. 또한, 정보의 수집·축적과 그 이용 전략이 혁신의 새로운 원천이 되었고, 모든 산업분야에서 정보량 증가 양상이 계속될 것으로 보인다.

정보량 증가와 다양화는 정보의 가치에 대해 크게 세 가지의 기본적인 인식 변화를 요구한다. 첫 번째로 종래의「창작성」이라는 개념으로는 설명할 수 없는 가치 있는 정보가 출현할 수 있다는 점을 인식하여야 한다. '창작성'은 지적 활동의 소산물을 폭넓게 보호하는 저작권법의 기저를 이루는 기본적인 개념이므로, 상당히 중요한 인식의 전환을 요구할 수 있다. 예를 들어, 인간이 움직이거나 물건이 이동하면서 현실 세계에서 발생하는 일들을 기계적으로 기록하면서 발생하는 빅데이터는 시장에서는 가치 있는 정보로 분류되지만, 전통적인 창작성의 개념으로 보면 저작물로 보호되지 않을 가능성이 높다. 또한, 인공지능에 의해 만들어지는 음악이나 그림 등은 인간 스스로가 자신의 감정을 표현한 창작물에 견줄 수 있을 정도로 감성적이고 예술적이더라도, 인공지능에 의해 생산되었다는 이유로 저작권법의 보호 대상에 포함되지 않게 된다.

두 번째로 저작권법의 보호 대상이 되는 저작물의「다양화」를 들 수 있다. 영상 콘텐츠나 컴퓨터 게임과 같이 저작권을 전제로 장기간 다양한 이익 활동을 강구해야 할 전통적인 정보들이 있는 반면, 저작자가 경제적인 동기 없이 생산한 일상적 정보들이 대량으로 생산되고 있다. 양자는 창작성이라는 의미에서 공통되지만, 독점권 부여에 관해서는 서로 상반된다. 즉, 저작자가 경제적 보호 필요성에 대한 동기 없이 무의미하게 생산한 정보에까지 독점권을 부여해야 하는지 의문이다.

마지막으로, 정보의 활용도 다양화되고 있다는 점을 들 수 있다. 정보를 이해하고 가치를 찾아내는 정보의 기본적인 이용 형태부터, 빅데이터 해석이나 인공지능에 의한 학습 등으로 대표되는 데이터적인 이용까지, 정보의 활용 형태가 폭넓게 변화하고 있다

이런 인식 변화를 바탕으로 차세대 지식재산시스템은 정보량의 증가와 다양화 측면에서 다음과 같은 대응이 필요할 것으로 생각된다.

- 기존의 가치 체계로는 판단하기 어려운 새로운 가치를 갖는 정보가 생성되고 있어, 정보의 보호범위 확대라는 관점에서 지식재산시스템을 검토하는 것이 중요하다.
- 보호 필요성이 높은 저작물에 대해서는 침해 대응을 강력하게 하되, 보호할 필요성이 낮은 정보에 대해서는 활용을 촉진하는 이원적 접근이 필요하다.
- 정보를 보유한 저작자의 입장에도, 가치가 낮은 정보는 제3자에게 적극적으로 이용을 허락해 이익을 얻는 한편, 가치가 높은 정보는 전략적으로 보호하는 정보의 소위 오픈&클로즈(open and close) 전략이 중요하다.
- 정보의 활용이 다양해지는 만큼, 정보의 이용 형태가 저작자의 이익을 부당하게 해치는 것이 아닌 한, 새로운 이용이 촉진되는 방향으로 지식재산시스템을 바꾸어 나가는 것이 필요하다.
- 현행 제도의 부분적 수정으로 격변하는 산업 환경 변화에 대응할 수 있는지 검증하고, 그렇지 못하다면 정보의 가치 다양화에 대응할 수 있는 시스템을 새롭게 창조해 나가는 자세가 견지되어야 할 것이다.

2) 유연성 확보

생성되는 정보 형태가 다양하고 이를 분석하는 컴퓨터 능력이 극적으로 향상되는 가운데 정보 활용 패턴의 예측이 불가능해졌다. 따라서 앞으로 일어날 모든 상업적 활용이나 혁신을 상정해 제도를 혁신한다는 것은 실질적으로 불가능하다.

오히려 미래의 혁신적 정보에 대응하기 위해 제도적으로 얼마나 유연한 지식재산시스템을 갖출 것인가가 중요하다.

한편, 제도적 유연성이 너무 과도하면 생각지 못한 문제가 발생할 우려도 있으므로 신중한 접근이 필요하다.

이런 상황에서 법제도는 일반론으로 원칙화하여 적절한 유연성을 갖추고, 제도 운용의 묘미를 살려 예측 가능성을 확보함으로써, 보다 신속하고 적절하게 현안 과제를 해결할 수 있는 지식재산시스템을 구축해 나가는 것이 중요하다.

3) 보호 필요성이 높은 정보 중시

디지털·네트워크의 발달에 따라 비물리적인 형태로 지식재산이 유통되는 경우가 많아지고 있다. 이미 디지털 콘텐츠의 유통은 일상화되었고, 향후에는 3D 데이터와 프린터 기술의 발달로 주변의 모든 것이 디지털로 유통될 가능성이 높아졌다. 또한, 디지털·네트워크 환경에서는 분업이 용이하고 침해 행위가 교묘하고 복잡해서, 권리자가 침해행위를 방지하기 어려워질 가능성이 높다.

이런 어려움 가운데 지식재산의 창출·보호·활용의 선순환을 구축하기 위해서는 음악·만화·서적이나 애니메이션·영화 등의 영상 콘텐츠와 같은 보호 필요성이 높은 정보에 대한 무임승차(Free-Riding) 행위를 방지할 수 있는 지식재산시스템을 구축하는 것이 중요하다.

나. 제4차 산업혁명 시대의 지식재산시스템

제4차 산업혁명 기술의 발달에 따라 정보의 집적, 가공 및 서비스 제공이 저비용으로 신속하게 이루어질 수 있게 되었다. 이에 따라, 빅데이터를 활용한 신규 비즈니스 모델이 출현하고 소비자에 의한 새로운 형태의 혁신이 속속 등장하고 있다. 예를 들어, 특수한 분야의 서적 검색이나 음악의 곡명 검색 등과 같이 인터넷 상에서 쉽게 검색되지 않는 정보를 찾아 제공하는 서비스가 출현하였고, 논문 표절 판정이나 음식점 등의 평판을 분석해 제공하는 서비스 등 대량의 정보를 수집·분석해 결과를 제공하는 인터넷 서비스도 나타났다.

빅데이터를 이용한 서비스가 좀 더 활성화되려면 정보를 좀 더 쉽게 취급할 수 있는 환경을 조성하는 것이 필요하다. 특히, 인공지능에 의한 음악이나 미술 창작 등 종전에는 기술적 개입을 상정할 수 없었던 여러 문화·예술 분야에서 인공지능 활용이 활발하다. 이에 따라 인공지능을 학습시키기 위한 빅데이터의 수집·축적을 쉽게 할 수 있도록 환경을 정비해야 한다는 요구가 높다. 빅데이터에는 저작권이 있는 정보가 혼재되어 있는데, 모든 저작물은 이용하기 전에 사전 허락을 받는 것이 원칙이지만, 대량의 불특정 정보를 이용해야 하는 경우 모든 저작권자로부터 사전 허락을 받는 것은 사실상 불가능하다.

따라서 디지털·네트워크에 의한 초연결로 대별되는 제4차 산업혁명 시대에는 정보의 활용성을 높인다는 측면에서 저작권 제도의 재검토가 절실하게 요구된다.

1) 지식재산 제도의 유연성 확보

디지털·네트워크 시대에는 대량의 정보가 수집되고 축적되므로, 그 이용 방법이 부가가치의 새로운 원천이 될 수 있다. 생성되는 정보량이 폭발적이고 이를 분석하는 컴퓨터의 처리 능력도 기하급수적으로 향상되는 상황으로 어떤 정보를 분석할 것인가 또한 어떻게 활용할 것인가에 대해서는 다양한 패턴이 나올 수 있다.

그중에서 인공지능을 이용한 정보의 활용은 지금까지 생각지도 못했던 가치를 만들어 내는 결과를 낳을 수 있다. 예를 들어, 컴퓨터가 인간의 얼굴 사진 등에서 표정을 읽어내고, 컴퓨터가 인간에게 특정 상황에서 어떠한 표정을 지을지 제시하는 형태가 가능해진다. 인간이 저작물에 담았던 사상·감정을 컴퓨터가 탐지하고 이를 기초로 대처 방법을 제시하는 서비스는 그간 생각지도 못했던 것이었다.

빅데이터 이용을 촉진한다는 차원에서 지식재산시스템, 특히 저작권 제도는 유연성을 좀 더 확보할 필요가 있다. 저작권 제도의 유연성을 높이는 여러 방안 중 하나로 종전의 권리 제한 규정에 유연성을 더하는 방안이 제시되었다. 이는 어떤 새로운 정보 이용이 사회적으로 공정하다면, 정보 활용에 위축이 일어나지 않도록 권리 대상으로 포함될 때까지 저작권을 제한하자는 의견이다. 미국의 일명 페어유스(Fair Use) 규정과 유사한 측면이 있다. 미국은 새로운 저작물 이용에 관한 판단을 공정한 이용이라고 보고 사후적으로 사법부에 맡길 수 있는 네 가지 일반적인 요건을 제시하고 있다. 상기 요건을 구체적으로, 살펴보면, 공정한 이용인지 여부를 판단하기 위해 (1) 정보사용의 목적이나 성격을 참작할 것, (2) 저작물의 성격을 고려할 것, (3) 전체에서 당해 정보가 차지하는 비중을 감안할 것, (4) 시장성이나 정보 가치를 판단할 것 등이다.

우리나라 저작권법에도 공정한 이용에 관한 권리 제한 규정이 도입되어 있다. 제4차 산업혁명 시대에서 빅데이터 활용을 촉진하기 위해 같은 규정을 좀 더 유연하게 적용할 수 있도록 개정하거나 사회적 공감대를 형성하면 될 것이다. 우리나라 저작권법 제23조 내지 제38조에서 교육·연구·비평·보도 등의 비영리 목적에 관해서는 저작권이 제한된다고 규정하고 있다. 다만, 유연성 확보를 위한 법제도 개정에 있어서, 저작권자의 이익을 해하지 않기 위해서 권리 제한 규정의 목표를 무엇으로 할 것인지와 어떠한 경우에 저작권을 제한하는 것이 정당한 것인지 등은 권리 제한의 일반론에 비추어 면밀한 검토가 필요하다.

2) 원활한 라이센싱 구조 구축

다양성과 유연성 외에 저작권 개정에 있어 중요한 요소로서 라이센싱(Licensing)이 원활히 이루어지기 위한 구조를 만들어 가는 것이 필요하다. 제4차 산업혁명 시대의 신규 비즈니스에서는 저작물 정보를 상당한 정도로 이용하는 형태가 주를 이룰 전망이다. 이런 경우까지 저작권을 제한할 수는 없으므로 현재처럼 저작권자의 허락을 받도록 유지하여야 한다. 이용 정보의 과다로 개별적인 허락을 받는 것은 한계가 있고 신속한 정보 이용을 저해할 우려가 있으므로 정책적으로 접근할 필요가 있다.

가장 유력한 정책적 대안으로 라이센싱을 쉽게 할 수 있는 환경을 조정하는 방안이 있다. 예를 들어, 북유럽 국가에서 시작된「저작권 집중관리」제도를 확대하는 방안이 될 수 있다. 저작권 집중관리 제도는「집중관리단체」가 관리하는 저작물에 대해서 포괄적인 허락을 인정하는 저작권법상의 이용 활성화 제도이다. 우리나라 저작권법에도 제7장에서 저작권 위탁 관리업 제도로서 신탁관리업이 규정되어 있다. 이 규정을 개정하면 실효가 있는 라이센싱 활성화가 가능할 것으로 생각된다. 저작권의 신탁관리업은 저작재산권자, 출판권자, 저작인접권자 또는 데이터베이스 저작자 등으로부터 저작권을 신탁 받아 지속적으로 관리하는 업을 말한다.[137]

가장 유력하게 거론되는 것은「확대된 집중관리제도」이다. 확대된 집중관리제도는 일정한 조건을 구비한 집중관리단체의 경우 위탁하지 않은 저작권까지도 관리할 수 있는 혁신적인 대안이다. 제4차 산업혁명에 따라 대량의 저작물 정보가 축적·유통·이용되는 상황에서 이 제도가 강력한 유연성을 제공할 것으로 기대된다.

특정 저작권 집중관리단체가 그 분야에서 권리의 관리가 필요할 것으로 예상되는 권리자 상당수를 대표하여 저작권을 관리하는 것으로 인정받은 경우, 정보 사용자는 그 분야의 신탁되지 않은 타 저작권을 같은 이용허락 조건으로 이용할 수 있게 된다.[138] 이른바, 집중관리단체의 저작권 신탁관리 계약이 그 분야의 타 저작권에도 미치게 되는 것이다. 이에 따라, 빅데이터를 이용할 때 그 정보의 저작권자 모두를 일일이 접촉하여 사전 허락을 받지 않아도 되며 대량의 저작물을 이용하고자 하는 사용자에게 상당히 간편한 라이센싱 시스템을 제공하게 된다.

3) 복합적인 지식재산 보호구조 확립

새로운 제도가 도입되어 정보 이용이 활성화된다고 하여 종전에 저작권 등으로 보호받던 창작물들이 소홀히 다루어져서는 곤란할 것이다. 디지털·네트워크 환경의 발달로 인터넷상에서 권리자 모르게 저작권 침해행위가 발생할 확률도 높아져 오히려 좀 더 긴밀한 권리 보호가 필요할 수도 있다. 예를 들어, 문서 스캔 기술이 획기적으로 발전해 수기 정보를 전자정보로 쉽게 변환할 수 있는 컴퓨터프로그램이 출시되자, 서적과 같은 유상 저작물이 통째로 전자화돼 인터넷 상에서 유통되는 일이 발생하고 있다. 이런 경우라면 종전 유상물 형태의 침해행위에 대한 규제를 넘어 인터넷상의 불법유통을 방지하는 새로운 보호 시스템을 마련하여야 할 것이다.

이렇듯 저작권 제도를 둘러싼 과제는 복합적인 경우가 많으므로 하나의 대책으로 모든 문제를 해결하려고 할

---

[137] 대표적인 신탁관리단체로 음악분야에는 한국음악실연자연합회, 한국음악저작권협회, 한국음원제작자협회 등이 있고, 어문분야로는 한국문예학술저작권협회, 한국방송작가협회 등이 있다.
[138] 유태수, "저작권 집중관리제도", Invention and Patent, 2012년.

것이 아니라, 다양한 정책을 마련하여 하나하나의 과제마다 선택적으로 적용하는 유연한 정책 모색이 필요하다.

2. 제4차 산업혁명 대응 지식재산 정책 과제

제4차 산업혁명에 따라 별개로는 가치가 없던 정보·데이터가 집적되고 타 분야와 융합되면서 새로운 가치를 창출하는 지식 재산화 현상이 발생하고 있다. 또한, 지식재산 생태계에 참여하는 참여자 간의 융합도 빈번해지고 있는데, 기업과 기업뿐만 아니라 기업과 개인의 지식·정보가 결합해 새로운 형태의 지식재산 서비스가 이루어지기도 한다. 예를 들어, 포켓몬Go는 닌텐도사의 킬러 콘텐츠가 구글의 증강현실(AR) 기술과 제휴해 탄생한 대표적인 빅히트 게임이다.

앞서 제4차 산업혁명에 따라 변화하는 지식재산 환경을 살펴보고 그에 따라 우리 지식재산시스템이 갖추어야 할 필요조건들을 나열해 보았다. 지금부터는 지식재산 환경변화를 기초로 지식재산시스템의 필요요건들을 적용한다면 어떤 정책적 과제가 도출될 수 있는지 조망해 보기로 한다.

가. 디지털·네트워크화에 대응한 지식재산시스템 구축

디지털·네트워크 기술의 발전에 따라 새로운 형태의 혁신이 출현하고 있다. 사물인터넷, 빅데이터, 인공지능 등은 대량의 정보로부터 부가가치 창출이 가능한 환경을 조성하고 있으며 새로운 혁신을 촉진한다. 기술발전으로 지리적·공간적 제약이 해소되면서 디지털화된 정보가 대량으로 축적되고 있으며 누구나 접근 가능하도록 만들어지고 있다.

한편, 대량으로 생성·수집되는 정보는 저작권으로 보호되는 정보와 그렇지 않은 정보가 혼재되어 적절한 지식재산 보호가 쉽지 않은 상황이다. 이에 따라, 정보의 종류, 이용 상황, 새로운 정보 창출의 영향 등을 감안하여 혁신 창출과 지식재산의 보호가 적절히 균형을 이루는 정책 개발이 필요한 상황이다.

거듭되는 기술혁신으로 새로운 형태의 지식재산이 출현하여, 지식재산 제도의 근본적인 변화를 요구하기도 한다. 인공지능이 자율적으로 생성한 창작물, 3D 데이터, 센서 등을 통해 자동으로 집적되는 빅데이터 등이 새로운 정보재원으로 부각되었다. 이것들이 인간이 창작한 정보와 질적으로 다르지 않을 때 어떻게 취급하여야 할지에 대한 의문이 제기된다. 이와 같은 문제 인식 하에 지식재산시스템의 유연성을 확보하고 새로운 정보재의 적절한 보호를 위한 지식재산시스템 구축 방안이 무엇이 있을 수 있는지 확인해 보기로 한다.

먼저, 앞서 설명한 바와 같이 대량으로 축적되는 정보를 효율적으로 활용할 수 있도록 저작권 제도에 유연성을 부여하는 방안이 고려되어야 할 것이다. 좀 더 구체적으로는 새로운 혁신에 유연하게 대응하고 유용한 콘텐츠가 지속적으로 창출될 수 있도록, 디지털·네트워크를 통해 축적되는 저작물에 대한 권리제한 규정을 신설하는 것이 필요할 것이다. 축적되는 정보 중에서 저작권 보호가 필요한 저작물에 대해서는 종전대로 강하게 보호하되, 비의도적으로 생산되는 정보들에 대해서는 자유로운 이용을 허용하고 사후에 정보 이용으로 얻은 이익을 정보 생산자와 공유할 수 있도록 제도화하는 것이 필요하다.

특히, 저작자를 쉽게 알 수 없는 저작물에 대해서는 정부 주도로 자유로운 사용을 허락하는 재정제도를 확대해 나가는 것도 하나의 방편이 될 수 있다. 우리나라 저작권법 제50조에는 저작재산권자가 불명인 저작물에 대해서는 문화체육관광부 장관의 승인을 얻어 보상금을 공탁한 후 이용할 수 있도록 규정하고 있다. 저작자 불상의 정보재 범위를 좀 더 확대하고 이용 과정을 쉽게 변경하는 등의 노력만으로도 충분한 효과를 거둘 수 있을 것으로 생각된다.

또한, 앞서 설명되었듯이 저작권 집중관리제도를 확대함으로써 디지털 정보재의 라이센싱을 활성화하는 방안도 검토되어야 한다. 확대된 집중관리제도 하에서 특정 분야를 대표하는 어떤 집중관리집단이 맺은 이용허락의 계약은 일반 이용자들에게까지 동일 조건으로 미치기 때문에, 정보 건별로 이용허락을 받을 필요가 없게 된다.

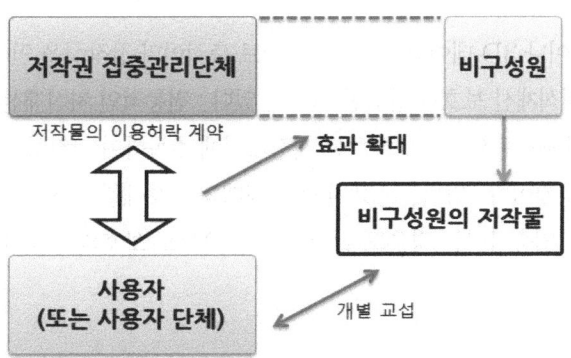

[그림 4.3-1] 확대된 집중관리제도의 개념

그 외에, 콘텐츠 등의 권리정보를 집약화한 데이터베이스 정비를 민관이 협력하여 분야별로 실시함과 동시에 민간 라이센싱 환경을 정비하고 개선하는 것도 필요하다. 개인 관련 데이터를 포함하여 다양한 데이터를 사회 전체에서 유효하게 공유·활용하는 환경을 정비함으로써 데이터 유통의 효율성을 향상시켜야 한다. 또한 기업이 관리하는 정보를 일정 범위 내에서 공개하도록 촉진하는 제도 및 데이터 유통과정에서 개인이 관여할 수 있는 구조를 만드는 방안 등도 고려되어야 할 것이다.

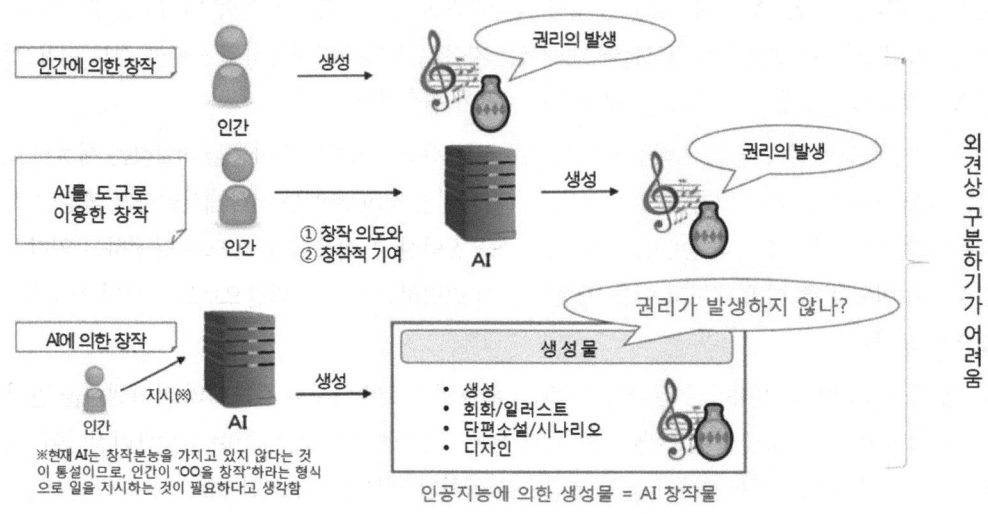

[그림 4.3-2] 인공지능 창작물에 적용되는 현행 지식재산 제도[139]

인공지능에 의한 창작물이나 3D 데이터, 비의도적 정보 축적이라 창작성을 인정받기 어려운 데이터베이스 등 새로운 정보재에 대해 지식재산 보호를 강화할 필요가 있다. 전통적인 지식재산 이론에 집착해 무조건 배제할 것이 아니라 산업사회에 제공됨으로써 발생하는 시장가치에 주목하여 과감하게 지식재산 보호 테두리 안으로 포섭하는 것이 바람직할 것이다. 다만, 온갖 새로운 형태의 정보재를 지식재산 보호대상으로 삼으면 과잉보호가 될 수 있고, 소위 무임승차하는 경우도 발생할 수 있으므로 보호의 방식에 관해서는 구체적인 검토가 필요하다.

나. 오픈 이노베이션을 통한 지식재산 경영 추진

빅데이터, 인공지능, 사물인터넷 등 신기술 발전에 수반하여 경제·사회 구조의 밑바탕까지 변화시키는 제4차 산업혁명이 진전되고 있다. 새로운 시대의 키워드는 초연결성이라고 할 수 있다. 초연결성은 타 혁신 참여자와 연계한 오픈 이노베이션의 중요성을 더욱 고조시키는데, 외부로부터 기술·지식을 습득하는 인바운드형(inbound)과 자신의 기술·지식을 외부에 제공하는 아웃바운드(outbound)형 오픈 이노베이션을 적절히 활용하는 전략이 중요하다.

제4차 산업혁명 시대의 초연결성은 기업이나 대학이 보유한 노하우의 유출 위험성을 내포하기 때문에, 보유한 기술·지식을 개방할 부분과 폐쇄할 부분으로 나누고 전략적으로 관리할 것을 요구한다. 예를 들어, 기술·지식을 권리화해 독점적으로 실시하는 경우, 권리화하지 않고 영업비밀로 은닉하는 경우, 개방화 전략으

---

139) 일본 지식재산전략본부, 지적재산 추진계획 2016, 2016년.

로 광범위하게 라이센싱하는 경우, 권리화하지 않고 일반 공중에 공개하는 경우, 권리화에 의해 시장을 확대하면서 선행자(First Mover)로서의 이익을 확보하는 경우 등으로 다양하게 구분할 수 있을 것이다.

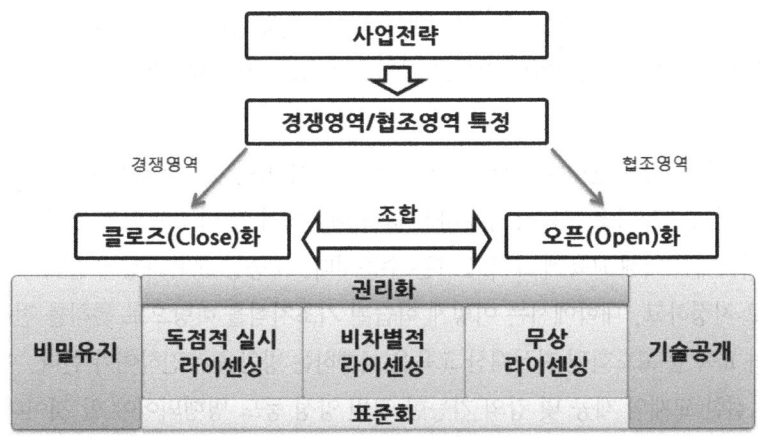

[그림 4.3-3] 오픈 이노베이션과 오픈&크로즈 전략140)

오픈&클로즈(Open and Close) 전략의 실효성 확보를 위해 영업비밀 보호를 더욱 강화할 필요가 있다. 아직도 우리 기업들은 영업비밀의 중요성에 대해 인식이 저조한 실정이다. 특히 중소기업들은 영업비밀 보호를 위한 최소한의 절차적·시스템적 안전장치도 구비하고 있지 않은 경우가 많다. 비밀정보 보호 핸드북 등을 제작하여 산업계에 보급하고 추가예산 확보를 통해 지식재산 인식 개선 활동을 강화하여야 할 것이다.

오픈 이노베이션을 촉진하기 위해 산학·산산 연계 협력을 한층 더 활성화할 필요가 있다. 중소기업과 벤처기업이 연계하여 새로운 시장을 창출하고, 대기업이 보유한 기술을 과감하게 협력업체에 이전하여 전체적인 제품 품질을 향상하는 전략 등이 요구된다. 산학협력도 종전과 같이 대학에서 기업으로 기술이 이전되는 단방향적 협력이 아니라, 기업이 대학으로 들어와 공동연구를 통해 기술을 얻어가는 양 방향적 협력으로 전환되어야 한다. 종전에는 대학이 보유한 기술이 산업계를 압도하는 경우가 많았으나, 제4차 산업혁명 시대인 지금 서로 우월한 기술이 달라 우월한 기술의 융합을 통한 기술사업화가 더 중요해졌기 때문이다.

오픈 이노베이션을 가속화하기 위해 대학이 보유한 기술을 산업체에 쉽게 이전하고 사업화할 수 있는 환경을 조정하여야 할 것이다. 특히, 지역에 위치한 중소기업과 대학 간 연계를 강화하여 지역기업의 기술적 난제를 대학이 보유한 기술 시드(Seeds)로 해결하는 방안이 모색되어야 하며, 대학은 산업계에서 필요로 하는 적정한 인재를 양성해 공급하는 상호 보완적 협력 구조가 만들어져야 한다.

---

140) 일본 지식재산전략본부, 지적재산 추진계획 2016, 2016년.

다. 지식재산 교육의 내실화

그간 정부의 부단한 노력으로 산업계뿐만 아니라 초중고 · 대학 등 사회 전반에 걸쳐 지식재산에 대한 인식이 상당히 개선되었다. 소위 「지식재산교육선도 대학지원사업」을 통해 대학에 지식재산 강좌를 개설하도록 지원함으로써, 공대를 졸업한 학생이라면 적어도 지식재산 강좌 하나씩은 수강하고 사회로 진출하는 풍토를 조성하였다.

다만, 지식재산 교육 단계별 연계는 아직 만족할만한 수준이 아닌 것으로 확인된다. 초중고에서 실시되는 창작성 교육이나 지식재산권 기초 교육이 충분하지 않아 대학에서 좀 더 고도화된 지식재산 교육을 실시하는 것이 쉽지 않고, 지식재산 이해 교육에 그치고 마는 수준이다. 초중등 교육과정에 창의성 · 지식재산 기초 과목을 필수과목으로 지정하고, 대학에서는 이렇게 학습된 기초지식을 바탕으로 특허를 전략적으로 활용하는 방법론이나 표준화 교육 등 고도화된 지식재산 교육을 시행하는 방안을 추진하여야 한다. 이에 부가해 효과적인 교육을 위한 적절한 교재의 제공 및 강의 가능한 교원 양성 등도 병행되어야 할 것이다.

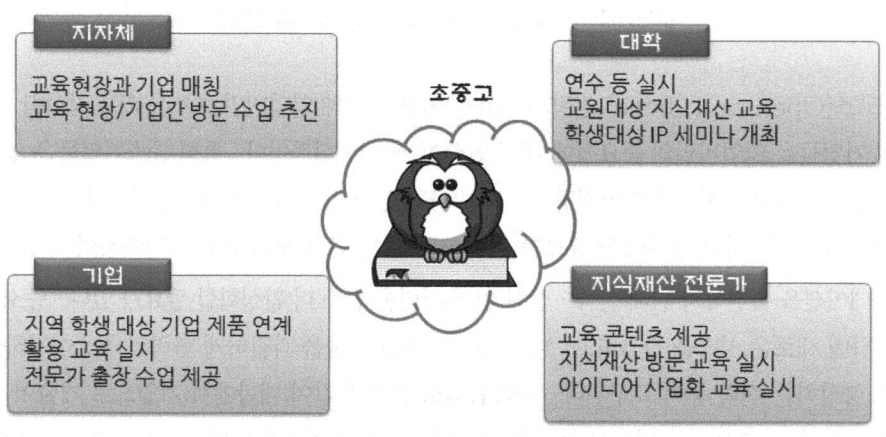

[그림 4.3-4] 지역교육 협의체 구성 예시

교육기관과 지역사회, 더 나아가 지역 기업이 연계하여 지식재산 교육 지원 체계를 구축하는 방안도 고려할 필요가 있다. 교육현장에서 창조성 함양과 더불어 지식재산의 보호 · 활용에 대한 학습을 지원하기 위해 산 · 학 · 연 · 관 · 관련 단체 등의 참여를 독려하고 지역사회와 일체화된 지식재산 교육을 전개하여야 할 것이다. 교육현장에서 활용할 수 있는 지식재산 콘텐츠를 폭넓게 개발해 제공하는 것도 바람직하다.

라. 디지털 메타 데이터의 이용 촉진

콘텐츠 정보의 디지털 아카이브 연계는 문화 · 예술의 보존 및 계승 · 발전을 위한 측면과 아울러 보존된 콘텐츠를 이차적으로 이용하기 위해 매우 중요하며, 선진국을 중심으로 적극적으로 추진되는 방안이다. 다양한 분야에 산재되어 있는 아카이브를 상호 연결하고 쉽게 이용할 수 있도록 절차를 개선함으로써 정보 이용이 촉진되고 새로운 비즈니스의 기회로 발전할 수 있다.

현재 우리나라에 구축된 디지털 아카이브는 게임, 만화·애니메이션, 방송 프로그램, 영화, 문화재 등 다양하다. 특허청·문화재청 등 정부 기관에서 제공하는 디지털 콘텐츠 정보 사이트도 다수 존재한다. 기술적인 정보뿐만 아니라 국립미술관이 제공하는 문화 정보 등도 상호 연계되면 유용한 정보로 거듭날 수 있다.

디지털 아카이브를 연계할 때 콘텐츠에 대한 효과적인 탐색을 가능하게 하는 플랫폼을 구축하거나, 단순 제공을 넘어서 이미지화·3D화·국제화하는 등 정보의 부가가치를 한층 높이는 노력도 포함되어야 한다. 뿐만 아니라, 섬네일(Thumbnail)을 추가하거나 미리보기를 이용조건으로 하는 등 콘텐츠에 대한 접근을 용이하게 하는 방안도 강구되어야 할 것이다.

더 나아가 아카이브 연계를 가능하게 하는 저작권 제도의 개선도 필요할 수 있다. 앞서 살펴본 바와 같이 이용에 있어 공공성이 인정되거나 보호 필요성이 높지 않은 정보재에 대해서는 과감하게 저렴한 조건으로 활용할 수 있도록 개방하는 제도적 배려도 필요할 것이다.

아카이브 연계 외에도 데이터의 수집과 유통을 활성화할 수 있는 방책 마련도 필요하다. 정보의 데이터베이스화에 있어서 데이터의 가공·분석 과정에 비용이 발생하게 되므로 적절한 비즈니스 모델 구축을 통해 데이터 제공자에게 인센티브가 부여되지 않으면 정보의 축적이나 활용이 저해될 것이다. 또한, 수집한 데이터베이스나 기술 자체가 쉽게 무임승차(Free Ride) 된다면 데이터에 대한 투자가 위축될 것이 자명하다. 향후 데이터 활용을 촉진할 수 있도록 투자 의지를 불러올 수 있는 하한의 보호 방안을 마련하여 시행하고, 데이터의 수집·분석 기술 자체도 고도화될 수 있도록 제도·시스템적인 보완이 필요하다.

3. 지식재산 정책의 방향성

제4차 산업혁명으로 지식재산의 중요성이 더욱 강조되고 있다. 물건의 제조나 판매보다는 소비자 레벨에서의 니즈를 만족시킬 수 있는 혁신적 아이디어가 더 중요하게 취급되며, 혁신적인 아이디어를 가상공간에서 사고파는 것이 하나의 매력적인 비즈니스 모델이 되기도 한다.

제4차 산업혁명 시대의 초연결성은 실질적이면서도 긴급한 지식재산 보호조치를 요구한다. 앞으로는 지식재산을 강력하게 보호하는 국가가 그렇지 않은 국가에 비해 상대적으로 우위를 점할 가능성이 크다. 강력한 법제도는 혁신가들에게 그들의 아이디어로 돈을 벌 수 있는 기회를 제공하므로, 외국의 혁신가들이 그 국가로 들어와 활동할 가능성이 높아지기 때문이며, 적어도 혁신적인 아이디어를 그 국가에서 유통할 것이기 때문이다.

법체계가 새로운 지식재산 이슈가 충분히 논의되고 법제도로 흡수될 수 있도록 충분히 유연성을 갖는 것도 중요하다. 만약, 어떤 사람의 DNA가 불치병을 치료하는 능력이 있다고 할 때, 누가 DNA에 대한 권리를 가질 것인가? 종전에는 생각지도 못했던 기술 및 지식재산 이슈를 신속하게 법체계에 체화하는 것이 제4차 산업혁명 시대를 맞는 기본적인 정책적 자세가 될 것이다.

 학습정리

- 제4차 산업혁명 도래에 따라 다량의 정보가 축적·활용되고 있는바, 지식재산권 측면에서 정보를 보호·활용을 활성화하는 것이 중요해졌다.
- 차세대 지식재산시스템의 필요조건으로 정보량 증가와 다양화에 대응하는 것, 유연성을 확보해 보호 정도를 강화하는 것 및 보호할 필요가 있는 정보를 선별해 보호조치를 강화하는 것이 거론된다.
- 제4차 산업혁명 시대의 지식재산시스템은 정보 활용을 활성화하기 위해 공정 이용 법리를 강화할 필요가 있으며, 원활한 라이센싱 구조를 구축하기 위해 저작권 집중관리제를 확대할 필요가 있다.
- 지식재산 제도와 관련된 다양한 요구가 있는 만큼, 하나의 조치로 모든 문제를 해결할 것이 아니라, 핀셋 방식의 전략적인 제도 개선이 필요하다.
- 그 외 지식재산 정책으로 오픈 이노베이션을 촉진하고, 지식재산 교육을 체계화하여 한층 강화하며, 디지털 메타 데이터의 이용을 촉진하는 구조를 만드는 것이 중요하다.

제4절
제4차 산업혁명 관련 주요 선진국의 지식재산권 보호

들어가며

제4차 산업혁명은 기술적 혁신뿐만 아니라, 기술과 문화·생활이 융합하면서 사회 전반적인 변혁을 이끌 것으로 예상된다. 각 선진국은 미래 먹거리 분야 선점을 위해 핵심 기술 군에 대한 연구개발 투자를 늘려가는 것과 동시에 제도·정책적인 준비도 서두르고 있는 것으로 확인된다.

이 절에서는 미국·일본·독일 등 제4차 산업혁명 관련 선진국의 중심으로 제도·정책적인 움직임을 확인해 보기로 한다. 특히, 최근 경제대국으로 급부상한 중국이 ICT 분야 투자를 대폭 확대하면서 지식재산권 제도를 정비하고 있는바, 중국의 제4차 산업혁명 정책적 노력도 확인해 보기로 한다.

학습포인트

가. 선진국의 제4차 산업혁명 핵심기술에 대한 연구개발 투자 방향을 알아본다.
나. 미국·일본·독일 등 선진국의 지식재산 정책 동향을 살펴본다.
다. 선진국의 연구개발 투자 정책 및 지식재산 제도 정비를 바탕으로 우리나라 정책 수립 방향을 가늠해 본다.

1. 미국의 지식재산권 보호

가. 제4차 산업혁명 관련 대응전략

미국은 기업들이 제4차 산업혁명을 주도하고 있으며, 정부는 제조업 경쟁력 강화 정책이나 공공 성격의 연구개발 과제를 늘리면서 기업을 지원하고 있다. 2012년 제너럴일렉트릭(GE)은 항공기·철도·발전기 등 산업기기와 공공 인프라 등에 설치한 센서 데이터를 수집·해석해 기업 운영에 활용한다는 구상으로 「산업인터넷」을 제시하였다. 구글은 영국의 인공지능 벤처기업 「딥마인드」를 인수하고 연평균 20억 달러를 투자해 독자적인 인공지능 플랫폼을 확보하였다.[141]

오바마 대통령은 2012년 신산업 육성정책을 전격 발표하였는데, 산학 및 정부가 협력하여 양질의 일자리를 창출하고 글로벌 경쟁력을 높이기 위한 것으로, 일명 「첨단제조파트너쉽(AMP, Advanced Manufacturing Partnership)」 프로그램을 시작하였다. AMP 프로그램은 혁신, 재능 파이프라인, 비즈니스 환경 조성 등 3개 분야를 중심으로 선진 제조업 경쟁력을 강화하고자 하는 것이었다.

한편, 2012년 AMP 프로그램과 함께 국가 제조 혁신 네트워크 구축(NNMI, National Network for Manufacturing Innovation) 계획이 시작되었는데, 10억 달러를 투자하여 15개 「제조업혁신센터(Manufacturing Innovation Institute)」를 신설하고, 이들을 연결하여 제4차 산업혁명 전진 기지로 활용하기 위한 것이다. 제조업혁신센터는 학계·기업·정부가 같이 참여하는 일종의 종합 연구센터로서 연구 성과물을 국가 전체가 공유함으로써 연구개발 투자를 효율화하고 기술사업화 가능성을 높이는 주요 거점 역할을 한다.

미국은 또한, 사물인터넷과 관련하여 「스마트 제조 리더십 연합(Smart Manufacturing Leadership Coalition)」을 설립하였는데, 스마트 제조 관련 통일된 플랫폼을 개발하는 것을 주요 목표로 하고 있다. 동 리더십 연합에는 NSF, NIST 등 정부기관 및 연구소와 GE, GM 등과 같은 대기업 및 중소기업, 대학들로 구성된 비영리기관까지 참여하고 있다.

혁신의 중심에 서 있는 기업들은 정부 기관의 지원과 별도로 컨소시엄을 구성하고 기술 개발에 박차를 가하고 있다. GE, AT&T, 시스코, IBM, 인텔 등 민간 5개 기업이 공동 「산업인터넷 컨소시엄」을 설립했으며, 160개 이상의 조직이 참여해 사물인터넷 주도권 확보하기 위해 노력하고 있다.

나. 제4차 산업혁명 기술 관련 지식재산 정책

2017년 2월 미국 트럼프 대통령은 각 정부 부처에 일자리 창출을 가로막는 불필요한 규제를 개혁하도록

---

141) 한국지식재산연구원, Issue & Focus on IP, 제4차 산업혁명 시대에 대응하는 IP의 역할, 2016년.

요구하고, 규제 철폐를 담당할 태스크포스팀을 출범시켰다. 이에 맞춰 미국 특허청은 규제개혁 담당관을 별도로 임명하고 소기업, 소비자, 무역협회 등 이해관계인의 의견을 청취하기 시작했는데, 규제개혁담당관이 관심을 갖는 검토사항 중 하나로 특허데이터 정보 이용 및 수단에 관한 내용이 포함되었다고 한다.

미국은 제4차 산업혁명이 이슈가 되기 이전부터 기업의 지식재산 확보를 지원하는 정책을 지속해서 추진 중이다. 인공지능, 사물인터넷, 로봇기술 등을 핵심 연구개발 투자 기술 분야로 선정하고 정부 지원을 강화하였다. 예를 들어, 「디지털제조디자인혁신기구(Digital Manufacturing and Design Innovation Institute)」를 출범시켜 미국방성 및 GE가 중심이 되어 정보통신분야 제조 혁신을 추진하고 있으며, 중소기업 대상으로 교육도 실시하는 등 산업 전체적으로 기술 확산을 추진 중이다.

미국의 제4차 산업혁명 관련 지식재산 확보 정책은 사실 민간기업을 중심으로 추진되고 있다고 보아야 한다. 핵심기술을 보유한 벤처기업을 기업인수합병(M&A) 방식으로 인수해 기술뿐만 아니라 특허권까지 동시에 획득하는 전략을 편다. 구글은 2014년 사물인터넷 벤처기업인 「네스트랩스(Nest Labs)」를 32억 달러에 인수하면서 스마트홈 관련 특허권 140여 건과 전 세계적으로 400여 건의 국제특허를 확보했다. 같은 해 데미스 하사비스(Demis Hassabis)가 창업한 인공지능 전문 벤처, 「딥마인드」를 5억 달러에 인수해 딥러닝 원천기술을 확보한 것도 동일한 전략이라고 볼 수 있다.

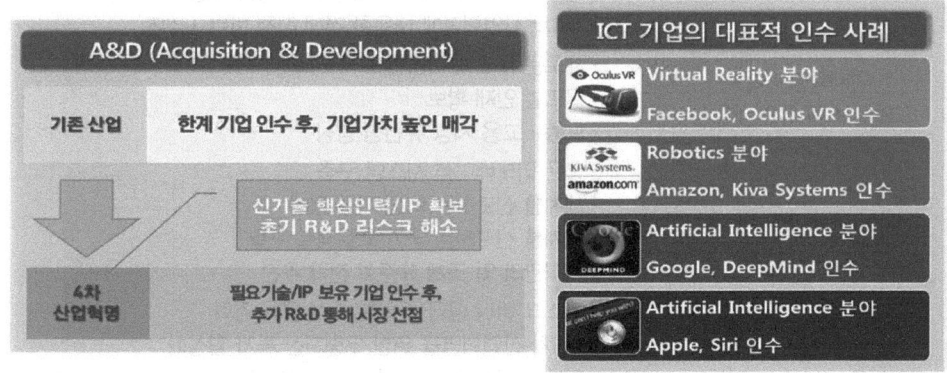

[그림 4.4-1] 미국 IT기업의 M&A를 통한 고부가 가치 IP확보 사례[142]

---

142) 한국전자통신연구원, 제4차 산업혁명 시대, 고부가가치 IP 창출 전략, 2016년.

2. 일본의 지식재산권 보호

가. 제4차 산업혁명 관련 대응전략

일본 정부는 일찍부터 제4차 산업혁명 관련 핵심기술의 중요성을 인식하고, 2015년부터 논의를 지속해 오고 있으며, 2016년 4월「신산업구조비전」을 수립하여 대내외에 공표하였다. 신산업구조비전은 인공지능, 사물인터넷, 빅데이터 기술 등에 의한 기술혁명으로 새로운 성장단계로의 진입을 가속화 하자는 것으로, 제도 정비·개선을 포함해 민관이 공유할 수 있는 전략을 제시하였다.

신산업구조비전은 7대 전략, 22개 중점과제를 제시하고 있으며, 일본이 가진 기술적 강점을 살리면서도 스마트 산업환경으로 변모를 시도해 장기간의 불황을 벗어나자는 것이다.

[표 4.4-1] 일본 신산업구조비전 주요 내용

	전략	중점 과제
1	데이터 활용 촉진을 위한 환경정비	• 데이터 플랫폼 구축 데이터 유통시장 마련 • 개인데이터 활용 촉진 • 보안기술개발 및 인재육성 강화 • 제4차 산업혁명의 지식재산 정책 방향 재설정 • 제4차 산업혁명에 대응한 경쟁 정책 방향 재설정
2	인재육성·확보 고용시스템 유연성 향상	• 새로운 수요에 대응한 교육 시스템 구축 • 글로벌 인재 확보 • 노동·고용 시장 유연성 향상
3	혁신 기술 개발 가속화	• 오픈 이노베이션 시스템 구축 • 세계를 선도하는 혁신 거점 정비 • 세계를 선도하는 국가 프로젝트 구축 • 지식관리 및 국제 표준화 전략 추진
4	금융기능 강화	• 리스크 머니 공급을 위한 주식 금융 강화 • 제4차 산업혁명을 위한 무형자산 투자 활성화 • 핀테크 중심의 금융 결재기능 고도화
5	산업구조·취업구조 전환 촉진	• 신속한 의사결정 거버넌스 체제 구축 • 유연한 사업재편을 가능케 하는 제도 및 환경 정비
6	제4차 산업혁명의 중소기업·지역경제 내 파급	• 중소기업, 지역에 IoT 등 도입·활용 기반 구축
7	제4차 산업혁명을 향한 경제 사회 시스템 고도화	• 규제 개혁의 방향성 재설정 • 데이터를 활용한 행정 서비스 제고 • 글로벌 진출 강화 • 제4차 산업혁명 사회 확산

또한, 일본 정부는 정기적으로 일본 산업분야 부흥전략을 수립하여 발표하고 있으며, 2015년에는 제4차 산업혁명을 겨냥해「일본재흥전략 2015」를 발표하였다. 동 전략에서 민간이 제4차 산업혁명 기술에 적기에 투자할 수 있도록 법·제도를 정비하겠다고 하면서, 민관 공동으로 산업·취업구조에 대한 영향을 분석해 민간에 요구하겠다고 밝혔다.「일본재흥전략 2015」에는 ICT 주요 기술에 대해 목표 기술 달성 방향을 제시하고 관리하는 산업구조심의회 산하 '신산업구조부회의' 설치안도 제시되었다.

나. 제4차 산업혁명 기술 관련 지식재산 정책

2016년 4월 니혼게이자이신문은 일본 지식재산전략본부가 인공지능이 작성한 음악이나 소설, 그림 등 저작물에 권리를 부여하도록 법제도를 정비하려는 계획이 있다고 보도하였다. 일본 정부가 미국이나 유럽 등 선진국에 앞서 인공지능 관련 지식재산에 보호를 강화하려는 것은 인공지능 기술에 대한 민간투자를 활성화하려는 의도로 읽힌다. 일본 정부는 저작권법의 정비는 물론, 부정경쟁방지 관련 법률도 손 볼 계획이라고 한다. 이번 법 개정을 통해 인간의 간단한 지시만으로 음악을 작곡하는 자동작곡시스템이 혜택을 입을 것이라는 추측이다.143)

일본은 다른 어떤 나라보다 제4차 산업혁명 관련 정책 개발 및 법제도 정비를 서두르고 있는 상황으로, 조만간 가시적인 성과가 도출될 것으로 보인다. 일본은 2016년 발표한 신산업구조비전에서 '데이터 활용 촉진을 위한 환경정비'를 제4차 산업혁명을 대비하는 지식재산정책의 재설정을 중점과제로 포함시켰다. 제4차 산업혁명의 핵심이 빅데이터와 인공지능이라는 점을 인식하고 ①새로운 정보재에 대한 지식재산제도상 취급 명확화, ②인공지능 등 새로운 정보재 및 기술에 대한 저작권 시스템 구축을 기본방향으로 설정한 것으로 보이며, 저작권법, 특허법을 먼저 개정할 것으로 예상된다.

2016년 5월 아베 신조 총리가 본부장으로 있는 일본 지적재산전략본부는「지적재산 추진계획 2016」을 발표하는데, 인공지능 창작에 대한 적극적인 대처뿐만 아니라 빅데이터에 대한 권리 부여 가능성을 시사해 주목을 받았다. 데이터베이스는 지금까지 창작성을 인정받지 못해 저작권에서 제한적으로 보호를 받았을 뿐 지식재산으로 정식 편입되지는 않은 상황이었다. 개별 데이터가 집적되어 전혀 새로운 분야에서 새로운 정보재원으로 재활용 되는 제4차 산업혁명 시대에서 데이터베이스가 핵심 지식재산으로 떠오른 것이다.

친특허정책(Pro-Patent)으로 완전하게 방향을 선회한 이번 지적재산 추진계획은 지식재산 혁신, 지식재산 교육 인재 양성, 콘텐츠 산업기반 강화, 지식재산시스템 정비 등의 4대 전략목표를 제시하고 있어, 지식재산 정책을 새롭게 수립하는 시점에 있는 우리에게 시사하는 바가 크다.

---

143) KBS, 일본, 인공지능 'AI'가 만든 음악·소설·그림에 저작권 준다, 2016년 4월 15일.

일본 지적재산 추진계획 2016		'일본 지적재산 추진계획 2016'의 첫 번째 전략목표 '4차 산업혁명시대 지식재산 혁신' 과제 및 세부과제		
4대 전략목표		과제		세부과제
1	4차 산업혁명시대 지식재산 혁신	(1)	디지털·네트워크 시대 차세대 IP 시스템 구축	디지털·네트워크 시대 저작권 시스템 구축
				새로운 정보재원 창출에 대응한 IP 시스템 구축
2	지식재산 교육·인재 양성			디지털·네트워크 시대 IP 침해 대책 마련
3	콘텐츠 산업기반 강화	(2)	산학·산산 연계 강화	산학·산산 연계강화
				대학 등의 IP 전략 강화
			오픈 이노베이션 위한 IP 경영 추진	정부 연구개발 IP 전략 강화
4	지식재산 시스템 정비		전략적 표준화	사회시스템 등 전략적 표준화
				개별 분야 국제 표준화
				영업비밀 보호 강화

자료: 일본 지적재산 추진계획 2016

[그림 4.4-2] 일본 지적재산추진계획 2016[144]

CASE STUDY

각국 정부나 지방자치단체들도 빅데이터 이용을 촉진하기 위해 발 벗고 나서고 있다. 공공기관이 보유한 공공 데이터를 민간에 개방해 자유롭게 이용하도록 하는 것인데, 우리나라는 「정부 3.0」이라는 캐치프레이즈로 공공데이터를 개방하기 시작해 「스마트 정부 4.0」으로 진화해 나가고 있다.

일본 정부도 예외는 아니어서 「data.go.jp」를 오픈해 자유롭게 연방정부가 보유한 데이터를 이용할 수 있도록 했는데, 2014년에서는 민관 합동 주관으로 매시업 어워즈(Mashup Awards)를 개최해 빅데이터 활용을 장려하기도 했다.

이 대회 개방데이터 부분에서 상을 받은 (주)오타니의 부동산 가격예측 시스템이 흥미로운데, 이 프로그램은 부동산 거래가격 정보, 인구 이동 정보, 인구 통계자료, 지역 주민들의 연간 소득자료 등을 기초로 각 지번별 예상 주택 가격을 표시해 준다고 한다(네이버 블로그 "황스타", 2015년 2월 2일).

3. 중국의 지식재산권 보호

가. 제4차 산업혁명 관련 대응전략

중국 정부는 제조업 혁신 능력을 제고하기 위해 하드웨어적 접근과 소프트웨어적 접근을 병행하는 전략을 추진하고 있다. 하드웨어적 접근 전략으로 「중국제조 2025」를 수립하여 제조업 능력 혁신을 꾀하고 있고, 소프트웨어적 접근 전략으로 「인터넷 플러스」를 출범시켰다.

「중국제조 2025」는 2025년까지 제조 강국으로 진입하기 위해 혁신능력 제고, 품질 제고, 제조업과 정보

---

144) IPnomics, [일본 지적재산추진계획 집중분석]〈상〉 "4차 산업혁명 앞서 IP 혁신", 2016년 8월 16일.

화의 결합 및 녹색성장 등의 4대 전략을 추진하겠다는 것이다. 정보기술, 첨단 로봇, 항공/우주, 해양 플랜트, 선진 교통설비, 전기차, 전력설비, 농기계, 신소재, 바이오/의료기기분야를 10대 전략산업으로 선정하고 육성 계획을 밝히고 있다.

정보기술, 로봇, 전기자동차, 바이오/의료기기 등은 제4차 산업혁명과 밀접한 관계가 있는 핵심기술들로서, 중국제조 2025를 통해 미래를 준비할 수 있는 국가 경쟁력을 확보해 선도해 나가겠다는 계획이다. 특히, 중국제조 2025에서는 기술 확보 방안으로 지식재산권 선점을 표명하였으며, 2025년까지 40대의 「제조업 혁신센터」를 설립해 혁신 생태계 구축을 위한 기술, 조직, 비즈니스, 자본 등의 연계를 추진한다고 밝혔다.

중국 정부의 「인터넷 플러스」는 인터넷, 정보통신기술을 전통산업과 융합해 산업구조를 전환해 나가겠다는 계획이다. 빅데이터, 사물인터넷, 클라우드 컴퓨팅, 모바일 인터넷 기술을 제조, 농업, 에너지 금융, 민생, 생태환경 등 중국이 선정한 11대 중점분야에 융복합해 신성장 동력을 창출한다는 계획이다. 중국 리커창 총리가 2015년 3월 중국 양회에서 행동계획을 발표한 이후 지방정부와 일부 산업군을 중심으로 활발하게 프로젝트와 콘퍼런스가 진행 중이다.

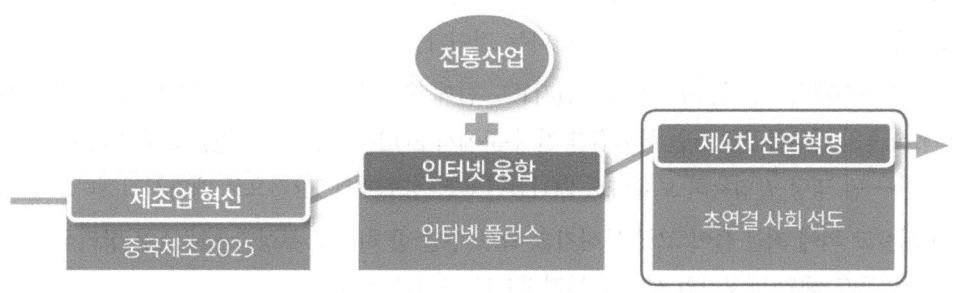

[그림 4.4-3] 중국의 제4차 산업혁명 대응전략

인터넷과 전통산업의 융합은 사실 민간에서 제시된 융복합 전략이다. 2012년 중국 정보통신분야 시장조사기관인 「엔포데스크」의 위양 회장이 처음 제시해 기업으로 확산되고 있는데, 「텐센트」의 마화텅 회장이 상하이 푸단대학에서 인터넷을 전통산업이 한 단계 업그레이드할 수 있는 능력 또는 자원·환경이라고 재천명하면서 중국 정부의 공식적인 전략이 되었다. 인터넷 플러스 정책을 위해 중국 정부가 400억 위안의 벤처창업 투자기금을 조성한다는 소식도 이어져 성과가 기대된다.

나. 제4차 산업혁명 기술 관련 지식재산 정책

중국 정부는 지식재산 확보를 통해 국가 기술 경쟁력을 확보하는 것이 제4차 산업혁명 시대를 맞는 중요한 전략으로 보고 지식재산 관리에 전력을 기울이고 있다. 그에 따라, 중국 특허청에 출원되는 국제특허출원 건수가 2013년도 2만 여건에 불과하다가 2016년도에 대폭 증가해 4만 3천 건에 이르고 있다. 이는 일본과 비슷한 수준이며 제1위 국제특허(PCT) 출원국인 미국의 5만 6천 건에 근접하는 것이다.

중국내 출원도 대폭 증가해 2016년 현재 글로벌 시장에서 중국 특허가 차지하는 비중이 14%에 이른다. 중국 화훼이는 최근 5년간 매년 1만 1천 건의 특허정보를 쏟아내고 있는데, 이는 LG의 8천여 건의 1.5배에 해당한다.

지식재산권 제도를 정비하여 글로벌 수준의 특허제도를 갖춤으로써 기업의 기술개발을 촉진하는 노력도 병행하고 있다. 2017년 3월 중국 사회과학원은 중국 지식재산권 제도를 심층 분석하여 개선 방안을 제시하였는데, 지식재산권 보호의 강화와 지식재산 활용책의 신규 마련을 골자로 하고 있다. 중국 사회과학원은 지식재산 평가 제도를 새로 마련할 것과 징벌적 손해배상제도를 도입하여 혁신성과가 효과적으로 보호되도록 하는 것이 바람직하다는 개선책도 제시했다.

한편, 2016년 8월 중국 국무원은「13.5 국가혁신계획」을 발표하였다.[145] 이 계획은 중국의 13차 5개년 계획기간('16~'20년) 동안의 과학기술 부문 혁신영역의 특별 계획으로 혁신주체 육성, 고수준의 혁신기지 건설, 건전한 혁신 생태계 조정 등의 5대 추진전략을 포함한다. 제4차 산업혁명과 관련하여 개방·협동의 혁신시스템 건설 전략이 눈에 띄는데, 기술시장과 자본시장 및 인재시장을 초연결하여 혁신 주체 간에 협동이 발생하도록 유도하고 융합할 수 있도록 지원한다는 것이다.

「13.5 국가혁신계획」에서는 과학기술 혁신지표도 함께 제시하고 있는데, 지식재산권과 관련하여 중국 정부는 국제특허출원 건수를 2015년 현재 3만 건 수준에서 2020년까지 6만 건을 2배 증대하겠다고 공언했다. 또한, 인구 만 명당 발명특허 보유량도 2015년 6건 정도에서 12건으로 배가시키겠다고 밝혔다.

중국 정부는 그 외에 최근 들어 고급 특허기술 확보 수단 중 하나로 부상한 M&A를 장려하기로 했으며, 이에 따라 기업들도 해외 벤처기업 사냥에 본격적으로 나서고 있다.

4. 독일의 지식재산권 보호

가. 제4차 산업혁명 관련 대응전략

전통적인 기계 가공·전자제조 강국인 독일은 제4차 산업혁명 관련하여 가공산업의 제조 경쟁력을 배가하기 위해 정책적 지원을 지속적으로 추진하고 있다. 특히, 독일연방정부가 제창한「Industry 4.0」은 독일이 새로운 산업 패러다임 하에서도 제조업 주도권을 이어나가기 위해 구상한 일종의 독자적인 산업혁명으로「스마트팩토리」로 별칭 된다.

「Industry 4.0」은 종전의 소품종 대량 생산이라는 무겁고 경직된 제조업 체계에서 다품종 대량생산의

---

145) 한국지식재산연구원, Issue & Focus on IP, 제4차 산업혁명 시대에 대응하는 IP의 역할, 2016년.

가볍고 유연한 생산체계로 변혁을 의미하며, 사물인터넷과 사이버물리시스템 기술이 필수적으로 요구된다. RFID 등 스마트 메모리를 장착해 소재와 제품을 서로 연결하고 인공지능으로 생산기기를 지능화해 제품이 능동적으로 이동·조립된다.

지멘스, BMW 등이 독일 인더스트리 4.0을 선도하는 대표기업이며 스마트팩토리 개념을 도입해 공정을 고도화함으로서 소비자의 개별 취향과 요구에 부응하는 제품을 대량으로 제조하고 있다.

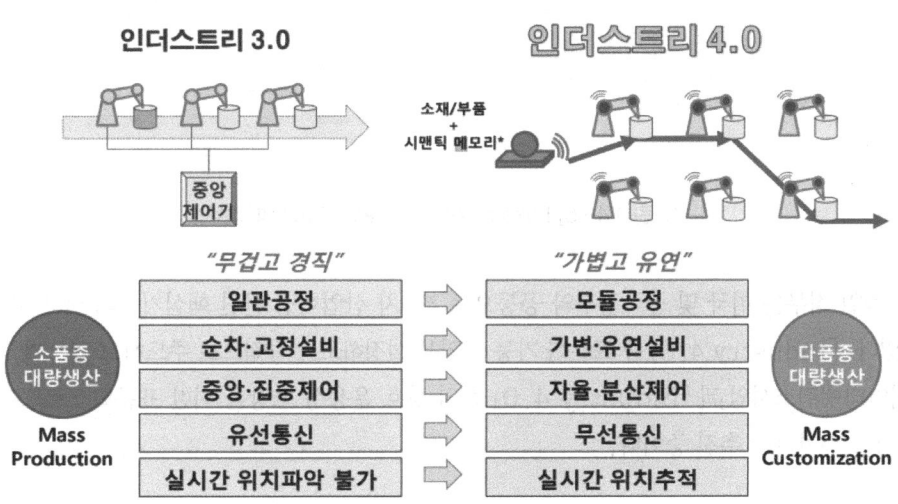

[그림 4.4-4] 독일의 인더스트리 4.0[146]

독일은 또한, 가공 산업 분야에 R&D투자를 대폭 강화하고 있다. 2004년부터 매년 4.2%씩 연구개발 투자금액을 증대하고 있으며, 2013년에는 80B 유로 규모로 커졌다. 이에 따라 독일 가공장비는 세계에서 16.3%의 무역 규모를 차지하고 있고 세계 시장을 선도하는 가공장비 업체 31개 중 16개가 독일계 기업이 차지할 정도다.[147]

나. 제4차 산업혁명 기술 관련 지식재산 정책

「Industry 4.0」은 인더스트리 4.0은 한마디로 요약하자면 독일 제조업이 직면한 기술적 정체를 정보통신 기술을 접목해 대응하자는 전략이다. 독일은 인더스트리 4.0을 지원하기 위해 「Fraunhofer 연구기구」를 통해 산학 연계 연구개발을 지원하고 있다. 「Fraunhofer 연구기구」는 과학기술 개발과 실용화를 목표

---

146) 포스코경영연구소, 인더스트리 4.0, 독일의 미래 제조업 청사진, 2014년 2월.
147) 한국지식재산연구원, Issue & Focus on IP, 제4차 산업혁명 시대에 대응하는 IP의 역할, 2016년.

로 기업 및 정부기구에서 수탁 연구를 수행해 산업체에 기술을 이전하거나 벤처로 스핀아웃(Spin-Out)하는 연구소로서 독일 전역에 60여 개가 설립되어 운영되고 있다. 「Fraunhofer 연구기구」가 주로 연구하는 분야는 정보통신, 생명과학 등 7개 분야이며, 스마트팩토리의 최적화, 안정화, 사이버 공격으로부터의 방어 방법 등 다양한 연구를 통해 인더스트리 4.0을 지원한다.

[그림 4.4-5] Fraunhofer 연구기구의 구조와 역할148)

그 외에 독일 정부는 미국 및 중국정부와 공동으로 제4차 산업혁명 관련 핵심기술의 국제 표준화를 위해 노력하고 있다. 「Industry 4.0」중 표준화 가능 영역을 설정하고 전략적으로 주도하고 있으며, 미국이 주창하는 「산업인터넷컨소시엄」과 「Industry 4.0」간의 상호 운용성 보장을 위한 표준화, 로드맵, 아키텍처 설정에 협력을 제안하여 추진 중이다.

 학습정리

- 미국은 기업 중심으로 핵심특허 확보를 통한 제4차 산업혁명 준비를 하고 있으며, 기업과 정부가 합동으로 참여하는 제조혁신기구를 출범시키는 등 정부지원도 활발하다.
- 일본은 신산업구조 비전을 새롭게 수립하여 스마트 산업환경으로의 변화를 꾀하고 있으며, 지식재산권 측면에서 신규 핵심기술에 대한 보호를 강화할 움직임이 있다.
- 중국은 제도 혁신을 위한 새로운 전략을 수립하고 미래를 준비 중이며, 특허출원 수를 대폭 증가시켜 글로벌 수준의 지식재산 강국으로 거듭나고 있다.
- 독일은 스마트 팩토리의 일종으로 「Industry 4.0」인더스트리 4.0을 구상하여 산업계에 확산시키고 있으며, 산학연계 교육을 통해 특허권 확보를 꾀하고 있다.

---

148) 한국은행 전자도서관, 제4차 산업혁명: 주요국의 대응현황을 중심으로, 2016년.

제5절
지식재산권 관련 국제적 논의

들어가며

세계지식재산권기구(WIPO)를 중심으로 지식재산권 제도를 통일시킴으로써, 상호 특허출원을 용이하게 하고 조속한 권리 확정을 촉진하고자 하는 논의가 그동안 지속되어 왔다. 제4차 산업혁명 시대가 도래하면서 기술발전 속도가 더욱 빨라지고 기술형태가 다양해진 만큼, 이런 논의는 제도 통일을 넘어서 지식재산 보호를 강화하는 움직임으로 바뀌고 있다.
이 절에서는 세계지식재산권기구 차원에서의 지식재산권 제도 논의와 각 개별국 단위에서는 국제적 논의 현황을 살펴보기로 한다. 이를 통해, 우리나라가 처한 상황에서 어떤 자세로 국제 지식재산 협력에 참여해야 할 것인지 가늠해 보기로 한다.

학습포인트

가. 세계지식재산권기구 차원에서의 지식재산권 제도 관련 논의를 학습한다.
나. 개별국 단위에서의 지식재산권 협력 움직임을 파악한다.
다. 국제특허출원제도와 특허문서 상호활용제도 등 글로벌 특허제도 현황을 알아본다.

1. 세계지식재산권기구 차원의 논의 현황

가. 들어가며

2016년 10월, 스위스 제네바에서 열린 세계지식재산권기구(World Intellectual Property Organization, WIPO) 제56차 회의에서 우리나라 특허청장이 대표 연설을 하면서 제4차 산업혁명으로 인공지능, 빅데이터 발전 등 기술 지형도가 바뀔 것인 만큼 지식재산권 제도의 변화를 위한 노력이 필요하고, WIPO 차원의 국제적 논의의 장이 마련되어야 한다고 주장한 바 있다. 기술발전 속도가 종전과 다르고 지식재산의 침해 유형도 우리가 생각할 수 없는 형태로 일어날 가능성이 높아 부실특허 방지, 조속한 권리의 확정 방안과 함께 지재권 보호 강화를 위한 심도 있는 논의가 필요하다는 주장이다.

이번 특허청장의 제안은 세계 제5위의 특허출원 강국이자 세계 5대 특허청 체제(IP5)의 일원으로 세계 지식재산 협력체계를 선도해 가는 우리나라로서 시의적절한 것이었으며, 선제적 대응이라고 평가받았다. 제4차 산업혁명으로 특허제도의 조화, 개도국에 대한 기술지원이라는 종전에 논의되어 오던 전통적인 지식재산 논제가 다시 부각되고 있다. 신기술의 출현으로 지식재산 제도의 혁신 필요성이 어느 때보다도 강하며, 이미 세계화 시대로 변모한 현실에서 지식재산권 제도의 조화를 추진하되 제4차 산업혁명에 따라 새롭게 부각되는 문제점들까지 고려하자는 주장도 설득력을 얻고 있다.

나. 제4차 산업혁명 관련 WIPO 차원의 논의 현황

1) 세계 지식재산권 제도의 조화

각국의 지식재산 제도를 통일시켜 글로벌한 지식재산권 시스템으로 발전시키자는 논의는 사실 선진국을 중심으로 오래전부터 있어왔다. 아무래도 미국이나 일본 등 선진국이 보유한 기술이 후진국이나 개발도상국에 비해서는 우수하고 다양하므로 국가 간 무역에서 보호받을 필요성이 더 큰 이유였을 것이다. 사실 글로벌한 특허 시스템은 출원인들에게 상당한 이익이 될 수 있다.

예를 들어, 매번 개별 국가에 특허출원 할 것이 아니라, 우리나라 특허청에만 출원하고 특허를 받으면 일본, 중국을 비롯해 세계 어느 나라에서나 특허권을 행사할 수 있다고 한다면 기업이나 발명가 입장에서는 얼마나 편리하겠는가?

지식재산권 제도의 조화 논의는 WTO/TRIPS 협정에서부터 시작되었다고 해도 과언이 아니다. WTO/TRIPS 협정은 지식재산권과 관련된 포괄적 국제조약으로 기존의 지식재산권 관련 국제협약을 바탕으로 특허, 상표, 디자인, 지리적 표시, 영업비밀, 반도체 배치설계 등 지재권의 여러 분야에 대한 최소한의 보호수준(Minimum Standard)을 규정하는 포괄적이고도 광범위한 지식재산권 조화에 관한 협정이다.

WTO/TRIPS 협정은 지식재산권과 관련하여 타 회원국의 권리 보호를 자국민 수준으로 해줘야 한다는 내국민 대우의 원칙, 특정 국가에 최대의 혜택을 부여하였다면 타 회원국에도 동일한 수준의 권리를 부여해야 한다는 최혜국 대우의 원칙을 포함하며, 그 외 지식재산권에 관한 구체적인 규율을 세세히 규정하고 있다.

국가 간 특허출원 절차를 일원화한 국제특허출원제도(Patent Cooperation Treaty, PCT) 역시 대표적인 지식재산제도의 국제조화라고 할 수 있다. 종전에는 특허독립(속지주의)의 원칙상 각국의 특허는 서로 독립적이었다. 반드시 특허권 등을 획득하고자 하는 나라에 출원하여 그 나라의 특허권 등을 취득하여야만 해당국에서 독점 배타적 권리를 확보할 수 있었다. 이에 반해 PCT 제도는 PCT로 국제출원을 한다면 세계 어느 회원국에서나 출원 사실을 인정해 주는 시스템이다. 물론, 각 회원국에서 특허권을 행사하자면 나라별로 번역문을 제출하여 심사를 받아야 하지만 1건의 출원으로 전 세계적으로 출원을 인정받을 수 있게 됨으로써 국제 출원 절차가 간단해지고 편리하며, 조기에 특허 출원일을 확보하는 것이 가능해졌다.

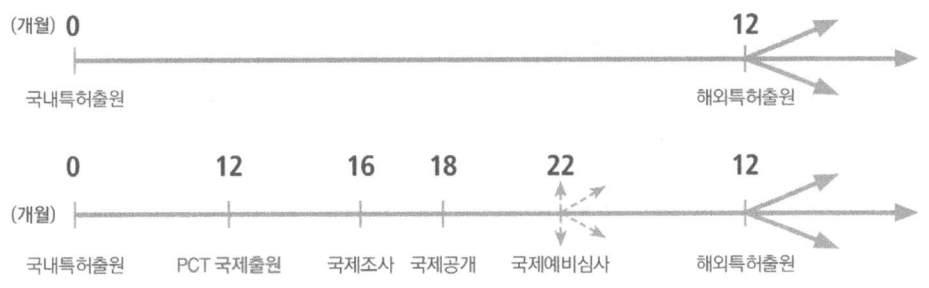

[그림 4.5-1] 조약우선권주장 출원과 PCT출원 비교

최근, WIPO의 특허법상설위원회(SCP) 및 선진국 그룹(B+ 그룹)을 중심으로 본격화되고 있는 특허 실체법에 대한 조화 논의도 주목되고 있다. 특허 실체법이란 신규성, 진보성 등의 판단에 관한 법률이나 심사기준을 말하는 것으로, PCT 제도가 절차적인 국제조화를 이루었다면 실체법 조화는 특허권리 부여 방법을 일치시켜 글로벌화를 추진하겠다는 것이다.

사실, 특허 실체법에 대한 조화 논의는 후진국이나 개발도상국에는 그리 반가운 일은 아니다. 선진국의 기술 공세, 무역 공세에 대한 대응으로 후진국들은 특허 실체법으로 보호 장벽을 설치함으로써 자국의 경제적 이익을 보호해 왔기 때문이다. 그러나 제4차 산업혁명 시대를 맞아 국가 간 기술경쟁이 심화하는 상황에서 제도적 보호 장벽으로 선진국의 거센 공세를 모면할 수는 없어 보인다. 우리나라도 기존 WIPO에서의 역할과 IP5 체제하의 헤게모니를 활용해 우리나라에 유리하도록 실체법 조화 논의에 나설 필요가 있다고 생각된다.

2) 특허문서의 활용 촉진

2016년 10월 WIPO는 전 세계 특허문서의 번역을 위하여 인공지능에 기반을 둔 획기적인 번역 도구를 새롭게 개발해 발표한 바 있다.149) 이 번역도구는 각 국가가 자국의 언어로 발행한 특허문서를 인공지능을 기반으로 한 신경망 기술을 활용해 번역하는 것으로, 품질 좋은 특허번역 서비스를 제공하여 궁극적으로 특허정보 활용을 촉진하고자 하는 것이다.

이 번역 도구는 특허정보 번역에 특화되었는데, 통상적으로 특허문서에서 사용하는 문구 중 가장 유사한 구문을 골라 번역함으로써 자연스러운 특허문서 번역이 가능하다고 한다. 현재 전 세계 특허문서의 55%의 비중을 차지하는 영어-한국어, 영어-일본어, 영어-중국어 특허문서 번역에 우선적으로 이 번역도구를 도입하고, 영어-중국어 특허문서에 대해서는 베타버전의 번역도구를 제공하고 있다. WIPO는 향후 프랑스어로 출간된 특허번역까지 번역 서비스를 확대한다고 밝혔다.

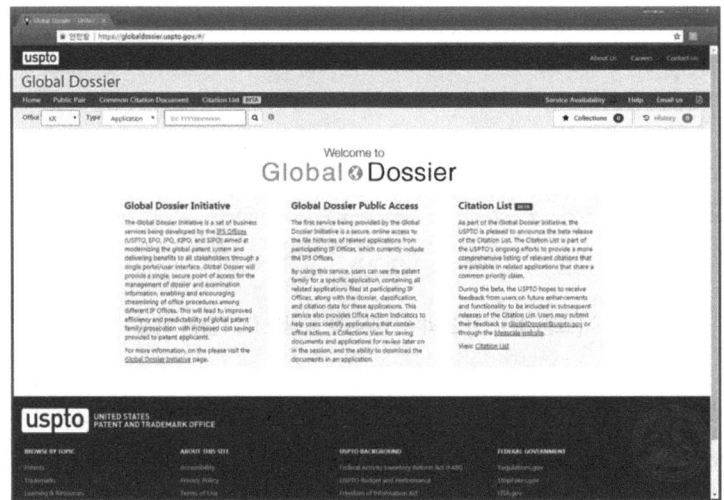

[그림 4.5-2] 미국 특허청이 운영하는 Global Dossier 사이트150)

특허 정보의 활용 촉진을 위한 국제 공조 외에, 각국 특허청이 실시한 특허심사정보를 상호 교환함으로써 조기 권리화를 촉진하고, 강건한 특허권이 부여되도록 하는 제도도 도입되었다. 일명「세계특허심사정보시스템(Global Dossier)」으로 2015년에 오픈되었으며 세계 어디서든지 한 국가에 대한 출원번호만 입력하면 다른 국가에 연계하여 출원한 특허의 심사 진행 상황을 한 번에 볼 수 있는 서비스이다. 현재, 우리나라를 포함해, 유럽, 미국, 일본, 중국 특허청의 심사 자료를 조회해 볼 수 있다. 각 나라의 특허심사정보가 영어로 자동 번역되어 조회되므로 빠른 심사를 통해 조기 권리화가 가능해진다.

---

149) 한국지식재산연구원, Issue & Focus on IP, 2016년 11월.
150) http://globaldossier.uspto.gov/

3) 그 외 지식재산 제도 관련 논의

우리나라는 그 외에도 특허심사하이웨이(PPH) 제도를 제안해 국가간 특허심사 프로세스를 촉진하는 전략을 추진하고 있다. PPH는 양국에 출원된 동일 발명에 대해 어느 한 특허청에서 '특허 가능' 판단을 내리면 출원인이 나머지 특허청에 우선 심사를 신청할 수 있는 제도로, 활용하면 발명의 조기 권리화가 가능해진다. 2017년 현재, 일본, 미국, 덴마크, 영국, 캐나다 등 총 27개국과 특허심사하이웨이 협약을 맺어 운영하고 있으며, 이외에 국제특허출원과 PPH를 결합해 심사과정을 좀 더 가속화하는 PCT-PPH제도도 도입하였다.

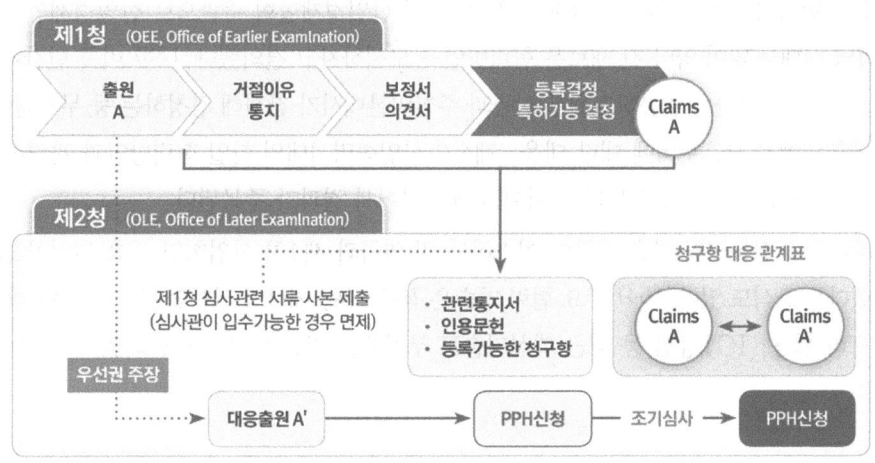

[그림 4.5-3] 특허심사하이웨이 제도 개요[151]

2. 개별국 단위 국제적 논의 현황

가. 들어가며

개별국 단위로 제4차 산업혁명 관련 지식재산권 논의가 본격적으로 진행되는 것은 쉽게 찾아보기 어렵다. 아무래도 양자 간의 협의는 외부로 드러나기 어렵고, 제4차 산업혁명이 이슈가 된 것이 그리 오래지 않은 이유도 있을 것이다. 그리고 그에 따른 지식재산권에 대한 논의는 연구개발이나 기술협력에 대한 논의가 한참 진행된 이후에야 이슈가 될 소지가 많아 표면화되지 않은 것으로 보인다.

이 장에서는 현재까지 기사화되거나 보고서로 작성된 내용을 바탕으로 양자 간 기술협력·연구개발 협력을 중심으로 간략하게 언급하고자 한다.

---

151) 특허청, 특허심사하이웨이제도 개요, 2017년.

나. 제4차 산업혁명 관련 국제적 논의 현황

제4차 산업혁명 핵심기술에 대한 국제협력은 미국이나 일본 등 상대적으로 앞서있는 나라들보다는 독일이나 중국 등 한발 뒤쪽에서 추격하는 국가에서 주로 발생하고 있다. 독일은 인더스트리 4.0 추진과 관련하여 중국 정부와 국제 표준화 작업에서 긴밀히 협조하고 있는 것으로 알려져 있다. 2016년 독일은 중국과 제4차 산업혁명 분야의 협력을 포괄적으로 정의하는 양자 간 협력을 체결하였다.[152] 지능형 생산과 생산 프로세스 네트워크 관련 심포지엄을 공동으로 기획해 개최하였으며, 2017년부터 중국 베이징에 중국-독일 협력 워킹그룹 사무소를 설치하여 구체적인 협력방안을 도출해 나가기로 합의했다.

2017년 9월 한국과 일본의 경제인 300여 명이 모여 한일경제협회 주관으로 한일경제인회의를 개최해 제4차 산업혁명 시대를 맞아 양국 간 새로운 협력방안을 모색하자고 결의했다.[153] 비록 민간기구간의 논의로 시작되었으나, 우리나라 산업통상자원부 장관과 주한일본대사가 참석해 경청하는 등 무게감이 남달랐다. 후속되는 전체회의에서 보호무역에 대한 대응, 제4차 산업혁명시대의 한일 협력방안과 관련해 전문가들의 주제발표가 있고 그에 따라 진지한 논의가 이어질 예정이어서 결과가 주목된다.

한편, 우리나라도 전통적인 기술 강국인 이스라엘 및 영국과 제4차 산업혁명 주요 원천기술과 관련하여 협력하기로 했다는 소식도 있다.[154] 주요 협력 기술은 첨단소재, 에너지 신산업 등 전통적인 핵심 산업 외에 정보통신 인프라 활용, ICT융합 등 최근 핵심기술로 부각되는 기술 분야도 포함되었다.

3. 기타 지식재산권 관련 국제적 논의 현황

특허를 비롯한 산업·기술 관련 지식재산권 논의 외에도 식물품종 보호체계와 관련하여 국제적 논의가 활발하다. 특히, 최근 들어 각국의 식물·유전자원에 관한 관심이 높아지면서 국제식물신품종보호연맹(UPOV)이 주목받고 있다.

UPOV는 「UPOV 협약」(International Convention for the Protection of New varieties of Plants, 식물신품종보호국제협약) 제8장의 규정에 의하여 설립 및 운영되고 있는 조직이다. 동맹은 유럽의 프랑스, 독일, 영국, 네덜란드가 중심이 되어 식물 육종가의 권리를 보호하자는 목적에서 시작되어 1968년에 UPOV협약에 따라 국제기구로 발족하였고, 우리나라는 2002. 1. 7.자로 50번째 회원국으로 가입하였다. 동맹의 본부는 스위스의 제네바에 위치하며, 세계지식재산권기구(WIPO)와 같은 건물 내에 있다.[155]

---

152) 글로벌과학기술정책정보서비스, 독일-중국, 4차 산업혁명 심포지엄, 2017년 1월.
153) 연합뉴스, 서울서 한일경제인회의…"4차 산업혁명시대 함께 열자", 2017년 9월 26일.
154) KBS, '4차 산업혁명 강국' 이스라엘, 영국과 협력 추진, 2017년 4월 9일.
155) 특허청, 최근 UPOV회의 동향 및 주요국 식물품종 보호체계 연구, 2014년.

회원국 중 아시아 국가로는 일본, 중국, 한국, 싱가포르, 베트남 등이 있다. 최근 UPOV는 70개국의 회원을 가져 명실상부한 국제기구가 되었고 효과적인 식물품종보호제도 운영 및 회원국 간 협력증진을 위한 다양한 활동을 하고 있다.

UPOV 협약은 1961년에 최초 제정되어 1968년에 발효되었고 이후 1972년 ('77년 발효), 1978년 ('81년 발효) 및 1991년('98년 발효)에 개정되었다. 현재 실질적으로 운용 중인 협약은 「UPOV '78년 협약」과 「UPOV '91년 협약」이며 우리나라의 종자산업법 상의 품종보호제도는 '91년 협약에 따라 제정 (1997. 12. 31. 시행)되었다.

동맹의 기본적인 기능은 회원국 간 제도의 조화를 통하여 국제적으로 효율적인 보호제도를 운영하는 것과 식물품종 보호제도를 도입하는 국가에 대해 법, 행정 및 기술적인 면에서 지원하는 것이다.

동맹의 조직은 최고의사결정기구인 총회(Council, '이사회'라고도 함)와 사무국(Secretary)으로 구성된다. 총회에는 총회의장에게 자문하기 위한 자문위원회, 행정 및 법 업무에 대한 논의를 위한 행정법사위원회, 기술적인 업무를 다루는 기술위원회를 두고 있고 기술위원회 산하에는 6개의 실무기술 작업반이 있다.

우리나라는 일찍이 식물관련 지식재산권의 중요성을 인식하고 국제기구를 통해 활발하게 활동하고 있으며, 우리나라에서도 실무기술작업반회의를 수 회 유치하여 성공적으로 개최하였다. 2004년에 제38차 채소실무기술작업반(TWV) 회의를, 2005년에 제38차 화훼실무기술작업반(TWO) 및 제10차 분자생물학기술작업반회의(BMT)회의를 개최하였다.

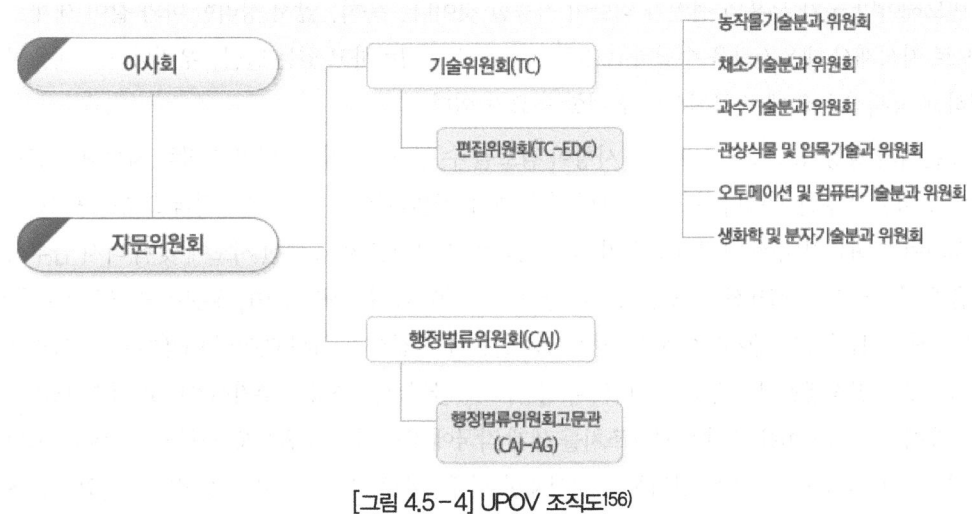

[그림 4.5-4] UPOV 조직도[156]

---

156) 산림청 국립산림품종관리센터, http://www.forest.go.kr.

UPOV 체계 하에서 최근 논의되는 내용은 보면, 정보자료의 개발과 공유, 품종 명칭에 대한 일원화, 전자출원 시스템의 적용에 관한 내용 등 주로 회원국 간의 정보 공유 등에 초점이 맞춰져 있다. 특히 전자출원 시스템에 대한 협력이 진전을 보이고 있는데, 우리나라는 85% 이상이 전자출원으로 진행되고 있어 상대적으로 우위를 보이고 있다. 이를 바탕으로 호주, 브라질, 캐나다, 도미니카공화국, 미국, 뉴질랜드 등의 나라와 시범사업을 같이 하기로 협의하고 있으며, 동남아의 경우 베트남과의 협력을 약속하였다.[157]

데이터베이스를 통일시켜 각 회원국에서 등록한 식물을 상호 구분하고 심사에 활용하기 위한 공동 작업도 진행되고 있다. 예를 들어, UPOV는 회원국에 출원등록된 작물의 학명과 영명, 일반명을 1작물 1코드 시스템으로 정리하여 정보를 제공하고 있다.

전자출원 시스템의 적용에 따른 회원국 간의 출원시스템 일원화와 데이터베이스의 통일 등을 기반으로 WIPO 체계하의 국제특허출원(PCT)과 유사한 통일된 출원등록 절차가 도입될 것인지 기대된다.

4. 지식재산권 관련 국제적 논의의 방향성

초연결성·초지능화로 대변되는 제4차 산업혁명은 산업 환경과 일자리 구조 등 산업 전반에 걸쳐 근본적 변화를 요구하고 있다. 지식재산 제도도 예외는 아니며, 제4차 산업혁명 시대에 부응해 혁신 성장 지원이 가능하도록 변모해야만 국가 부흥의 견인차 역할이 가능할 것이다. 특히, 앞서 정리한 바와 같이 세계 선진국이 경쟁적으로 지식재산 대응전략을 수립하고 지식재산 제도를 정비하고 있는 만큼, 우리나라도 대응책을 서둘러 마련하고 국제적 논의에 적극적으로 참여할 필요가 있다.

국제적 논의의 방향성으로 다음과 같은 사항이 검토될 수 있다. 첫째, 조만간 시작될 지식재산 실체법 조화 논의 준비를 서둘러야 할 것이다. 종전 WIPO의 특허법상설위원회(SCP) 및 선진국 그룹(B+ 그룹)을 중심으로 논의되던 특허요건 규정 단일화 논의가 최근 각국의 지식재산 제도 혁신 시도에 맞춰 다시 급부상할 가능성이 있을 뿐만 아니라 지식재산 제도 전체로 확산될 가능성이 높다. 예를 들어, 일본은 최근 발표한 「2017년 지적재산추진계획」에서 빅데이터 이용 및 인공지능 활용을 촉진하기 위해 데이터 이용에 관한 계약 가이드라인을 작성하고 부정경쟁방지법에 빅데이터의 부정 취득을 금지하는 조항을 추가하겠다고 천명하였다. 동일한 수준의 빅데이터 축적·이용에 관한 보호조치를 세계 각국에 요구하면서 WIPO차원의 논제로 들고나올 수도 있을 것이다. 그 외에도 인공지능 창작물의 지식재산 객체성 인정 여부 등 아직 정리되지 않았지만 시급성이 있는 실체법 논의들이 다양하므로 준비를 서둘러 국제무대에서의 우리 국익을 최대한 반영할 수 있도록 해야 한다.

둘째, 디지털·네트워크 환경에서 발생할 수 있는 새로운 지식재산권 침해유형을 국제적으로 이슈화하고

---

157) 특허청, 최근 UPOV회의 동향 및 주요국 식물품종 보호체계 연구, 2014년.

적극적인 해결책 마련을 주도해 나갈 필요가 있다. 예를 들어, 해외에 서버를 두고 침해 서비스를 국내에 제공하는 소위 「국경을 넘는 침해」나 하나의 특허기술을 여러 사람이 단계별로 나누어 실시하는 「복수 주체에 의한 침해행위」 등은 우리나라가 주력으로 삼고 있는 전기전자업, IT분야 등에서 문제가 더욱 커질 수 있는 만큼, 국제적 논의를 주도해 공동 대응하는 방안을 마련하는 것이 필요하다. 특허법이나 디자인보호법의 간접침해 규정 등 지식재산권 제도 자체를 개정해 유사 침해행위를 방지하는 방안뿐만 아니라 국가 간 공조방안을 별도로 마련해 공동 시행하는 것도 방법이 될 수 있다.

그 외, 지식재산 인프라 구축 측면에서 제4차 산업혁명에 따른 환경변화를 적극적으로 반영하는 국제 논의를 주도할 필요가 있다. 예를 들어, 인공지능 관련 특허출원이 향후 급증할 것으로 예상되는바, IPC나 CPC 등 특허분류를 대대적으로 개편하는 것이 필요할 수 있다. 인공지능 관련 특허를 하나의 CPC 분류로 새롭게 지정하는 것부터 좀 더 나아가 특허분류 방식을 전면적으로 개편하여 새롭게 부상하는 기술을 좀 더 쉽게 분류하고 찾아볼 수 있도록 하는 것이 필요하다.

학습정리

- 세계지식재산권기구가 주도하여 국제특허출원제도가 출범함으로써 국가 간 일원화된 특허출원시스템이 갖추어졌다. 누구나 우리나라 특허청에 국제특허출원서만 제출하면 협약국에 동일자에 출원한 것으로 인정된다.
- 각국 특허청에서 출원·심사를 하는 과정에서 생산된 문서를 번역 도구를 통해 어느 나라에서든 확인해 볼 수 있는 번역 서비스가 시작되었다.
- 독일과 중국이 표준화에 협력하기로 하는 등 개별국 단위에서 제4차 산업혁명 관련 국제협력 논의가 활발하게 진행되고 있다.

부 록

부록

ㄱ

가상화폐 : 실제 화폐를 나타내는 종이나 구리가 존재하지 않고 인터넷 상에 거래내역만 저장되는 가상의 화폐.

감성분석 : 인터넷에 올린 글이나 게시판 글을 분석하여 사용자의 판단(좋음/싫음 등)을 찾아내는 기법.

결합발명 : 새로운 효과를 내기 위해 종전에 존재하던 발명과 발명을 상호 결합한 발명을 말함. 예를 들어, 종전에 존재하던 자전거라는 발명에 전기모터라는 발명을 상호 결합해 전기자전거를 안출했다면 결합발명에 해당함

공공데이터 : 국가에서 보유하고 있는 다양한 데이터를 『공공데이터의 제공 및 이용 활성화에 관한 법률(제11956호)』에 따라 개방하여 국민이 보다 쉽고 용이하게 공유·활용할 수 있도록 개방하였는바, 이를 공공데이터로 통칭함. 국가 공공데이터 포털(https://www.data.go.kr/)에 접근해 자유롭게 활용 가능함

관계형데이터(Relational Data) : 데이터를 테이블 형태로 표현하며, 검색 시, 기본 키를 이용하여 검색하기 때문에 속도가 매우 빠름. 데이터베이스에서 주로 사용하는 데이터 저장방식.

광경화성 수지 : 자외선(Ultraviolet, UV), 전자선(Electron Beam, EB) 등 빛에너지를 받아 가교·경화하는 합성 유기 재료를 말함

그래핀(Graffin) : 두께는 매우 얇고 강도는 기존의 소재보다 200배 이상 강한 탄소 신소재.

기계 학습(Machine Learning) : 기계가 인간처럼 스스로 학습하고 상황을 판단할 수 있도록 하는 컴퓨터 알고리즘.

기술성숙도(TRL) : 미국 항공우주국(NASA), 국방부(DoD), 에너지부(DoE) 등에서 활용하고 있는 기술성숙도(Technology Readiness Level: 이하 TRL) 및 기술성숙도 평가(Technology Readiness Assessment: 이하 TRA) 개념을 적용한 평가모델

ㄴ

내적 플랫폼 : 회사 특유의 플랫폼(company-specific platform)으로 한 회사가 일련의 파생제품들을 효과적으로 개발하고 생산할 수 있도록 하는 공통의 구조 속에 조직화한 자산의 집합으로 정의함

특별한 예시) 공급망 플랫폼(supply-chain Platform)

네트워크 효과(network effect) : 특정 상품에 대한 어떤 사람의 수요가 다른 사람들의 수요에 의해 영향을 받는 효과로 어떤 상품에 대한 수요가 형성되면 이것이 다른 사람의 상품 선택에 큰 영향을 미치는 현상이다.

ㄷ

디지털포렌식 : 범죄자의 범죄 혐의를 입증하기 위해, 휴대폰이나 컴퓨터에 저장된 디지털 자료(파일, 메시지, 검색어 등)를 복구하거나 조사하는 수사기법의 하나.

딥 러닝 : 캐나다 토론토 대학의 제프리 힌튼 교수에 의해 개발된 신경망 기법 인공지능 학습 기법.

ㄹ

로그수집기 : 서버용 컴퓨터에 사용자가 접속한 기록, 입력한 명령어, 입력한 검색어 등을 수집하는 빅 데이터 자동 소프트웨어.

로봇저널리즘 : 인공 지능 로봇이 언론인 대신에 기사를 작성하여 인터넷에 올리는 흐름을 의미.

로스(ROSS) : 2016년 미국의 대형 법률회사 베이커앤드호스 테들러에서 채택한 변호사 보조 업무용 인공지능 기계 이름.

ㅁ

메타 데이터 : 데이터(data)에 대한 데이터를 말하는 것으로, 엄격하게는 어떤 목적을 가지고 만들어진 데이터(Constructed data with a purpose)를 말함. 예를 들어, 특허청에서 특허출원 정보를 이용해 서지기술용으로 별도의 정보를 생산하였다면 메타 데이터임

무심사주의 : 지식재산권의 획득 과정에서 특허청 등과 같은 공식적인 정부 기구에 의한 심사과정 없이 방식적 요건만 만족하면 권리를 부여하는 권리부여 체계

무크(MOOC, Massive Open Online Course) : 인터넷이나 네트워크를 통해 모든 사람이 유명한 대학 강의를 무료 또는 저렴하게 들을 수 있는 대규모 온라인 공개강좌를 통칭함. 2008년 캐나다에서 처음 시작됨.

ㅂ

범용기술 : 1) 다른 분야에 급속히 확산되고, 2) 지속적 개선이 가능하며, 3) 혁신을 유발하여 경제사회에 큰

파급효과를 미치는 기술을 의미(예, 증기기관, 전기 등)

분산컴퓨터 : 효율적인 데이터 처리를 위해 중앙서버대신 분산된 여러 개의 컴퓨터에 저장, 검색하는 방식.

블록체인(Block Chain) : 여러 명의 사용자가 생성한 데이터를 체인 형태로 연결하여, 모든 사용자들이 중복하여 저장하는 기술. 보안성이 뛰어나며, 위, 변조가 어려운 장점이 있음. 가상화폐 기술에서, 사용자 거래내역을 저장하기 위한 기술로 사용되고 있음.

비트코인(BitCoins) : 2008년 10월 사토시 나카모토라는 가명을 쓰는 프로그래머가 개발한 최초의 가상화폐 이름.

ㅅ

사이버물리시스템(Cyber-Physical System, CPS) : 스마트 공장에서 각종 장비에 RFID를 부착하고 실시간으로 데이터를 수집하고 가상 시스템을 이용하여 직원을 훈련시키는 시스템.

사이트 블로킹 : 불법 사이트에 접속하는 것을 방지하는 인터넷 기술

상황인지(Contextual Recognition) : 자율주행차에서 충돌회피를 위해 자동차 주위의 사람, 차, 물체 등을 판별하는 기술

서버 : 개인 단말기 등 클라이언트에게 네트워크를 통해 정보나 서비스를 제공하는 컴퓨터(server computer) 또는 프로그램(server program)을 말함. 주로 대용량의 저장장치를 구비하고 파일을 공유할 수 있도록 서비스함

선관주의의무 : 선량한 관리자의 주의의무의 약칭으로서 채무자의 직업, 그자가 속하는 사회적·경제적인 지위 등에서 일반적으로 요구되는 정도의 주의를 다 하는 의무를 말함

세계경제포럼(World Economic Forum, WWF) : 전 세계 경제관련 주요 이슈에 대해 토론 및 발표 진행하고 보고서를 발간하는 민간 경제관련 단체.

세일즈 머트리얼 키트(SMK) : 기술마케팅 대상기술에 대한 기술상품 정보서로서 기술 수요자의 니즈를 유인할 수 있는 핵심사항을 반영하여 예상 수요처에 대한 폭넓은 조사 및 탐색, 핵심 비즈니스 포인트를 중심으로 한 기술마케팅 전략수립 등을 포함

소결 : 분말 입자들이 열적 활성화 과정을 거쳐 하나의 덩어리로 되는 과정을 말하는 것으로, 가루나 가루를 압축한 덩어리를 녹는점 이하의 온도로 가열하였을 때, 가루가 녹으면서 서로 밀착하여 고결(固結)되는 현상으로 요업 제품이나 세라믹 또는 소형 플라스틱의 제조에 응용됨

소비자가전쇼(CES, Consumer Electronics Show) : 매년 정초에 미국에서 열리는 가전제품 제조사들의 개발제품 전시회.

스마트 그리드 : 사용자의 전력 사용량이나 예측량을 자동으로 측정하여, 전기 공급량을 자동 조절하는 차세대 전력 공급 시스템 기술.

스마트팩토리 : 생산과정에 ICT 기술을 적용한 지능형 공장을 말함

스마트홈 : 자동화를 지원하는 개인 주택을 말하는 것으로, 가정 자동화에서는 Wi-Fi가 주로 원격 모니터링 및 제어에 사용되며, 가정 자동화기기는 인터넷을 통해 원격으로 모니터링되고 제어되는 사물 인터넷(IOT)의 중요한 구성요소임

시리(Siri) : 애플에서 개발한 인공지능 비서 애플리케이션. 음성인식을 통해 사용자의 질문을 이해하고 대답함.

신경망 알고리즘 : 인간의 뉴런과 비슷한 모양으로 만들어진 컴퓨터 프로그램. 입력층, 은닉층, 출력층으로 구성됨.

심사청구 : 특허청의 심사업무를 경감하기 위하여 모든 특허출원을 심사하는 대신 출원인이 심사를 청구한 출원에 대해서만 심사하는 제도를 말함. 특허출원에 대하여 출원 후 3년간 심사청구를 하지 않으면 출원이 없었던 것으로 간주하므로 주의하여야 함

ㅇ

아카이브 : 문화적, 역사적 가치가 있는 자료 등을 모아 놓은 디지털 기록 보관소

연결개발(C&D(Connect & Development) : 오픈 이노베이션을 통해 타사가 개발한 기술을 구매하여 자사의 기술과 결합함으로써 신제품을 출시하는 전략

연결중심성 : 사회관계망 연결에서 특정 개인이 다른 사람과 얼마나 중요한 위치에 연결되었는지를 판단하는 지표.

연구 비즈니스 연계 개발(R&BD(Research & Business Development) : 연구와 비즈니스(시장 상황에 맞는)를 고려한 개발로 제품 및 기술순환주기가 짧아진 상황에서 비즈니스를 우선적으로 고려하여 기술 및 제품 개발을 수행하는 것을 의미함

염기서열 : DNA의 기본단위 뉴클레오타이드의 구성 성분 중 하나인 염기들을 순서대로 나열해 놓은 것을 말하는 것으로, 유전자는 생물의 유전형질을 결정하는 단백질을 지정하는 기본적인 단위로, 지구상의 모든 생명

체는 염기서열을 통해 단백질을 지정하는 원리를 따름

영양체 : 생물체의 여러 구조 중에서 생식에 직접 관계가 없는 부분으로 영양부(營養部)라고도 함. 생식에 직접 관계하는 부분인 생식체(生殖體)와 대응되는 말임

영업방법발명 : 영업방법 등 사업 아이디어를 컴퓨터, 인터넷 등의 정보통신기술을 이용하여 구현한 새로운 비즈니스 시스템 또는 방법을 말하며, 영업방법(BM) 발명이 특허심사를 거쳐 등록되면 영업방법(BM) 특허가 됨

왓슨(Watson) : IBM에서 개발한 인공지능 컴퓨터. 미국의 제퍼디 퀴즈쇼에 출전하여 우승을 차지했으며, 의료나 법률 서비스에도 활용되고 있음.

외적 플랫폼 : 산업 전체의 플랫폼(industry-wide platform)으로 사업 생태계로 조직화된 외부의 기업들이 자신의 보완적 제품, 기술, 서비스를 개발/혁신할 수 있게 하는 기반foundation을 제공

워킹그룹 : 특정한 조약이나 협약사항을 이행하기 위해 실무회의를 진행하는 협의단

유·무성생식 : 유성생식은 생식 세포(배우체)가 형성되고 두개의 배우체가 형성된 접합자(수정란이라고도 한다)가 다음 세대를 만드는 생식 양식을 말함. 한편, 무성생식은 다른 개체의 유전 물질의 개입 없이(생식기관이나 생식세포의 형성 없이) 일어나는 생식임

유전자 조작 : 동물, 식물, 미생물 등을 대상으로 해충저항성, 제초제내성, 내한성, 내한발성, 바이러스저항성 등 다양한 유용유전자를 인위적으로 절단, 연결하여 재조합한 DNA를 이종의 생물에 주입하여 신품종을 만드는 기술을 말함. 특정한 유전형질을 갖는 유전자를 삽입하거나 제거하는 조작을 통해 새로운 재조합 DNA를 만드는 과정으로, 유전자 조작을 통해 다양한 유전자변형식물이 탄생하였음

유전자가위 : 개인의 유전자를 분석하여, 미래에 장래나 질병을 일으킬 수 있는 부분을 제거하거나 변형하는 기술

의사결정트리(Decision Making Tree) : 입력된 데이터가 어떤 범주에 포함되는지 트리를 이용해 판단하는 컴퓨터 알고리즘.

이러닝(e-러닝) : 학습 장소까지 이동하지 않고 인터넷이나 TV를 통해 강의를 듣고 스스로 학습하는 교육방식.

인발 : 일정한 모양의 구멍으로 금속을 눌러 짜서 뽑아내어 모양을 형성하는 기계가공 방법

인수개발(A&D(Acquisition & Development) : 미래에 돈이 될 만한 기술을 초기에 싼 가격으로 구매한 후 추가로 기술개발을 완성하여 시장에 출시하는 전략

인수합병(M&A(Merge & Acquisition)) : 시장이 형성되었을 때 고가로 인수합병 하여 단기간에 시장진입 및 장벽을 구축하는 전략

인터넷전문은행 : 대부분의 금융 서비스를 인터넷이나 스마트폰으로 제공하는 은행.

인포테인먼트(Infortainment) : 스마트폰과 자동차를 결합하여 길 찾기, 속도, 차량 진단과 같은 여러 가지 편리한 차량 관련 서비스를 제공하는 기술.

ㅈ

자연어 : 사람들이 일상적으로 쓰는 언어를 인공적으로 만들어진 언어인 인공어와 구분하여 부르는 개념임. 인간이 발화하는 언어 현상을 기계적으로 분석해서 컴퓨터가 이해할 수 있는 형태로 만드는 자연어처리 기술에서 유래되었음

지식재산 트롤 : 기술이나 생산력은 없지만 분쟁의 대상이 될 만한 가치 있는 지식재산을 저가로 매입해 이를 토대로 특허소송을 통해 엄청난 수익을 얻는 특허전문회사

ㅊ

채굴 : 가상화폐 업체에서 제공하는 암호화된 복잡한 문제를 풀고 가상화폐를 받는 과정.

ㅋ

커넥티드카(Connected Car) : 차량 내부에 있는 여러 기기나 센서들을 서로 연결하여 운전자에게 여러 가지 편리한 서비스를 제공하는 기술.

크롤링 : 인터넷에서 사람의 개입 없이 자동 수집 소프트웨어를 이용하여, 대량의 빅데이터를 수집하는 방식.

클라우드 서비스 : 인터넷상에서 사용할 수 있는 하드디스크 드라이브(HDD)와 같은 저장 서비스로서, 우리 주변에서 흔히 들을 수 있는 아이클라우드, N드라이브, 드롭박스, 유클라우드가 모두 클라우드 스토리지 서비스 등이 해당함

ㅌ

텍스트 마이닝 : 컴퓨터 자연어처리 기술을 이용하여 대량의 텍스트로부터 의미 있는 정보를 추출하는 기술

트리즈 : 특정한 기술과제에 대한 창조적 문제해결 방법론으로 창조성이 뛰어난 특허로부터 문제해결의 규칙성과 원리를 발견하여 절차화한 이론임. 트리즈 학습을 통해 발명을 체계적이고 쉽게 할 수 있음

특허 피인용 수 : 통상적으로 특허출원 명세서를 작성할 때, 발명 과정에서 다른 특허발명을 활용했는지 여부를 기재하게 됨. 이렇게 활용되는 특허를 피인용 특허라고 하는데, 이와 같이 타 특허출원에 의해 인용된 회수를 특허 피인용수라고 함. 특허 피인용 수가 클수록 원천특허로 볼 수 있음

특허심사 하이웨이 : 두 개 이상의 국가에 출원된 동일 발명에 대해 어느 한 특허청에서 '특허 가능' 판단을 내리면 출원인이 나머지 특허청에 우선 심사를 신청할 수 있게 하는 제도

ㅍ

플랫폼 : 플랫폼은 매개, 발판, 기반의 의미를 가지며 회사 내적 플랫폼(Supply chain 플랫폼)과 외적(산업) 플랫폼으로 구분된다.

플립트러닝 : 학습에 필요한 이론이나 강의내용은 사전에 학생들 스스로 학습하고 수업시간에는 과제나 토론 위주로 학습이 이루어지는 교육 방식.

ㅎ

하둡(Hadoop) : 대량의 자료를 처리할 수 있는 큰 컴퓨터 클러스터에서 동작하는 분산 응용 프로그램을 지원하는 프리웨어 자바 소프트웨어 프레임워크임. 하둡은 2006년 더그 커팅과 마이크 캐퍼렐라(Mike Cafarella)가 개발하였음

하둡(Hadoop) : 아파치(Apache)에서 개발한 빅데이터 분산처리 소프트웨어.

해 공간(Solution Space) : 상호 연립된 최적화 문제의 모든 가능한 해를 원소로 하는 집합

혼합형교육(Blended Learning) : 교실에서 이루어지는 전통적인 오프라인 학습에 정보통신 기술을 접목시킨 교육 방식.

회귀분석 : 여러 개의 데이터 값들 간의 연관관계를 찾아내는 통계 분석 기법.

후견인·선관주의 : 친권자가 없는 미성년자나 피성년후견인, 피한정후견인을 보호하는 법정 보호자로서, 미성년자의 부모가 사망, 행방불명되거나 친권상실의 선고를 받아 친권자가 없어진 경우, 부모가 친권의 일부인 대리권과 재산관리권 상실의 선고를 받거나 대리권과 재산관리권을 사퇴한 경우에 미성년자를 대리해 법적 절차를 수행하게 됨

3GPP(3rd-Generation-Partnership-Project) : 유럽에서 사용하는 이동통신 기술 관련된 표준을 제정하거나 공동 프로젝트를 진행하는 민간 컨소시엄 기구.

5G서비스 : 5세대 이동통신 기술을 적용한 무선 통신 방식.

ANSI(American National Standard Institution) : 미국 내의 산업관련 표준을 만드는 기구로서, 정부 기관과 산업기관이 함께 참여하고 있으며, 1918년에 처음 결성되었음.

D2D(Device-to-Device) : Device-to-Device의 약자로서, 블루투스, 와이파이를 이용한 무선 기기간 직접 통신하는 기술을 의미함. 최근에는 LTE와 같은 이동통신 기술을 이용한 통신방식도 등장하고 있음.

DNA(Deoxyribonucleic acid, DNA) : 생물체의 유전 정보를 저장하고 후대에 전하는 물질.

ESS(Energy Storage System) : 에너지 저장장치. 태양광을 이용하여 전기를 생산하여 저장해 놓은 후, 태양이 사라지는 밤이나 흐린 날에 재사용 할 수 있는 장치로서, 태양광 발전의 핵심 장치.

GMO(Genetic-Modified-Organization) : 유전자 변형작물. 기존 식물의 유전자를 병충해나 기후에 강하도록 변형하여 생산력을 극대화한 작물을 의미함. 이러한 작물이 단기적으로는 생산량 증가에 기여하나, 기존 생태계에 악영향을 미칠 수도 있음을 경고하고 있음.

HTML(HyperText-Markup-Language) : 인터넷에서 문서나 텍스트를 주고받기 위한 문서 표현 방식으로, 문서 내용을 사전에 정의된 태그를 붙여서 나타냄.

IoS(Internet-of-Services) : 기존이 물품이나 서비스를 서로 연결하여 새로운 서비스를 창출하기 위한 개념으로, 스마트 팩토리 분야에서 사용되는 용어.

IoV(Internet-of-Vehicles) : Internet-of-Vehicles의 약자로서, 인간이 이동하기 위해 사용하는 자동차, 항공기, 기차들끼리 어디서든지 쉽게 연결하여 통신하기 위한 기술.

IP-R&D : R&D를 수행하기 전에 IP를 먼저 보면 중복투자와 시간 낭비를 줄이고 효율적인 R&D를 수행할 수 있게 만드는 전략으로 특허기술 동향조사, 민간 IP-R&D 전략, 정부 IP-R&D 전략 등의 특허청 사업을 통칭하여 IP-R&D라고 함

K뱅크 : KT, 우리은행, 알리바바, 한화, GS리테일 컨소시엄이 만든 최초의 인터넷전문은행.

k-익명성 : 테이블 데이터를 연결하여 개인의 정보를 탈취하는 속성연결 공격을 예방하기 위하여 원래의 데이터를 k만큼 중복되도록 변경하는 기법.

M(Machine-to-Machine) : Machine-to-Machine의 약자로서, 유선 또는 무선 연결을 통해, 인간의 개입 없이

기계 간에 통신을 하는 기술.

mHealth(모바일헬스) : 모바일 기기를 이용하여 건강관리를 해주거나 진단에 활용하는 의료 서비스를 총칭하여 이르는 말.

MIMO(Multiple-Input-Multiple-Output) : Multiple-Input-Multiple-Output의 약자. 스마트폰과 같은 하나의 무선기기 내에 여러개의 안테나를 포함하여, 무선 통신 성능을 향상하는 기술.

NGO(Non-Government-Organization) : 정부에 의해서 만들어지지 않았지만, 이에 준하는 활동을 수행하는 민간 비영리 기구.

NoSQL(Not-Only-SQL(Structured Query Language)) : 빅 데이터를 분석하기 위해, 데이터를 (키 값, 데이터 값)쌍의 형태로 나타내는 방식. 여기서, 키 값은 데이터를 식별하기 위해, 사용하는 데이터를 의미하며, 주민번호, 학번 등의 값이 사용됨.

O2O : Online-to-Offline의 약자로 온라인과 오프라인의 결합과 융합을 기반으로 하는 사업.

P2P(Peer-to-Peer) : 특정 서버를 거치지 않고 네트워크에 참여하는 상대방끼리, 직접 데이터를 주고받는 통신 방식.

P2P : 인터넷에 연결된 여러 가지 형태의 리소스 (저장 공간, 씨피유 파워, 콘텐츠, 그리고 연결된 컴퓨터를 쓰고 있는 사람 그 자체)를 공유하는 일종의 응용 프로그램을 말함. 토렌트 등이 대표적이며, 개인 컴퓨터에 분산되어 저장된 각종 파일들을 서로 다른 시간에 내려 받아 최종 결합함으로써 파일 전송이 이루어짐

RFID(Radio-Frequency-IDentification) : 물건에 고유 번호를 부착하고 이 번호를 전파를 이용해 자동으로 인식하는 기술. 기술의 가장 중요한 장점은 멀리 떨어진 곳에서도 물체를 인식할 수 있고 여러 개의 물체를 동시에 인식할 수 있다는 점.

SLA(Selective-Laiser-Accumulation) : 액체 원료에 레이저를 분사해 원하는 형상으로 고체화시키는 3D프린터 방식으로 헐 박사가 고안한 방식.

SLS(Selective-Laiser-Sintering)방식 : 소재를 고운 가루로 만들어서 이를 뿌린 후, 모양을 만들 지점을 고체화시키는 3D프린터 제조 방식.

STEAM(Science, Technology, Engineering, Arts, Mathematics) : 과학, 기술, 공학, 예술, 수학의 다섯 가지 분야를 학생들에게 학제 간 융합 방식으로 교육시키는 교과과정으로, 2011년 교육부에서 추진함.

STEM(Science, Technology, Engineering, Mathematics) : 과학, 기술, 공학, 수학의 네 가지 분야를 학생

들에게 학제 간 융합 방식으로 교육시키는 교과과정으로, 미국에서 시작됨.

XML(eXtended-Markup-Language) : 인터넷에서 문서나 텍스트를 주고받기 위한 문서 표현 방식으로, 문서 내용을 사전에 정의된 태그를 붙여서 나타냄. HTML과 비슷한 방식을 사용하나, 문서의 구조를 정의할 수 있는 태그가 추가되어, 사용자가 좀 더 다양한 형태의 문서를 만들 수 있음.

저자
| 금오공과대학교 지선구 교수
| 금오공과대학교 장성봉 교수
| 한국특허전략개발원 김주환 팀장

제4차 산업혁명과 기술과 지식재산권

초판 인쇄 2019년 06월 24일
초판 발행 2019년 06월 28일

저 자 지선구, 장성봉, 김주환
발행인 김갑용

발행처 진한엠앤비
주소 서울시 서대문구 독립문로 14길 66 205호(냉천동 260)
전화 02) 364 - 8491(대) / 팩스 02) 319 - 3537
홈페이지주소 http://www.jinhanbook.co.kr
등록번호 제25100-2016-000019호 (등록일자 : 1993년 05월 25일)
ⓒ2019 jinhan M&B INC, Printed in Korea

ISBN 979-11-290-1158-9 (93500)   [정가 30,000원]

☞ 이 책에 담긴 내용의 무단 전재 및 복제 행위를 금합니다.
☞ 잘못 만들어진 책자는 구입처에서 교환해 드립니다.
☞ 본 도서는 2017년 12월 특허청과 국제지식재산연수원에서 공개된 자료로 특허청에서 제공해 주었습니다.
☞ 본 도서는 [공공데이터 제공 및 이용 활성화에 관한 법률]을 근거로 출판되었습니다.